食品科学与工程学科研究生系列教材

高级食品微生物学

彭喜春　罗剑鸣　张广文　编著

中国轻工业出版社

图书在版编目（CIP）数据

高级食品微生物学／彭喜春，罗剑鸣，张广文编著．—北京：中国轻工业出版社，2023.9

ISBN 978-7-5184-4385-7

Ⅰ.①高…　Ⅱ.①彭…　②罗…　③张…　Ⅲ.①食品微生物—微生物学—高等学校—教材　Ⅳ.①TS201.3

中国国家版本馆 CIP 数据核字（2023）第 064229 号

责任编辑：马　妍　　责任终审：许春英
文字编辑：武艺雪　　责任校对：吴大朋　　封面设计：锋尚设计
策划编辑：马　妍　　版式设计：砚祥志远　　责任监印：张　可

出版发行：中国轻工业出版社（北京东长安街 6 号，邮编：100740）
印　　刷：三河市国英印务有限公司
经　　销：各地新华书店
版　　次：2023 年 9 月第 1 版第 1 次印刷
开　　本：787×1092　1/16　印张：19.75
字　　数：456 千字
书　　号：ISBN 978-7-5184-4385-7　定价：68.00 元
邮购电话：010-65241695
发行电话：010-85119835　传真：85113293
网　　址：http://www.chlip.com.cn
Email：club@chlip.com.cn
如发现图书残缺请与我社邮购联系调换
191145J1X101ZBW

前 言

随着我国社会主义经济建设的不断发展，包括微生物学的生命科学将占据越来越重要的地位。党的二十大报告提出，“深入实施人才强国战略。培养造就大批德才兼备的高素质人才，是国家和民族长远发展大计”。因此，需要更多的研究人员学习、开拓微生物学的发展领域，为微生物学的未来发展指明方向，更好地造福人类。本教材在高等学校食品科学与工程专业本科教材《食品微生物学》基础上，更深入地展现分支学科间的渗透、交叉和融合产生的一系列新概念、新理论和新技术，为食品科学的研究开辟新的方向和应用领域，助力交叉学科、新兴学科建设。

本教材结合当代我国“食品微生物学”的研究热点问题，主要呈现四部分内容：益生菌、致病菌（细菌和真菌）、肠道菌群和传统发酵食品中的微生物群，介绍其作用机制、研究现状及未来发展趋势，并介绍研究这些食品微生物的现代技术及应用。教材内容立足于我国当代食品微生物发展的现状与特色进行编写，紧扣社会热点主题；同时立足于学术前沿，为研究生提供更为深入的食品微生物学理论知识和观点，有助于推进健康中国建设。

“现代食品微生物学”是食品科学与工程一级学科研究生的核心课程，但缺乏相应的教材为教学带来了较大困难。本书为该核心课程配套教材，适用于食品科学与工程、食品工程、食品质量与安全、农产品加工与贮藏工程等学科专业方向的硕士研究生（含学术型和工程应用型）与博士研究生。同时可作为农业、轻工、生物、医药卫生等学科有关研究人员、专业技术工作者及食品监督检验和管理人员的参考用书，以更好服务科技和高技能人才的培养。

本教材由暨南大学彭喜春、罗剑鸣、张广文编著。由于现代生物技术、信息技术等学科领域发展迅速，编者知识面有限等因素，书中难免存在不足，敬请广大读者提出宝贵意见和建议，以便进一步修改和完善。

编者

2023 年 3 月

目　录

第一章

益生菌分类、分离与鉴定

益生菌（Probiotics），又称活菌制剂、微生态制剂。益生菌定义最初于 1965 年提出，更接近于目前所认知的“益生素”，定义为“由一种微生物分泌的可以刺激其他微生物生长的物质，是与抗生素作用相反的物质”。此后，随着对益生菌研究的不断深入，益生菌的定义也屡经修订。联合国粮食及农业组织（FAO）和世界卫生组织（WHO）于 2001 年 10 月联合专家委员会就食品益生菌营养与生理功能召开第一次会议，并制订了一套评价食品用益生菌的系统方法指南。FAO/WHO《食品益生菌评价指南》明确规定，食品用益生菌是指“当摄取适当数量后，对宿主健康有益的活的微生物”。欧洲食品与饲料菌种协会（EFFCA）于 2002 年给出定义：益生菌是活的微生物，摄入充足的数量后，对宿主产生一种或多种特殊且经论证的健康益处。近年来，随着生物技术的发展，益生菌的研究引起微生物学家、免疫学家、营养学家越来越多的关注和重视，益生菌的定义日趋完善，形成了目前较为共识的定义，即益生菌是具有生理活性的活菌，当被机体经过口服或其他给药方式摄入适当数量后，能够定植于宿主并改善宿主微生态平衡，从而发挥有益作用。

2001 年，我国卫生部公布了 9 种可用于保健食品的益生菌菌种，并在 2003 年将罗伊氏乳杆菌列入其中。表 1-1 列举了我国原卫生部规定的可用于保健食品的益生菌。

表 1-1　　可用于保健食品的益生菌菌种名单

更新后的菌种名称		原用菌种名称	
菌种	拉丁名称	菌种	拉丁名称
双歧杆菌属	*Bifidobacterium*	双歧杆菌属	*Bifidobacterium*
青春双歧杆菌	*Bifidobacterium adolescentis*	青春双歧杆菌	*Bifidobacterium adolescentis*
两歧双歧杆菌	*Bifidobacterium bifidum*	两歧双歧杆菌	*Bifidobacterium bifidum*
短双歧杆菌	*Bifidobacterium breve*	短双歧杆菌	*Bifidobacterium breve*
长双歧杆菌婴儿亚种	*Bifidobacterium longum* subsp. *infantis*	婴儿双歧杆菌	*Bifidobacterium infantis*
长双歧杆菌长亚种	*Bifidobacterium longum* subsp. *longum*	长双歧杆菌	*Bifidobacterium longum*
乳杆菌属	*Lactobacillus*	乳杆菌属	*Lactobacillus*
嗜酸乳杆菌	*Lactobacillus acidophilus*	嗜酸乳杆菌	*Lactobacillus acidophilus*
德氏乳杆菌保加利亚亚种	*Lactobacillus delbrueckii* subsp. *bulgaricus*	保加利亚乳杆菌	*Lactobacillus. bulgaricus*
乳酪杆菌属	*Lacticaseibacillus*	乳杆菌属	*Lactobacillus*
干酪乳酪杆菌干酪亚种	*Lactobacillus casei subsp. casei*	干酪乳杆菌干酪亚种	*Lactobacillus Casei* subsp. *casei*
链球菌属	*Streptococcus*	链球菌属	*Streptococcus*
唾液链球菌嗜热亚种	*Streptococcus salivarius* subsp. *thermophilus*	嗜热链球菌	*Streptococcus thermophilus*
黏液乳杆菌属	*Limosilactobacillus*	乳杆菌属	*Lactobacillus*
罗伊氏黏液乳杆菌（新增）	*Limosilactobacillus reuteri*	罗伊氏乳杆菌	*Lactobacillus reuteri*

近年来，益生菌的研究越来越受到重视。大量临床及实验室的研究报道为益生菌的抗致病特性奠定了科学基础。国内外研制的益生菌制剂，主要是运用动物机体内正常的微生物菌群，特别是优势种群，经分离、鉴定、选种后利用不同生产工艺加工制成活菌制剂，以不同方式进入机体消化道，发挥生理功能。

然而，与益生菌的共识定义相比，我国原卫生部公布的名单中，明确的可用于保健食品的益生菌种类只有上述 10 种。由于界定某菌株是否为益生菌缺乏相关的国家标准和规定，尽管当前我国卫生健康委员会更新的《可用于食品的菌种名单》中列举了 38 个菌种，但其中部分具有益生作用的细菌，并未能列入到“益生菌”的名单中。根据益生菌的共识定义，本书将会把具有明确益生作用的有益菌（在动物或人体肠胃生长的、对人体健康起到正面作用的细菌或真菌）作为潜在益生菌进行介绍。

第一节 益生菌分类

一种微生物是否可用作益生菌的选择标准应该包括如下几个方面：①安全，该菌体不能为致病菌或对宿主产生毒效应；②来源于健康人体的肠道，这一类微生物通常被认为对人体不构成危害，并且能够更好地适应机体肠道内的微生态环境；③对胃酸、胆汁有较好的耐受性，并且当其通过胃和大肠时，对消化酶也有较好的耐受性，能够起到改善宿主健康的功效；④具有可检测性，如对吸附在肠道上皮细胞的菌落的影响、存活能力、对人体大肠功能的影响、产生的抑菌物质等。

鉴于上述各个特征，益生菌主要包括来源于健康人体肠道的乳杆菌属（*Lactobacillus*）和双歧杆菌属（*Bifidobacterium*），另外，也包括一些具有益生作用的酵母菌等。

乳杆菌不产生芽孢，菌体形态呈杆状。它们是一类具有复杂的营养需求且为严格发酵性、耐氧或严格厌氧、耐酸或嗜酸的细菌。乳杆菌大多生长在营养丰富且富含糖类的基质中，例如，人和动物黏膜细胞、植物体或以植物为原料的基质、污水、乳制品以及腐败的食品。

双歧杆菌为正常人体整个生命过程中肠道内主要的微生物菌群组成。新生婴儿体内的双歧杆菌数量高达 $10^{10} \sim 10^{11}$ CFU/g，但在成年后，这一数量随着年龄的增长而减少。双歧杆菌不运动，不产生孢子，具有多种外形，大部分菌种为严格厌氧型。与传统的发酵起始物一样，益生菌不但要具有技术上的可靠性和可检测的一系列属性，而且还要求具有在酸乳中培养的稳定性、菌株广泛来源于乳酸菌和其他具有促进宿主健康作用的微生物等一系列特征。

布拉氏酵母菌（*Saccharomyces boulardii*）被应用在一些相关的医药中，临床上对腹泻显示有较好的疗效。含有肠球菌（*Enterococcus* spp.）的药品常用于儿科疾病的治疗。益生菌的应用必须伴随着相关技术的应用，一种益生菌产品推向市场还必须考虑其保质期。

一、乳杆菌属

乳杆菌属内种之间的差异比较大，由一系列在表型性状、生化反应和生理特征方面具有明显差异的种组成。该属细菌 DNA 的 G+C 碱基组成比例的范围为 32%~53%，几乎超过了作为单一属可接受范围的 2 倍。乳杆菌属用于益生菌的种如下。

1. 嗜酸乳杆菌

嗜酸乳杆菌（*Lactobacillus acidophilus*）是乳杆菌属的一种，具有革兰氏阳性，不产芽孢，无鞭毛，不运动，同型发酵乳糖，不液化明胶，接触酶阴性，最适生长温度为 30~38℃，最适 pH 5.5~6.0，G+C 含量为 36.0%~37.4%等特征，是一类厌氧或兼性厌氧的微生物。嗜酸乳杆菌是宿主（人和动物）肠道内的主要微生物之一，当存在一定数量时，能够调整和改善肠道内有益微生物和有害微生物之间的平衡，进而起到增进宿主健康的效果，是目前研究开发极受重视的益生菌。

服用含有嗜酸乳杆菌的制品具有众多的生理作用，例如，能够促进乳糖的消化吸收，缓解乳糖不耐症，提高蛋白质、维生素等的吸收。此外，嗜酸乳杆菌还具有降低血清胆固醇，提高机体免疫力和抑制肿瘤发生的能力。

嗜酸乳杆菌具有抵御胃酸和高胆汁酸等极端条件的能力，同时具有加工和贮藏中的稳定性，因而在益生菌产品中得到广泛的应用。目前，含有嗜酸乳杆菌的产品种类很多，如嗜酸乳杆菌发酵乳，嗜酸乳杆菌与普通酸乳发酵剂混合发酵的乳制品，甜性嗜酸乳杆菌乳，嗜酸乳杆菌胶囊、片剂等。因此，嗜酸乳杆菌受到众多研究者们的广泛关注，开发含有嗜酸乳杆菌的益生菌制品正成为当前研究的热点之一。

2. 德氏乳杆菌

德氏乳杆菌（*Lactobacillus delbrueckii*）是一种革兰氏阳性菌，菌体呈杆状，具有无芽孢，圆形菌落，接触酶阴性，兼性厌氧，15℃不生长，45℃生长等特征。利用葡萄糖、半乳糖、麦芽糖、蔗糖、果糖、糊精，不利用牛乳、乳糖。同型发酵时利用葡萄糖产生的主要产物为乳酸。

由于德氏乳杆菌不能合成大部分的氨基酸，所以需要从培养基中获得。德氏乳杆菌在发酵工业中得到广泛应用，如乳制品发酵、肉制品发酵和啤酒发酵，而德氏乳杆菌保加利亚亚种是乳制品发酵中最为常用的菌种之一，是最具有经济价值的发酵乳酸菌之一。

德氏乳杆菌保加利亚亚种在细菌分类学上的位置是属于裂殖菌纲真细菌目（Eubacteriales）、乳杆菌科（Lactobacillaceae）、乳杆菌属（*Lactobacillus*）、德氏乳杆菌种中的德氏乳杆菌保加利亚亚种（*Lactobacillus delbrueckii* subsp. *bulgaricus*）。

德氏乳杆菌保加利亚亚种一般呈长杆状、大链，两端钝圆，它不运动，无芽孢，革兰氏阳性，专性同型发酵。它能通过糖酵解途径产生乳酸，且 80%以上为 D（+）型乳酸，不发酵乳酸盐，不液化明胶，不分解酪素，不产生吲哚和硫化氢，接触酶阴性，无细胞色素，联苯胺反应阴性，能发酵的糖有乳糖、葡萄糖、果糖、甘露糖、山梨醇等。德氏乳杆菌保加利亚亚种的营养要求复杂，需要氨基酸、肽、盐类、脂肪酸或可发酵的糖类，典型的需要泛酸和烟酸。德氏乳杆菌保加利亚亚种的最适生长温度是37~42℃，最低生长温度为22℃，最高生长温度为52.5℃，耐酸，通常生长所需的pH为5.5~6.2，一般在pH 5或更低的情况下可生长，在碱性条件下生长不良或不能生长。

德氏乳杆菌保加利亚亚种是典型的来自乳的乳酸菌，菌体长2~9μm，宽0.5~0.8μm。德氏乳杆菌保加利亚亚种的发现已有一百多年的历史。1905年，保加利亚科学家斯塔门·戈里戈罗夫第一次发现并从酸奶中分离了“保加利亚乳酸杆菌”，同时向世界宣传保加利亚酸奶。俄国科学家、诺贝尔奖获得者伊力亚·梅契尼科夫发现长寿人群有着经常饮用含有益生菌的发酵牛奶的传统，并于1908年正式提出了“酸奶长寿”理论。德氏乳杆菌保加利亚亚种繁衍至今已经遍布全世界。其效能优异，助人健康长寿，作为发酵剂在食品工业中被广泛应用在酸奶的生产中。由于德氏乳杆菌保加利亚亚种具有调节胃肠道健康，促进消化吸收，增加免疫功能，抗癌抗肿瘤等重要的生理功能，因此，被规定为可用于保健食品的益生菌菌种之一，在食品发酵、工业乳酸发酵、饲料行业和医疗保健领域均有着比较广泛的应用。

德氏乳杆菌保加利亚亚种与唾液链球菌嗜热亚种在乳中共同培养时其产酸能力及菌种数量都比单独在乳中培养时高，表明这两种菌存在协同作用，即它们各自可利用彼此释放的物质满足自身代谢的需要。唾液链球菌嗜热亚种可以提供甲酸盐及二氧化碳刺激德氏乳杆菌保加利亚亚种的生长，而德氏乳杆菌保加利亚亚种能够合成胞外蛋白酶降解原料中的蛋白质，从而为缺少该种酶的唾液链球菌嗜热亚种提供生长所需的氨基酸及小肽类物质。

二、双歧杆菌属

双歧杆菌（*Bifidobacterium*）是1899年从母乳营养儿的粪便中分离出来的一种厌氧的革兰氏阳性杆菌，末端常常分叉，故名双歧杆菌。它是人体内存在的一种生理细菌，是人体益生菌中最重要的一大类。双歧杆菌主要栖居于人体和动物肠道下游。小肠上部几乎无双歧杆菌，而在小肠下部，其数量可达10^3~10^5CFU/g，大肠粪便中双歧杆菌的数目高达10^8~10^{12}CFU/g。此外，在人体口腔和阴道中也有双歧杆菌栖居。人体肠道内双歧杆菌的分布和数量被认为是评判肠道健康状况的重要指标，尤其是母乳喂养的婴儿。肠道内双歧杆菌所占比例如果不足，将引起肠道感染、消化不良、腹泻、肠道功能紊乱等疾病。

双歧杆菌是多形态杆菌。菌体形状呈Y字形、V字形、弯曲状、刮勺状、棒状等。双歧杆菌不形成芽孢，亚甲基蓝染色菌体着色不规则，无运动性，专性厌氧，过氧化氢酶阴性，不还原硝酸盐，吲哚反应阴性，明胶液化阴性，联苯胺反应阴性。最适生长温度为36~38℃，最适生长pH 6.5~7.0，它们在pH<5.0或>8.0的环境中不能生长。但双歧杆菌最适的生长条件和菌株本身的特性有很大的关系。

根据 DNA 同源性和糖发酵类型，双歧乳杆菌属可分为 24 种，存在于人体中的有：两歧双歧杆菌（*Bifidobacterium bifidum*）、青春双歧杆菌（*B. adolescentis*）、长双歧杆菌婴儿亚种（*B. longum* subsp. *infantis*）、短双歧杆菌（*B. breve*）和长双歧杆菌长亚种（*B. longum* subsp. *longum*）。通常在婴儿肠道内以长双歧杆菌婴儿亚种、短双歧杆菌占优势；在成人肠道中缺少青春双歧杆菌和长双歧杆菌这两种双歧杆菌。当然，有时有少量的两歧双歧杆菌。

目前经研究证实能够促进人体健康的双歧杆菌主要有 8 类：两歧双歧杆菌、长双歧杆菌婴儿亚种、长双歧杆菌、短双歧杆菌、青春双歧杆菌、角双歧杆菌、链状双歧杆菌、假链状歧杆菌。

三、链球菌属

唾液链球菌嗜热亚种（*Streptococcus salivarius* subsp. *thermophilus*）是革兰氏阳性菌，呈圆形或椭圆形，直径 0.7~0.9μm，不运动，成对或呈链排列，最低生长温度为 20~25℃，最高 47~50℃。唾液链球菌嗜热亚种不利用精氨酸，发酵过程中只利用较少种类的糖，如乳糖、果糖、蔗糖和葡萄糖，唾液链球菌嗜热亚种具有较弱的蛋白水解能力，在没有类群特异性抗原的链球菌中是非常特别的一种菌。

唾液链球菌嗜热亚种是一种重要的工业乳酸菌，经常以单菌或与其他唾液链球菌嗜热亚种或其他微生物混合的形式，被广泛应用于发酵乳制品的生产中。作为发酵剂的唾液链球菌嗜热亚种发酵乳制品时有两个重要的作用，一是快速酸化凝乳，二是改善产品的质构特征。唾液链球菌嗜热亚种与德氏乳杆菌保加利亚亚种是制作酸奶的主要工业菌株。此外，唾液链球菌嗜热亚种还被用来生产多种干酪制品，如瑞士干酪（Swiss cheese）、砖形干酪（Brick cheese）、帕尔马干酪（Parmesan）、波萝伏洛干酪（Pro-volone）、马苏里拉干酪（Mozzarella）及阿齐亚戈干酪（Asiago），近年来还与中温菌一起被用来生产切达干酪（Cheddar）。

唾液链球菌嗜热亚种在乳品发酵中的主要作用就是迅速产酸。唾液链球菌嗜热亚种还能产生胞外多糖（EPS），胞外多糖能赋予发酵乳制品黏稠、拉丝的质构和流变学特征，且具有保水作用，能防止酸乳脱水收缩。还有研究报道了唾液链球菌嗜热亚种的其他益生特征（包括胆盐的分解、疏水性和 β-半乳糖苷酶活力）和耐生物学障碍（胃液和胆盐）。唾液链球菌嗜热亚种也对儿童腹泻、早产儿小肠结肠炎以及其他人群肠炎疾病有较好的缓解效果。唾液链球菌嗜热亚种还能提高乳糖不耐症患者对乳糖的消化作用，产生抗氧化剂，促进肠道免疫系统发挥作用，减轻特定癌症的发生风险，缓解溃疡和炎症，减少肠道和生殖道感染。

四、黏液乳杆菌属

罗伊氏黏液乳杆菌（*Limosilactobacillus reuteri*）形状呈轻微不规则、末端圆形的弯曲杆菌，大小为（0.7~1.0）μm×（2.0~5.0）μm，通常单个、成对、小簇存在。罗伊氏黏液乳杆菌属专性异型发酵，能发酵糖产生CO_2、乳酸、乙酸和乙醇。

罗伊氏黏液乳杆菌是目前已报道的几乎天然存在于所有脊椎动物和哺乳动物肠道内的乳酸菌。它是新生儿和健康成年人肠道微生物菌群的主要成员，对维持新生儿和成年人的肠胃健康有积极的意义。罗伊氏黏液乳杆菌对肠黏膜具有很强的黏附能力，可改善肠道菌群分布，拮抗有害菌定植，避免罹患肠道疾病；罗伊氏黏液乳杆菌能产生一种被称为“罗伊氏菌素”的非蛋白质类广谱抗菌物质，能广泛抑制革兰氏阳性菌、革兰氏阴性菌、酵母、真菌和病原虫等的生长。

罗伊氏黏液乳杆菌益生菌制剂可改善人体机能，提高免疫力，从而促进人体健康。2003年，我国卫生部批准了罗伊氏黏液乳杆菌可作为人类保健品的微生物菌种，且该菌已是国际上公认的新型益生乳酸菌，具有很高的理论研究和生产应用价值。

五、可用于食品的潜在益生菌

1. 发酵黏液乳杆菌

发酵黏液乳杆菌（*Limosilactobacillus fermentum*），革兰氏阳性，兼性厌氧，发酵核糖、半乳糖、葡萄糖、果糖、甘露糖、麦芽糖、乳糖、蜜二糖、蔗糖、海藻糖、棉籽糖、L-阿拉伯糖及甘露醇，广泛分布于人和动物的胃肠道中，是肠道、口腔和阴道的正常菌群。发酵黏液乳杆菌具有水解胆盐、降胆固醇的功能，它能够调节宿主体内微生物菌群的平衡，可以通过口服而到达肠道，很好地吸附在小肠的上皮细胞，并产生表面活性成分而阻止有害菌对肠道的黏附，从而改善宿主体内系统环境，对宿主健康具有促进作用。

2. 格氏乳杆菌

格氏乳杆菌（*Lactobacillus gasseri*）是革兰氏阳性杆菌，不生成孢子，不具接触酶、氧化酶及运动性，在好氧及厌氧环境中均能生长，属于兼性异质发酸性菌株，葡萄糖代谢时不产生气体，无芽孢，无荚膜，不运动，发酵产物以L（+）乳酸为主，不产气，最适生长温度为30℃，可在10℃生长。

3. 约氏乳杆菌

约氏乳杆菌（*L. johnsonii*）是乳酸杆菌的一种，能够提高小鼠小肠上皮细胞抗原受体的基因表达，刺激分泌型免疫球蛋白A（SIgA）的产生以及调节环氧化酶-2（COX-2）、诱生型-氧化氮合酶（iNOS）、白细胞介素-1β（IL-1β）、肿瘤坏死因子-α（TNF-α）、转化生长因子-β（TNF-β）、白细胞介素-4（IL-4）和干扰素（IFN-γ）等细胞因子的水平。2010年我国卫生部办公厅将约氏乳杆菌收录到《可用于食品的菌种名单》。同年，欧盟也对约氏乳杆菌进行了安全资格认定（QPS），并批准其在饲料和食品中使用。因此，约氏乳杆菌是一种潜在的提高机体免疫力的微生态制剂。

4. 植物乳植杆菌

植物乳植杆菌（*Lactiplantibacillus plantarum*）的最适生长温度为30~35℃，厌氧或兼性厌氧，菌种为直或弯的杆状，单个、有时成对或呈链状，最适pH 6.5左右，属于同型发酵乳酸菌。

植物乳植杆菌是乳酸杆菌属的一个菌种，作为潜在益生菌具有很多乳杆菌的益生特性，如具有抗菌作用、整肠作用、营养作用，调节免疫功能，提高乳糖利用率，预防癌症，延缓机体衰老及降低体内胆固醇。由于其自身的益生特性及生物学特性，被广泛地应用于酸乳、干酪、乳酸菌饮料、发酵干肠、发酵泡菜及发酵调味品等食品中。

5. 鼠李糖乳酪杆菌

鼠李糖乳酪杆菌（*Lacticaseibacillus rhamnosus*）作为一种从健康人体内分离而得到的益生菌，具有发酵产生L-乳酸，代谢产物丰富，耐胃酸和耐胆汁，口服安全和口服后可在肠道短暂繁殖等优点，被用于人的各种腹泻、轮状病毒感染和过敏性疾病的预防和治疗，并取得良好的效果。

六、其他具有益生功效的潜在益生菌

目前已发现很多对宿主的健康具有积极作用的微生物，截至2023年，这些微生物尚未被列入我国原卫生部颁布的《可用于保健食品的益生菌菌种名单》及《可用于食品的菌种名单》中，但关于它们的研究较多，其功效也比较清晰明确。

1. 布拉氏酵母菌

布拉氏酵母菌（*Saccharomyces boulardii*）是一种热带酵母菌属真菌，由微生物学家在东南亚地区发现，并且成功地将其从当地土著人食用的荔枝和山竹等热带水果果皮中分离得到，它是迄今为止所发现的唯一一株具有生态调节作用的生理性真菌。

布拉氏酵母菌作为一种近年研究较多的益生菌，可以维持肠道菌群平衡，增强肠黏膜屏障，减少肠源性内毒素血症的产生。同时，通过调节和利用内源性代谢产物并且加速短链脂肪酸代谢达到降低胆固醇的目的。

布拉氏酵母菌散是目前唯一上市的非致病性真菌类微生态制剂，它不属于人体胃肠道原籍菌，不会被胃酸、胆酸所破坏，对抗生素天然耐受。布拉氏酵母菌可起到暂时性充当肠道益生菌，直接抑制外源性致病菌在肠道内黏附、侵袭和繁殖，调节肠道内微生态平衡，增强肠道免疫屏障功能等作用。

布拉氏酵母菌菌株没有病源性和扩散性，在37℃高温下通常生长良好，且具有独特的生物活性。该菌株于1962年开始作为处方药应用于治疗人类腹泻。

布拉氏酵母菌作为微生态制剂的一种，具有天然、无毒副作用、安全可靠、无残留等多重优点，它属于真菌类制剂，可与抗生素同时使用，并能有效预防抗生素滥用导致的肠道菌群失调。布拉氏酵母菌具有如下功能：①抑制大肠埃希氏菌内毒素的毒性，降低肠道内大肠埃希氏菌数量；②通过激活 α2β1 整合素受体加强小肠上皮细胞的修复；③黏附致病菌，一些致病菌黏附在布拉氏酵母菌细胞表面，从而阻止了致病菌与肠上皮特异性受体结合而引起的宿主损伤。

2. 蜡样芽孢杆菌

芽孢杆菌属微生物在自然界中广泛存在，从土壤、植物根部、植物体表及体内均可分离到大量芽孢杆菌。芽孢杆菌是一类产生大量不同化学结构的多肽抗菌物质的物种。芽孢杆菌产生的抗菌物质，除少数外，大多都属于一个单一的种类，即多肽类。有些能抑制酵母、革兰氏阴性菌，有些主要抑制革兰氏阳性菌，有的还表现出抗病毒、抗支原体、抗肿瘤和抗真菌的生物活性。好氧芽孢杆菌通过“生物夺氧”的方式消耗肠内过量的气体，与有害需氧菌（如大肠埃希氏菌）形成空间和营养的竞争，恢复有益厌氧菌的菌群优势，达到维护微生物区系平衡的目的。芽孢杆菌对人体中有如下作用：①降解复杂的植物性糖类。如枯草芽孢杆菌和地衣芽孢杆菌有很强的蛋白酶、脂酶和淀粉酶活力，可以降解木聚糖、羟甲基纤维素、果胶等复杂的植物性糖类；②提高巨噬细胞的数量和活性，产生抗体和提高噬菌作用，增强动物免疫活性；③能促进吞噬细胞的吞噬功能，增加 SIgA 的分泌，提高局部免疫；④能产多种维生素，如 B 族维生素和维生素 K_2，起到助消化、促生长的作用。

蜡样芽孢杆菌（*Bacillus cereus*）大小为（1~1.3）μm×（3~5）μm，能够形成芽孢，菌体两端较平整，多数呈链状排列；其芽孢呈椭圆形，位于菌体中央稍偏一端；在营养肉汤中 32℃ 培养 3d 后，芽孢形成率在 90% 以上，80~85℃ 水浴 5~10min 可刺激芽孢萌发；在葡萄糖洋菜培养基上生长的菌落细胞含有复红不着色的小球；在普通琼脂上形成的菌落较大，灰白色、不透明，表面粗糙似毛玻璃状或熔蜡状，边缘常呈扩展状；甘露醇卵黄多黏菌素琼脂培养基上菌落为粉红色，周围有白色的沉淀环。最低生长温度为 10~20℃，最高生长温度为 35~45℃，10℃以下和 63℃以上不繁殖，65~70℃菌体易死去；pH 1~2 不生长，pH 2~11 可以生长，其中，pH 4.3~9.3 时迅速繁殖；最适生长氯化钠浓度为 10g/L，80g/L 氯化钠对其生长有抑制作用，无盐情况下生长良好。蜡样芽孢杆菌不发酵甘露醇、木糖、阿拉伯糖，常能液化明胶，有运动性，可将硝酸盐还原，分解酪氨酸，厌氧时可利用葡萄糖，过氧化氢酶反应、卵黄反应、V-P 反应呈阳性。

蜡样芽孢杆菌的生理特征丰富多样，分布极其广泛，是植物体表、根际和土壤、空气的重要微生物种群。蜡样芽孢杆菌类制剂大多为非消化性药剂或食品添加剂，能选择性地促进生活在肠道的微生物的活性，同时抑制肠道内有害病菌的生长，降低宿主染病的机会，保证宿主健康。另外，蜡样芽孢杆菌在生长过程中还会产生有益的代谢产物，刺激和促进宿主的生长。

3. 粪肠球菌

粪肠球菌（*Enterococcus faecalis*）菌体形态为链球或球状。该肠球菌为革兰氏阳性兼性厌氧菌，耐性强，大多数能在低温 10℃ 和较高温 45℃ 的条件下生长，且能耐 65℃ 的高温长达 30min。粪肠球菌分布广泛，存在于人和动物的粪便中，是动物胃肠道正常菌群之一。

粪肠球菌生长代谢速率快，有一定的耐酸性，能分解葡萄糖，产生乳酸，抑制有害菌繁殖，促进动物消化机能。乳酸粪肠球菌作为肠道菌群，具有生物屏障作用，由健康人或动物分离的具有生理功能的细菌重新给人畜服用，对人畜是无害和安全的。

4. 屎肠球菌

屎肠球菌（*Enterococcus faecium*）属于乳酸菌，由于它生长速率快，有较好的黏附能力，能产生乳酸及一些抗菌物质，被广泛地用作益生菌制剂。屎肠球菌在环境中广泛存在，并且属于肠道共生菌，在很多动物新出生的 2~3d 内占优势地位，并且是一种兼性厌氧的乳酸菌，与厌氧、培养保存条件苛刻的双歧杆菌相比，更适合于生产和应用。1989 年，美国食品药品监督管理局（FDA）就公布它是可直接用于动物的菌种之一。

屎肠球菌为圆形或椭圆形，呈单个、成对或短链状排列的革兰氏阳性球菌，无芽孢、无鞭毛，需氧或兼性厌氧菌，油镜下观察屎肠球菌，菌体多单生，对生和链状较少。屎肠球菌对营养的要求较高，在血平板上经 37℃ 培养 18h 后，可形成灰白色、不透明、表面光滑、直径 0.5~1mm 的圆形菌落，无溶血现象出现，在 YPD 培养基和 MRS 培养基中均能迅速生长。屎肠球菌具有很好的抗逆性，可在 10~45℃、pH 4.5~9.6、65g/L 氯化钠溶液、400g/L 胆汁盐环境中生长；分解精氨酸产氨，不分解鼠李糖、松三糖和山梨醇，能分解蔗糖、蜜二糖、乳糖、麦芽糖和棉籽糖；一般对庆大霉素、卡那霉素、多黏菌素和链霉素不敏感，对青霉素、红霉素、万古霉素和阿莫西林较为敏感。

屎肠球菌进入动物肠道后，主要通过以下四个途径对宿主产生作用：①快速黏附肠道黏膜，通过排阻效应抑制病原菌黏附肠道，形成肠道屏障，保护肠道健康，维持微生态平衡；②代谢过程中产生乳酸、细菌素和过氧化氢等物质，可以降低肠道 pH，抑制动物病原菌繁殖，维持和调整肠道微生态平衡，减少肠道内毒素与尿素酶的含量，减少血液中毒素和氨的含量，促进动物器官成熟，改善动物生理状态；③产生多种营养物质（维生素、氨基酸、促生长因子等），营养物质可参与新陈代谢，促进动物生长；④诱导机体产生细胞因子、干扰素、白细胞介素等，可增强机体非特异性免疫，提高抗病能力，降低炎症反应，促进肠道健康。

屎肠球菌类产品和其他微生态产品一样，最先在医药类产品中开发应用，如常见的小儿类肠道药枯草杆菌二联活菌颗粒，即是枯草芽孢杆菌与屎肠球菌的复合菌制剂。

屎肠球菌来源广泛，可分为非致病菌和致病菌两类，在菌株的筛选和使用上，应尤其慎重。对抗生素的耐受性是一把双刃剑，一方面，如果选用的屎肠球菌具有致病效果，那么动物食用后，将对机体本身带来危害，而且抗生素治疗效果甚微，演变为令人恐慌的"超级细菌"；另一方面，细菌的耐药性有水平传递作用，很可能这种耐药性会水平传递给其他致病菌，这样，动物机体的整体耐药性将升高，为动物疾病的治疗带来灾难性后果。

5. 大肠埃希氏菌 Nissle 1917

大肠埃希氏菌 Nissle 1917（*Escherichia coli* Nissle 1917，EcN）是从一次志贺氏菌痢疾大爆发时未出现腹泻的士兵的粪便中分离得到的。除了血清型 O6：K5：H1 与尿道感染有关，EcN 基本为非致病菌，被广泛用于预防传染性腹泻、炎性肠疾病如溃疡性结肠炎和克罗恩病，防止新生儿消化道内病原菌定植等，近来研究发现 EcN 还具有免疫调节作用，是目前应用较为广泛的一类益生菌。

EcN 作为目前广泛应用的一种益生菌，对各种胃肠功能紊乱和免疫性疾病具有良好的效果，安全，耐受性良好。EcN 可维持肠道内环境稳定，调节免疫系统，对机体正常功能的发挥具有重要作用。随着研究的不断深入和广泛的应用开发，EcN 将为人类健康发挥越来越重要的作用。

第二节 益生菌分离与保存

一、益生菌分离

各种益生菌可以通过在适当的增殖培养基或选择性培养基上反复培养的方法，从人和动物的口腔、肠道内容物和粪便中分离得到。常用的培养基如表 1-2 所示。

表 1-2 益生菌分离与培养方法

种类	通用培养基	选择性培养基	特殊添加物	培养条件
乳杆菌	MRS	SL	环己酰亚胺（Cycloheximide）①（100mg/L），半胱氨酸（0.5g/L）②，生长因子③，其他糖类④	10% CO_2 + 10% H_2 + 80%N_2
双歧杆菌	MRS	TPY⑤	抗生素⑥	37~40℃ 10% CO_2 + 10% H_2 + 80%N_2

续表

种类	通用培养基	选择性培养基	特殊添加物	培养条件
链球菌	链球菌基础培养基⑦	TYC⑧	—	5% CO_2，好氧培养

注：①抑制酵母的生长。

②主要是用于从肠道来源的样品中分离厌氧的乳杆菌。

③生长因子来源包括肉浸出物、番茄汁、新鲜酵母抽提物、麦芽汁、乙醇、甲羟戊酸（米酒）、啤酒和啤酒汁等。主要用于增加对某些特定生活环境中乳杆菌分离的成功率。

④在分离异型发酵乳杆菌时，建议用麦芽糖、果糖、蔗糖或阿拉伯糖替代培养基中的葡萄糖。

⑤TPY 培养基的组成：水解酪蛋白，10g；大豆蛋白胨，5g；葡萄糖，5g；酵母抽提物，2.5g；吐温 80，1mL；盐酸半胱氨酸，0.5g；K_2HPO_4，2g；$MgCl_2 \cdot 6H_2O$，0.5g；$ZnSO_4 \cdot 7H_2O$，0.25g；$CaCl_2$，0.15g；微量的 $FeCl_3$；琼脂，15g；蒸馏水，1000mL。培养基经过 121℃ 灭菌 15 分钟以后，pH 为 6.5 左右。样品稀释时，可以采用相应的液体培养基。

⑥在部分情况下，使用卡那霉素（Kanamycin）、新霉素（Neomycin）、巴龙霉素（Paromomycin）、丙酸钠、LiCl、抗坏血酸或叠氮钠可以提高分离的选择性。

⑦链球菌基础培养基的组成：胰蛋白胨，20g；酵母抽提物，5g；NaCl，5g；Na_2HPO_4，1g；葡萄糖，5g；蒸馏水，1000mL。溶解后将 pH 调至 7.6，于 121℃ 灭菌 15 分钟。

⑧TYC 培养基的组成：胰酪蛋白胨，15.0g；酵母抽提物，5.0g；L-半胱氨酸，0.2g；Na_2SO_3，0.1g；NaCl，1.0g；$NaHCO_3$，2.0g；$Na_2HPO_4 \cdot 12H_2O$，2.0g；乙酸钠（含 3 个结晶水分子），20.0g；蔗糖，50.0g；蒸馏水，1000mL。溶解后将 pH 调至 7.3，于 121℃ 灭菌 15 分钟。

二、益生菌筛选

菌种的筛选是益生菌研制过程中的第一个重要环节，益生菌的选择必须符合安全性、功能特性和技术加工特性等标准。

1. 菌种安全性

安全性是益生菌菌种选择研究中最重要的因素。优良的益生菌不应给人类的健康带来危害及潜在的威胁。在应用益生菌之前，要对其安全性进行研究和探讨。益生菌的安全评价包括毒性、病原性、代谢活性和菌株的内在特性等指标。现多采用无菌动物和无特定病原动物研究益生菌菌株的病原性和毒性。对于益生菌菌株代谢活性的安全性研究集中在其是否能产生胺、氨、苯酚、吲哚、降解黏膜酶及致癌的亚胆酸，通过研究细胞的凝集活性评价细胞表面特性。选择安全的菌株应考虑以下几点。

①需为从健康人体肠道中分离出来的菌株。

②必须为非病原菌，即无致病性，且无毒、无畸形、无耐药性、无残留，不引起感染或胃肠道紊乱，不给人带来潜在威胁。

③不能携带可遗传的抗菌抗性基因，最好保证菌种具有稳定的遗传性及可控性。

④选择益生菌菌种时，首先考虑选用已被实践证明对人有益的，且被广泛大量应

用的益生菌菌株。

由于抗生素药物的滥用，抗生素抗性除成为微生物的普遍特性外，还可引起各种微生物的感染问题。细菌的抗生素抗性分为固有抗性和适应环境而获得的抗性。固有抗性是一种与生俱来的特性，一般不会水平转移，没有转移到致病菌中的危险。而适应环境获得的抗性则源于基因变异，或其他细菌外源基因的插入，有可能在微生物间水平转移，引起耐药性的扩散。大多数双歧杆菌对萘啶酸、新霉素、多黏菌素 B、卡那霉素、庆大霉素、链霉素和灭滴灵具有固有抗性。1908 年，有研究提出双歧杆菌普遍耐受万古霉素。此外，检测微生物抗生素抗性方法的不同也会影响数据的比较。

2. 菌种功能性

功能性是应用益生菌制剂的目的。益生菌制剂在进入人体后，能与其胃肠道内的正常菌群产生相互作用，增加优势菌群数量，从而改善胃肠道微平衡；同时抑制部分病原菌生长，促进和改善健康。选用益生菌菌株时，既要考虑益生菌菌株在理论上是否具有一定的功效，同时要探究菌株进入机体过程中及进入机体后是否仍能发挥一定的功能。研究发现，优良的益生菌菌种应主要具有以下功能。

①具有耐胃酸和多种消化酶类的特性，以保证有足够数量的活菌定植于肠道并发挥益生作用。

②耐胆汁性，不要过早解离胆汁盐。胆汁盐的分解会影响到益生菌的功能，此特性也是作为益生菌菌株可以在小肠内存活的必要条件之一。

③具备良好的胃肠道黏附性及持久性，使其在人的胃肠道内定居时，能充分发挥其益生功能。

④具有良好的免疫刺激性，而且不会引起炎症反应或产生威胁健康的潜在修饰基因，对病原菌具有抗诱变性和拮抗活性。

⑤可分泌具有特定功能的活性物质，如能产生有机酸、消化酶以及维生素、氨基酸、促生长因子等多种有益宿主的代谢产物，促进或改善人类健康的特性。

3. 技术的可行性

菌株在具备了安全性并具有一定功能的基础上，还应具备一定的技术可行性，方能应用于菌株的工业化生产。

①具有良好的感观特性及风味，同时不会产生难闻的气体。

②在食品发酵和生产过程中能够提供优良品质的生物活性物质，并且在培养、生产及贮存过程中能保持理想的状态，有活性，同时具备一定的稳定性。

③在目标位点能够生产，且具有抗噬菌体特性。

④适于大量生产和贮存，在较高的浓度下仍具有较高的活性。

并非每一种益生菌都必须具备所有这些特点，但用于益生菌制剂时应尽可能选择能更多地满足以上特点的菌株。

综合上述各个特征，人类使用的益生菌至少需要满足以下的要求。

①人体来源，拥有可考证的安全和耐受记录。

②能在胃酸和消化道胆汁存在的情况下存活；能改善肠道功能，纠正各种肠道异常症。

③产生维生素，能释放有助于食物消化、促进基本营养物质的吸收、钝化肠道内的致癌物和有毒物的各种酶。

④能黏附到人肠道上皮细胞上，在黏膜表面定植，并能在消化道内生长繁殖。

⑤能产生抗菌物质，并且对各种人体致病菌具有广谱抗菌作用。

⑥具有能刺激免疫功能、增强宿主网状内皮细胞的防御功能。

有学者认为，理想的益生菌应符合以下要求（见图 1-1）。

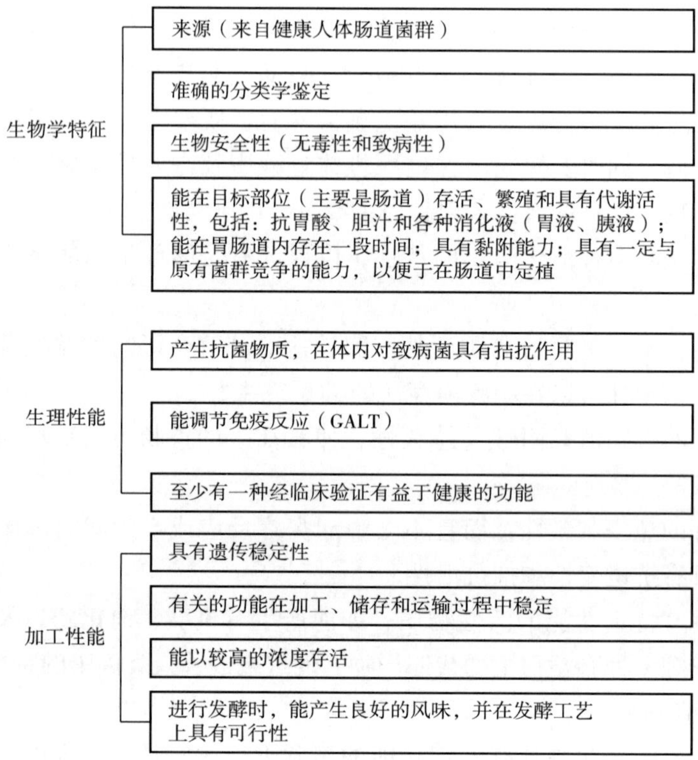

图 1-1 益生菌的筛选标准

三、益生菌保存

尽管特定的菌株可能存在特殊的保存方式和条件。但是，对于大多数益生菌而言，通常可以按表 1-3 所列的条件与方法进行保存。

表 1-3　　益生菌保存

益生菌种类	保存期限	培养基及方法	保存时所采用的细胞生长阶段	保存温度	冷冻保护剂	移种频率
乳杆菌	短期	MRS 琼脂穿刺培养	指数生长前期	4~7℃	MRS 琼脂	每周一次
	短期	MRS 琼脂斜面	指数生长前期	-20℃	MRS 肉汤（液体培养基）	半年一次
	长期	MRS 液体培养	指数生长后期	冷冻干燥后，5~8℃保存	脱脂奶或马血清+75g/L 葡萄糖溶液	10~20 年
双歧杆菌	短期	MRS 肉汤培养基加 5g/L 琼脂，穿刺培养	指数生长前期	3~4℃	MRS 肉汤培养基加 5g/L 琼脂	两周一次
嗜热双歧杆菌	短期	MRS 琼脂斜面，在补充 10% CO_2 的空气中培养	指数生长前期	3~4℃	MRS 琼脂斜面	两周一次
链球菌	短期	合适培养基的斜面或穿刺管	指数生长前期	4℃	培养时所用的培养基	每周一次
		石蕊牛乳+100g/L $CaCO_3$ + 3g/L 酵母抽提物 + 100g/L 葡萄糖	指数生长前期	10℃	石蕊牛乳	每周一次
	长期	合适的培养基	指数生长后期	-80℃ 深度冷冻或液氮保存	10g/L 胰蛋白胨，5g/L 酵母抽提物	半年一次
	长期	合适的培养基	指数生长后期	冷冻干燥后，5~8℃保存	1g/L 葡萄糖，1g/L 盐酸半胱氨酸或 20g/L 牛血清脱脂乳或血清	10~20 年

第三节　细菌分类鉴定技术与方法

鉴定是分类学三大要素之一，旨在将未知菌通过表型特征和基因特征与已知菌相比较，从而得出未知菌的分类位置。该比较方法即为鉴定技术。鉴定技术可分为以下几类：常规鉴定、快速鉴定、分子生物学鉴定等。

常规鉴定的检测方法，即生理生化试验方法，包括革兰氏染色，芽孢染色，接触酶、氧化酶检测，厌氧生长检测，生长温度检测和耐热性检测，糖发酵试验，运动性检测，胱氨酸和半胱氨酸的需求测定，耐盐性和需盐性检测，葡萄糖发酵主要产物的测定，胞壁酸组成测定等。

快速鉴定又称数值鉴定或数码鉴定。根据鉴定对象采用不同的编码鉴定系列，接种一定数目的试验卡，适温培养一定时间后，将所得的结果以数字的方式表达，并与数据库数据对照，从而获得鉴定结果。此方法使未知菌的鉴定更加简易、微量和快速，较好地满足了临床需要。目前常用的细菌编码鉴定系统有很多，例如 Micro－ID、Minitek、Minibact、Biolog 和 API（Analytic Products Inc）鉴定系统等。API 是目前国内外应用最广泛的一种，以鉴定菌种广泛和结果正确而著称。

分子生物学方法鉴定乳酸菌主要以聚合酶链式反应（PCR）技术和核酸分子探针杂交技术为基础。PCR 是近年发展起来的一种体外扩增特异 DNA 片段的技术，是在模板 DNA、引物和 4 种脱氧核糖核苷酸存在的条件下依赖于 DNA 聚合酶的酶促合成反应。PCR 技术的特异性取决于引物和模板 DNA 结合的特异性。

一、生理生化试验方法

微生物的形态结构观察主要是通过染色，在显微镜下对其形状、大小、排列方式、细胞结构（包括细胞壁、细胞膜、细胞核、鞭毛、芽孢等）及染色特性进行观察，直观地了解细菌在形态结构上的特性，根据不同微生物在形态结构上的不同达到区别、鉴定微生物的目的。

不同微生物在某种培养基中生长繁殖，所形成的菌落特征有很大的差异，而同一种细菌在一定条件下，培养特征却有一定的稳定性，以此可以对不同微生物加以区别鉴定。因此，微生物培养特性的观察也是微生物检验鉴别中的一项重要内容。

细菌的培养特征包括以下内容：在固体培养基上，观察菌落大小、形态、颜色（色素是水溶性还是脂溶性）、光泽度、透明度、质地、隆起形状、边缘特征及迁移性等。在液体培养中的表面生长情况（菌膜、环）浑浊度及沉淀等。半固体培养基穿刺接种，观察运动、扩散情况。

霉菌、酵母菌的培养特征如下：大多数酵母菌没有丝状体，在固体培养基上形成的菌落和细菌菌落很相似，只是比细菌菌落大且厚。液体培养也和细菌相似，均匀生长、有沉淀或在液面形成菌膜。霉菌有分支的丝状体，菌丝粗长，在条件适宜的培养基里，菌丝无限伸长，沿培养基表面蔓延。霉菌的基内菌丝、气生菌丝和孢子丝都常带有不同的颜色，因而菌落边缘和中心、正面和背面的颜色常常不同，例如，青霉菌孢子青绿色，气生菌丝无色，基内菌丝褐色。霉菌在固体培养基表面形成絮状、绒毛状和蛛网状菌落。

微生物的生理生化试验方法如下。

1. 氧化酶的测定

(1) 原理　氧化酶（细胞色素氧化酶）是细胞色素呼吸酶系统的最终呼吸酶。具有氧化酶的细菌，首先使细胞色素 C 氧化，再由氧化型细胞色素 C 使对苯二胺氧化，生成有色的醌类化合物。

(2) 试剂　10g/L 盐酸四甲基对苯二胺或 10g/L 盐酸二甲基对苯二胺。

(3) 方法　常用的方法有 3 种。

①菌落法：直接滴加试剂于被检菌菌落上。

②滤纸法：取洁净滤纸一小块，沾取菌少许，然后加试剂。

③试剂纸片法：将滤纸片浸泡于试剂中制成试剂纸片，取菌涂于试剂纸上。

(4) 结果　细菌在与试剂接触 10s 内呈深紫色，为阳性。为保证结果的准确性，分别以铜绿假单胞菌和大肠埃希氏菌作为阳性对照和阴性对照。

(5) 应用　主要用于肠杆菌科细菌与假单胞菌的鉴别，前者为阴性，后者为阳性。奈瑟氏球菌属（*Neisseria*）、莫拉氏菌属（*Moraxella*）的细菌也呈阳性反应。

2. 过氧化氢酶的测定

过氧化氢酶试验，又名接触酶试验。

(1) 试剂　3%过氧化氢溶液，临用时配制。

(2) 方法　挑取一接种环固体培养基上的菌落，置于洁净试管内，滴加 3%过氧化氢溶液 2mL，观察结果。

(3) 结果　于 30s 内产生气泡者为阳性，不产生气泡者为阴性。

3. 柠檬酸盐利用试验

(1) 原理　当细菌可以利用铵盐作为唯一氮源，同时以柠檬酸盐为唯一碳源时，可在柠檬酸盐培养基上生长，分解柠檬酸盐为碳酸盐，使培养基变碱，指示剂溴麝香草酚蓝由绿色变为深蓝色为阳性，培养基不变色（绿色）为阴性。

(2) 培养基　硫酸镁 0.2g，磷酸二氢钠 1.0g，磷酸氢二钾 1.0g，柠檬酸钠 5.0g，氯化钠 5.0g，琼脂 15.0g，10g/L 溴麝香草酚蓝乙醇溶液 8.0mL，蒸馏水 990mL。

(3) 方法　将各试剂（除溴麝香草酚蓝溶液外）混合于蒸馏水内，加热溶解，校正 pH 7.0，再加入溴麝香草酚蓝溶液，混匀后分装于试管中，121℃ 20min 高压灭菌后成斜面。培养基呈淡绿色。将培养物划线接种，在最佳生长温度培养 7d。

(4) 结果记录　微生物利用柠檬酸且在柠檬酸琼脂上的生长导致了碱性反应，因此，培养基中的溴麝香草酚蓝指示剂由绿色变为亮蓝色；如果微生物没有利用柠檬酸且在柠檬酸琼脂上没有生长，则培养基的颜色不发生变化。

4. 糖（醇）发酵试验

(1) 原理　由于各种细菌含有发酵不同糖（醇、苷）类的酶，故分解糖类的能力各不相同，有的能分解多种糖类，有的仅能分解 1~2 种糖类，还有的不能分解糖类。细菌分解糖类后的终末产物也不一致，有的产酸、产气，有的仅产酸，故可利用此特点以鉴别细菌。

（2）培养基　在培养基中加入 5～10g/L 的糖类（单糖、二糖或多糖）、醇类（甘露醇、肌醇等）、苷类（水杨苷等）。培养基可为液体、半固体、固体或微量生化管几种类型。

（3）方法　将分离的纯种细菌，以无菌操作接种到糖（醇、苷）类发酵培养基中，于培养箱中培养数小时至 2 周后，观察结果。若用微量发酵管，或要求培养时间较长时，应保持湿度，以免培养基干燥。

（4）结果　接种的细菌，若能分解培养基中的糖（醇、苷）类产酸时，培养基中的指示剂呈酸性反应。若产气，可使液体培养基中倒管内或半固体培养基内出现气泡，固体培养基内有裂隙等现象。若不分解，培养基中除有细菌生长外，无任何其他变化。

（5）应用　鉴定细菌最主要和最基本的试验，特别是对肠杆菌科细菌的鉴定尤为重要。

5. 克氏双糖铁（KIA）复合试验

（1）原理　该培养基用酚红指示剂，在酸性时呈黄色，碱性时呈红色。细菌如能发酵乳糖和葡萄糖而产酸产气，则斜面与底层均呈黄色，且有气泡。如只发酵葡萄糖不发酵乳糖，因葡萄糖含量少，斜面所生成的少量酸可因接触空气而氧化挥发，从而使斜面部分保持原来的红色；底层由于是在相对缺氧的状态下，细菌发酵葡萄糖所生成的酸类物质不被氧化挥发而保持黄色。如细菌分解蛋白质产生硫化氢，则与硫化亚铁作用生成黑色的硫化铁，使培养基变黑。

（2）方法　将待检菌接种于克氏双糖铁培养基中（底层穿刺，上层斜面划线），35℃培养 24 小时观察。

（3）结果　发酵乳糖和葡萄糖产酸产气，则上层和底层均呈黄色且有气泡产生；只发酵葡萄糖而不发酵乳糖，则底层变黄，上层仍为红色；如底层变黑，说明该菌产生硫化氢，生成黑色的硫化铁沉淀。

6. 乙酰甲基甲醇试验（V-P 试验）

（1）原理　某些细菌在糖代谢过程中，分解葡萄糖产生丙酮酸，丙酮酸脱羧产生乙酰甲基甲醇，乙酰甲基甲醇在碱性环境中，被空气中的氧氧化为二乙酰，进而与培养基内蛋白胨中精氨酸所含的胍基起作用，生成红色化合物，则为 V-P 试验阳性。若培养基中胍基含量较少，则可加入少量含胍基化合物，如肌酸或肌酐等。试验时加入 α-萘酚可加速此反应。

（2）培养基　葡萄糖蛋白胨水培养基。

（3）方法　将待检菌接种于上述培养基中，于 35℃培养 48h 后加入甲液（60g/L α-萘酚乙醇溶液）和乙液（400g/L 氢氧化钾溶液），振摇。

（4）结果　在数分钟内出现红色为阳性；如无红色出现且于 35℃培养 4h 后仍如故者即为阴性。

（5）应用　本试验常与甲基红试验一起使用，因为前者阳性的细菌，后者通常为阴性。

7. 吲哚试验

（1）原理 某些细菌能分解蛋白胨中的色氨酸，产生靛基质。靛基质与试剂中的对二甲氨苯甲醛相作用，形成可见的红色化合物及玫瑰吲哚。

（2）培养基 蛋白胨 1g，氯化钠 0.5g，蒸馏水 100mL。将上述成分混合于蒸馏水中，加热溶解。调整 pH 至 7.6，加热煮沸待冷却过滤，分装于试管中，每管约 3mL。121℃高压灭菌 20min。

（3）试剂 对二甲氨苯甲醛 1g，95%乙醇 95mL，浓盐酸 20mL。配置时，应先用乙醇溶液溶解对二甲氨苯甲醛，再缓慢加入盐酸即成。此试剂不能久存，宜少量配制，并避光保存于冰箱中或阴凉处。

（4）方法及结果 将细菌纯培养物接种到蛋白胨水培养基中，37℃培养 24~72h 后，沿管壁缓慢加入 2~3mL 试剂于培养物的液面上。在 2 层液体交界面出现红色环者为阳性，阴性反应者不变色。

为了使颜色明显，在加入试剂之前，先向培养物中加入 1mL 乙醚，并充分振荡，使靛基质溶于乙醚中。静置片刻，使乙醚层浮于培养物的液面上。此时，再按上述方法徐徐加入试剂 5~10 滴，并观察判定结果。

8. 甲基红试验（MR 试验）

MR 试验用于测定细菌分解葡萄糖产酸的程度。若所产生的酸使培养基 pH 降低到 4.5 或更低，此时加入的甲基红指示剂呈红色。甲基红指示剂的变色范围为 pH 4.2（红色）~6.3（黄色）。

（1）原理 某些细菌在糖代谢过程中，分解葡萄糖产生丙酮酸，丙酮酸可进一步分解，产生甲酸、乙酸、乳酸等，使培养基的 pH 降至 4.5 以下，当加入甲基红试剂则呈红色，为甲基红试验阳性。若细菌分解葡萄糖产酸量少，或产生的酸进一步转化为其他物质（如醇、酮、醚、气体和水等），则培养基的酸度仍在 pH 6.2 以上，故加入甲基红指示剂呈黄色，为阴性。

（2）培养基与试剂 葡萄糖蛋白胨水培养基：蛋白胨 1g，磷酸氢二钾 1g，葡萄糖 1g，蒸馏水 200mL。将各成分混合于蒸馏水中，加热溶解，调节 pH 至 7.2，加热煮沸，待冷却后用滤纸过滤。分装于试管中，115℃灭菌 20min。

甲基红试剂：0.1g 甲基红溶于 300mL 95%乙醇中，加蒸馏水至 500mL 即成。

（3）方法 将待检菌接种于上述培养基中，培养 2~4d，于培养基内加入甲基红试剂，立即观察结果。

（4）结果 呈现红色为阳性；橘红色为弱阳性；黄色为阴性。

（5）应用 主要用于鉴别大肠埃氏希菌与产气肠杆菌，前者为阳性，后者为阴性。此外，肠杆菌科中的沙门氏菌属、志贺氏菌属、柠檬酸杆菌属、变形杆菌属等为阳性，而肠杆菌属、哈夫尼亚菌属则为阴性。

9. 淀粉水解试验

（1）原理 某些细菌可以产生分解淀粉的酶，把淀粉水解为麦芽糖或葡萄糖。淀粉水解后，遇碘不再变蓝色。

（2）方法　以18~24h的纯培养物，涂布接种于淀粉琼脂斜面或平板（一个平板可分区接种，试验数种培养物）或直接移种于淀粉肉汤中，于（36±1）℃培养24~48h，或于20℃培养5d。然后将碘试剂直接滴浸于培养基表面，若为液体培养物，则加数滴碘试剂于试管中。立即检视结果，阳性反应（淀粉被分解）为琼脂培养基呈深蓝色，菌落或培养物周围出现无色透明环，或肉汤颜色无变化；阴性反应则无透明环或肉汤呈深蓝色。

淀粉水解是逐步进行的过程，因而试验结果与菌种产生淀粉酶的能力、培养时间、培养基含有淀粉量和pH等均有一定的关系。培养基pH必须为中性或微酸性，以pH 7.2最适。淀粉琼脂平板不宜保存于冰箱中，因而以临用时制备为妥。

10. 石蕊牛乳试验

（1）原理　牛乳中主要含有乳糖和酪蛋白，在牛乳中加入石蕊是作为酸碱指示剂和氧化还原指示剂，这种检测被称为石蕊牛乳试验。石蕊在中性时呈淡紫色，酸性时呈粉红色，碱性呈蓝色，还原时则自上而下地褪色变白。乳酸细菌发酵乳糖产酸，石蕊变红，当酸度很高时，可使牛乳凝固。如试验菌产生蛋白酶，使酪蛋白分解，则使牛乳变得较澄清，略透明，表明牛乳胨化。

（2）培养基　脱脂乳粉100g溶于1000mL蒸馏水中。每100mL脱脂牛乳加入4mL浓度为25g/L（石蕊2.5g，100mL蒸馏水，放置一夜或更长时间，过滤）的石蕊牛乳，分装于试管中，牛乳高度为4~5cm。113℃高压蒸汽灭菌15~20min。

11. 明胶液化试验

（1）原理　有些细菌具有明胶酶（也称类蛋白水解酶），能将明胶先水解为多肽，又进一步水解为氨基酸，失去凝胶性质而液化。

（2）培养基　蛋白胨5g，明胶100~150g，水1000mL。pH 7.2~7.4，分装于试管中，高度为4~5cm，灭菌。

（3）方法　挑取18~24h待试菌培养物，以较大量穿刺接种于明胶高层约2/3深度或点种于平板培养基中，于20~22℃培养7~14d，要有未接种的空白对照。明胶高层也可培养于（36±1）℃。每天观察结果，若因培养温度高而使明胶本身液化时应不加摇动、静置冰箱中待其凝固后再观察其是否被细菌液化，如确被液化，即为试验阳性。平板试验结果的观察是在培养基平板点种的菌落上滴加试剂，若为阳性，10~20min后，菌落周围应出现清晰带环，否则为阴性。

12. 七叶苷水解试验

（1）原理　某些细菌可将七叶苷分解成葡萄糖和七叶素，七叶素与培养基中柠檬酸铁的二价铁离子反应，生成黑色的化合物，使培养基呈黑色。

（2）培养基　七叶苷5.0g，柠檬酸铁0.5g，蛋白胨5.0g，磷酸氢二钾1.0g及蒸馏水1000mL。校正pH至7.3±0.1，分装备用。

（3）方法　将待检菌接种于七叶苷培养基中，培养后观察结果。

（4）结果 培养基变为黑色为阳性，不变色者为阴性。

（5）应用 主要用于 D 群链球菌与其他链球菌的鉴别，前者阳性，后者阴性。也可用于革兰氏阴性杆菌及厌氧菌的鉴别。

13. β-半乳糖苷酶试验（ONPG 试验）

（1）原理 有的细菌可产生 β-半乳糖苷酶，能分解邻-硝基酚-β-D-半乳糖苷（ONPG），而生成黄色的邻-硝基酚，在很低浓度下也可检出。

（2）试剂 取 80mg ONPG 溶于 15mL 蒸馏水中，再加入缓冲液（6.9g 磷酸二氢钠溶于 45mL 蒸馏水中，用 300g/L 氢氧化钠调整 pH 为 7.0，再加水至 50mL）5mL，配成 0.75mol/L ONPG 溶液置于 4℃ 冰箱中保存。ONPG 溶液为无色，如出现黄色，则不应再用。

（3）方法 从克氏双糖铁培养基上取菌，于 0.25mL 无菌生理盐水中制成菌悬液，加入 1 滴甲苯并充分振摇，使酶释放。将试管置于 37℃ 水浴 5min，加入 0.25mL ONPG 试剂，水浴 20min~3h，观察结果。

（4）结果 菌悬液呈现黄色为阳性反应，一般在 20~30min 内显色。

（5）应用 迅速及迟缓分解乳糖的细菌 ONPG 试验为阳性，而不发酵乳糖的细菌为阴性。本试验主要用于迟缓发酵乳糖菌株的快速鉴定。

14. 硫化氢产生试验

（1）原理 某些菌能利用培养基中的有机硫化合物产生硫化氢，硫化氢遇铅盐可形成黑色的硫化铅。利用此反应可检测硫化氢的产生。

（2）培养基 含半胱氨酸或胱氨酸的培养基，培养基的成分：胰蛋白胨 10g，酵母提取物 5g，半胱氨酸 0.4g，肉浸膏 3g，氯化钠 5g，葡萄糖 2g，蒸馏水 1L，pH 7.2~7.4。分装于试管中，每管培养液层高度为 4~5cm。118℃ 灭菌 15min 后备用。

（3）乙酸铅试纸条 将普通滤纸剪成 0.5~0.6cm 宽的纸条，长度根据试管和培养基高度而定。用浓度为 50~100g/L 的乙酸铅将纸条浸透，然后置于烘箱烘干，放入培养皿或试管内，灭菌后备用。

（4）结果 将新鲜培养物接种于培养液后，用无菌镊子取一乙酸铅纸条悬挂于接种管内。下端接近培养液表面而不接触液面，上端用棉塞塞紧。试验中设空白对照，在未接种的试管培养基上悬挂乙酸铅纸条。另外接种已知菌的阴性反应作对照。置于合适培养条件，观察比较，纸条变黑即为阳性。

15. 精氨酸水解试验

细菌的精氨酸双水解作用是将精氨酸经过两步水解，生成有机胺和无机氨。鉴定细菌的精氨酸试验，无论是发酵菌还是非发酵菌，革兰氏阳性菌还是革兰氏阴性菌，测的都是精氨酸双水解酶，使用脱羧酶试验培养基。所以，赖氨酸脱羧酶、鸟氨酸脱羧酶和精氨酸双水解酶用同一种基础培养基，为 Moeller 配方或 Falkow 配方，均须加盖石蜡油。对于发酵菌，细菌生长后，培养基变黄为阴性，变紫为阳性；对非发酵菌，培养基颜色不变为阴性，变黄为阳性。

16. 硝酸盐（Nitrate）还原试验

（1）原理　有些细菌具有还原硝酸盐的能力，可将硝酸盐还原为亚硝酸盐、氨或氮气等。亚硝酸盐的存在可用硝酸试剂检验。

（2）方法　临试前将试剂的 A（磺胺酸冰醋酸溶液）和 B（α-萘胺乙醇溶液）试液各 0.2mL 等量混合，取混合试剂约 0.1mL，加于液体培养物或琼脂斜面培养物表面，立即或于 10min 内呈现红色即为试验阳性，若无红色出现则为阴性。

用 α-萘胺进行试验时，阳性红色很快消退，故加入后应立即判定结果。进行试验时必须有未接种的培养基管作为阴性对照。α-萘胺具有致癌性，使用时应加注意。

17. 尿素酶（Urease）试验

（1）原理　有些细菌能产生尿素酶，将尿素分解，产生 2 分子氨，使培养基变为碱性，酚红呈粉红色。尿素酶不是诱导酶，因为不论底物尿素是否存在，细菌均能合成此酶，其活性最适 pH 为 7.0。

（2）培养基　蛋白胨 1.0g，2g/L 酚红溶液 6.0mL，氯化钠 5.0g，琼脂 20g，磷酸二氢钾 2.0g，D-葡萄糖 1.0g，蒸馏水 1000mL。

加热溶解各成分于蒸馏水中。分装于试管，121℃灭菌 15min，冷却至 50℃，在每支试管中无菌加入足量的 200g/L 灭菌尿素溶液（预先过滤灭菌），使最终含量为 20g/L，将培养基制成斜面，放置，备用。

（3）方法　按斜面接种培养方法接种，同时将不加尿素的基础培养基接种作为对照，以证明氨的产生是来自尿素而非蛋白胨水。在最佳生长温度培养 1~7d。

（4）结果记录　尿素酶的产生使尿素水解产生氨，培养基的 pH 升高，颜色发生变化，从黄色变为粉红色或红色。

18. API 鉴定系统

API 鉴定系统的主要部分是 API 试剂条及检索工具，此外，有些反应还须使用添加试剂。

API 试剂条由透明的聚氯乙烯（PVC）材料制成，不同的试剂条有不同数量的反应杯，每个反应杯内包被有相应的干燥生化基质，常见的生化反应有以下 5 类。

（1）发酵试验　为糖类与酸的分解代谢试验，结果是通过 pH 的变化引起酸碱指示剂颜色的改变来判断的，如葡萄糖、乳糖、甘露糖、蔗糖、甘露醇、肌醇、山梨醇等。

（2）同化试验　待测菌能否利用反应杯中的单一糖类作为碳源而得以生长来判断，如葡萄糖、阿拉伯糖、甘露糖、甘露醇、*N*-乙酰葡糖胺、葵酸、乙二酸、苹果酸等。

（3）发酵或同化抑制试验　根据待测菌是否受到反应杯中特异抑制物的抑制而不能进行分解代谢或不能生长来判断。

（4）酶试验　待测菌含有相应的酶就可分解底物，再通过显色反应来判断，如碱性磷酸酶、氧化酶、β-半乳糖苷酶、赖氨酸脱羧酶、鸟氨酸脱羧酶 、色氨酸脱羧酶、吲哚产生等。

（5）其他生化反应　如硝酸盐还原酶、七叶苷、明胶、硝酸盐还原反应等。

二、化学分类特征分析方法

1. 细胞脂肪酸测定

脂肪酸是生物体内不可缺少的能量和营养物质，是生物体的基本结构成分之一，绝大部分脂肪酸在细胞中以结合形式存在，具有重要生理功能：①它是构成生物膜的重要物质；②它是有机体代谢所需燃料的储存形式；③它作为细胞表面物质与细胞识别、种族特异性和细胞免疫等密切相关。细菌根据其种类的不同、生长条件、营养状况等的差异，菌体中所含有的脂肪酸成分（种类和含量）会有较大的区别。依据此种差别，可以对未知菌株进行鉴定，对临床分离菌株进行亲缘关系分析等。由于脂肪酸组成不仅有种类的差异，而且有含量的差异，所以在某些方面具有传统生化反应鉴定不可比拟的优越性。利用脂肪酸鉴定细菌的适用范围非常广泛，几乎可以用于所有可培养的细菌，但古生菌不能使用脂肪酸谱图（脂肪酸甲酯，FAME）进行分析，因为它的极性脂质是以醚而不是酯键的形式出现的。只要在相同的条件下培养细菌，用相同的方法提取和分析脂肪酸成分，结合聚类分析等统计方法就可以完成细菌的分型工作。现代微生物学研究表明：微生物细胞结构中普遍含有的脂肪酸成分与微生物 DNA 具有高度的同源性，各种微生物具有其特征性的细胞脂肪酸指纹图谱。目前就脂肪酸分析在细菌鉴定上的准确性有学者进行了相关研究，以 16*S* rDNA 序列聚类为基准，脂肪酸聚类对革兰氏阴性菌和杆菌类细菌的准确率相对较高。

1963 年，阿韦（Awe）率先将气相色谱应用于大肠埃希氏菌的菌体脂肪酸成分分析，创建了一个全新的细菌化学分类方法，其后，这种分析技术不断地被报道应用于假单胞菌、分枝杆菌、链球菌、芽孢杆菌、梭形杆菌等不同属菌种的鉴定研究。

2. 细胞呼吸醌测定

呼吸醌广泛存在于微生物的细胞膜中，是细胞膜的组成成分，在电子传递链中起重要作用。醌的含量与土壤和活性污泥的生物量呈良好的线性关系，因此醌含量可用作微生物量的标记。有两类主要的呼吸醌：泛醌（Ubiquinone，UQ）即辅酶 Q，甲基萘醌（Menaquinone，MK）即维生素 K。醌可以在按分子结构分类（UQ 和 MK）的基础上依据侧链含异戊二烯单元的数目和侧链上使双键饱和的氢原子数进一步区分。每一种微生物都含有一种占优势的醌，而且不同的微生物含有不同种类和分子结构的醌。因此，醌的多样性可定量表征微生物的多样性，醌谱图（即醌指纹）的变化可表征群落结构的变化。用醌指纹法描述微生物群落的参数有：①醌的类型和不同类型的醌的数目；②占优势的醌及其含量（摩尔分数）；③总泛醌和总甲基萘醌的摩尔分数之比；④醌的多样性和均匀性；⑤醌的总量等。对于两个不同的群落，由上述分析所得的数据可以计算出另一个参数，非相似性指数（D），用于定量比较两个群落结构的差异。

醌指纹法具有简单快速的特点，近几年来广泛用于各种环境微生物样品（如土壤、活性污泥和其他水生环境群落）的分析。然而，醌指纹法也存在一定的局限性，它不能反映具体哪个属或哪个种的变化。

3. 细菌细胞壁的组成与分析

细胞的化学特征（传统上指的是化学分类学）一般是指细胞的各种结构元素（肽聚糖、真霉酸等），细胞膜（脂肪酸、极性脂肪、色素等）和细胞质的构成（聚胺）。

一般来讲，研究者必须分析与研究分类相近的菌的化学特性以用于比较。不同方法对化学特征的鉴别能力不大相同。

（1）肽聚糖　细菌细胞壁的刚性是由于其中含有一个巨大分子，这个分子由酰化氨基糖和3~6个不同氨基酸组成，称为肽聚糖。肽聚糖这种化合物是由短肽连接的聚糖链。

肽聚糖部分的肽是非常均匀的，通常由*N*-乙酰基葡糖胺和*N*-乙酰胞壁酸残基交替由β-1,4键连接。后面的氨基糖只存在于细菌和蓝绿藻中。进一步研究显示为3-O-*D*-乳酸酰葡糖胺（见图1-2）。

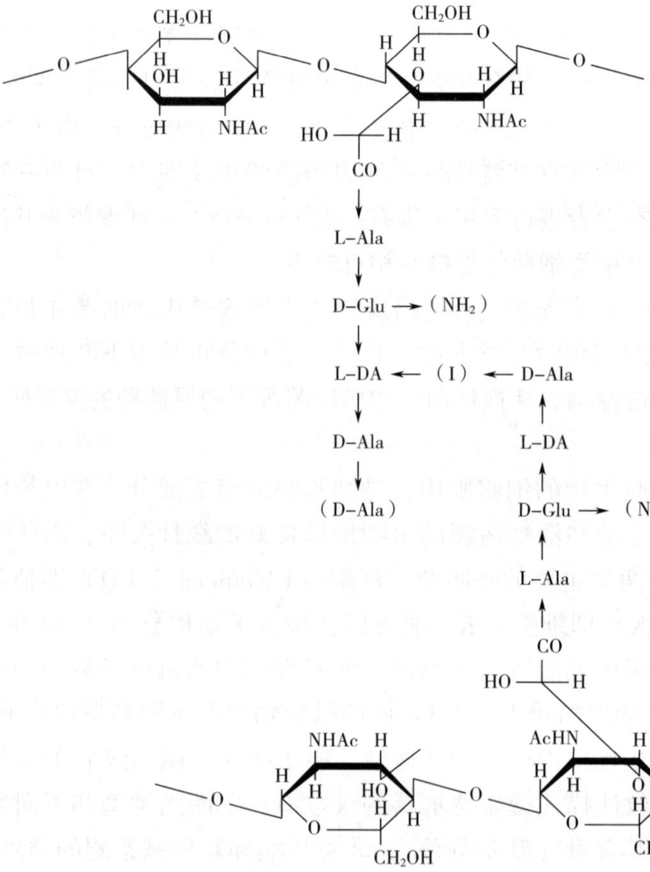

图1-2　典型肽聚糖的主要结构

聚糖的变化并不大，如胞壁酰的6-羟基基团的乙酰化和磷酸化的变化和偶尔情况下肽或者*N*-乙酰基取代基的变化。最近对于细菌孢子肽聚糖的研究表明，胞壁酸的残基可以以胞壁酸内酰胺的形式呈现。在分枝杆菌、诺卡菌属 *Kirovarii* 和微单孢子中，胞壁酸不以*N*-乙酰基的形式出现，但以*N*-羟衍生物的形式出现。此处，在2位置的氨基基团不会被乙酰基（—$COCH_3$）取代，但会被羟基（—$COCH_2OH$）基团取代。对各种各样的革兰氏阳性细菌和革兰阴性细菌的研究表明，只有葡胞壁酸出现在细胞壁上，迄今尚未发现半乳胞壁酸的出现。

对于不同的物种，聚糖链是平均长度为10和65之间变化的二糖单位。在特殊情况下细胞壁的形状和平均链长之间有一定的关系，但是却没有证据表明其普遍关系。

肽的部分是由氨基酸的N末端连接到胞壁酸的羧基上，而且氨基酸由L型和D型交替连接。D构型的氨基酸的出现是肽聚糖的典型特征。图1-3中也可以看到。

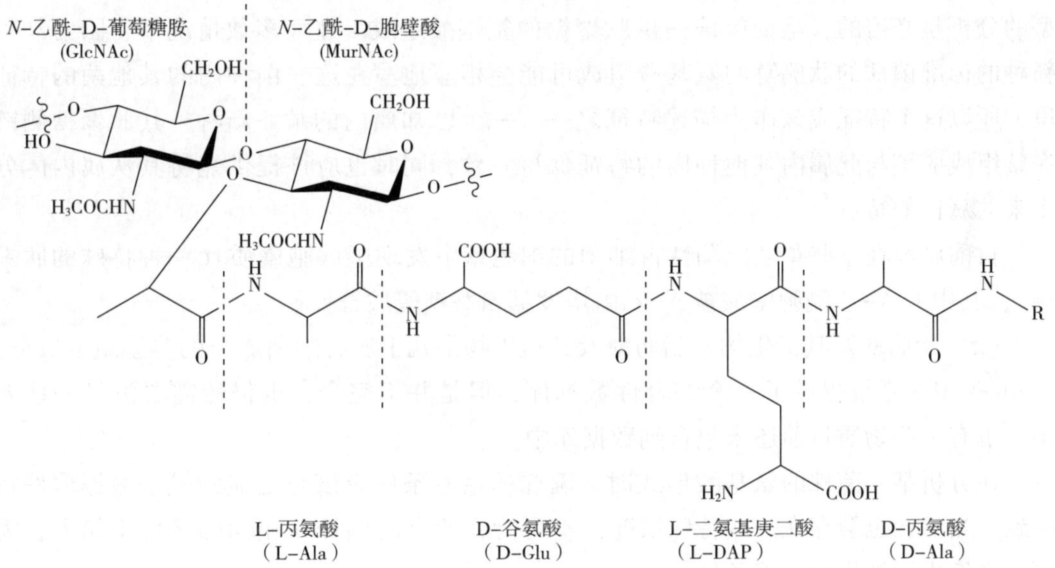

图1-3　细菌肽聚糖中肽部分的氨基酸和连接方式

肽聚糖的主要结构片段，通常是L-丙氨酸结合到胞壁酸上，然后是D-谷氨酸，其通过自身的γ-羧基连接到一个L型双氨基的氨基酸上，最后是由D-丙氨酸连接到此二氨基酸上。在某些情况下，谷氨酸的α-羧基会被替代，另外，也会在C末端发现一个额外的D-丙氨酸。肽的这部分通常被称为肽亚基。L型的二氨基酸中，没有结合在肽亚基上的氨基基团，会与邻近肽亚基D-丙氨酸的C末端形成一个肽的连接，有时也会通过肽桥连接。因此，肽聚糖中的肽部分，只能通过组成的肽亚基或肽亚基和一个肽之间的肽桥连接。肽桥连接通常是从一个肽亚基的二氨基酸ω-氨基基团连接到另一个肽亚基的D-丙氨酸的羧基基团。在少数情况下，连接是由D-谷氨酸的α-羧基连接到另外一个肽亚基的D-丙氨酸的羧基基团上的。在细胞壁结构的化学组成中，肽桥的连接方式存在有很多种形式。

肽亚基中的氨基酸的序列和变化可见图1-3。而氨基酸与胞壁酸的连接通常是由L-甘氨酸连接的，但是有时也会被甘氨酸或者L-色氨酸替代。

肽聚糖结构的鉴别能力只局限于革兰氏阳性菌，然而在变形菌门和拟杆菌门之间却没有差别。可以从不同的水平来分析肽聚糖的结构。最简单的分析是肽桥之间二氨基氨基酸的交联形式，包括肽聚糖类型的分析（A 型中两条肽链的侧链通过一条肽链的三位氨基酸连接到另外一条氨基酸的四位氨基酸）、连接的形式（肽桥的直接或者间接连接和桥之间的氨基酸连接）和完整的氨基酸组成。以上是肽聚糖结构的所有信息。B 型包含了微杆菌科和丹毒丝菌科所有菌属的特征。目前所有被分析的其他含有胞壁质的细菌都属于 A 型肽聚糖。肽的侧链氨基酸，包括二氨基氨基酸，对于一个属内的所有种类是一致的。然而，在肽的侧链之间的交联形式上出现了很大程度的变化，而这一点在特定种类的种之间不同（如微杆菌属内），但是在已报道的藤黄微球菌的单一菌种之内的不同菌株也存在差异。当描述某一新型的革兰氏阳性菌时，对于肽聚糖构型的分析是必需的，至少应该提供肽聚糖的氨基酸组成。在大多数情况下，因为某一新种的标准菌株的肽侧链的氨基酸组成可能会相应地写在这一菌种内的其他菌的特征里，所以这个特征应该作为描述特征之一。一个已知属内的某一新种，其肽聚糖侧链完整组成应该与此属内其他种内的特征保持一致，同时也应该提供能将其从属内区分出来的肽桥的特点。

目前已经在一些革兰氏阳性古细菌的细胞壁中发现了假胞壁质（一种特殊的肽聚糖），其中的 *N*-乙酰胞壁酸被 *N*-乙酰塔罗糖氨基糖醛酸替代。

（2）脂肪酸及其衍生物　脂肪酸及其衍生物是几乎所有细菌成员的典型组成成分。Sherlock MIS 系统提供了一个综合性数据库，但是并不完全，也仍然需要澄清一些差错，也有一些物质目前还未包含到数据库中。

在分析某一菌株的氨基酸形式时，菌株的培养条件应该与之前的氨基酸提取保持一致。当然，也会存在一些特殊情况，不可能将所有的菌株在相同的条件下培养，需要在文章中详细指出培养条件。

在文字形式表征脂肪酸时，含 1%或者超过 1%的成分都要表征出来。如果主要峰的成分没能识别出来，可以不写在主峰表中。在这种情况下，应该以等链长度（ECL）的形式表示出来。这样可以方便将来的研究者能够根据给出的 ECL 进行结构解析。

当对脂肪酸的形式进行比较时，一般在一个分类群内的变动很小，所以要特别注意某一类群内是由支链脂肪酸合成的直链脂肪酸和不饱和脂肪酸。同样的，羟基化脂肪酸的存在与否分为一般特性和特别情况两种，应谨慎对待。

Sherlock MIS（MIDI）系统是从完整的细胞提取脂肪酸，然后将从细胞中提取的脂质成分和以前通过薄层色谱法（TLC）进行分类的甲酯脂肪酸进行比较，这样的比较结果并不敏感，而且任何解释都可能被伪造。

除了简单脂肪酸，现在已经有越来越多的证据表明，在某些细菌的特定菌群中存在一系列的极性脂质。这些化合物似乎是由一个脂肪酸和一个小分子质量的分子，比如一个氨基酸，压缩组成的。目前已知的例子有鞘脂和烷基胺等，也有报道称嗜热玫瑰红球菌（*Thermomicrobium roseum*）中一种重要的脂质是长链二元醇。对于有这些物质存在的菌群中，应当采取合适的方法分析确认是否的确有这种物质存在，同时使用方法也应当详细陈述。

三、基于遗传信息的分子生物学鉴定方法

1. DNA 中 G+C 含量分析

生物体的遗传物质 DNA 中 4 种碱基 G、C、A、T 的排列和比例是 DNA 特性的决定因素。斯托克（Storck）系统测定了真菌 DNA 的 G+C 摩尔分数（%），确定 G+C 的摩尔分数作为真菌分类鉴定的遗传学参考标准之一。染色体 DNA 的 G+C 含量，即 DNA 的碱基组成，具有种特异性，且不受菌龄和外界因素的影响，成为细菌分类和菌种鉴定的重要指标。其测定方法不断被改进和创新，主要包括纸色谱法、浮力密度法、高效液相色谱法、热变性温度测定法（T_m 法）和荧光法等。其中 T_m 法操作简便，精确度高，重复性好，最为常用。此法在国外早已发展，在国内也引起越来越多的重视，此法利用 DNA 的增色效应求 T_m（热变性温度），G+C 含量与 T_m 呈正比例关系。

T_m 法测定 G+C 摩尔分数的原理如下。DNA 双螺旋在一定离子强度和 pH 缓冲液中不断加热时，碱基对间的氢键断裂，使 DNA 双链（天然构型）打开，逐渐变成单链（变性构型），导致核苷酸在 260nm 处的紫外线吸光度明显增加（增色效应）。当双链完全变成单链后，紫外光吸光度停止增加，紫外光吸光度增加的中点所对应的温度即为热变性温度（Melting Temperature，T_m）。DNA 由 A-T 和 G-C 两组碱基对组成，具有 3 个氢键的 G-C 比具有 2 个氢键的 A-T 碱基对结合得更牢，热变性过程中打开氢键所需的温度更高。因此，DNA 样品的 T_m 直接取决于样品中 G-C 碱基对的绝对含量。利用增色效应测定 T_m，代入特定公式可求出不同细菌 DNA 的 G+C 含量。

DNA 适当稀释后置于带加热装置的紫外分光光度计中完成热变性，根据变性过程中各温度和对应的相对吸光度绘制成 DNA 热变性曲线，热变性曲线中点的温度即为 T_m。所测 T_m 代入特定公式即可计算出细菌染色体 DNA 的 G+C 含量。实验室常使用的参比菌株是大肠埃希氏菌 K_{12}（51.2% G+C），若测定的大肠埃希氏菌 K_{12} 的 T_m 为 90.5℃，使用式（1-1）和式（1-2）计算。

1×柠檬酸钠缓冲液（SSC 缓冲液）：

$$\text{G+C 含量（\%）} = (T_m - 69.3) \times 2.44 \tag{1-1}$$

0.1×SSC 缓冲液：

$$\text{G+C 含量（\%）} = (T_m - 53.9) \times 2.44 \tag{1-2}$$

若 T_m 为其他时，使用式（1-3）和式（1-4）计算。

1×SSC 缓冲液：

$$\text{G+C 含量（\%）} = 51.2 + 2.44\,(T_{m\,\text{未知菌}} - T_{m\,\text{大肠埃希氏菌 K}_{12}}) \tag{1-3}$$

0.1×SSC 缓冲液：

$$\text{G+C 含量（\%）} = 51.2 + 2.08\,(T_{m\,\text{未知菌}} - T_{m\,\text{大肠埃希氏菌 K}_{12}}) \tag{1-4}$$

对 T_m 的主要影响因素是溶液中的离子强度。测定 T_m 必须精确配制缓冲液的浓度，

测定高 T_m（92℃以上）时，可通过改变缓冲液浓度，如由 1% SSC 改用 0.1% SSC（约降低 16℃），或使用不同的缓冲液，如磷酸盐缓冲液（约降低 20℃）来克服测定的困难。

G+C 含量测定使微生物分类学依据由表型特征向遗传型特征深化，对表型特征相似的疑难菌株鉴定、新菌种的命名和建立一个新的分类单位等是一项重要的、必不可少的分类鉴定指标。G+C 含量测定也可作为细菌种属间亲缘关系的参考标准。一般认为，两株细菌的 G+C 含量差别< 2%是无意义的，含量差别在 2%~5%，判定为同种内的不同菌株；差别在 5%~15%，判定两株细菌同属不同种；差别>15%，判定两株细菌不同属甚至不同科。

G+C 含量测定的主要作用在于否定，即 G+C 含量不同的 2 个菌株，可肯定回答不是同种细菌。但 G+C 含量相同的细菌，不能武断地认为是相同或相似的细菌。因为 G+C 含量虽相同，其碱基排列顺序（遗传密码）不一定相同，尚须结合表型鉴定为未知菌定种或通过核酸杂交鉴定菌株间的亲缘关系。

T_m 法重复性较好，G+C 标准差为±（0.4%~1.0%），但该法对 4 个碱基以外的稀有碱基不敏感，G+C 含量测定适合于 30%~75%的范围，过高或过低都会出现偏差。

2. 16*S* rRNA 序列同源性的鉴定方法

16*S* rRNA 基因含有高度保守的基因片段，同时在不同的菌株间也含有变异的核酸片段，既能体现不同菌属之间的差异，又能利用测序技术快速得到核酸序列。通过对其序列的分析，可以判定不同菌属、菌种间遗传关系的远近。

16*S* rRNA 被选择作为系统发育分析标记分子，是因为它具有如下特点：①是构成蛋白质合成机器（核糖体）的关键成分，对所有的生物都至关重要（真核生物中是 18*S* rRNA）；②进化缓慢，保守性强；③存在进化速率不同的结构区域，部分片段在生物学域的层次上保守，部分片段在或高或低的层次上变化；④保守区和高变区的交替分布，便于在不同层次上的比对和分子生物学操作，如利用不同分类学层次的保守片段作为标记序列，设计引物或探针；⑤在细胞内的含量高，提取容易；⑥分子大小适宜（1500bp），既包含了足够的信息，又便于序列分析。

基于 16*S* rRNA 微生物系统发育多样性的研究极大地推动了微生物多样性研究的发展，《伯杰氏系统细菌学手册（第二版）》和《微生物学（第十版）》（*Brock Biology of Microorganisms*，*tenth edition*）的分类体系就是按 16*S* rRNA 的系统发育进行编排的。

然而，虽然 16*S* rRNA 基因序列广泛应用于细菌鉴定或构建细菌的系统进化关系，但在亲缘关系很近的分类类群间，序列间的相似度太高就会失效。因此，较其他方法而言，16*S* rRNA 基因序列分析更适用于确定属及属以上分类单位的亲缘关系。

3. DNA-DNA 分子杂交方法

细菌的双链 DNA 分子解链具有可逆性和碱基配对的专一性，将待测的不同来源的 DNA 在体外加热使其解链，并在合适的条件下使互补的碱基重新配对，然后测定杂交百分率。

DNA-DNA 分子杂交（Molecular Hybridization）百分率可反映核苷酸顺序的相似程度，进而可以阐明细菌之间的亲疏关系，可以在基因组水平上研究细菌间的区别和关系，用于种水平的分类学研究和新种的确立。1987 年，国际系统细菌学委员（ICSB）规定，以 DNA 相关性大于等于 70%或杂交分子的热解链温度差小于等于 5℃作为细菌种的界限。

DNA-DNA 杂交的方法有很多种，按其作用环境可大致分为液相分子杂交和固相分子杂交 2 个基本类型。常用的固相分子杂交有琼脂凝胶法和滤膜法。液相分子杂交有羟基磷灰石法、内切酶分析法、复性速率法，以及荧光微孔板测定法等。

DNA 分子杂交的各种方法都各有利弊。固相杂交法操作简单，但杂交效率较低；琼脂法测得的结果约为实际同源的 40%；硝酸纤维素膜法杂交结果可达到实际同源性的 75%；液相杂交的效率较高，可达 75%~95%。前 2 种方法都需要同位素标记 DNA，给试验工作带来许多麻烦，而复性速率法的优点恰恰是不需要同位素标记。复性速率法较简单，易操作，短时间内就能得出结果。但用此法即使完全异源的 2 株菌，也能给出 20%~30%的相似性。因此，最好用于比较相似的菌株。

4. 全基因组 DNA 脉冲场凝胶电泳（PFGE）的鉴定方法

细菌包埋于琼脂块中，用适当的内切酶在原位对整个细菌染色体进行酶切，酶切片段在特定的电泳系统中通过电场方向的不断交替变换及合适的脉冲时间等条件得到良好的分离。

PFGE 中内切酶的选用至关重要，所采用的内切酶常为寡切点酶（Low Frequency Cleavage Restriction Endonucleases），这种酶切后的片段少而大，适合于做 PFGE 电泳。有研究通过对细菌的 PFGE 电泳图谱的内切酶的选择研究发现，四核苷酸 CTAG 在许多 G+C 含量>45%的细菌染色体中是很少见的，在所试验的 16 个细菌的染色体中，被 1 个或多个可识别 CTAG 位点的内切酶酶切，每 100000bps 中不到 1 次，这些酶的识别序列分别为：*Xba* I（TCTAGA），*Sep* I（ACTAGT），*Avr* II（CCTAGG）和 *Nhe* I（GCTAGC）。同样地，在许多含 G+C<45%的基因组，CCG 和 CGG 更少。这样用 *Sma* I（CCCGGG）、*Rsr* II（CGGWCCG）、*Nae* I（GCCGGC）和 *Sac* II（CCGCGG）进行酶切，对产生平均超过 100000 个碱基对的片段是非常合适的。

对 PFGE 结果的观察，可因不同研究者而出现较大的差异。经过多年研究，有学者提出了 PFGE 的解释标准：①相同。酶切图谱间有同样的条带数，且相应条带大小相同，流行病学上则认为相同，这种经 PFGE 证实的结果，用其他方法检测不可能显示实质性的差异。②紧密相关。PFGE 试验中，其他克隆株与暴发克隆株有一致的单一基因事件的改变，如点突变、插入或 DNA 缺失。典型的情况下，这种变化可导致 2~3 个条带的差异，当一些分离菌株被多次重复培养或自同一病人多次分离时可观察到这种现象。③可能相关。两个独立的基因情况所致的一致的差异，如出现了 4~6 个条带的差异，此时能用简单的插入，DNA 缺失或限制性位点的获得/缺失来解释。这些菌株与暴发株间的遗传基因不紧密相关，流行病学上也不大可能相关，在长于 6 个月时间及大范围的暴发中收集的菌株可出现这类情况。④不相关。1 个分离菌株通过 3 个或更多个独立的基因事件所致的一致的改变，其 PFGE 图谱与暴发克隆株的样式不同，则可认为与暴发克隆株不相关（一般总有 7 个或更多个条带的差异）。典型情况下，这一分离株常只有少于 50%的良好分离片段出现在暴发株图谱样式中。

第二章

益生菌生理功能及应用

益生菌的功能研究主要从益生菌的应用领域入手，在食品、药品及畜牧业中，益生菌的生理功能主要包括三方面：①通过调节宿主肠道内的菌群微生态环境，从而调节宿主的身体状态；②通过改善宿主上皮细胞的屏障功能，利用竞争性黏附等机制抑制病原微生物的定植与繁殖；③通过调节免疫应答，利用菌体生长代谢出的肽聚糖活化机体内部免疫细胞等作用对机体产生有益影响。本章将具体介绍作为功能食品的益生菌的生理功能。

第一节 益生菌与胃肠道健康

一、益生菌与胃肠道健康

人们在日常生活中的饮食习惯都会不知不觉地影响胃肠道健康，胃肠道的健康状况又影响着人体的喜怒哀乐。目前，“胃肠道健康”没有明确的定义，根据 1948 年 WHO 对“健康”的定义，建议用更加详细的内容来代替“无疾病状态”。布伦纳（Brenner）等认为，胃肠道健康，即在医疗诊断后没有胃肠疾病征象、无肠道疾病风险、没有确诊的肠道疾病、身心良好的状态。从患病个体的角度来看，胃肠道健康是他们期望没有症状，至少不需要去看病。从医生角度来说，他们希望能够诊断潜在的胃肠道疾病，特别是恶性肠病，尤其是在患者没有明显症状的情况下。致力于肠道健康课题的科学委员会依据排除法和某些主观标准商讨制定了五条主要标准（表 2-1）。

表 2-1 评价肠道健康的五条标准

	肠道健康标准
食物消化和吸收正常	营养状况正常，有效吸收食物、水和矿物质，肠道运动有节律、通过时间正常，无腹痛、腹胀；粪便正常，无恶心、呕吐、腹泻、便秘和腹胀
胃肠道无疾患	无胃酸性疾病，无胃食管反流或其他的胃肠炎症性疾病；无酶缺乏或糖类不耐受；无炎症性肠病、乳糜泻或其他炎症性疾病、无结肠直肠或其他胃肠肿瘤
肠道微生态正常稳定	无细菌过度生长，肠微生物组成和活力正常；无胃肠感染或抗生素相关性腹泻
正常的免疫功能	胃肠黏膜屏障正常，黏液分泌正常，无细菌易位；IgA 水平正常，免疫细胞的数量和活性正常；免疫耐受，无过敏或黏膜高反应性
健康状态	生活质量高，或肠道舒适度正常；5-羟色胺（5-HT）分泌正常，肠神经系统功能正常

健康人的胃肠道内栖居着数量庞大、种类繁多的微生物，这些微生物统称为肠道菌群。肠道菌群按一定比例组合，各细菌间互相制约、互相依存，受饮食、生活习惯、地理环境、年龄及卫生条件的影响而变动，在质和量上形成一种生态平衡。处于理想状态的机体是在消化道内有特定量的有益微生物，以维持消化道内的平衡和养分的消化吸收；但是在生理和环境应激时，则会造成消化道内微生物区系紊乱，病原菌大量繁殖，出现临床病态。因而益生菌在维持肠道菌群平衡乃至胃肠道健康中起着决定性的作用。

人体胃肠道是益生菌定植并发挥作用的主要场所，益生菌在肠道微环境中进行代谢活动，影响人体的食物和药物成分代谢、细胞更新、免疫反应等诸多生理活动。

二、益生菌与胃肠道疾病

1. 腹泻

急性腹泻是儿童最常见的疾病，可分为侵袭性细菌性感染性腹泻和非侵袭性细菌性感染性腹泻。儿童时期肠道免疫功能不健全，肠道菌群处于生理性演替过程，其肠道定植能力等生理功能也处于相对不稳定状态。年龄越小，肠道微生态平衡越脆弱，更易受到各种因素，如病毒、细菌、食物毒素、药物作用、变态反应、全身性疾病等的影响。腹泻时肠道菌群紊乱，以双歧杆菌为主的益生菌数量明显减少，易使病原菌侵袭和定植，从而导致腹泻；而腹泻又加重了肠道菌群紊乱。

益生菌可通过很多途径发挥缓解和缩短急性肠炎的益生作用，例如，发酵牛乳产品、益生菌口服液、益生菌胶囊和脱脂乳粉。补充有益活菌制剂对小儿腹泻有较好的治疗作用。给药后，补充了人体肠道正常生理性细菌，并在肠道内定植、增殖，形成一层有保护作用的生物屏障；肠道微生态菌群发酵糖产生乙酸和乳酸，同时能产生一些抗菌活性物质，形成有广泛抗菌作用的化学屏障；同时，双歧杆菌等刺激机体免疫系统，产生免疫球蛋白 A（IgA）等免疫活性物质，形成免疫屏障。

益生菌也能够有效抑制或者缓解成人和儿童的感染性腹泻。益生菌对于儿童来说特别重要，主要是因为益生菌能够使儿童的免疫体系更加完善，使肠道微生物中的益生菌增多，并且降低致病菌的种类和数量。

20 世纪 50 年代以来，随着抗生素的广泛应用，抗生素相关性腹泻（AAD）也逐渐被临床医生所重视。AAD 是一种服用抗生素引起的常见的综合征，尤其是广谱的抗生素，例如，氨苄西林、阿莫西林、头孢和克林霉素。微生态制剂可有效地治疗和预防 AAD。微生态制剂可用于广谱抗生素所致的危重病患者中存在的肠道菌群失调。同时，应用抗生素和微生态制剂是否会影响活菌制剂的功效，以及活菌制剂中是否会有耐药因子传递给机体中其他细菌造成耐药因子扩散，是微生态制剂对抗生素耐受性的两个关键问题，如双歧杆菌三联活菌散、枯草杆菌二联活菌颗粒不宜与常用抗菌药物配伍；地衣芽孢杆菌活菌胶囊可与庆大霉素、头孢噻肟配伍，不宜与环丙沙星、氧氟沙星、呋喃妥因、四环素配伍。对 AAD 有抑制作用的益生菌包括乳杆菌属、双歧杆菌属、链球菌属、粪肠球菌和酵母菌等。

医院中的病人服用抗生素后有 3%~29%的病人会引起腹泻；而艰难梭菌（*Clostridium difficile*）则是引起这些腹泻的主要致病菌。艰难梭菌在健康成人体内的定植率为 3%，然而在医院病人中则达到 15%~35%。艰难梭菌是一种革兰氏阳性芽孢杆菌，在 1935 年第一次发现，并于 1978 年被确认为条件致病菌。艰难梭菌引起的腹泻症状包括从温和性腹泻到急性腹泻、中毒性巨结肠炎，甚至能够引起死亡。益生菌分泌的蛋白类物质能够抑制艰难梭菌的毒素发生作用，益生菌和药物配合使用的效果要比单纯使用益生菌治疗艰难梭菌相关性腹泻（CDAD）更加明显。

辐射引起的腹泻在接受放射性肿瘤治疗的患者中很常见，服用益生菌的患者可以接受更大剂量的辐射治疗来增加疗效。

轮状病毒是发展中国家引起儿童严重腹泻的主要原因，而急性腹泻是发展中国家引起儿童死亡的主要原因。最近的研究表明，轮状病毒引起腹泻的机制和其他致病菌的作用机制相似。临床上，轮状病毒会使肠道黏膜部分受损，破坏肠道菌群。要引起腹泻需要两个阶段，第一个阶段是渗透性腹泻，第二个阶段是致病菌的大量生长。在临床上，益生菌在预防和治疗轮状病毒引起的腹泻方面有很重要的作用。益生菌的数量决定了腹泻持续的时间和频度。

对于常去旅游的旅行者而言，腹泻是其遇到的主要健康问题之一。尽管其病症仅限于个人，而且在大多数情况下，无需采用任何特殊形式的治疗措施即可恢复，但由于发病率高，仍然需要寻找安全而有效的预防和治疗措施。旅行者腹泻主要是由致病菌通过食物或水进入人体内破坏正常菌群从而引起的。旅行者腹泻是一个综合性的症状，根据旅行的不同地点和旅游类型，发生旅行者腹泻的概率为 20%~50%。腹泻本身所造成的伤害并不严重，但是会严重干扰假日和旅行，造成诸多不便。旅行者腹泻会带来一系列的并发症。产毒素的大肠埃希氏菌是引起旅行者腹泻的主要原因，而益生菌能够有效地阻止各种形式的腹泻。

2. 乳糖不耐受

在全球近 70%的人群中，存在乳糖消化不良的问题，乳糖消化不良主要是体内缺乏乳糖酶（β-半乳糖苷酶）导致的。人体存在 β-半乳糖苷酶，乳糖被 β-半乳糖苷酶水解成单体，进入血液前被肠道上皮细胞吸收。但是有的人在遗传上或后天缺少 β-半乳糖苷酶，不能消化的乳糖被肠道细菌合成短链脂肪酸和气体（氢气、二氧化碳、甲烷），它们会造成身体不适，导致腹泻，医学上将这种情况定义为乳糖不耐受。

根据发生的原因，可将乳糖不耐受分为三类：先天性乳糖不耐受、原发性乳糖不耐受（又称成人型乳糖酶缺乏）、继发性乳糖不耐受。各型的主要表现如下：先天性乳糖不耐受，是一种常染色体隐性遗传疾病，婴儿在出生时，其乳糖酶活力低下或缺乏，最终导致肠胃功能严重失调，该类型较为少见；原发性乳糖不耐受是最常见的一种，随着年龄增长，绝大多数人的乳糖酶活力逐渐降低，直至成年期时，其酶活力几乎完全消失，从而引发机体发生该病症；继发性乳糖不耐受是由于小肠上皮细胞破损，小肠黏膜疾病或某些全身性疾病导致暂时性乳糖酶活力低下，从而引起机体发生该病症，而此类变化则具有可逆性，随着病因的消除，乳糖酶活力恢复正常，不耐受症也随之治愈。

肠道内有众多细菌，特别是乳酸菌能产生乳糖酶，补充人体的不足，缓解乳糖不耐受的症候群。一些乳酸菌具有发酵乳糖的能力，例如，乳杆菌属、双歧杆菌属和链球菌属可缓解乳糖不耐受症状，并且它们通常被添加到乳制品中来发酵其中的乳糖。因而服用乳酸菌发酵制得的酸奶用来改善乳糖不耐受症状已被广泛认可。其机制概括为三个方面：一是活菌所含有的β-半乳糖苷酶对乳糖有消化作用；二是延缓胃排空速率，减慢肠转运时间；三是改善肠道代谢内环境和平衡。

3. 肠道易激综合征（IBS）

肠道易激综合征（IBS）是一种功能性肠道失调，有腹痛或不适，胃肠胀气，伴随便秘或腹泻症状，而肠道结构正常。普遍认为IBS由社会心理学因素、肠动力失调、肠道功能脆弱、神经递质失衡和感染引起。目前还没有根治IBS的方法，一般采取对症和支持治疗，但常常达不到满意的效果。IBS生理学常见的病理包括小肠细菌的增殖、肠道能动性的改变、内脏敏感和食品发酵不适产生过多的氧。当患者的肠微生物菌群发生改变时，肠道感染机会增加。因此，益生菌可能是改善症状的有效方法之一。

益生菌缓解IBS，首先是通过产生细菌素和短链脂肪酸（SCFA）来保持一个健康的肠道菌落状态，通过竞争抑制病原菌的黏附，达到改善肠道障碍功能的目的；其次，益生菌可以诱导肠上皮细胞表达黏蛋白，抑制致病菌黏附和向肠黏膜内移位，避免肠道免疫细胞激活和炎性因子释放，抑制炎症发展。因此，益生菌治疗IBS的机制包括调节肠道菌群、增强黏膜屏障、调节免疫而发挥抗炎作用。这几种机制之间也相互联系、相互影响、互为因果。可能是益生菌调节了肠道的免疫功能后，改变了肠道的微生态环境，进而影响到了肠道菌群的生长增殖，调整各菌群之间的比例。也可能是益生菌调整了肠道菌群间的比例后，进而调节免疫系统，产生抗炎和增强黏膜屏障。

IBS本身是一种临床表现复杂、病因多样的异质性症状群，而目前报道的研究所包含的样本量偏少，难以对这些患者按症状学或病理生理特征进一步分层，说明不同亚型与益生菌效果的关系。因此，在未来的研究中，应通过对不同症状亚型和病理生理亚型IBS患者粪便和肠道菌群进行定量和定性研究，为益生菌用于IBS治疗奠定基础，并针对性地研究不同益生菌制剂对各型IBS患者临床症状甚至肠道菌群的影响，确立益生菌治疗IBS的医学依据。

4. 炎症性肠炎（IBD）

炎症性肠炎是一种病因未知的，以肠道免疫功能紊乱为主的非特异性炎症肠炎，主要包括溃疡性结肠炎（UC）和克罗恩病（CD）。炎症性肠病的炎症过程是对各种刺激（如感染或组织损伤）的生理反应，一些疾病中致炎因子的持续激活和免疫系统的不耐受可能会导致慢性炎症。IBD病理表现包括肠道黏膜的发炎、腐蚀和溃烂，症状包括腹痛、腹泻和直肠出血等，影响世界总人口的3%~15%，其发病机制目前还不清楚，可能包含过敏、免疫紊乱和遗传倾向等原因，但是肠微生物菌群的参与起了重要作用。采用传统和分子生物技术研究炎症性肠病患者的肠道菌群组成，发现肠道有益菌（如双歧杆菌属和乳杆菌属）的细菌数量减少，而其他菌（如拟杆菌属和大肠埃希氏菌属的细菌）数量增加，这种生态失调引起肠道中有益菌和有害菌的失衡，从而导致炎症的发生。

目前，尽管IBD尚无已知药物可治愈，但益生菌的免疫调节作用可以增加对IBD的治疗效果，通过减少肠道抗原、平衡肠道菌群来维持肠道屏障的作用，减少免疫应答介质的分泌，减轻IBD的症状，甚至可以长期缓解其症状。益生菌缓解IBD症状是通过抑制病原菌的增长和分泌杀菌成分，并通过形成SCFA来降低细胞腔内的pH。益生菌及其代谢产物（如SCFA及细菌素）可以杀死或抑制致病菌的生长繁殖，同时，益生菌还可以抑制致病菌毒素的产生，减少病原菌对肠道的破坏，维持肠道正常菌群平衡和肠道屏障功能，从而预防和缓解IBD。

益生菌还能下调UC患者炎症肠段组织中促炎性细胞因子的表达。TNF-α是与UC发病关系最密切的促炎因子，监测TNF-α的水平对UC的诊断、分析、判定病变活动情况及严重程度有重要意义。而核转录因子-κB（NF-κB）、白细胞介素（IL）等可引起炎症反应，最终导致肠黏膜损伤。在UC患者中发现，微生物菌群的组成发生了较大的变化，促炎反应的细菌（如肠杆菌、脆弱拟杆菌等）增加，而起保护作用的细菌（如乳杆菌和双歧杆菌）减少。用益生菌进行治疗，通过肠上皮细胞的相互作用，可以减轻IBD的症状。其机制可能是SCFA的类别改变，减少促炎细胞因子分泌，提高$CD4^{+}T$淋巴细胞亚群Th1/Th2的比例，清除病原体；益生菌也能减少细菌易位，降低结肠的肠黏膜渗透性；益生菌的代谢产物能抑制结肠细胞和巨噬细胞的NF-κB和蛋白酶体的活化；摄食益生菌还可以增强调节性T淋巴细胞的活性来增强机体的免疫机能，预防和缓解肠道炎症。近年来，应用益生菌治疗溃疡性结肠炎取得显著的临床疗效。

克罗恩病（CD）是一种原因不明的肠道炎症性疾病，在胃肠道的任何部位均可发生，但好发于末端回肠和右半结肠。CD尚无根本的治愈方法，益生菌有减轻和预防CD复发的作用。目前，CD的发病机制和益生菌的治疗机制尚不完全了解。

5. 便秘

随着饮食结构的改变及精神和社会压力的增大，便秘已成为困扰现代人的主要问题之一，严重影响着人们的生活质量。早期的研究发现，饮用酸奶可明显改善便秘，乳酸菌是调节小肠运动进而改善便秘的主要因素。益生菌在肠道内增殖，使粪便中的水分含量增加，以及益生菌的代谢产物乳酸、乙酸等有机酸刺激肠道，使肠道蠕动加快，缩短结肠传输时间，促进食物残渣快速通过结肠，具有很好的改善便秘的功能。

6. 结肠癌

结肠癌又称大肠癌，是指发生在人和动物大肠部位的恶性肿瘤，是威胁人类健康的主要癌症之一。结直肠癌是一个全球性的问题。据国际癌症研究署2020年度数据库资料显示，当年在全球范围内男性约有 1065960 例结直肠癌新发病例和约 515637 例死亡病例；女性相对应的数字则分别为 865630 例和 419536 例。男女性新增发病及死亡粗率均排在所有癌症的前五位，尤其多见于美国、澳大利亚等国家。我国结直肠癌发病率高居第二，仅次于肺癌。目前，结直肠癌的治疗主要以外科手术、化学治疗和放射治疗为主，然而其副作用较大，往往给患者带来巨大的痛苦。

在大多数结肠癌患者中，通过用益生菌来抵抗癌症已呈现出良好的效果。一些肠道菌群（部分拟杆菌和梭菌）是结肠癌的病原菌，可以从食物中产生致癌的物质，而其他一些菌体（乳杆菌和双歧杆菌）可抑制腐败肠道菌群，具有保护肠道的功效。益生菌可使与结肠癌有关的酶（如 7α-羟化酶、β-葡萄糖苷酸酶、硝基还原酶等）的活性显著降低，从而降低肿瘤发生的危险性。因此，通过饮食的干预来加强结肠微生物菌落的平衡，可降低患结肠癌的风险。由于乳酸杆菌等在肠黏膜表面形成一个屏障，阻止了致病菌的入侵和定植，使肠道菌群得到改善，从而抑制了致癌物质的产生。此外，双歧杆菌和乳酸杆菌还能分泌某些降解致癌物质（如 *N*-亚硝胺）的酶，预防化学致癌物引起的肿瘤发生；而乳酸菌及其代谢产物能通过活化免疫功能，抑制癌细胞的生长增殖。

7. 幽门螺杆菌（Hp）感染

幽门螺杆菌感染是慢性胃炎、消化道溃疡及胃癌的主要病因。目前，治疗 Hp 引起的疾病，主要是利用三联法，即用质子泵抑制剂（PPI）和两种抗生素联用或是铋盐结合两种抗生素的策略治疗，主要抗生素药物是阿莫西林、克拉霉素和甲硝唑等。此种治疗策略能够很好地治疗 Hp 引起的疾病，治愈率可达到 90%以上。然而，抗生素的治疗方案也存在许多问题，如抗生素会引起胃肠道微生态环境紊乱，出现腹胀、腹泻及便秘等一系列消化道病症，甚至发生更为严重的不良反应，如抗生素相关性肠炎、耐药性菌株的出现，导致治疗反复性。益生菌制剂不仅能提高 Hp 根除率，亦可改善胃肠道黴生态环境，减少抗生素相关不良反应，从而提高患者对 Hp 根除治疗的依从性。

8. 益生菌其他潜在应用

目前有关益生菌在婴儿及儿童中的使用的研究还包括坏死性小肠结肠炎。坏死性小肠结肠炎（NEC）是 ICU 中新生儿最常见的急腹症。新生儿肠道正常菌群定植是一个复杂过程，是营养因素、免疫因素和环境因素综合作用的结果，分娩方式、喂养方式、抗生素应用以及出生后生活环境等因素都可影响新生儿肠道细菌定植。早产儿、低出生体重儿及处于重症监护的新生儿肠道内菌群定植延迟，肠道内细菌种类缺乏，尤其是乳杆菌和双歧乳杆菌缺乏。这种异常的定植模式更易导致潜在致病菌的过度生长及 NEC 的发生。混合益生菌在降低低出生体重儿 NEC 的发生有一定的疗效，但对于免疫系统发育不全的婴儿，需更多前瞻性的多中心研究来对其疗效及安全性提供更有力的证据。

各种各样的术后综合征（例如菌血症）、感染和疾病复发都归因于细菌的增殖和移位、肠道上皮完整性的缺失及肠道术后病人缺乏免疫球蛋白的抵抗力。益生菌可以抑制病原菌的增长及调节免疫系统，具有潜在抵抗这些术后综合征的能力。

三、益生菌促进胃肠道健康机制

1. 益生菌与肠道屏障作用

肠道屏障和胃肠微生物是保证肠道健康的两个主要因素。肠道屏障是机体抵御病原微生物和食物变应原进入肠道的第一道防线，肠道屏障功能可以维持肠道上皮细胞的完整性，从而发挥肠道上皮细胞对生命体的保护作用。一旦这种屏障功能受到干扰，细菌和食源性抗原就容易抵达黏膜下层，引发炎症反应，从而导致肠道功能紊乱（例如 IBD）。益生菌能保护这道防线，益生菌刺激肠上皮黏蛋白的产生，促进肠上皮细胞分泌 β-防御素，增强肠上皮细胞的自我保护。同时，增加紧密连接蛋白对上皮细胞层的作用，从而抵抗病原对上皮细胞紧密连接的破坏，避免上皮细胞受促凋亡因子的侵害，维持肠道内稳态。

益生菌能调节肠道上皮细胞的功能。肠上皮细胞识别肠道菌群后，释放淋巴细胞生成素（TSLP）、转化生长因子-β（TGF-β）和 IL-10 等，直接影响树突状细胞（DCs）分泌前炎症因子；菌群刺激信号可以促进诱导型 1 类调节性 T 淋巴细胞（Tr1）、Th2 和 Th3 细胞，抑制炎症反应，维持肠道免疫稳定。其可能的作用机制包括：①益生菌作用于肠道紧密连接复合物，调节肠道的通透性，维持肠道机械屏障功能；②调节和预防上皮细胞凋亡；③诱导细胞核内保护基因表达增强，减少促炎症反应基因表达，从而起到免疫调节作用；④减少活性氧化簇生成的信号传导。同时，益生菌能调节炎性信号通路。肠道上皮细胞受炎症刺激，激活核因子 κB 抑制蛋白（IκB）的泛素化途径（UBQ 途径），使 IκB 从 NF-κB 上解离并降解，通过刺激效应通路，使细菌产物如肽聚糖和脂多糖与模式识别受体（PRRs）相互作用，从而活化 NF-κB，易位入细胞核内并激活促炎性基因如 TNF-α 和 IL-8 的转录。而共生菌可通过阻断 IκB 的泛素化途径，抑制 NF-κB 的活性，从而阻断促炎性基因的激活。

在 Hp 引起的疾病中，常发现黏液素分泌降低，造成黏膜屏障的破坏，而益生菌可以修复胃黏膜的黏膜通透性，形成黏膜屏障，抑制 Hp 等病原菌的黏附。

2. 调节宿主的免疫功能

除了增强物理屏障作用，共生菌和补充的特殊益生菌能够增加小肠黏液的分泌，促进免疫屏障功能。细菌和免疫系统相互作用，细菌的衍生物如代谢产物能与肠细胞和免疫活性细胞产生应答。共生菌不同于病原体，不被肠道内的巨噬细胞杀灭，而不引起肠道黏膜的免疫反应。同时，树突状细胞摄取共生菌，将其转运至肠系膜淋巴结，这些摄取共生菌的树突状细胞能诱导特异性 M 细胞的局部免疫应答，产生分泌性 IgA。这种由共生菌和益生菌刺激产生的特异性局部免疫不引起宿主全身和黏膜的炎症。某些益生菌可刺激单核细胞产生促炎因子 TNF-α，称为促免疫调节类益生菌；而另一些可抑制单核细胞产生 TNF-α 的益生菌，称为抗炎类益生菌。益生菌的此种效应可缓解炎症性疾病，也可预防和治疗机体感染。抗炎类益生菌可减少慢性炎症的发生，预防和治疗 IBD 和 IBS；而促免疫调节类益生菌可用来增强机体免疫，预防和治疗急性胃肠道感染。

通过模式识别受体，肠道相关的免疫系统可以识别肠道微生物，例如，Toll 样受体（Toll-like receptor，TLRs）。TLRs 可以分别识别微生物特定产物（如脂多糖）、细胞壁成分以及特定的 DNA 结构。TLRs 有两条主要活化途径，其一为活化转录因子 NF-κB；另外一条途径是活化 MAP 激酶（Mitogen Activated Protein Kinase）。益生菌可以通过刺激 TLRs 受体起作用。髓样分化因子 88（MyD88）为 TLRs 衔接蛋白，与 TLRs 类似，也具有 Toll-IL-1 受体（TIR）域，通过 TIR-TIR 间的相互作用可向 TLRs 发出指令，MyD88 和 TLRs 间的作用可导致白介素-1 受体相关激酶 4 抗体（IL-1 Receptor Associated Kinase-4，L-RAK-4）募集，最后激活 NF-κB 和 MAP 激酶。一些益生菌或益生菌制剂就是通过这样的交互作用来进行免疫调节的。

另外，通过调节免疫细胞生成促炎反应细胞素或抗炎反应细胞素，益生菌也可以实现免疫调节。有假说提出，益生菌是通过刺激树突状细胞依次轮流产生抗炎细胞素实现免疫调节的。

Hp 引发的胃炎表征与各种各样的炎症介质释放有关，比如趋化因子和细胞因子。IL-8 是这些细胞因子中最早发现与 Hp 引发的胃炎有关的，IL-8 能够导致黏膜中中性白细胞和单核细胞迁移，激发黏膜层中单核细胞和树突状细胞产生肿瘤坏死因子（TNF-α）、IL-1 和 IL-6。IL-1 和 IL-6 刺激 $CD4^{+}$T 淋巴细胞，产生大量细胞因子，包括 IL-4、IL-5、IL-6 和 IFN-γ。这些反应不能清除感染，并且会导致持续炎症。益生菌可以通过黏附上皮细胞调节宿主的免疫反应，并可以通过调节抗炎因子的分泌降低胃的炎症反应。益生菌由于菌株特异性，能够产生各种各样的免疫反应，宿主的免疫状态也会影响免疫反应。益生菌的免疫调节作用很难归纳。

3. 产生抑菌物质

大多数益生菌，尤其是乳酸菌，耐酸，适应肠道生态环境，便于在人肠道内繁衍增殖。在健康人的肠道中，各种细菌的种类、数量和定居部位是相对稳定的，它们相互协调，互相制约，共同形成一个微生态系统。益生菌能抑制病原菌（如霍乱弧菌、福氏志贺氏菌、空肠弯曲杆菌、鼠伤寒沙门氏菌、金黄色葡萄球菌）的生长，促进双歧杆菌、嗜酸乳杆菌、粪链球菌的生长。如果由于抗生素、放疗、化疗、应激、年龄和饮食等原因，引起体内肠道菌群失调紊乱，即破坏了微生态的这种平衡，就可能导致各种疾病发生。乳酸菌除具有黏附作用外，还能产生非常重要的抑制物质，调整菌群之间的关系，维持和保证菌群最佳优势组合及这种组合的稳定性。乳酸菌产生的主要抑制物质有细菌素、乙酸和乳酸、过氧化氢、胞外糖苷酶。

（1）细菌素　由乳杆菌属、双歧杆菌属等益生菌，及肠球菌属、戊糖片球菌属、明串珠菌属和链球菌属等潜在益生菌产生的抑菌物质包括过氧化氢、短链脂肪酸（乳酸和乙酸）以及细菌素。细菌素作为一种抗菌肽，包括由嗜酸乳杆菌产生的细菌素

Lactacin B、由乳酸链球菌或乳酸乳球菌产生的乳酸链球菌素（Nisin）、由植物乳植杆菌产生的植物乳植杆菌素（Plantaricin）等。细菌素的抗菌谱窄，绝大部分细菌素是通过膜渗透或者是影响某些酶来杀死相关微生物的。

（2）酸性物质　乳酸菌在体内发酵乳糖时，产生大量的乳酸、乙酸，使 pH 下降，肠内处于酸性环境，对致病菌有拮抗作用。低 pH 有利于肠道蠕动，维持正常生理功能，阻止致病菌的定植。在患有慢性胃炎的胃中，Hp 菌体表面有尿素酶，能分解宿主体内的尿素，产生氨，中和胃酸，保护菌体免受伤害。益生菌通过产有机酸来抑制 Hp 的尿素酶活力，从而达到抑杀 Hp 的目的。

（3）过氧化氢　乳酸菌产生的过氧化氢对病原菌和腐败菌有抑制和杀灭的作用，使其不能生长繁殖，从而减少内毒素、腐胺、吲哚、氨、硫化氢等有害物质的含量，使肠道内的有益微生物在竞争中占优势。

（4）其他抑菌物质　具有胆盐水解酶的双歧杆菌、乳杆菌等还可将结合的胆酸分解为游离胆酸，游离胆酸对致病菌有一定的抑制作用。有些益生菌产生的胞外糖苷酶可以降解肠黏膜上皮细胞的复杂多糖，阻止毒素的黏附和侵入。

4. 抑制肠道病原菌的入侵和定植

益生菌还能抑制病原菌黏附在肠道表面。益生菌与致病菌竞争肠道黏膜表面的结合位点，然后定植于肠道内，这可能是益生菌发挥其功能的机制之一。排出病原菌时，由于肠道定植是微生物在肠道上皮的结合能力，所以能否黏附于肠黏膜表面是一个重要的因素。益生菌可以与致病菌竞争肠道上皮细胞的结合位点，从而阻止致病菌在肠道内定植。益生菌竞争性排斥可能是基于益生菌与致病菌竞争相同的复合糖受体位点。近年来，甘油醛-3-磷酸脱氢酶（GAP-DH，在植物乳植杆菌 LA318 的细胞表面表达）被证明是调节微生物结合到人类肠道的黏附素，GAP-DH 如黏附素一样，使得乳酸菌可以与致病菌竞争特定的结合位点。

第二节　益生菌与免疫

人体消化道是与外界接触表面积最大的器官，不断接受各种环境、饮食和来自肠道菌群的微生物抗原刺激。除了帮助消化和吸收营养物质外，消化道还表现出非常复杂和精细的功能，既要对来自环境的各种抗原和肠道正常组成菌群表现出一定的口服耐受性，同时需要对致病菌的入侵发挥主动防御功能，通过免疫应答予以清除。如果不能精细地调控，会导致机体对感染性疾病的过度敏感，从而产生免疫失调。因为消化道可以有效地发挥上述功能，被认为是人体最大的免疫器官。

在刚出生时，新生儿的免疫应答系统是不成熟的，以先天性免疫为主。来自肠道菌群和环境抗原的信号对出生后消化道免疫系统的发育和免疫调节通路的建立起着决定性的作用。婴儿早期对各种微生物接触不足或过多，会导致各种过敏和自身免疫病的发病风险。由容易出现过敏和正常婴儿消化道菌群组成的差异可以清晰地看出消化道菌群对免疫调节功能的作用，但究竟是哪些细菌或细菌的成分对出生后消化道黏膜免疫系统的发育和/或激活发挥了关键作用，目前还知之甚少。

炎症反应和免疫能力的变化是导致绝大多数感染、发炎和自身免疫疾病，包括各种代谢综合征的最根本原因。益生菌通过激活巨噬细胞、自然杀伤细胞（NK）、抗原特异性 T 淋巴细胞，以及因菌株特异性和剂量依赖性释放各种细胞因子来提高非特异性细胞的免疫特性。混合型或者特异型（革兰氏阳性和革兰氏阴性）益生菌可能诱导不同的细胞因子反应。婴幼儿摄取益生菌可以有效地预防免疫介导疾病的发生，此类益生菌在妊娠期的介入也可以有效地改变致命性免疫参数的水平，其中主要包括脐带血 IFN-γ、TGF-β，以及母乳 IgA。

鼠李糖乳酪杆菌 GG（*Lacticaseibacillus rhamnosus* GG，LGG）、干酪乳酪杆菌代田株（*Lacticaseibacillus casei* Shirota）、动物双歧杆菌动物亚种 Bb-12（*Bifidobacterium animalis* subsp. *animalis* Bb-12）、约氏乳酸杆菌 La1（*Lactobacillus johnsonii* La1）、动物双歧杆菌乳亚种 DR10（*Bifidobacterium animalis* subsp. *lactis* DR10）和酿酒酵母菌布拉氏菌种（*Saccharomyces cerevisiae boulardii*）是最为广泛研究的具有免疫调节特性的益生菌株。

一、免疫应答主要类型

为了更有效地应对微生物感染，免疫系统必须一直处于一种“报警”状态，而这一状态则是通过“免疫刺激”过程来保持的。免疫功能本身的作用机制非常复杂，并具有多重功能，需要应对由不同抗原引发的免疫应答，既可能是细胞免疫，也可能是体液免疫或者兼而有之，所引发的免疫应答的类型由抗原的特性所决定。体液免疫反应中，辅助性 $CD4^+$T 淋巴细胞通过抗原呈递细胞表面的Ⅱ类主要组织相容性复合（MHC）蛋白识别致病菌的抗原复合体，并产生相应的细胞因子，细胞因子激活 B 淋巴细胞（简称 B 细胞），再产生能与抗原特异性结合的抗体。B 细胞经过克隆增殖并分化成浆细胞，然后产生特异性免疫球蛋白（抗体）。分泌的抗体与入侵微生物表面的抗原相结合，中和毒素或者病毒，促使它们被吞噬细胞吞噬，从而提高宿主的防御能力。

在细胞介导的免疫应答中，抗原与 MHC Ⅱ蛋白的复合体可以被 $CD4^+$T 淋巴细胞所识别，而抗原与 MHC Ⅰ类蛋白的复合体可以被 $CD8^+$T 淋巴细胞所识别。这些活化的 $CD4^+$细胞和 $CD8^+$细胞的数量对维持细胞免疫应答十分关键。当 $CD4^+$和 $CD8^+$的比例失去平衡后，细胞免疫的机能就会受到严重影响，从而大大增加被感染的概率，并引发自身免疫疾病甚至肿瘤。各种类型的 T 淋巴细胞（简称 T 细胞）都能产生细胞因子，被激活，并能通过克隆增殖而增加数量。细胞因子是宿主防御反应过程中产生的可溶性介质，包括特异性和非特异性，作为效应分子在消除外来抗原的过程中扮演着极为重要的角色。

$CD4^+$T 细胞根据其分泌的细胞因子和生理效应可以分为三个亚簇，分别是 Th1 细胞（这类细胞能分泌促炎细胞因子 IL-2，以及 IFN-γ、TNF-β）、Th2 细胞（此类细胞能产生抗炎细胞因子 IL-4 和 IL-5，还能为 B 细胞的活化、IgE 和非补体结合的 IgG 亚型的分泌提供有力帮助），以及调节性 T 细胞（Treg 细胞，该类细胞调节过敏性免疫反应）。不同细胞因子在免疫应答中的作用见表 2-2。

表 2-2　　免疫应答过程中产生的主要细胞因子及其在体内的生理活性

免疫因子	主要生理功能
IFN-γ	由 Th1 和 NK 细胞产生的致炎性因子，激活巨噬细胞，抑制 Th2
IL-2	由 Th1 细胞产生的致炎性因子，促进 T 细胞增殖
IL-4	由 Th2 和浆细胞产生的与过敏相关的细胞因子，促进嗜中性粒细胞的生长与分化
IL-5	由 Th2 和浆细胞产生的与过敏相关的细胞因子，促进嗜中性粒细胞的生长与分化
IL-6	致炎性细胞因子，急性期蛋白，由 T 细胞和巨噬细胞产生，促进 T 细胞和 B 细胞的生长，影响 IgA 的表达
IL-10	抗炎性因子，由 Th2 和 Treg 细胞产生，抑制巨噬细胞
IL-12	由巨噬细胞和树突状细胞产生，激活 NK 细胞，诱导 Th1 反应，先天性免疫的标志
TNF-α	致炎性细胞因子，由 Th1 细胞、巨噬细胞和 NK 细胞产生，活化内皮

免疫系统由一系列复杂的免疫应答组成，其中包括两种基本的免疫应答方式，即先天性免疫和获得性免疫，在两者的共同作用下，可以保护机体免受来自外部和内部的侵害。先天性免疫具有遗传性，以非特异性的方式保护宿主免受其他微生物的感染。先天性免疫既不能提前发生，也不能克隆扩增，同时不会随外界环境的改变而作出反应。先天性免疫的特点是不会赋予宿主持久的免疫力，作为宿主的第一道防线，以 NK 细胞为主要代表，参与对被攻击目标（病毒感染的细胞、肿瘤细胞、骨髓干细胞、胚胎细胞）的识别和裂解。

益生菌在消化道中，对消化道黏膜被识别以及对肠道菌群的影响过程可以概略为图 2-1，主要有两条通路，即益生菌的菌体成分（肽聚糖、磷壁酸）被消化道黏膜相关淋巴组织（GALT）的固有层通过病原相关分子模式（PAMP）进行识别，其主要受体为 Toll 样受体（TLRs），促进树突状细胞向不同方向分化，并分泌相应的细胞因子；同时，还可以通过产生有机酸降低肠道的 pH 或分泌具有抗菌作用的各种肽如细菌素等，调节其他细菌的种类和数量，减少这些细菌尤其是致病菌对 GALT 的刺激作用。MyD88 是 Toll 样受体信号通路中的重要转导蛋白，对调控机体的先天性免疫和获得性免疫发挥着关键的作用。

二、益生菌对免疫系统的刺激作用

先天性免疫系统可以通过 TLRs 来识别致病菌的多种化学物质，如脂多糖（LPS）和

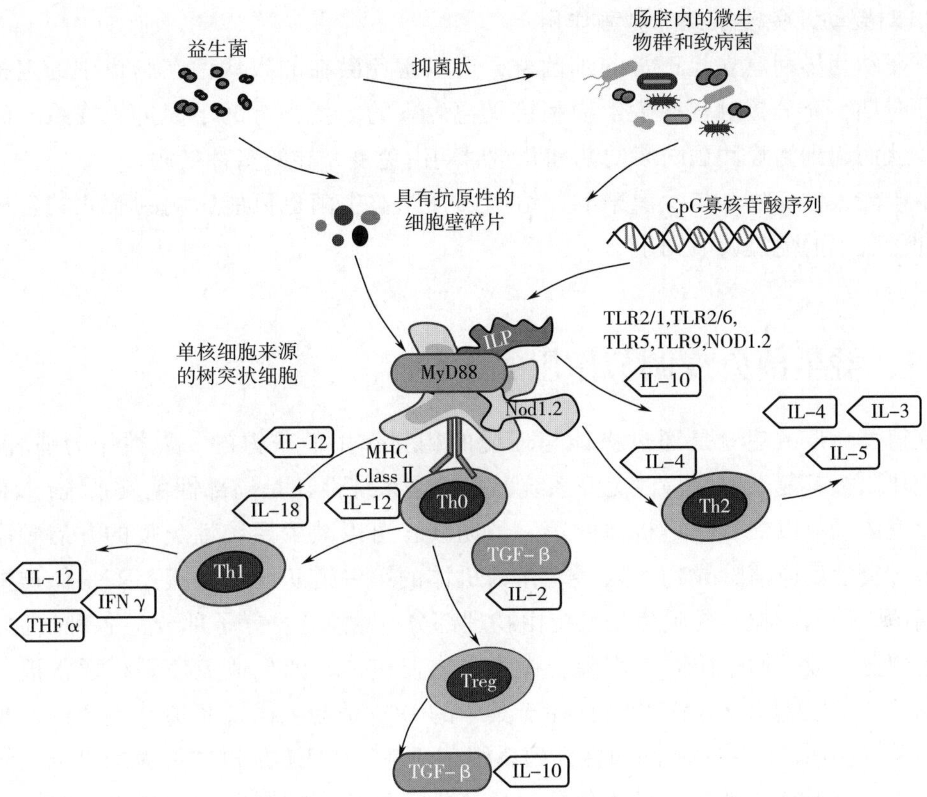

图 2-1　消化道中益生菌及肠道菌群被识别的过程及对免疫调节作用

脂磷壁酸。这种机制可以使先天性免疫系统识别外来异物并触发一连串、级联放大的免疫应答，例如，产生各种促炎和抗炎细胞因子。TLRs 主要是由巨噬细胞和树突状细胞来表达的，也可以由多种其他的细胞来产生，如 B 细胞和上皮细胞。TLRs 被激活后，首先启动 DCs 的反应，后者会产生一系列的细胞因子，并且上调或者下调 DCs 细胞表面分子的表达。这些信号对进一步诱导先天性和获得性免疫应答起着关键的作用。

益生菌干预能在宿主体内产生强烈的先天性免疫反应。益生菌与宿主的上皮层相互作用后，将免疫细胞召集到感染部位并诱导产生特异性免疫指标物质。目前，鼠李糖乳酪杆菌、干酪乳酪杆菌和嗜酸乳杆菌是乳杆菌属中研究最为广泛的菌种，而动物双歧杆菌乳亚种则是双歧杆菌属中研究最为广泛的菌株。

1. 益生菌对老年人和成年人的免疫刺激作用

益生菌作为膳食补充，可以提高人体细胞免疫的部分功能，尤其是在老年受试者中，其特征表现为激活巨噬细胞、自然杀伤细胞、抗原特异性细胞毒 T 淋巴细胞，以及促进各种细胞因子的表达。动物双歧杆菌乳亚种 HN019 是研究最为广泛的益生菌，研究显示，它能增强 T 淋巴细胞、多型核白细胞（Polymorphonuclear Leukocyte，PMN 细胞）的吞噬作用以及自然杀伤细胞的活性。

益生菌也可以调节非特异性的细胞免疫反应，主要表现为增强吞噬细胞活性。

2. 对婴幼儿免疫系统的刺激作用

在婴幼儿早期建立起正常的细菌群，可以避免潜在的致病菌在肠道中的定植。在婴幼儿时期，充分接触各种微生物和接受益生菌的干扰，有助于促进免疫系统的发育成熟，从而起到治疗和预防婴幼儿和儿童时期由免疫介导的多种疾病。

由于先天性免疫是与生俱来的，给产妇补充益生菌也可能影响到胎儿的各种免疫指标和母乳中的免疫调节因子。

三、益生菌免疫调节作用的途径

获得性免疫的建立是通过机体与环境的相互作用而获得的。人类作为哺乳动物，已经演化出极其复杂的获得性免疫系统，无论是系统性还是局部性免疫系统，如黏膜。黏膜免疫体系可以被看作是机体的第一道防线，可以减少系统性免疫的开启频率，其主要通过炎症反应清除异物的入侵。作为机体的第一道防线，黏膜免疫是保护机体免受致病菌入侵的中枢。黏膜免疫系统由物理部分（黏膜）、分子部分（各种抗菌蛋白）和细胞部分组成，通过协同作用阻止微生物入侵机体。消化道免疫系统通常被称为与肠道相关的淋巴组织（GALT），存在于其中的 DC_S 是益生菌及肠道共生菌群发挥免疫调节的关键。DCs 可以被不同的乳杆菌属细菌激活。GALT 是机体最大的淋巴组织，组成了宿主免疫系统的最重要组成部分。免疫排斥和免疫抑制即口服耐受，共同作用的结果构成了黏膜免疫（图 2-2）。肠道上皮细胞在维持耐受和免疫的自平衡之间发挥着重要的作用。

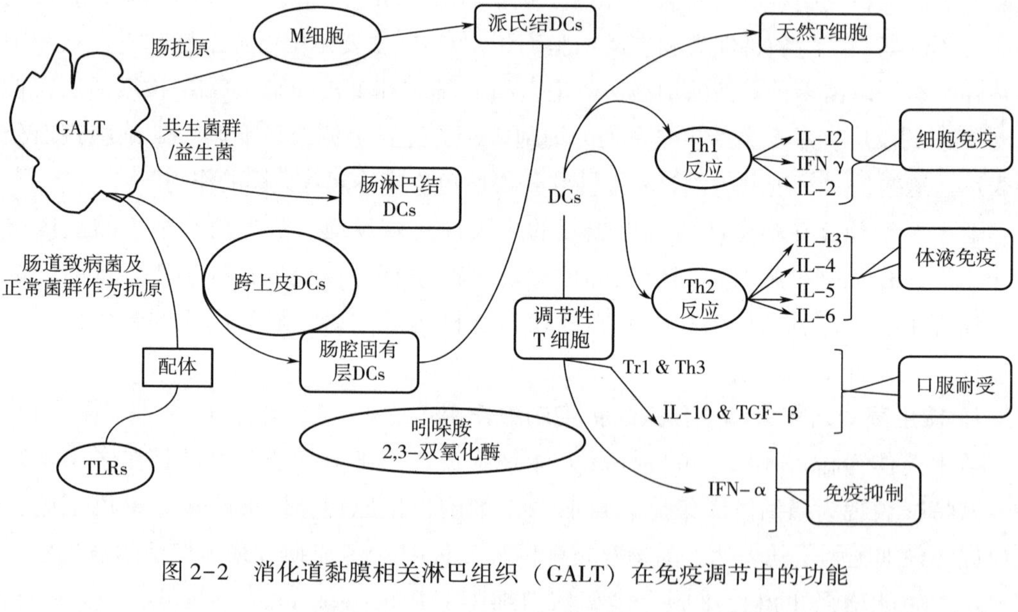

图 2-2　消化道黏膜相关淋巴组织（GALT）在免疫调节中的功能

肠腔抗原通过克化的肠细胞（M 细胞）被运送到派氏结中的 DCs，肠道致病菌及固有细菌直接被肠腔中黏膜固有层 DCs 的跨上皮树突所识别和处理，其识别过程受到菌体表面成分与上皮细胞表面的一系列 Toll 样受体（TLRs）结合所诱发。肠道固有/共生菌群首先遭遇巨噬细胞，随后在肠淋巴结 DCs 被灭活，从而避免其进入系统免疫体系。肠腔中的 DCs 可以激活天然 T 细胞，并指导辅助性 T 细胞是向 Th1 细胞、Th2 细胞还是调节性 T 细胞的方向极化。Th1 免疫应答严格依赖于 DCs 产生的 IL-12，并产生特征性的细胞因子 IFN-γ 和 IL-2，随之引发细胞介导的免疫应答；Th2 免疫应答则涉及 IL-4、IL-5、IL-6 和 IL-13，并引发体液免疫。DCs 会引导 T 细胞摄取不同的调节因子，进而引发口服耐受。当辅助性 T 细胞被极化成 Tr1 细胞和 Th3 细胞或其他调节性 T 细胞后，则会相应地释放 IL-10 和 TGF-β。当 IFN-α 或具有免疫调节功能的酶被诱导，如吲哚胺 2,3-双氧化酶（IDO），则会引起 DCs 和调节性 T 细胞的交互反应，最终引发免疫抑制。

免疫系统通过干扰肠道微生物在黏膜表面的定植来调节肠道菌群，反过来，细菌的组分和代谢产物又会影响免疫系统的活性。免疫调节的机制包括黏液的产生，乳酸菌信号对巨噬细胞的激活，分泌型 IgA 和中性粒细胞的激活，阻止炎性因子的释放，提高外周免疫球蛋白的量。分泌型 IgA 与蛋白质的分解有关，同时不参与炎症反应。因此，它更重要的是与免疫排阻和渗透微生物相关。

肠道上皮细胞直接与肠道微生物接触，并且在免疫防御机制中起到了重要的作用。它们表达的黏附素分子对于 T 细胞的归宿（极化）和其他免疫细胞发挥免疫调节功能具有重要的作用。益生菌可以通过影响肠道上皮细胞表达的识别受体的类型起作用，也可以直接或间接地通过改变肠道微生物的组成或间接影响肠道微生物的活力来影响机体的免疫功能。它们还可以通过增加表达 IgA 的细胞数量和肠道特定部位细胞因子产生细胞的数量来增强肠道黏膜免疫系统。部分益生菌，包括乳杆菌属和双歧杆菌属，可以增加 IgA 的产量。肠道黏膜免疫的某些功能只能被活的益生菌激发。

1. 益生菌调节肠道菌群的组成和代谢活性

益生菌可以调节肠道微生物的组成和代谢活性，与肠道上皮细胞和免疫细胞之间的作用引起了表型细胞的改变，细胞因子的释放，细胞内信号途径的激活和抑制。

2. 益生菌调节黏蛋白的表达，增强肠道屏障功能

黏蛋白（Mucins）是上皮细胞和恶性细胞分泌的糖蛋白的一个重要家族，结构上具有相似性，但是在重复串联多肽上不同。它们可能与膜相连（如 MUC1、MUC3A、MUC3B、MUC4、MUC12、MUC13 和 MUC17），或者是分泌型的（包括 MUC2、MUC5AC、MUC5B 和 MUC6）。已有报道，异常的黏蛋白表达可以影响细胞生长、分化、转型、黏附和入侵。黏蛋白与肿瘤的形成和免疫监视有关。一些益生菌可以通过刺激肠上皮细胞分泌 MUC2 和 MUC3，参与宿主的肠道屏障功能。

3. 益生菌对肠道渗透性和 Th1/Th2 平衡的调节

益生菌可以调节肠道渗透性，增加肠道的屏障功能。肠道渗透性的增加会导致肠腔内的抗原，包括肠道微生物群易位进入循环系统。这种易位会导致黏膜免疫应答，并可能进一步导致慢性炎症。黏膜免疫系统的主要功能之一是对肠腔抗原发生有限的炎症反应，即受到外来侵染时，由细胞浸润和供血增加引起局部红肿，这是免疫应答的初步反应。如果这种免疫应答的强度进一步提升，可以导致被感染部位组织的破坏。这种局部免疫应答状态的控制主要通过调节 Th1/Th2 平衡来完成，益生菌可以以菌株特异性和剂量效应的方式增加与 Th2 免疫应答相关的细胞因子的表达，如 IL-2、TGF-β、IL-6 和 IL-10，使 Th1/Th2 平衡更有利于 Th2 免疫应答。

四、益生菌免疫调节作用的菌株特异性

益生菌的免疫调节作用是通过产生细胞因子来实现的，益生菌诱导肠道上皮细胞分泌细胞因子。更重要的是，同一种细胞因子可以有多种类型的细胞产生，在同一个细胞上可以产生多种效果，并可以作用于不同的细胞。例如，植物乳植杆菌菌株 BFE 5759、BRE 1685 和约氏乳杆菌菌株 BFE 6128 可以激活 HT-29 细胞，分泌 IL-8。副干酪乳酪杆菌（*Lacticaseibacillus paracasei*）DC412 菌株能产生 IFN-γ、TNF-α、IL-6 和 IL-10。益生菌嗜酸乳杆菌 NCFB 1748 可以诱导产生相同的细胞因子，同时还可以产生 IL-12，这种反应主要受 TLR2 和 TLR9 的协同作用；植物乳植杆菌菌株 299v 可以诱导高水平的 IL-12。干酪乳酪杆菌代田株可以刺激细胞分泌 IL-12，然后诱导产生 IFN-γ。更重要的是，干酪乳酪杆菌代田株可以抑制抗原诱导产生的 IgE，通过诱导巨噬细胞分泌 IL-12。

乳杆菌可以激活巨噬细胞分泌炎性因子和抗炎因子。嗜酸乳杆菌、干酪乳酪杆菌和鼠李糖乳酪杆菌可以诱导巨噬细胞细胞株 J774. 1 产生 IL-6、IL-12 和 TNF-α 细胞因子，其中部分细胞株还可以诱导巨噬细胞产生 IL-10，或诱导分泌 Th1 型细胞因子 IL-12、IL-18 和 IFN-γ。

1. 益生菌组合对细胞因子表达的影响

与单一的益生菌相比，益生菌组合所诱导的细胞因子可能完全不同。给正常大鼠食用由唾液链球菌嗜热亚种、嗜酸乳杆菌和动物双歧杆菌乳亚种构成的复合益生菌，会引起部分嗜中性粒细胞对肠黏膜及黏膜底层的浸润，表明该益生菌组合具有免疫调节作用。将人源肠固有层单核细胞、全血或经过富集的血浆 DCs 单独与 8 种不同的乳酸菌或者按一定的比例搭配以及 VSL# 3 益生菌组合进行共培养，包括嗜酸乳杆菌、德氏乳杆菌保加利亚亚种、干酪乳酪杆菌、植物乳植杆菌、长双歧杆菌长亚种、长双歧杆菌婴儿亚种、短双歧杆菌、唾液链球菌嗜热亚种，可以上调 DCs 对 IL-10 的表达，下调血液及肠黏膜固有层 DCs 对 IL-12 的表达。不同的菌株表现出对 DCs 特定的免疫调节作用，其中双歧杆菌表现出抗炎反应，表现为 DCs 分泌的 IL-10 增加，减少与免疫球蛋白 CD80 相关的共刺激免疫因子的分泌，并减少 IFN-γ 的表达。相反，乳杆菌则对 DCs IL-10 的表达几乎没有影响，链球菌菌株对 IL-10 的表达也几乎没有影响。在益生菌组合存在时，由 LPS 引起的炎症反应因为 IL-12 的表达被抑制而减弱，但同时可以维持 IL-10 在较高的水平上。

不同的益生菌组合可能诱导不同的细胞因子。例如，将益生菌［11 株唾液链球菌嗜亚种，乳杆菌属，双歧杆菌属，乳球菌属，明串珠菌属（*Leuconostoc*）或丙酸杆菌属（*Propionibacterium*）的菌种］和革兰氏阴性菌（*Escherichia coli*）对外周血单个核细胞（PBMC）共刺激，不同的组合对 PBMCs 表达细胞因子的影响具有显著的差异。不同的细菌，无论是革兰氏阳性还是革兰氏阴性细菌，都会竞争宿主细胞上的受体。当使用益生菌组合进行治疗时，一些种类的细菌可能会抑制其他种类的细菌对免疫的刺激作用。

2. 益生菌或其细胞组分对细胞因子表达的影响

细菌细胞壁的许多组分，例如脂多糖、肽聚糖和脂磷壁酸，都与细胞因子的诱导有关。这些细菌的细胞壁成分可以激活巨噬细胞、内皮细胞、平滑肌细胞和中性粒细胞，从而促进这些细胞释放多种调节因子。被激活的巨噬细胞可以产生多种蛋白类物质，包括细胞因子 TNF-α、IL-1、IL-6、IL-8、IL-12；金属蛋白酶，例如弹性蛋白酶（Elastases）和组织蛋白酶（Cathepsin）；脂肪代谢调节分子，例如前列腺素；还有活性氧和氮离子。其中，LPS 刺激产生的细胞因子是肽聚糖刺激产生的细胞因子的 100～1000 倍，肽聚糖刺激产生的细胞因子是脂磷壁酸刺激产生细胞因子的 10～100 倍。革兰氏阴性菌产生的 LPS 可以诱导 IFN-α、IL-6 和 IL-10 的产生。

大部分被鉴定的益生菌是革兰氏阳性细菌，其菌体或其细胞成分也可以刺激单核细胞或巨噬细胞。例如，从革兰氏阳性细菌中提取的脂磷壁酸发现对单核巨噬细胞系 U937 有免疫刺激作用，它可以诱导释放 IFN-α 和 IL-10，并与其剂量存在相关性。来自益生菌嗜酸乳杆菌 A9 的脂磷壁酸与其他革兰氏阳性细菌（非益生菌株嗜酸乳杆菌 CRL 1462 和益生菌株干酪乳酪杆菌 CRL 431）和革兰氏阴性细菌（大肠埃希氏菌 129、大肠埃希氏菌 137）相比，可以增强 IFN-α 和 IL-10 的水平。一些体外研究发现，益生菌的存在可以抑制促炎因子和趋化因子的形成。益生菌对免疫系统的刺激比革兰氏阴性致病菌对免疫系统的刺激弱。更重要的是，从人单核细胞中得到的 DCs 对不同的革兰氏阳性细菌有不同的反应。肠道细菌细胞壁诱导 PBMC 单核细胞产生 TNF-α 和 IL-10，但是不会产生 IL-4 或者 IFN-γ。细胞壁或者 LPS 刺激产生的 IL-10 与血清相关，同时与 CD14 相关。更重要的是，黏附到 PMBC 单核细胞上的细胞成分与产生 IL-10 和 TNF-α 相关。

益生菌的 DNA 也影响对细胞因子表达的变化。当作用于 PMBC 时，长双歧杆菌婴儿亚种、唾液链球菌嗜热亚种、植物乳植杆菌和德氏乳杆菌的 DNA 能显著增加 IL-1β 的水平；长双歧杆菌长亚种、嗜酸乳杆菌、干酪乳酪杆菌的 DNA 则能显著减少 IL-1β 的水平；短双歧杆菌、长双歧杆菌婴儿亚种和唾液链球菌嗜热亚种的 DNA 刺激增加了 IL-6 的量，然而，长双歧杆菌长亚种和乳球菌的基因组刺激后显著降低了 IL-6 的量；短双歧杆菌、长双歧杆菌婴儿亚种和唾液链球菌嗜热亚种的 DNA 刺激产生高水平的 IL-10，其中短双歧杆菌的基因组 DNA 被证实比干酪乳酪杆菌的 DNA 具有更强的诱导白介素产生的能力。

3. 益生菌和革兰氏阴性细菌对细胞因子表达影响的差异

以肺炎克雷伯氏菌（*Klebsiella pneumoniae*）和鼠李糖乳酪杆菌为例，两者都可以诱导 DCs 的成熟（特征为 CD83、CD86 的表达），但是导致成熟的 DCs 表达不同类型的细胞因子，成熟的 DCs 显示了不同的活化途径和功能特性。肺炎克雷伯氏菌激活参与 Th1 应答的细胞，而鼠李糖乳酪杆菌则通过未成熟的 DCs 减少对 TNF-α、IL-6 和 IL-8 等致炎性细胞因子的表达量。干酪乳酪杆菌代田株与革兰氏阴性细菌 EcN 可以引起小鼠巨噬细胞 J774A. 1 显著表达 IL-12 和 TNF-α，而肠道致病性的 *E. coli* 可以引起 IL-10 的表达，而 IL-18 和 TGF-β 则很少或者没有表达。与灭活菌体相比，活菌对 IL-10、IL-12 和 TNF-α 的诱导作用更明显，只有活的肠道致病性 *E. coli* 能诱导 IFN-α 的产生。

益生菌和革兰氏阴性细菌引起的细胞因子表达和免疫反应的差异主要是由于它们的细胞壁组分。

五、益生菌免疫调节作用的应用

1. 益生菌的抗感染作用

摄入益生菌后，免疫系统在控制感染上更加有效。摄入乳杆菌属和双歧杆菌属的细菌诱导肠道菌群的变化，抑制致病微生物在胃黏膜上的黏附，因此，可以改变菌群，阻止抗生素相关的腹泻、梭菌相关的腹泻及肠道炎症。

益生菌在宿主体内能诱导产生 IgA 和 IgG，提高机体免疫。例如，给小鼠口服 *B. breve* YIT 4064 可以激活体液免疫系统，增加体内抗轮状病毒 IgA 和抗流感病毒 IgG 的产生，并保护其免受轮状病毒和流行病毒的侵害。

2. 益生菌预防过敏反应和在肠道肿瘤方面的作用

益生菌可以缓解过敏性皮炎（AD），并且以不同的方式调节健康或患者周围免疫答的参数。例如，AD 患者饮用含副干酪乳酪杆菌 Lpc-37、嗜酸乳杆菌 74-2 和动物双歧杆菌乳亚种 DGCC 420 的益生菌饮料后，$CD4^+$、$CD54^+$亚群的数量显著减少。极低年龄儿童服用发酵乳杆菌，可以提高 Th1 应答中 IFN-γ 的水平，改变对来自皮肤和肠道细菌的反应，从而显著改善幼儿过敏性皮炎的状况。如果食用的是鼠李糖乳酪杆菌而不是动物双歧杆菌乳亚种，在低龄幼儿中也可以显著减少湿疹发病的风险，但是在过敏性湿疹高发人群中，经过 2 年观察，则没有明显效果。而一些益生菌在卵白蛋白致敏的哮喘小鼠中，可通过减少 IL-4、IL-5、IL-10、卵清蛋白特异性 IgE 和 IgG 的表达以及急性皮肤过敏反应，表现出最强的抗过敏作用。

益生菌也可以通过调节免疫反应，阻止肠道之外其他部位肿瘤的形成。口服干酪乳酪杆菌代田株可以阻止肿瘤的发生并诱导 IgE 的产生。在试验动物中也发现，服用益生菌可提高 NK 细胞的活力，NK 细胞活力的提升与肿瘤发病呈负相关关系。炎症性免疫应答过程中产生的细胞因子会激活单核细胞和巨噬细胞，由它们释放的具有细胞毒的物质在体外可以引起肿瘤细胞裂解。给小鼠食用含有益生菌的酸奶后，炎症反应的降低归因于服用益生菌后抑制了肠道肿瘤的形成。益生菌通过增加 IgA、T 细胞和巨噬细胞的活性，降低炎症反应从而抑制肠道肿瘤的生长。

第三节 益生菌与高胆固醇血症

血清中高胆固醇含量被认为是诱发高血压、冠心病、动脉粥样硬化等众多心血管疾病的重要因素。统计表明，心血管疾病是目前引起人类死亡的主要杀手，而且其患病率和死亡率呈逐年上升的趋势。据估计，在所有因疾病死亡的人数中将约有 40%的人死于高胆固醇引起的疾病。因此，降低血清胆固醇水平直接关系到人类的健康，也是目前科学研究工作的热点之一。服用益生菌及其相关制品能降低人体血清胆固醇含量以及心血管疾病发病率。益生菌通过人体摄入后，能够在肠道定植，参与消化、吸收及代谢等功能，影响糖-脂肪代谢和胆固醇-脂肪代谢，充分发挥降体脂、降胆固醇的功效。关于益生菌降胆固醇和/或控制胆固醇代谢的机制目前有多种假说。

1. 益生菌对胆固醇的同化作用

益生菌在小肠内对胆固醇的同化作用可以减少其被吸收，从而降低血清胆固醇的水平。例如，双歧杆菌属可以将含胆盐培养液中的胆固醇通过同化的方式移除；嗜酸乳杆菌不仅可以通过同化的方式移除介质中的胆固醇，还可以采用将胆固醇吸附到菌体细胞表面的方式来完成。此外，部分益生菌可以产生胞外多糖（EPS），这些胞外多糖包裹在细胞表面，具有吸附胆固醇的作用。这些细菌细胞壁的肽聚糖含有的多种氨基酸有助于胆固醇被吸附到细菌细胞表面。

2. 益生菌细胞膜整合胆固醇

介质中的大多数胆固醇都能被益生菌整合到细胞膜中，尤其是完整细胞的外膜更容易被胆固醇进入。

3. 益生菌水解结合胆盐

胆盐水解酶（BSH，EC 3.5.1.24）将结合胆盐上的甘氨酸和/或牛磺酸解离，形成游离的氨基酸和游离胆酸。对哺乳动物而言，结合胆盐的解离作用可以发生在小肠或者大肠。结合胆盐的解离作用确切发生部位跟哺乳动物种类有关，例如，小鼠体内微生物对结合胆盐的解离作用从小肠就开始了，但对人而言，是从回肠的末端开始，在大肠内结束。BSH 在肠道内多种微生物（如乳杆菌和双歧杆菌）内都存在。在肠道中，结合胆盐主要有两种类型，即牛磺胆酸和肝胆酸，BSH 对结合胆盐的解离作用见图 2-3。结合型胆盐因为具有高的亲水性，容易被消化道吸收，而游离胆酸与结合型胆盐相比，溶解性较差，不容易被重吸收进肠道，更容易随粪便排出。在这种情况下，需要合成新的胆酸来弥补损失的部分，由于胆固醇是体内从头合成胆酸的前体，使血液中胆固醇的浓度降低。

益生菌之所以能降低血清胆固醇水平，主要是由于某些菌株能够产生胆盐水解酶

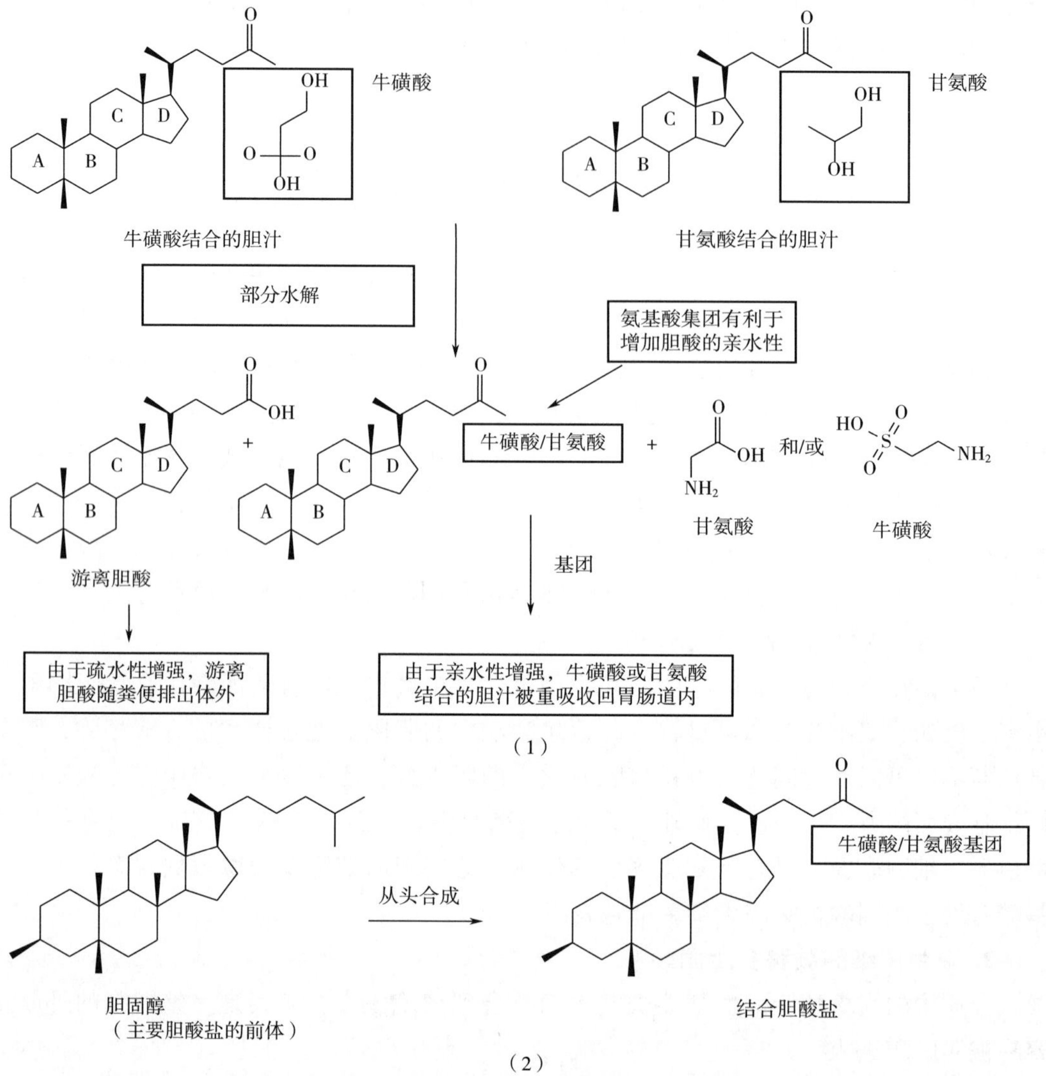

图 2-3　BSH 对结合胆盐的解离作用

（1）结合型胆盐在肠道内经过胆盐水解酶的作用，水解成游离胆酸和氨基酸。游离胆酸具有较高的疏水性，随粪便被排出体外；（2）当体内结合型胆盐浓度不足时，胆固醇可以作为前体，在肝内从头合成胆酸，再进一步形成结合型胆盐。

（BSH），水解胆盐。消化道中的许多菌株均可以产生胆盐水解酶，包括乳杆菌、双歧杆菌、肠球菌、梭菌和拟杆菌等。在消化道致病菌（如单核细胞增生性李斯特菌）和条件致病菌（如粪肠球菌和嗜麦芽黄单胞菌）中也检测到 BSH 酶活力。

益生菌产生的 BSH，通常存在于胞内，有氧不敏感性，最适 pH 一般为 5~6。该酶能够催化初级胆盐——甘氨酸和牛磺酸结合胆盐水解成氨基酸残基和游离胆酸，这也是胆盐在肠道中生物转化的第一步反应。分解过程主要是胆酸与氨基酸之间连接键的酶水解。BSH 属于胆酰甘氨酸水解酶家族，不仅能够识别氨基酸侧链，也能识别胆盐的类固醇核心。大多数 BSH 催化甘氨酸结合胆盐比牛磺酸结合胆盐的效率更高。

益生菌通常具有多种 BSH 活性，其优势在于能够保证菌体在不同环境下得到最大的存活率。因为每一种 BSH 都能对不同组成的胆汁发挥作用，使得菌体在胆汁环境中存活不同时间。BSH 的主要作用是胆汁解毒和保证益生菌在消化道中的存活。BSH 还有其他功能，例如，从胆盐中水解得到氨基酸，作为能量来源或者用于提高细胞膜的防御功能。

鉴于含 BSH 菌株的健康功效，FAO/WHO 纲要中将 BSH 酶活作为食品中益生菌评价的一大指标。然而也有报道指出，微生物的 BSH 酶活对于人体宿主具有潜在的危害性。游离胆酸经肠道微生物的多步 7α-脱羟基反应分解后，形成次级胆酸——脱氧胆酸（DCA）和石胆酸。次级胆酸能够在肝肠循环中积累到一个相当高的水平，由此会导致结肠癌、胆结石及其他消化道疾病。当然，通过选择不能分解胆盐的益生菌，可以有效避免其 BSH 所带来的副作用。

总之，BSH 降胆固醇的作用主要分为两个方面。一方面，BSH 通过胆盐去共轭反应降低了胆盐溶解度和吸收率，经粪便排出大量的游离胆酸，导致需要将更多的胆固醇从头合成胆酸，从而使血清胆固醇减少（图 2-4）。另一方面，由于胆固醇在水中是微溶的，其吸收依赖于胆酸的可溶性。胆盐去共轭后能够降低胆固醇的溶解度和吸收效率，同时抑制了胆固醇微团的形成，从而减少肠道中的胆固醇吸收，导致血清胆固醇水平降低。

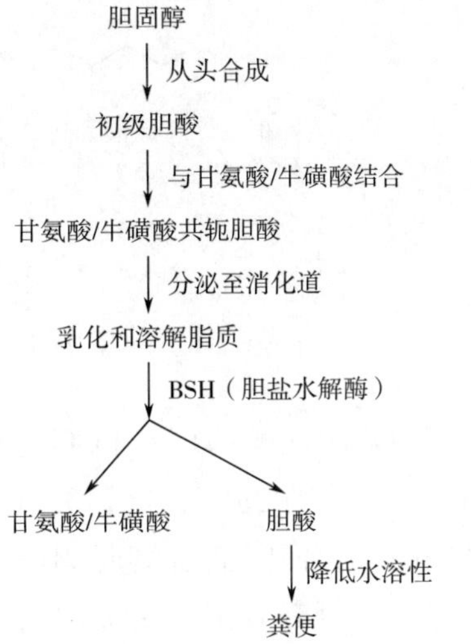

图 2-4　胆固醇在体内的代谢过程

4. 益生菌短链脂肪酸降低胆固醇水平

食物中不可消化的糖类，经过人体肠道中益生菌的发酵，能够产生短链脂肪酸，如乙酸、丙酸和丁酸等。其中，乙酸不仅是脂肪生成的底物，也是胆固醇合成的前体，因而能够促进胆固醇合成，这是由于胆固醇与其他长链脂肪酸一样，是通过乙酰辅酶 A 合成的。乙酰辅酶 A 先转变成中间产物甲羟戊酸，随后经过二十多步的反应，转变成胆固醇（图 2-5）。

而丙酸恰好相反。丙酸能够增加葡萄糖生成，降低胆固醇浓度。因此，能够产生较多丙酸的底物，例如果聚糖（包括菊粉和寡果糖），能够降低血脂。

5. 其他作用降低胆固醇水平

除了胆盐去共轭和短链脂肪酸的作用，还有一些其他益生菌降低血清胆固醇水平的假说，包括益生菌细胞壁结合胆固醇；将胆固醇转化为粪（甾）醇等。

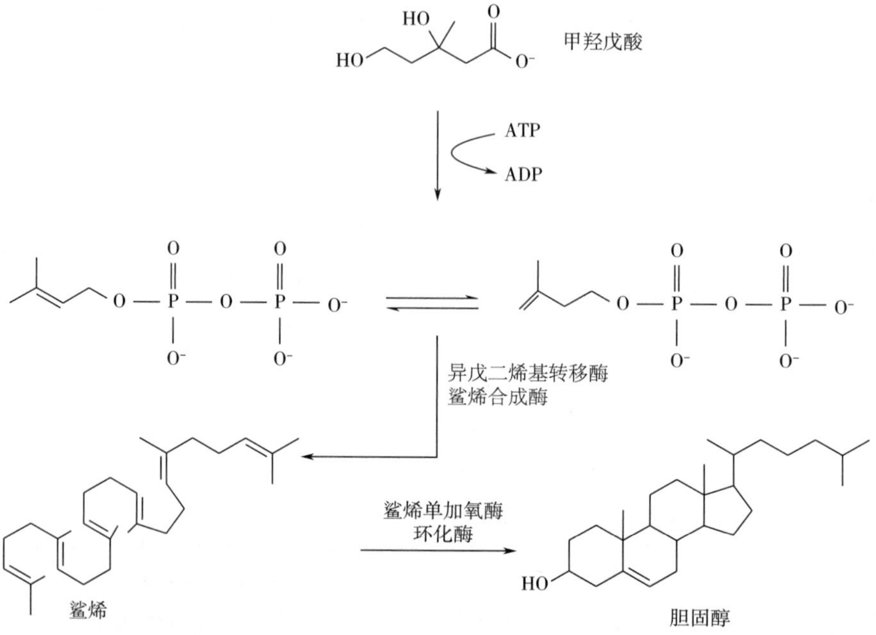

图 2-5 胆固醇在体内的合成途径

益生菌降胆固醇的可能机制是通过菌株产生的胆固醇还原酶，将胆固醇转变为粪（甾）醇。与胆固醇相比，粪（甾）醇在人体肠道内吸收很少，导致其在粪便中的含量较高，从而降低血清胆固醇水平。益生菌降胆固醇的作用机制和功效仍存在争议，有不少研究者提出针对益生菌降胆固醇的分子机制假说，包括膜蛋白水平、酶调控以及转录或翻译过程中的基因表达等，然而还需要进一步的试验来验证这些假说。

第四节 益生菌与高血压

高血压可以是原发性的，也可以是继发性的。原发性高血压通常是指在诊断时无明确病因，通常占所有高血压案例的 95%以上，继发性高血压则通常是因为怀孕、失眠、柯兴综合征（Cushing's syndrome，由血液中皮质醇水平增高导致血压上升）、肾功能异常和部分药物的副作用所引起的。尽管原发性高血压的病理还不清楚，但多种因素会导致原发性高血压，如高胆固醇血症、糖尿病、生理性肾素（Renin）产生过多以及性激素失调等。

高胆固醇血症和肥胖与原发性高血压密切相关，在瘦素（Leptin，一种调节体重、代谢的蛋白类激素，由肥胖基因编码）的作用下，交感神经系统的过度活跃，可以改变血液中脂肪的组成，通过引起外周毛细血管的收缩以及增加钠在肾小管的再吸收，从而升高血压。胰岛素抵抗后，高浓度的胰岛素会刺激内皮素（Endothelium）的产生引起血管收缩增强，从而也会引起高血压。胰岛素抵抗可以通过妨碍胰岛素的血管扩张作用，或者通过由胰岛素抵抗引起的高胰岛素血症来上调交感神经及利钠肽受体（Antinatriuretic）的活性来升高血压。原发性高血压还与血液中肾素的浓度相关，后者是一种酸性蛋白酶，在血管舒缓素（Kallikrein）的作用下，从没有活性的前体——原肾素加工而来，当血液中钠离子缺乏或β2-受体（β2-receptors）受到醛甾酮（Aldosterone）的刺激就会被释放。肾素主要通过在肾素-血管紧张素体系中将血管紧张素原（Angiotensinogen）水解成没有活性的血管紧张素Ⅰ来发挥作用，血管紧张素Ⅰ在血管紧张素转化酶（Angiotensin-Converting Enzyme，ACE）的作用下进一步转化成血管紧张素Ⅱ，后者引起血管扩张，诱导醛甾酮的释放，从而导致血液中钠离子浓度升高和血压上升。此外，血液中激素如雌激素（Estrogens）、孕酮（Progesterone）和醛甾酮（Aldosterone）组成的失衡，也会诱发高血压。

益生菌对最终可能导致高血压的代谢性疾病表现出非常重要的作用。本节将重点论述益生菌通过调节血液内脂肪的组成、胰岛素、肾素和性激素的代谢来阐述益生菌的抗高血压作用。

1. 益生菌通过调节血脂代谢发挥抗高血压作用

血液总胆固醇水平偏高在世界各国都很普遍，无论是成人、青少年还是儿童，高血压通常与高胆固醇血症（或血脂异常）、肥胖相关。高血压患者通常以高密度脂蛋白（HDL）形式存在的胆固醇浓度很低，但甘油三酯水平很高，换句话说，与血脂正常的男女相比，高胆固醇血症的个体更容易出现高血压。当总胆固醇水平超过6.4mmol/L时，出现高血压的概率剧增。高胆固醇血症会加剧心脏输出负担，增加周围血管的抗性，从而使血压升高。因此，脂质代谢异常是高血压的主要诱因之一。

益生菌可以改善宿主脂代谢异常，如降低血清胆固醇水平（本章第三节）、增强低密度脂蛋白胆固醇的抗氧化性等，从而降低血压。

2. 益生菌通过改善糖尿病症状，减少糖尿病共生性高血压的发生

糖尿病和高血压是共生性疾病，在部分患者中通常同时出现。胰岛素抵抗、糖尿病和器质性高血压之间的关系非常复杂。胰岛素抵抗从本质上而言，是机体的组织，如骨骼肌、肥胖组织以及肝等，对血液中的胰岛素的生物学和生理效应造成损害，而器质性高血压占无明确病因高血压患者的90%~95%。大约25%~47%的高血压患者同时伴有胰岛素抵抗或葡萄糖耐受低下等症状。因此，与血压正常者相比，器质性高血压个体更容易发生糖尿病。

糖尿病和高血压是导致主管综合征及微管综合征的风险因子。市场上的抗高血压药物品种繁多，但并不是所有的种类都会对高血压性糖尿病患者有益。因此，需要找出新的治疗方法，在有效预防或减少高血压与糖尿病发病的同时，能最大限度地降低治疗的不良副作用。摄食益生菌是一种新的干预手段，可以预防或延迟糖尿病的发生，进而减少高血压的发生。

胰岛素抵抗往往会导致糖尿病性血脂异常，其典型特征是血浆总胆固醇、低密度脂蛋白胆固醇和极低密度脂蛋白（VLDL）胆固醇浓度的增高。益生菌可以有效地降低血清胆固醇水平，进而改善胰岛素抵抗，减少与糖尿病密切相关的高血压症状的发生。

有假说认为，糖尿病的发生与个体长时间食用高脂食物导致的不良炎症反应有关（图 2-6）。摄入益生菌可以抑制系统性炎症，避免诱发糖尿病的致炎性细胞因子的产生，最终抑制因糖尿病发生而引起的高血压。

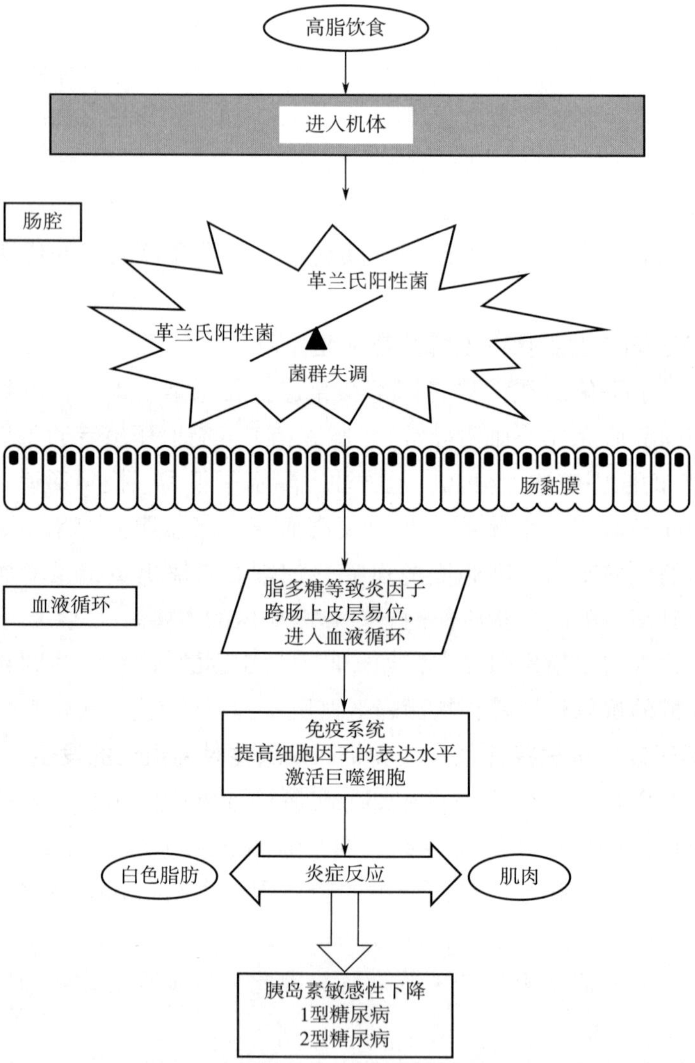

图 2-6　长期摄入高脂食物可能诱发糖尿病发生的示意图

同时摄入益生菌和抗糖尿病药物有利于糖尿病的控制。格列齐特（Gliclazide）是一种口服磺脲类抗糖尿病药物，而摄入益生菌可以使其降糖效果增加 2 倍。

高果糖饮食会诱发 2 型糖尿病，其发病机制是果糖向肝脏迁移并在此积累，增加肝内的脂肪再生作用和甘油三酯的合成。机体对果糖的代谢最终引发胰岛素抵抗。益生菌能通过抑制胰岛素的消失、防止糖尿病性血脂代谢异常、抑制脂肪的过氧化和亚硝酸盐的形成等方式，减少糖尿病和糖尿病相关疾病个体内由果糖诱发的胰岛素抵抗。

胰岛 β 细胞功能异常会导致胰岛素在调节血糖和脂肪代谢过程中的敏感性降低。益生菌可以提供对胰岛 β 细胞的保护作用，而后者在产生胰岛素和防止胰岛素依赖性糖尿病以及糖尿病相关的高血压方面具有重要的作用。

总之，益生菌在减少胰岛素抵抗发生、降血糖和改善糖尿病相关的血脂异常方面表现出积极的作用，被认为可以作为一种替代性的预防和干预措施用于糖尿病，进而减少与糖尿病相关的高血压的发病。

3. 益生菌对肾素-血管紧张素系统的调节作用

血压是由多个不同的，但又彼此相互作用的生化途径所控制的。血压最典型的调控方式与肾素-血管紧张素系统（RAS）有关，该途经需要血管紧张素转化酶（ACE）的参与，RAS 调节血压、体液和电解质平衡。肾素是一种酸性蛋白酶，在血管舒缓素的作用下，从没有活性的前体——原肾素加工而来。当钠缺乏或 β2-受体受到醛甾酮刺激时，肾素就会被释放。在肾素-血管紧张素系统中，肾素水解血管紧张素原，释放出没有活性的血管紧张素Ⅰ。血管紧张素在 ACE 的作用下被水解掉一个二肽，释放出血管紧张素Ⅱ，后者是一种强力血管收缩剂。产生的血管紧张素可以反过来抑制肾素的活性。血管紧张素会引起血管的收缩并诱导醛甾酮的释放，从而导致钠离子浓度升高和血压上升。ACE 引起血压上升的另一方面原因是可以使舒缓激肽失活，后者是一种血管扩张剂。ACE 在肾素-血管紧张素系统中的作用见图 2-7。因此，在肾素-血管紧张素系统中，ACE 通过调节血管紧张素和舒缓激肽的浓度，从而主导血压的调控。

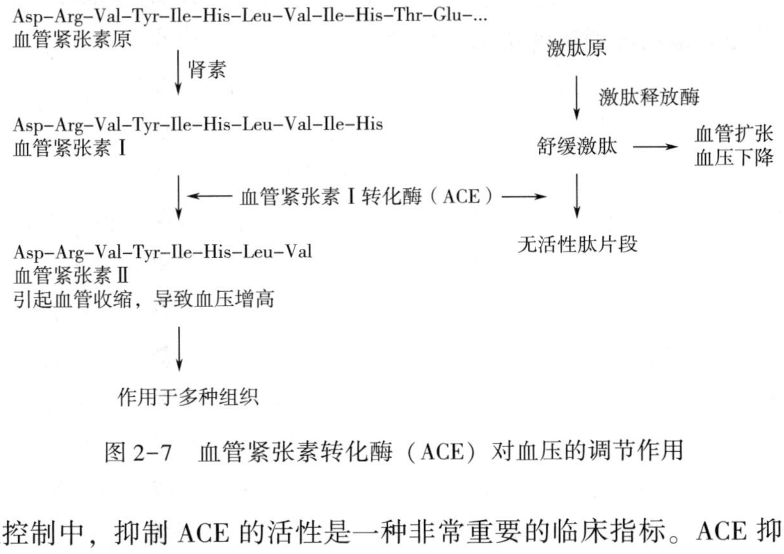

图 2-7　血管紧张素转化酶（ACE）对血压的调节作用

在血压控制中，抑制 ACE 的活性是一种非常重要的临床指标。ACE 抑制剂可以通过减少血管紧张素的生成和抑制舒缓激肽被降解从而达到降血压的作用，ACE 抑制肽通常以无活性的形式存在于亲体蛋白中，但可以在微生物的作用下被释放出来。ACE抑制肽可以从多种发酵食品中获得，如干酪、发酵乳、发酵豆乳和酸乳。部分益生菌发酵乳制品在体内表现出抗高血压作用的研究结果见表 2-3。

表 2-3　　部分益生菌发酵乳在体内的抗高血压作用

产物	受试者	试验方案	对血压的影响
瑞士乳杆菌（*L. helveticus*）发酵乳，150mL/d，21 周	39 名中等高血压，30～62 岁	随机、安慰剂对照	收缩压（SBP）-6.7mmHg 舒张压（DBP）-3.6mmHg
嗜酸乳杆菌和唾液链球菌嗜热亚种发酵酸乳，450mL/d，8 周	70 名健康人，18～55 岁	随机、双盲、安慰剂对照和顺从性控制，并行	SBP -4.4mmHg DBP -3.4mmHg
L. helveticus 发酵乳粉压片，6 片（12g）/d，4 周	40 名正常血压偏高（HN）、40 名中等高血压（MH），年龄数据不详	随机、双盲、安慰剂对照	MH：SBP -10.0mmHg（4 周平均） DBP 降低不显著
L. helveticus 发酵乳，160g/d，4 周	46 名轻微高血压，23～59 岁	随机、双盲、安慰剂对照	HN：-11.2mmHg SBP -5.2mmHg
L. helveticus 发酵乳，150mL/d，第一期 8～10 周；清洗期 3～4 周；第二期 5～7 周	60 名（第一期）/39 名（第一期）中等高血压，年龄数据不详	设有清洗期的双交叉试验	第一期：SBP -16mmHg 第二期：DBP -11mmHg 交叉试验之间无显著差异

采用微生物发酵的方法是从动物乳蛋白质中获取各种生物活性肽的一种简易而天然的技术。通过摄食益生菌发酵的乳制品，不仅可以补充各种生物活性肽，而且可以同时获取具有抗高血压作用的益生菌。除了产生生物活性肽如 ACE 抑制肽，参与血压的调节之外，部分益生菌的其他代谢产物也可以在体内发挥降血压的作用。

4. 益生菌提高植物雌激素的抗高血压效果

高血压还与性激素失衡相关，不同性别在调控血压的生理机制方面存在差异。在女性中，高血压通常容易出现在停经后的女性人群中，这些女性由于对血压具有调节作用的卵激素的分泌减少，从而出现较高的主动脉血压。不同性别对血压调控的差异及高血压的发生过程可以证实性激素在此过程中的作用，即在女性中，雌激素对高血压的发生具有保护作用，而在男性中，由于缺乏雌激素的有力的保护作用，在雄激素的作用下甚至出现加剧的现象。在性激素中，雌激素和黄体酮具有抗高血压作用，可以拮抗睾丸酮的致高血压作用。在停经的女性或高血压男性患者中，经常采用激素替代疗法来缓解高血压症状。不过，在因手术导致停经的女性中，雌激素替代疗法对这些女性的血压不能产生持久性的血压降低作用。利用食物来源的植物雌激素是一种通过雌激素方式调节血压的天然替代方式，而益生菌可以提高这些植物雌激素的效果。

植物雌激素是一类天然的雌激素类物质，在许多方面具有与雌二醇相似的特征，包括结合到体内雌激素受体所需要的苯环结构。由于与哺乳动物雌激素在结构上有诸多的相似性，在体内，大豆异黄酮可以参与雌激素的作用途径，在血管中诱发类似雌二醇的反应。异黄酮、异黄酮类和哺乳动物来源的雌二醇及雌激素在化学结构上的相似性见图 2-8。异黄酮与雌激素的这种结构相似性，使异黄酮对多种与激素相关的病症具有保护作用，包括更年期综合征、心血管疾病。这些异黄酮常见于豆科植物中，如大豆。含有异黄酮的大豆全蛋白，可以在绝经后的女性中引发显著的血管扩张作用。

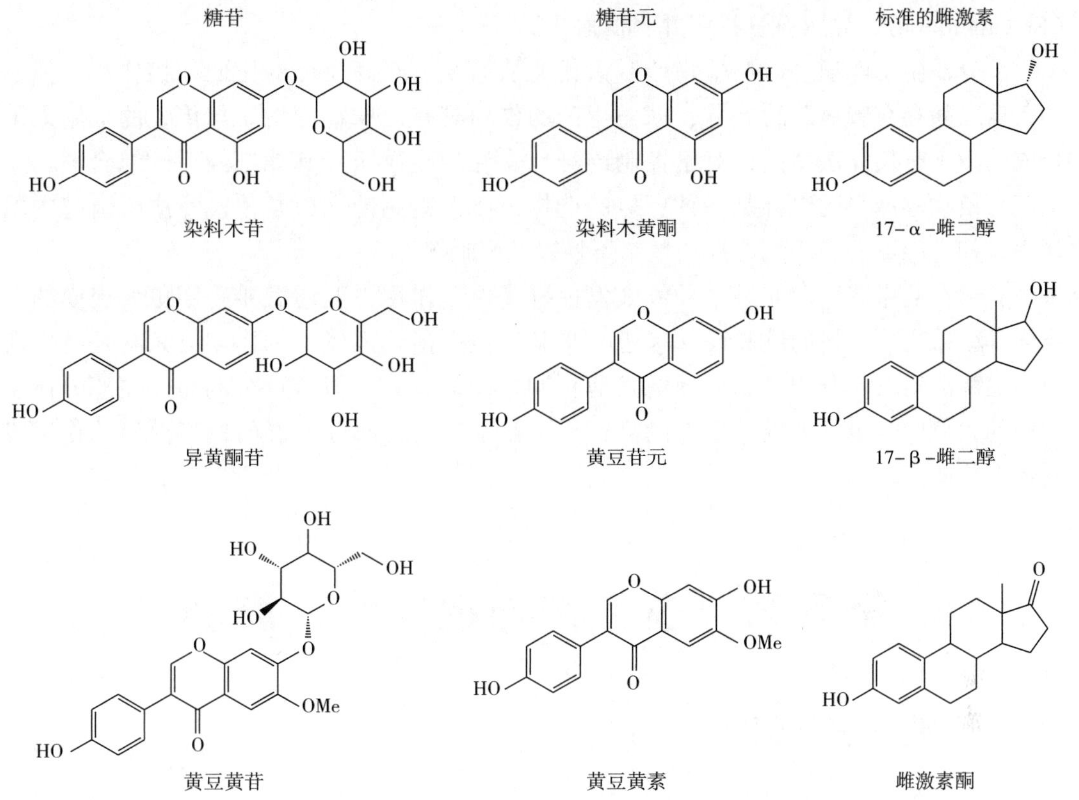

图 2-8　天然糖苷、活化糖苷元及标准雌二醇的化学结构

大豆蛋白中的异黄酮可在人体内益生菌生物转化后被吸收，并进入肝循环，其在血液内的浓度可以比正常的雌激素高出几个数量级。因此，与雌激素相比，尽管其与雌激素受体的亲和力较低（作用强度大约是雌二醇的 1/3），但因为其在血浆内的浓度高，仍然可以引发一系列的生理效应。

益生菌可以很容易地将豆科植物（如大豆）来源的糖苷类异黄酮，包括金雀异黄素染料木素（或染料木素）和大豆黄素水解成具有生物活性的糖苷元。与天然的糖苷相比，异黄酮糖苷元因为亲水性更高、分子质量更小而被吸收得更快，吸收量更多。在此过程中发挥作用的主要是 β-葡萄糖苷酶。益生菌拥有 β-葡萄糖苷酶，可以取代肠道细菌从大豆食物中释放具有生物活性的糖苷元。例如，豆浆经过益生菌发酵后，由于益生菌的产 β-葡萄糖苷酶的作用，糖苷元的生物可利用性提高，异黄酮的吸收效率升高使其具有更大的生理作用。另外，部分益生菌菌株可以增强人体内 β-葡萄糖苷酶活力。因此，对于高血压人群而言，食用经过益生菌发酵，富含异黄酮糖苷元的豆制品是一种非常有效的控制血压的途径。

此外，益生菌将糖苷生物转化成糖苷元的过程还与雌马酚的生成相关。采用部分 *Bifidobacterium* 菌株制备的大豆发酵乳可以检测到雌马酚的存在，与雌马酚的前体大豆黄素或其他异黄酮相比，雌马酚对雌激素受体的亲和力更高，因而具有更强的生物活性。例如，雌马酚可抑制经雌激素受体依赖方式所产生的血管收缩因子内皮素-1（Endothelin-1），导致血管扩张并降低血压。

部分益生菌能通过影响植物雌激素代谢从而发挥对高血压的正向调控作用，但不同菌株之间存在着显著的差异，即益生菌的作用具有菌株特异性。与传统的采用人工合成的激素替代疗法相比，对于控制绝经后女性的高血压及其他绝经后的综合征，益生菌与植物雌激素的组合是一种更好的选择，可以避免传统激素替代疗法所引起的副作用，如乳腺癌发病风险增高、情绪不稳以及失眠等。

总之，益生菌可以通过多种方式发挥抗高血压作用，但还需要采用更大规模的人群样本，采用更严格的试验设计来进一步验证益生菌在人体中的作用，尤其是益生菌对肠道菌群组成的影响与高血压的发病机制之间的关系。值得重视的是，在部分体型偏瘦的人群中，也会出现器质性的高血压，益生菌对这部分人群的抗高血压的作用机制还有待阐明。

第五节　益生菌与糖尿病、肥胖

一、糖尿病与肥胖

1. 糖尿病

据世界卫生组织预测，2030 年，糖尿病将成为世界第七大死因。自 2013 年起，中国已成为糖尿病人口大国。据国际糖尿病联盟（IDF）所发表的数据，2022 年我国糖尿病患病人数高达 1.4 亿，占全球报告患病总人数的 26.2%。

糖尿病可能损害心脏、血管、眼睛、肾脏和神经，引起多种表现为全身微循环障碍的急性和长期并发症。急性并发症包括低血糖症、酮症酸中毒、非酮高渗性昏迷等。严重的长期并发症包括：心脑血管疾病、糖尿病肾病、视网膜病变、神经病变、四肢周边血管及微血管病变。其中，糖尿病造成酯类代谢紊乱，引发高脂血症、酮症酸中毒；糖尿病肾病最终可导致慢性肾衰竭，是发展中国家成年人中血液透析的主要原因；视网膜病变又称糖尿病眼病，可致盲，是发展中国家非老龄成年人致盲的主要疾病；微血管病变和神经受损可能导致勃起功能障碍（阳痿）以及伤口难以愈合。俗称的“糖尿病足”初期就是足部伤口难以愈合，若护理不当则可能导致严重坏疽，进而导致患者截肢。妊娠期糖尿病是围产期的主要并发症之一，可能导致胎儿发育畸形、胎儿宫内窘迫、胎死宫内、新生儿低血糖、巨大儿以及难产或者死产等并发症。

糖尿病是一种因体内胰岛素绝对或者相对不足所导致的糖、蛋白质、脂肪、水和电解质等一系列代谢紊乱综合征。在临床上主要表现为“三多一少”，即多饮、多尿、多食和体重下降，以及血糖高，尿液中含有葡萄糖等。世界卫生组织将糖尿病分为四种类型：1 型糖尿病（胰岛素依赖性糖尿病）、2 型糖尿病（非胰岛素依赖性糖尿病）、妊娠期糖尿病和其他类型糖尿病。每种类型的糖尿病的症状都大致相似甚至相同，即导致胰腺中的 β 细胞不能产生足量的胰岛素（Insulin）来降低血糖的浓度，导致高血糖症的发生。

1 型糖尿病患者需要注射外源性的胰岛素来控制体内的血糖。早期 2 型糖尿病患者可以通过改善生活方式（如健康饮食、适量运动、安全减肥并维持合适的体重、戒烟及避免二手烟暴露等）来控制，甚至治愈糖尿病。大多数患者可通过生活方式的改善以及配合口服降糖药物来帮助控制体内血糖，预防并发症。

2. 肥胖

据世界卫生组织报告，全球成人中肥胖人口占 10%以上，超重和肥胖是全球引起死亡的第六大风险因素。每年，至少有 340 万成人死于超重或肥胖。另外，44%的糖尿病、23%的缺血性心脏病以及 7%~41%的某些癌症可归因于超重和肥胖。一度被视为高收入国家问题的超重和肥胖，如今在中低收入国家，尤其是城市环境中，呈上升的趋势。肥胖现象还呈年轻化趋势，2019 年，全球 5 岁以下超重或肥胖儿童约为 3820 万。

超重和肥胖会增大罹患心血管疾病、糖尿病、非酒精性脂肪肝、肌肉骨骼疾病（如骨关节炎）、精神疾病（如抑郁症、社交障碍）、某些癌症（如子宫内膜癌、乳腺癌和结肠癌）等疾病的风险，其中相关性最强的是 2 型糖尿病。肥胖症本身还是最主要的可预防性致死因素之一，肥胖症使预期寿命平均减少 6~7 年，其中严重肥胖症（BMI>40）使男性预期寿命减少 20 年，女性减少 5 年。

肥胖的原因传统观点认为是能量的摄入超过能量的消耗，因此，减肥和控制体重的传统路径在于使热量达到负平衡，即使热量摄入量小于热量消耗量。

二、益生菌对糖尿病宿主葡萄糖内稳态的改善作用机制

益生菌对糖尿病的宿主葡萄糖内稳态的改善作用主要表现在两类指标上：初级指标和次级指标。初级指标包括糖尿病的发生、空腹血糖（Fasting Blood Glucose）、餐后血糖（Post-prandial Blood Glucose）、糖化血红蛋白（HbAlc）、胰岛素、胰岛素敏感性和胰岛素抵抗；次级指标包括炎症标志物、血脂、体重和能量摄入。这些指标归纳起来主要是血糖、胰岛素、炎症标志物、血脂、体重等几方面。

糖尿病患者体内存在肠道菌群紊乱的现象。益生菌可以通过调节肠道菌群，有益菌会更多地附着在肠道上皮细胞上。益生菌可以抑制宿主胃肠道对葡萄糖的吸收，从而降低血糖水平。益生菌通过吸收葡萄糖进入菌体内，减少宿主的吸收，从而降低血

糖水平。另外，益生菌可以降低循环中 LPS 的浓度，减少炎症反应，提高胰岛素敏感性，改善胰岛素抵抗，进而达到防治糖尿病的目的。

三、益生菌对体重（肥胖）的控制机制

益生菌对体重的控制机制如下。

第一，益生菌能抑制食欲，增加饱腹感。益生菌可以通过刺激胆囊收缩素（CCK）、GLP-1 等饱腹因子的释放，以及减少胃促生长激素的分泌，从而减少食物摄入，降低体重和脂肪的蓄积。

第二，益生菌能降低胆固醇水平。益生菌可以通过同化作用以及共沉淀作用减少胆固醇的吸收。

第三，益生元，如低聚果糖、菊糖、半乳糖苷、乳果糖等，能刺激肠道菌的生长与活性。将益生菌和益生元联合使用来改变肠道菌群的状况以干预肥胖，二者联合用以减少热能的摄入量，减少脂肪的沉积，增加产生饱食感和能量的消耗来取得好的治疗效果。

益生菌作为一种环境因素，与饮食/能量摄入、肠道微生物、化学/物理/其他微生物（如病毒）刺激类似，各环境因素以及遗传因素等分别或协同作用，影响宿主的代谢，从而起到延缓或预防糖尿病和肥胖的作用，如图 2-9 所示。

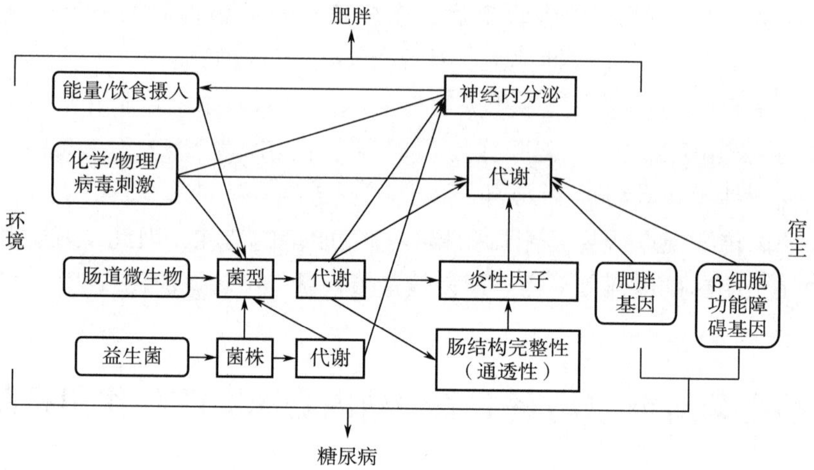

图 2-9　益生菌作为一种环境因素对肥胖和糖尿病的影响

四、功能性益生菌筛选

调节血糖作用的益生菌体外预筛选主要采用麦芽糖酶/α-葡萄糖苷酶（Maltase/α-glucosidase）抑制模型［如干酪乳酪杆菌 JH-28、LC2W（CGMCC No. 0828）和植物乳植

杆菌 ST-Ⅲ（CGMCC No.0847）］等。江南大学陈卫课题组以鼠李糖乳酪杆菌 GG（LGG）作为阳性对照菌，对该实验室保藏的 7 株乳酸菌的 α-葡萄糖苷酶酶活的抑制能力、抗氧化能力及其基本的益生特性进行了研究，并用主成分分析方法作了总体评价，获得了具有潜在降糖作用的干酪乳酪杆菌 CCFM0412。该菌株具有较好的 α-葡萄糖苷酶抑制活性、较强的抗氧化能力。该课题组还通过耐酸、耐胆盐、抗氧化能力 α-葡萄糖苷酶酶活抑制率考察后，从 11 株乳酸菌中筛选出 1 株干酪乳酪杆菌 *Lacticaseibacillus casei* 2W（LC2W）和 1 株鼠李糖乳酪杆菌 Z7，LC2W 的上述性能显著优于 LGG，Z7 是最接近 LGG 的菌株，这 2 株菌可能具有潜在的抗糖尿病作用。乳业生物技术国家重点实验室也早在 2011 年就发现干酪乳酪杆菌 LC2W 具有抑制麦芽糖酶和 α-葡萄糖苷酶活力的作用，并于 2012 年获得专利授权。

调节血脂作用的益生菌体外预筛选主要采用胆固醇移除模型（如罗伊氏黏液乳杆菌 DSM122460）以及降解胆盐和结合胆固醇模型［如植物乳植杆菌 ST-Ⅲ（CGMCC No.0847）和干酪乳酪杆菌 BD-II（CGMCC No.0849）］等。

第六节 益生菌与衰老

衰老是生物体随着时间累积的功能下降，其特点在于生理完整性的渐进性丧失，由此导致生理功能的受损和死亡易感性的增加。这种恶化是大多数人类疾病（包括癌症、糖尿病、心血管疾病、代谢疾病、免疫功能疾病、肾脏疾病以及神经退行性疾病等）的主要危险因素。

衰老存在四点共性，即各种生物都必然会发生的普遍性，由生物本身遗传性所决定的内在性，不可逆转的渐进性，最终导致生物体生理功能下降甚至发生疾病和死亡的有害性。衰老与很多疾病的发生机制具有共同的基础，如癌症与肿瘤（乳腺癌、白血病、结肠癌等）、神经退行性疾病（如阿尔茨海默病、帕金森病、癫痫等）、情绪和认知方面疾病（如抑郁症、焦虑症、自闭症、认知能力下降等）、“三高”（高血压、高血脂、高血糖）、其他心血管疾病（动脉硬化、心脏病、冠心病）、肾脏疾病、免疫系统相关疾病（自体免疫疾病、免疫系统功能下降等）以及其他老年性疾病（白内障、骨质疏松、肌肉萎缩、耳聋等）。

一、衰老与益生菌

老年人与年轻人的肠道菌群存在明显差异，衰老与肠道菌群组成具有一定的相关性。从细胞数量上来说，人体其实是由 10%的自身和 90%的共生微生物共同组成的一个超有机体，这些共生细菌中绝大部分位于人体肠道。肠道菌群，尤其是其中益生菌（有益菌）的种类和分布情况及其代谢产物与人体老化程度、健康程度以及疾病都有重要的关系。

胎儿通过分娩时的阴道物质摄入、哺乳时的口腔摄入以及空气吸入等途径接触外来细菌，其后细菌进入体内并在肠道内逐渐定植形成肠道菌群。其中最主要的菌属包括双歧杆菌属、乳杆菌属等益生菌菌属，也包括拟杆菌属和真杆菌属等。随着 pH 的差异，在肠道不同节段内细菌的分布和数量也不完全相同。重要的是，从婴儿期到老年期，人体肠道内的细菌分布是随着年龄的变化而变化的（表 2-4）。菌群结构最明显受影响的时间是 9~18 个月断奶添加辅食的时候，会导致乳酸杆菌、双歧杆菌等益生菌和肠杆菌的特征性被梭菌属和拟杆菌属为优势菌的特征性所替代。从第 9~18 个月的时候，身体体重指数的增加与产短链脂肪酸梭菌属的增长呈正相关。随着机体的衰老，有益微生物数量和有害微生物数量呈此消彼长的趋势。

表 2-4　　人体肠道内菌群分布随着年龄的变化

年龄段	肠道菌群分布情况
刚出生	无菌
出生后几小时	大量需氧菌和兼性厌氧菌
2~3d	严格厌氧菌（双歧杆菌）大幅取代好氧菌和兼性厌氧菌
5~7d	双歧杆菌的增长达到高峰，后趋于稳定，成为主要菌群
离乳期	拟杆菌、厌氧链球菌等厌氧菌逐步增多，双歧杆菌数量逐渐减少到约总菌数的 10%，类型由长双歧杆菌婴儿亚种和短双歧杆菌转变为长双歧杆菌和青春双歧杆菌
健康成年阶段	维持上述菌群结构稳定
老年期	双歧杆菌进一步减少

对于肠道中有益微生物（如乳杆菌和双歧杆菌）较多的人，其健康和长寿的概率较大。与较年轻的老人相比，百岁老人的肠道中的肠杆菌科、双歧杆菌和拟杆菌的数量较低，梭菌聚类 I 较多；两类人群的乳杆菌和双歧杆菌的种类相类似，而乳杆菌亚群的组成有很大不同；百岁老人肠道最具特征的菌群是长双歧杆菌，且每个百岁老人都只分离出一种长双歧杆菌菌株。而中国学者张篪教授对世界第五长寿区——中国广西巴马地区的调查发现，健康的百岁以上老人肠道内双歧杆菌在厌氧菌中的比例为 53%~87%，比一般青年人的占比（40%）要高。

二、益生菌对宿主机体衰老的延缓作用

菌生菌的直接补充，或通过补充其他物质促进益生菌生长可调节肠道菌群的动态平衡。前者最常见的是乳酸杆菌和双歧杆菌，同时也有少量链球菌等。通过适当的方式适度补充这些益生菌，可以在一定程度上达到改善健康状况的目的。

目前关于益生菌对衰老过程的影响的研究主要集中于以下几方面：延长模式生物寿命或促进其生长，调节血脂、血压、血糖，保护神经干细胞，改善认知能力和情绪

行为，抑制病毒引起的自噬等作用。此外，益生菌还可预防各种心理障碍、精神分裂和孤独症（自闭症）以及改善骨质疏松症。

三、延缓衰老作用的益生菌体外预筛选

各种益生菌甚至同种益生菌的不同菌株，其益生功能各有不同，如何快速有效地定向寻找具有延缓衰老以及防治或改善与衰老相关疾病等作用的功能性益生菌，在初筛之前可能还需要一个体外预筛选的过程。

1. 单胺氧化酶抑制模型

该模型基于由芬奇（Finch）和埃弗里特（Everitt）提出的衰老的内分泌学说。该学说认为中心神经系统存在“衰老钟”（控制衰老的神经结构），单胺类递质，如去甲肾上腺素、5-羟色胺、多巴胺等，控制衰老钟的运行。而中枢神经系统中存在于线粒体外膜上的单胺氧化酶（MAO）正是催化内源性和外源性单胺类物质氧化脱氨的催化剂，且该过程除了降低血清素、去甲肾上腺素和多巴胺，还产生可能会导致神经细胞死亡的活性氧（如 H_2O_2）。因此，其在人体中被认为是老化的标志，又称为老化相关酶。该酶活力的不断升高会引起整个机体机能，尤其是脑功能的逐步退化、衰老，造成帕金森病、老年抑郁症等疾病。在体外研究中，常以 MAO 作为靶位点酶建立模型，以对此酶抑制效果的强弱初步评估益生菌及/或其代谢产物的抗衰老作用，以便于今后进一步在体内评价该益生菌延缓衰老的功效。

2. 自由基清除为代表的抗氧化模型

该模型常用指标包括对自由基的清除能力，如对 1,1-二苯基-2-三硝基苯肼（DPPH）、羟自由基、超氧阴离子等的清除能力；氧化应激的耐受能力，如对一定浓度的 O_2 或 H_2O_2 的耐受能力；抗脂质过氧化的能力，如对亚油酸过氧化抑制率或测定脂质过氧化产物丙二醛的含量来反映；产生抗氧化物质的能力，如某些益生菌能够产生如超氧化物歧化酶、谷胱甘肽过氧化物酶、过氧化氢酶、NADH 氧化酶、金属硫蛋白等特殊的活性物质表现其抗氧化特性。

3. Caco-2 细胞模型

Caco-2 细胞模型的细胞系来源于人体结肠癌细胞，主要用于研究药物吸收及营养物质的转运调节，在抗衰老的研究中可能可以利用 Caco-2 细胞作为细胞来源，建立与细胞衰老相关的细胞脂质过氧化损伤模型，从益生菌中筛选有抑制脂质过氧化能力的菌株。

第三章

肠源益生菌代谢产物及其生理活性

在食品领域应用较多的益生菌主要有 7 个属，包括乳杆菌属、链球菌属、肠球菌属、乳球菌属、片球菌属、明串珠菌属和双歧杆菌属。目前已知的乳酸菌发挥主要生化功能特性的作用机制，除了定植、主要代谢产物（乳酸等）改善肠道内环境、有效酶活力外，其他代谢产物，如短链脂肪酸、细菌素、胞外多糖、维生素等也发挥着重要的作用。本章将深入地阐述上述乳酸菌代谢产物的生物合成、制备、种类、结构及其生理活性，探讨其促进人类健康的潜力。

第一节　短链脂肪酸

机体肠道系统中存在着大量细菌来维持肠道的微生态平衡，这些细菌的主要功能之一就是代谢，表现为对膳食中难消化物质的发酵。细菌可以通过不同的代谢途径来发酵底物，产生能量和营养物质供给自身生长，同时对宿主产生有利的影响。短链脂肪酸（SCFA）是大肠细菌代谢的主要终产物，是碳链为 1~6 的有机脂肪酸，主要由厌氧微生物发酵难消化的糖类而产生的，主要包括乙酸、丙酸、丁酸、异丁酸、戊酸、异戊酸、己酸和异己酸；其中乙酸、丙酸和丁酸含量最高，三者占短链脂肪酸的 90%~95%。SCFA 的重要作用表现为：可以影响结肠上皮细胞的转运，促进结肠细胞和小肠细胞的代谢、生长、分化，为肠黏膜上皮细胞及肌肉、心、脑、肾提供能量，增加肠道血液的供应量，影响肝对脂质和糖类的调控等。

一、SCFA 产生及影响因素

1. SCFA 的产生

SCFA 是结肠内重要的有机酸，由饮食中的糖类经肠道细菌酵解生成。其底物主要是非淀粉多糖、不可消化淀粉，其他底物，如不可吸收寡糖、少量蛋白质及胃肠道分泌物、黏膜细胞碎屑也与 SCFA 的生成有关。盲肠、结肠是细菌酵解的主要部位。大肠内容物每克含菌量高达 10^{11}~10^{12} CFU，结肠的无氧状态为厌氧菌酵解提供了理想的环境与场所。升结肠和盲肠中 SCFA 的含量较高，这是由于此部位的细菌首先接触到经小肠输送来的糖类，这些细菌的发酵活性最强。虽然升、降结肠中 SCFA 的浓度不同，但产生乙酸、丙酸、丁酸的浓度比却相同。人肠道中主要的发酵糖类底物的细菌如表 3-1 所示。

表 3-1　人肠道中主要的发酵糖类底物的细菌

菌属	（粪便平均菌数/粪便干重）/（CFU/g）	主要发酵产物
拟杆菌属	11.3×10^9	乙酸、丁酸、琥珀酸
双歧杆菌	10.2×10^9	乙酸、乳酸、乙醇、甲酸

续表

菌属	（粪便平均菌数/粪便干重）/（CFU/g）	主要发酵产物
真杆菌属	10.7×10^9	乙酸、丁酸、乳酸
瘤胃球菌属	10.2×10^9	乙酸
消化链球菌属	10.1×10^9	乙酸、乳酸
乳杆菌属	9.6×10^9	乳酸
梭菌属	9.8×10^9	乙酸、丙酸、丁酸、乳酸
链球菌属	8.3×10^9	乳酸、乙酸

到达结肠的糖类，有些是还未消化吸收的食物残渣，有些是黏蛋白及宿主的分泌物，其数量和类型主要取决于食物在胃肠道被消化吸收的程度，这些物质都可在结肠中被微生物发酵。

肠道细菌酵解不需要氧分子或其他无机离子作为最终电子受体，酵解反应自行平衡。肠道细菌对糖类代谢的主要终产物是乙酸、丙酸、丁酸、二氧化碳、甲烷、氢气和水，如图 3-1 所示。其中乙酸、丙酸、丁酸所占比例高达 85%。不同酵解底物生成的 SCFA 的总量、比例不尽相同，但乙酸盐所占比例最高，例如，果胶生成乙酸、丙酸、丁酸的比例为 80：12：8，淀粉则为 62：15：22，通常混合餐为 63：22：8。若每天有 20g 糖类在结肠中被代谢，则生成 SCFA 的量约为 200mmol/L。

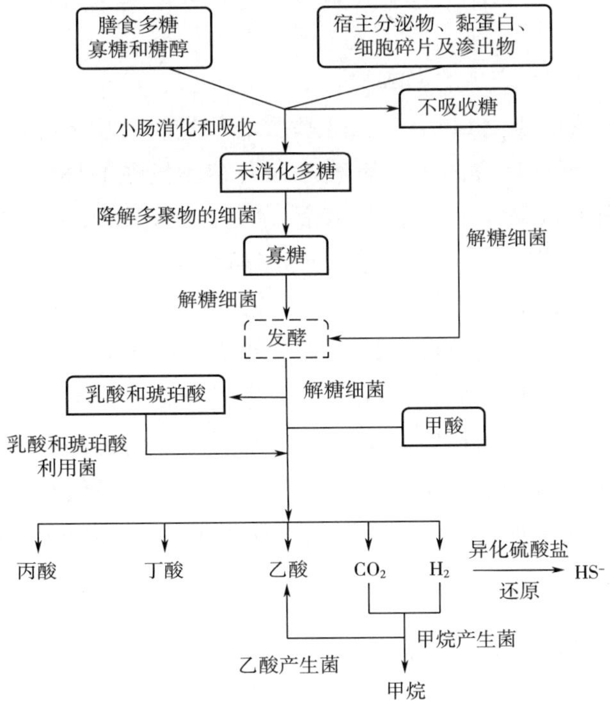

图 3-1　肠道细菌产生 SCFA 的主要途径

进入结肠的蛋白质和氨基酸进行肠酵解后的主要产物也是短链脂肪酸。梭菌能够利用多种氨基酸生成相应的多种有机酸，例如，可通过丙烯酸途径由丙氨酸产生丁酸，也可在苏氨酸脱水酶和酮酸脱氢酶的参与下由苏氨酸产生丙酸。乙酸可通过斯提柯兰氏反应（Stickland 反应）从甘氨酸产生，也可通过谷氨酸、赖氨酸、鸟氨酸、丝氨酸的发酵而产生。谷氨酸的主要发酵产物是乙酸和丁酸，谷氨酸进行厌氧代谢有两个途径，一个是甲基天冬氨酸途径，常见于梭菌；另一个是羟基谷氨酸途径，常见于梭杆菌、消化链球菌和氨基酸球菌。

2. 底物对 SCFA 产生的影响

许多研究结果表明，糖类底物（如寡糖、非淀粉多糖、淀粉多糖）不同，结肠微生物发酵产生的短链脂肪酸的比例和生理作用也不同。

寡糖是指由 2~10 个单糖通过糖苷键连接而成的低聚合度的糖类化合物，可通过被肠道细菌发酵而对机体产生积极的作用。不同种类的寡糖被降解成不同种类的短链脂肪酸，例如，果胶与木聚糖降解的主要产物是乙酸，阿拉伯半乳聚糖的降解产物则以丙酸为主。

大多数膳食纤维的主要组成成分是非淀粉多糖，经肠道细菌发酵可产生短链脂肪酸，这可能影响肝脏葡萄糖的生成。不同的多糖底物经发酵后也可以产生不同比例的 SCFA，这主要是由于糖类结构的不同而影响肠道中不同菌群的发酵能力。常见的非淀粉多糖包括谷物 β-葡聚糖、戊聚糖等。

抗性淀粉也是一种结肠细菌发酵的底物。含有抗性淀粉的膳食可以增加粪便中丁酸的含量。

3. 其他因素对 SCFA 产生的影响

SCFA 的种类和数量还受到 pH、发酵基质的数量、类型、降解速率、降解程度以及肠道菌群和宿主生理状态等因素的影响。在升结肠偏酸的环境中，未被小肠消化的物质提供的可利用的底物多，细菌生长活力高，引起 SCFA 的浓度也很高，可达 142mmol/kg；当肠内容物进入降结肠时，可酵解的底物减少，酵解速率降低，SCFA 浓度亦下降，只有 96mmol/kg。结肠细菌的种类或培养条件，对产生的 SCFA 的类型和数量都有很大的影响。产气荚膜杆菌在碳源限制培养时，主要产物为乙酸、丁酸、琥珀酸和乳酸；短双歧杆菌在糖类限制的条件下，主要产物是甲酸和乙酸，碳源过多时主要是乙酸和乳酸；卵形拟杆菌在碳源限制时，主要产物为乙酸、琥珀酸和丙酸，碳源过多时则主要为乙酸和琥珀酸。结肠内淀粉的量增加时，粪便样品中水解淀粉的细菌在厌氧菌总数中的比例增加，产生的丁酸浓度及其在 SCFA 中的比例也随之增加。

二、SCFA 吸收

虽然肠内 SCFA 生成量较大，但每天粪便排出量仅为 7~20mmol，这是因为大部分 SCFA 在结肠内已被吸收。正常生理状况下，结肠内 SCFA 以阴离子形式存在，但其吸收通过离子与非离子形式进行，以经由上皮的非离子形式弥散为主。因此，SCFA 的吸收需要肠腔内的阳离子，可以通过盲肠、近端结肠上皮的 Na^+-K^+泵交换，或将 CO_2 转化为碳酸而分解出阳离子（H^+）与碳酸氢根（HCO_3^-）。在细胞内，一旦 SCFA 重新离子化，阳离子就与 Na^+交换，后者再通过 Na^+-K^+ ATP 泵出。而离子形式的 SCFA 吸收可能经由 SCFA-HCO_3^-交换，因此，SCFA 吸收过程刺激了肠道 Na^+、Cl^-的吸收以及 HCO_3^-的分泌，SCFA 对肠道电解质和水的吸收起着重要的作用。将用^{14}C 标记的 SCFA 送入结肠，15min 后即可在呼出气中检出，6h 内 50%的标记物经呼吸系统排出。增加吸收面积或吸收时间，提高腔内浓度都可增加 SCFA 在肠道的吸收。不同的 SCFA 在结肠不同节段的吸收率不同，乙酸在盲肠与近端结肠的吸收率最高，而丁酸在远端结肠的吸收率最高。

三、SCFA 代谢

一旦结肠黏膜上皮细胞吸收了乙酸、丙酸、丁酸，它们可被转运至肝脏进一步代谢或被结肠黏膜上皮细胞用作能源消耗，其代谢途径见图 3-2。乙酸和丙酸的代谢部位与丁酸不同，发挥的功能和作用亦不相同。

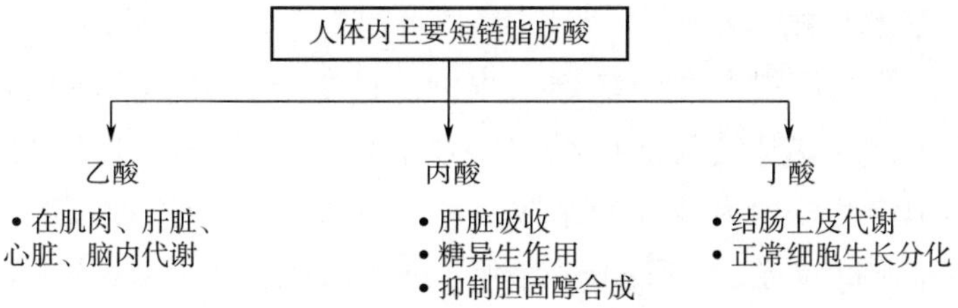

图 3-2 人体内主要 SCFA 的代谢途径

乙酸是膳食纤维被肠酵解后的主要代谢物之一，也是胆固醇合成的最主要的底物，在机体内，大部分乙酸被吸收进入血液，然后进入肝脏进行代谢，其代谢产生的能量可供给周边组织。当人食用含发酵糖类的食物后，会在其静脉血中发现有乙酸的存在。乙酸来源于盲肠，被肠道上皮组织摄取后，在门静脉血液中出现，最终穿过肝脏进入外周组织而被肌肉代谢。当门静脉中的乙酸降低到临界水平以下时，肝脏会分泌游离乙酸。乙酸可以被许多组织摄取和利用，是机体从小肠不能消化吸收的糖类中得到能量的主要途径。膳食中补充乙酸可以降低餐后血糖和胰岛素反应，这种作用可能由上消化道机制（如阻抑胃排空或抑制消化酶活力等）所介导。

体外培养的游离结肠上皮细胞，75%的氧消耗来自丁酸盐的氧化。丁酸是唯一可利用的能源时，可完全被结肠黏膜上皮细胞利用，生成酮体和 CO_2。体外研究表明，在葡萄糖、酮体、谷氨酰胺等作为能源时，结肠黏膜上皮细胞首选丁酸。只有少量丁酸盐可透过结肠黏膜上皮细胞，因此，在门静脉血中，丁酸的浓度很低。与此相反，相当量的乙酸、丙酸未被结肠黏膜上皮细胞代谢，而是经门静脉转运至肝内作为能源。静脉血中，乙酸的浓度在禁食时为50μmol/L，进食后在肠道细菌酵解糖类后可达100～300μmol/L，无结肠的病人则乙酸浓度很低。乙酸盐半衰期仅几分钟，可被脑、骨骼肌和心肌所代谢。在肝内，乙酸可用来合成长链脂肪酸、谷氨酰胺、谷氨酸盐及β-羟丁酸，而约50%的丙酸在肝内被用作糖原异生的底物。

四、SCFA 生理功能

1. 促进肠道水和 Na^+吸收

非离子化短链脂肪酸的吸收可促进Na^+-H^+交换，刺激Na^+的吸收；丁酸还可通过产能提供ATP，增加细胞内CO_2的含量，CO_2经碳酸酐酶作用产生H^+而促进Na^+-H^+交换；Na^+的吸收又刺激了$SCFA^-$的吸收。结肠黏膜上皮细胞对Na^+的吸收增加，然后增加对水的吸收，由此可以推测，饮食性纤维生成的SCFA具有抗腹泻作用。抗生素抑制肠道菌群，减少SCFA生成，引起肠道水、Na^+吸收减少，可导致抗生素相关性腹泻。肠道管饲营养时，由于大部分配方中糖类大都在小肠吸收，因而结肠细菌的发酵底物减少，SCFA生成相应减少，这使得结肠黏膜上皮细胞营养不良和结肠内水、Na^+的吸收降低，容易引发腹泻。

2. 促进结肠细胞增殖

饮食中添加纤维素可提高结肠隐窝上皮细胞的更新和迁移。将瓜尔豆胶和果胶添加到大鼠的饮食中，发现其结肠上皮细胞增殖加快，而低纤维饮食导致以黏膜发育不全、结肠上皮细胞增殖减少为特征的结肠萎缩。流质饮食中添加可溶性纤维可促进病人术后结肠上皮细胞的增殖，进而维持结肠黏膜的完整。给结肠内灌注丁酸，能促进黏膜生长，表现为黏膜总量、DNA含量和有丝分裂指数的增加。

给大鼠结肠灌注乙酸、丙酸、n-丁酸混合液，能增加空肠、近端结肠黏膜DNA含量，刺激肠上皮细胞增殖。其中丁酸对结肠上皮细胞增殖与黏膜生长起主要作用，对隐窝上皮细胞增殖的剂量依赖性、刺激作用强弱的顺序是丁酸>丙酸>乙酸。

3. 提供能源底物

结肠中经由酵解产生的能量主要依赖于饮食性糖类的质和量。如果人们摄入平衡饮食，理论上3%～9%的机体总需求能量来自于肠酵解产生的能量（20～60g物质被酵解），以淀粉为主食的人群中所占比例更高。SCFA作为首选的代谢性底物，提供结肠黏膜所需总能量的70%，其中大鼠结肠上皮细胞首选的能源物质是丁酸。在远端结肠发生的主要是丁酸的氧化，而葡萄糖、谷氨酰胺的氧化则主要在近端结肠。

4. 增加肠血流

SCFA有扩张结肠血管的作用，能改善大肠微循环，对结肠黏膜产生营养作用，其中以丁酸的作用最强。向腔内灌注SCFA，结肠血流可增加24%；单独应用SCFA的任意一种或混合应用，阻力动脉均出现明显的浓度依赖性扩张作用。

5. 刺激胃肠激素生成

胰腺和胆道的分泌物可刺激肠黏膜生长。胃泌素、胰高血糖素、酪酪肽（Peptide YY，PYY）是介导肠上皮细胞增殖和肠黏膜生长的三种主要激素。可酵解纤维能够刺激结肠上皮细胞增殖，与整个肠道胰高血糖素及结肠 PYY 水平升高密切相关，而与血浆胃泌素水平无明显相关。

6. 抗病原微生物及抗炎作用

伤寒沙门氏菌是重要的肠道致病菌，属细胞内寄生菌，可引起伤寒等严重的肠道传染病。巨噬细胞是人体主要的吞噬细胞，在许多病原体的清除和破坏中起重要作用。在巨噬细胞中，SCFA 可与凋亡相关斑点样蛋白（ACs）结合，触发免疫反应，从而帮助抵御沙门氏菌的感染。

炎症的一个重要特征就是内皮细胞活化，进而上调 E-选择素、细胞间黏附分子-1（ICAM-1）和血管细胞黏附分子-1（VCAM-1）等白细胞黏附分子的表达，然后导致白细胞黏附到血管内皮，而后移至组织中。所有种类的 SCFA 均对炎性反应有一定的治疗作用，它们能减少 IL-6 蛋白从培养器官中释放，但在效能上存在差异，丙酸和丁酸具有等效作用，而乙酸作用较小。

考虑到肠道微生物在生产 SCFA 过程中的重要作用，“益生菌疗法”可以作为临床上治疗慢性炎性肠炎（IBD）的备选方案之一。当用传统的治疗方法对 IBD 患者的疗效并不显著时，学者们推荐使用益生元和益生菌来治疗 IBD。此外，在 IBD 模型中，已经观察到柔嫩梭菌群（*F. prausnitzii*）具有丁酸依赖性的抗炎效果。

7. 缓解或预防肿瘤作用

三种 SCFA 均能通过抑制癌细胞的增殖、分化和转移而起到缓解肿瘤损伤的作用。不同食物纤维素在肠道中发酵产生的 SCFA 的组成存在差异，产生的效果不同。丁酸在毫摩尔浓度水平下就能发挥抑制肿瘤细胞增殖、诱导分化和凋亡的作用，并且还能抑制肿瘤新生血管的形成。尽管丁酸能在肿瘤生长过程中发挥抗恶性肿瘤细胞增殖的作用，但对正常上皮细胞的生长是安全的，不会像小分子化疗药物在杀死肿瘤细胞的时候对正常细胞也造成严重的损伤。因此，摄入高丁酸盐/乙酸盐比率的纤维素饮食，可以充分增强 SCFA 缓解结肠癌作用。

丁酸盐作为组蛋白脱乙酰酶（HDAC）的抑制剂，它还可以抑制大多数组蛋白脱乙酰酶类的活性，但对Ⅰ类 HDAC、Ⅱ类中的 HDAC6 和 HDAC10 没有抑制作用。研究发现，粪便菌群的发酵上清液中富含丁酸和丙酸，且表现出很强的抑制结肠癌（CRC）细胞中 HADC 的活性。它对 HADC 的抑制活性来自其阻断了骨髓干细胞向树突状细胞的分化，这一阻断主要是通过依赖于 Na^+偶联的单羧酸转运载体（SLC5 A8）通路实现的。SLC5 A8 蛋白主要在结肠中表达，是 Na^+偶联的 SCFA 载体。在人类结肠癌、小鼠结肠癌模型和结肠癌细胞株中，蛋白 SLC5 A8 独自并不发挥抗肿瘤作用。只有在有丁酸参与的情况下，结肠癌细胞中 SLC5 A8 蛋白会重新表达，导致癌细胞凋亡。SLC5 A8/丁酸盐诱导凋亡基因表达的变化包括促使凋亡基因的上调和抗凋亡基因的下调。因此，结肠中 SLC5 A8 能通过调节细菌发酵产物丁酸来抑制肿瘤生长。SCFA 还可通过调节结肠细胞表型、DNA 的合成与甲基化、细胞周期蛋白 D1 和 c-myc 的水平来保护结肠黏膜，避免其转化为肿瘤。

8. 调控基因表达

G-蛋白偶联受体 41（GPR41）和 GPR43 是 SCFA 在人或动物上皮黏膜细胞和内分泌细胞的受体蛋白，SCFA 可刺激回肠和结肠中酪酪肽（PYY）和 5-羟色胺（5-HT）的释放。不同的 SCFA 及组合对 GPR41 和 GPR43 的活性有不同程度的影响。各 SCFA 对 GPR41 活性影响的强弱顺序为：丙酸=戊酸=丁酸>乙酸>甲酸；而对 GPR43 活性影响的强弱顺序则有所不同：乙酸=丙酸=丁酸>戊酸>己酸=甲酸。在 SCFA 混合物调控组蛋白乙酰化的作用中，丁酸和丙酸存在累加效应，而乙酸则不具备，说明生理浓度的丙酸和丁酸比其单独存在具有更加复杂的生物效能。单独使用丁酸不能上调肠上皮胰高血糖素原和葡萄糖转运蛋白 2（GLUT-2）基因的表达，而 SCFA 混合物可以上调上述两个基因的表达，表明 SCFA 间具有协同调控作用。在分子水平方面，SCFA 对基因表达的应答是有差异的，丁酸对结肠细胞上的基因表达有最显著的影响，乙酸影响最小。

9. 改善血脂和血糖异常

SCFA 混合物可以刺激盲肠膳食纤维的发酵，从而影响血液中胆固醇的水平，尤其是丙酸，经结肠吸收以后由肝脏代谢，用作能源并可以抑制肝胆固醇的合成。膳食中的丙酸还能降低血糖和胰岛素水平，肝中的丙酸可以调节糖类和脂肪的代谢。在反刍动物类代谢中，丙酸是合成葡萄糖的主要前体，而对于人类，目前还没有确切的研究结果表明丙酸对人体的糖类代谢有明显的影响。有研究表明，长期给予丙酸盐可降低空腹血糖的浓度，这可能与其抑制肝脏释放葡萄糖有关。

第二节　细菌素

许多乳酸菌除了产生乳酸、乙酸、丙酸和丁酸等短链脂肪酸外，还能产生细菌素（Bacteriocin）。细菌素是由某些细菌在代谢过程中通过核糖体合成机制产生的一类具有生物活性的蛋白质、多肽或前体多肽，这些物质可以抑制或杀灭与之相同或相似的其他微生物。

迄今已经发现了几十种细菌素，其中最有名的且已经商业化生产的细菌素是乳酸链球菌素（Nisin）。Nisin 是由乳酸链球菌和乳酸乳球菌乳亚种（*Lactococcus lactis* subsp. *lactis*）的多个菌株产生的具有广谱抑菌作用的细菌素，是典型的乳酸菌细菌素。1928 年，Nisin 首次被报道。此后，Nisin 被广泛而深入地研究，1988 年，它被 FDA 批准作为生物防腐剂用于多种加工食品。Nisin 作为第一个细菌素获得了广泛的商业应用，这使得人们对由公认为安全的微生物生产的细菌素非常感兴趣，因此，细菌素这一研究领域迅速发展，使得大量来自乳酸菌的细菌素被分离纯化出来，并且其化学结构得到了详细表征。

在开发新细菌素的过程中，发现一些肠道益生菌株也能产生细菌素，但目前结构表征完全的细菌素大部分都是乳杆菌来源的。由于缺乏体内试验，目前还不清楚细菌素在体内是否与菌群的优劣势、菌群的竞争性以及病原菌的抑制等相关，但是，动物试验的数据已经表明，细菌素可以降低肠道内肠杆菌的数量，而且临床数据表明，给病人喂食约氏乳杆菌（*Lactobacillus johnsonii*）发酵的牛乳制品可显著降低胃中幽门螺旋杆菌（*Helicobacter pylori*）的密度。细菌素可以消除体内的竞争性病原微生物，从而为有益微生物提供生存和增殖的机会。

一、细菌素分类

细菌素是由核糖体合成的多肽，由 20~60 个氨基酸组成，具有抑菌活性，产生菌对其细菌素有自身免疫性。几乎所有的细菌素在中性或偏酸性的环境中带负电荷，它们的分子链中通常含有伸出的疏水性或两亲性链段。

细菌素不仅种类丰富，而且在自然界的存在十分普遍，几乎每种细菌都可产生细菌素。根据细菌素产生菌分类的不同，可将细菌素广义分为革兰氏阴性菌细菌素和革兰氏阳性菌细菌素。这两类细菌素在分子质量大小、结构、分泌转运机制、编码基因定位及作用机制等方面都有明显差别。最初，细菌素的研究集中于革兰氏阴性菌细菌素，但是后来人们逐步将研究重点转向革兰氏阳性菌细菌素。

1988 年，学者根据分子质量大小、结构组成等的不同将乳酸杆菌（革兰氏阳性菌）产生的细菌素分为 4 类，分别是：羊毛硫细菌素（Lantibiotics）、不含羊毛硫氨酸的小分子热稳定肽、热敏感的大分子蛋白质和复合型的大分子复合物，见表 3-2。

表 3-2　乳酸菌细菌素的分类

类别		特征	细菌素
Ⅰ经大范围翻译后修饰而成的核糖体小肽（相对分子质量<5000）	Ⅰa	羊毛硫细菌素，含有羊毛硫氨酸、β-甲基羊毛硫氨酸等，能延伸并能在细胞膜上形成孔洞的两性分子	Nisin
	Ⅰb	刚硬的球状抗菌肽，带负电或不带电荷，能抑制细菌细胞壁的形成	美杀菌素（Mersacidin）
Ⅱ具有膜活性，未经修饰的多肽（相对分子质量<10000）	Ⅱa	小分子热稳定肽，由 2 个半胱氨酸所构成的 S-S 桥，有强烈抗李斯特菌的活性，N 末端氨基酸序列为：YGNGVXC	片球菌素 PA-1（pediocin PA-1）、米酒乳杆菌素 A 和 P（sakacins A and P）、林可霉素 A（Leucocin A）
	Ⅱb	由 2 个具有不同氨基酸序列的肽类寡聚体形成，一般需要 2 个肽段一起才能发挥活性	肠球菌素 L50（enterocin L50）
	Ⅱc	依赖于 Sec 分泌途径，N 末端和 C 末端以共价键相连，形成环状结构	格氏菌素 A（Gassericin A）、罗伊特菌素 6（Reutericin 6）

续表

类别	特征	细菌素
Ⅲ	大分子的热不稳定肽（相对分子质量>30000）	瑞士乳菌素 J（Helveticins J）、瑞士乳菌素 V（Helveticins V）
Ⅳ	细菌素和其他大分子组成的复合物	

1. 羊毛硫细菌素

羊毛硫细菌素是一类小分子的修饰肽，含 19~50 个氨基酸分子，分子活性部位有羊毛硫氨酸、β-甲基羊毛硫氨酸、脱氢酪氨酸和脱氢丙氨酸等非编码氨基酸，这些非编码氨基酸形成了这类细菌素独特的环状刚性结构。根据环状结构的不同又可将羊毛硫细菌素细分为两个亚类：Ⅰa 类为延伸的螺旋状结构，含 21~38 个氨基酸残基，相对分子质量为 2100~3500，带 2~7 个正电荷，具有两亲性，能在细菌质膜上形成电位依赖性的孔洞，如著名的 Nisin；Ⅰb 类为球形分子，分子中不超过 19 个氨基酸残基，相对分子质量一般为 1900~2100，带负电荷或不带电荷，能抑制细菌细胞壁的合成，为酶抑制物，如 Mersacidin 是通过干扰敏感菌细胞壁的合成而杀菌的。

近年来，基于作用方式的分类遇到了挑战。首先，发现乳酸链球菌素（Nisin）通过两种机制发生作用，除了形成孔洞外，也能结合类脂Ⅱ抑制细胞壁的生物合成。其次，许多双肽链羊毛硫细菌素通过 2 个肽链组合形成活性功能区则进一步增加了这些细菌素分类的混乱。在群内的差异性基础上，再根据肽链的保守序列把羊毛硫细菌素重新分为 11 个亚类，每一亚类的命名都反映它们的特性，11 个亚类分别为乳酸链球菌素（Nisin）、表皮素（Epidermin）、链霉菌素（Streptin）、羊毛硫细菌素 pep5（Latibioticpep5）、乳链球菌素 481（Lacticin 481）、Mersacidin、LtnA2、细胞溶素（Cytolysin）、乳杆菌素 S（Lactocin S）、肉桂霉素（Cinnamycin）和 Sublancin。

Nisin 是一种易流动的固体粉末，灰白色或略带黄色，使用时需先将其溶于水或者水性溶液中，在不同 pH 下，其溶解度亦不同。Nisin 在一般水中（pH 为 7）溶解度为 49mg/mL，若在 0.02mol/L HCl 中，溶解度增加为 118mg/mL，在碱性条件下几乎不溶解。Nisin 的热稳定性与其溶解性相关，在 pH 2.0 或更低的稀盐酸中，可以经 115.6℃ 灭菌失活 40%，在 pH 6.8 时将丧失 90%的活力。

Nisin 是由 34 个氨基酸组成的，分子式是 $C_{145}H_{228}O_{37}N_{42}S_7$；相对分子质量为 3350。Nisin 分子结构中包含 5 种稀有的氨基酸，即氨基丁酸（ABA）、脱氢丙氨酸（DHA）、β-甲基脱氢丙氨酸（DHB）、羊毛硫氨基酸（ALA-S-ALA）和 β-甲基羊毛硫氨基酸（ALA-ABA），它们通过硫醚键形成 5 个内环，其活性分子常为二聚体或者四聚体。Nisin 具有 Nisin A 和 Nisin Z 2 种形式，二者的差别在于氨基酸顺序上第 27 个氨基酸种类的不同，Nisin A 是组氨酸，Nisin Z 是天门冬酰胺。Nisin 的化学结构式和二级结构分别如图 3-3 和图 3-4 所示。

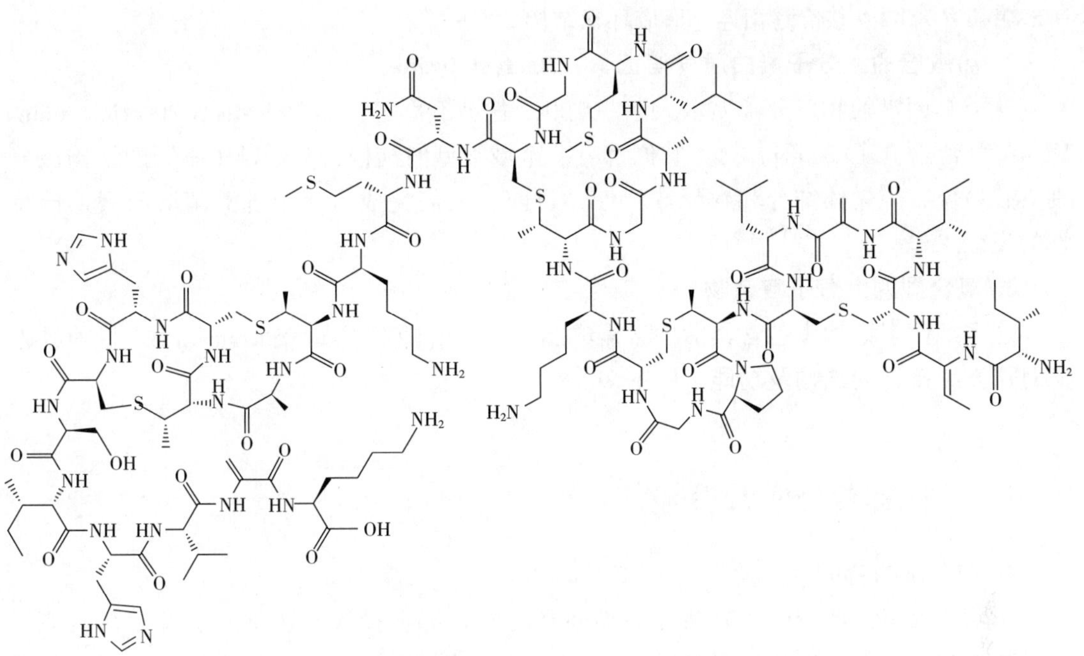

图 3-3　乳酸链球菌素（Nisin）的化学结构式

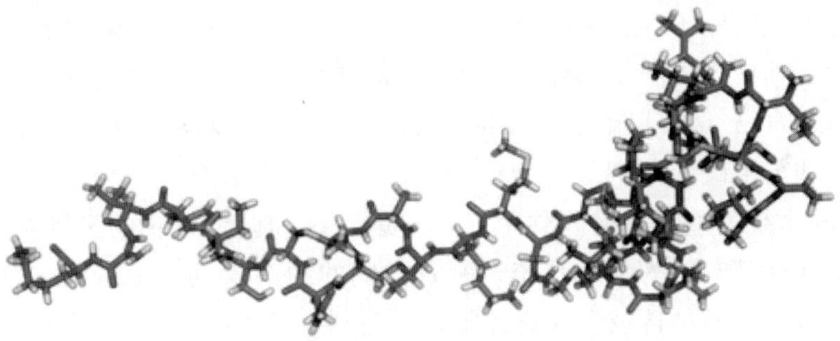

图 3-4　乳酸链球菌素（Nisin）的二级结构

2. 不含羊毛硫氨酸的小分子热稳定肽

这类细菌素的相对分子质量小于 10000，含 37~48 个氨基酸残基，具有热稳定性。根据分子中特殊的 N 端序列、双组分通道结构以及是否有功能性巯基基团，又可将这类细菌素分为 3 个亚类，即Ⅱa、Ⅱb 和Ⅱc 类。Ⅱa 类为类片球菌素（Pediocin-like），是这类细菌素中最多的一类，对单核细胞增生性李斯特菌（*Listeria monocytogenes*）有很强的抑制作用，它们的氨基端都含有一段保守的序列（YGNGVXaaC），其中 X 代表任意氨基酸。与Ⅰa 亚类一样，Ⅱa 类细菌素也是通过使敏感菌细胞膜形成通道而达到杀菌作用的，如 Pediocin AcH、Sakacin A。Ⅱb 类细菌素为含有 2 个不同肽链的寡聚体，需要 2 个肽链共同作用发挥抑菌活性，如 Lacticin F、Lactococcin G 在靶细胞质膜上形成由 2 种不同的蛋白质组成的通道。Ⅱc 类细菌素是依赖于 Sec 分泌途径的细菌素（如 Acidocin B），它们的

N末端和C末端以共价键相连，形成环状结构。

3. 热敏感的大分子蛋白质（溶菌素，Bacteriolysins）

这类细菌素的相对分子质量大于30000，遇热不稳定，如Helveticins J、Helveticins V和莴苣苦素B（Lactacin B）。它们都有一个域类型的结构，分子链中不同的结构域分别具有易位、与受体结合和致死等活性。目前，人们完成了4个乳酸菌溶菌素遗传特性的表征工作。

4. 复合型的大分子复合物

这类细菌素结构中包含其活性必需的脂质或糖类成分，如Leuconocin S。目前，人们对这类细菌素的结构及功能了解不多。

二、细菌素合成及分泌

1. 细菌素的合成

一般情况下，调控产生有活性的细菌素的基因都在操纵子簇上。学者们在很多已完成基因测序的羊毛硫细菌素操纵子上发现了同源基因。大多数典型的羊毛硫细菌素操纵子都属于Ⅰa类。Ⅰb类羊毛硫细菌素Mersadicin的完整基因簇已经测出，很多基因转录的蛋白质都和已知的Ⅰa类蛋白相似。编码细菌素的基因大部分位于质粒中，也有位于染色体上或转座子（如Nisin）上的。细菌一般有编码结构蛋白、活化细菌素、跨膜定位、调节和使产生菌得到免疫性的蛋白基因。很多非羊毛硫细菌素如植物乳植杆菌素（Plantaricin）、片球菌素（Pediocin）和米酒乳杆菌素（Sakacin）的基因测序也已经完成，和羊毛硫细菌素基因（结构、运输、调节基因等）相比，存在一定相似性，Plantaricin系统的基因也编码共用一个转运系统和调节系统的多种细菌素。然而，每一种细菌素都有其专用的免疫系统。所有类别的细菌素都是由核糖体合成的，但只有羊毛硫细菌素类须通过转录后修饰才能产生活性。图3-5是羊毛硫氨酸的生物合成及部分羊毛硫细菌素的结构示意图。

因为细菌素是由一个结构基因编码的，所以它的活性位点、结构和功能之间的关系可以更容易地通过基因操纵技术检出，也可以通过分子技术构建细菌素相似物来增加其活性或改变其特异性，这一特点与抗生素不同，抗生素是化学合成的，或涉及多个基因，需要复杂的基因操纵技术。

2. 翻译后修饰形成有活性的细菌素

细菌素必须经过转录后修饰才能形成有效的转录本。编码修饰酶的基因通常位于结构基因附近。

典型的细菌素合成方式是N端的引导序列连着C端的前体肽。通常前体肽在某一特定位点分裂去掉引导序列，形成有生物活性的分子，并将细菌素分泌到胞外。不含羊毛硫氨酸的小分子热稳定肽类细菌素的分泌机制，一般为双甘氨酸引导序列转运系统，也有的是信号依赖型的，由分泌途径转膜蛋白（GSP）系统加工和运输。由于

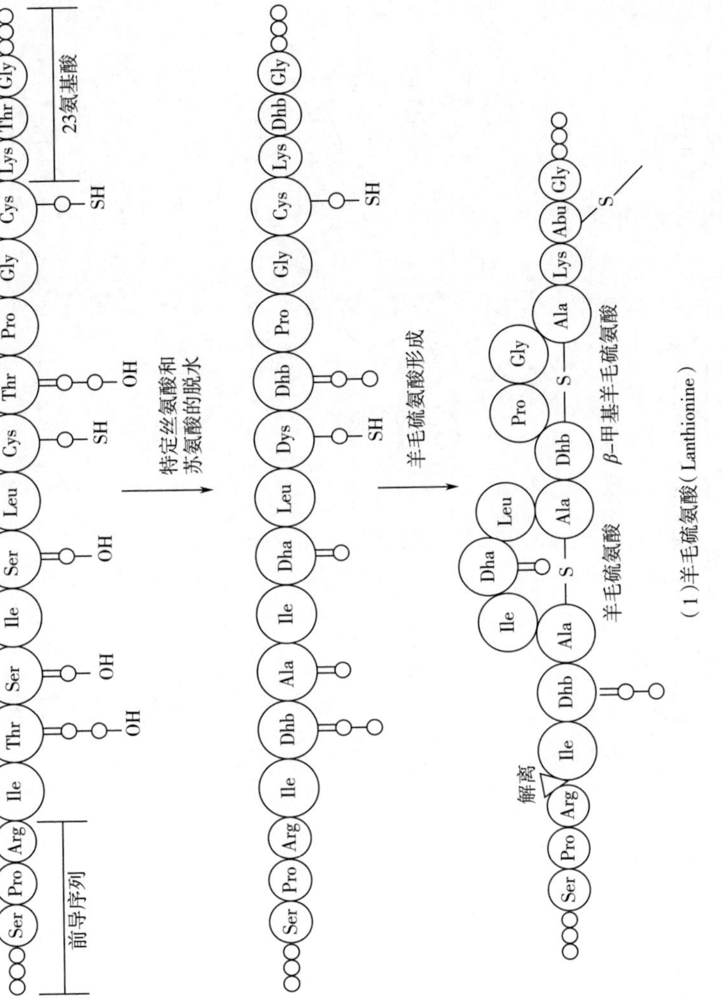

（1）羊毛硫氨酸（Lanthionine）

图3-5　羊毛硫氨酸生物合成及部分羊毛硫细菌素的结构示意图

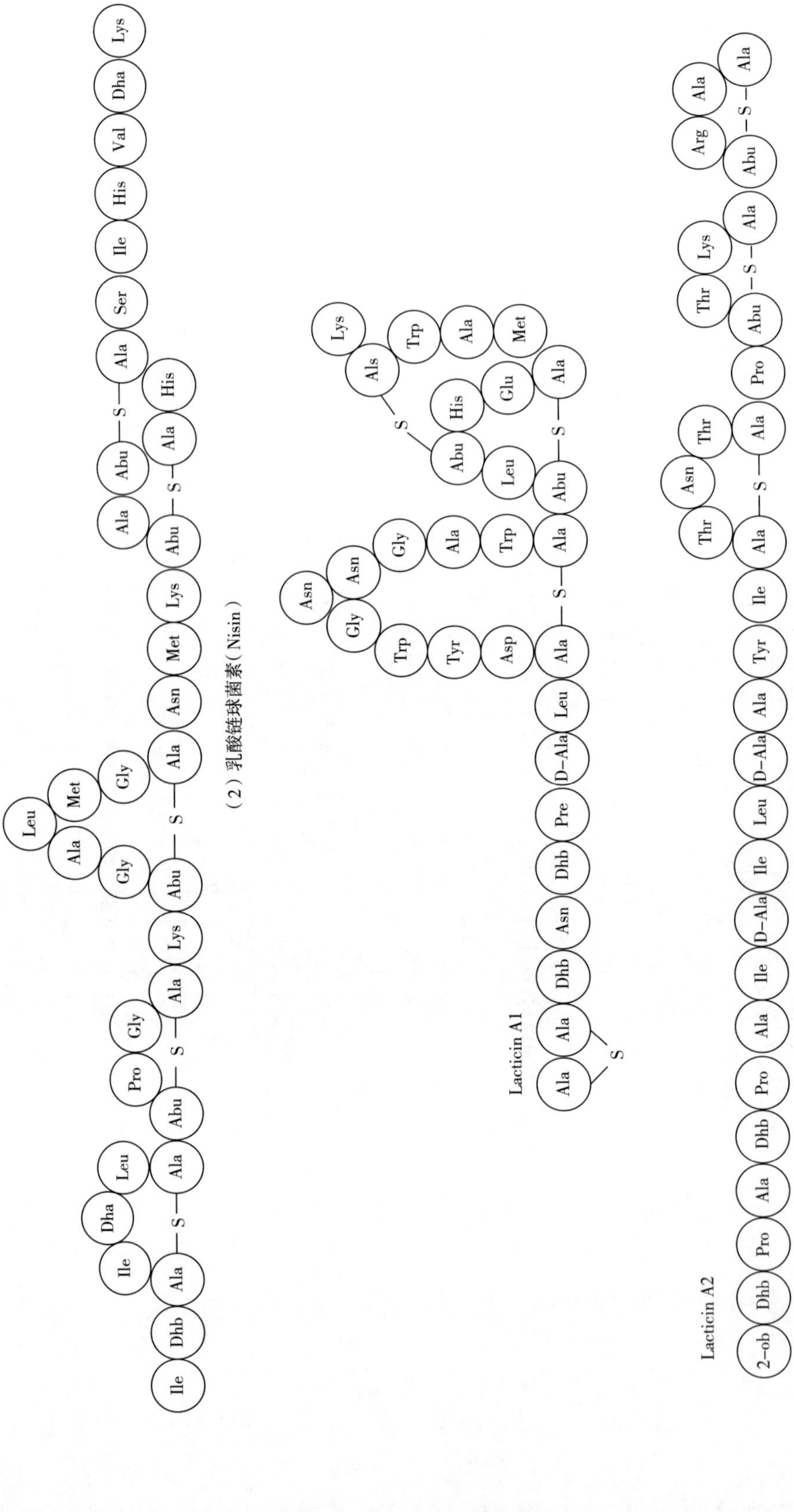

（2）乳酸链球菌素（Nisin）

（3）乳酸菌素（Lacticin）3147

图3-5 羊毛硫氨酸的生物合成及部分羊毛硫细菌素的结构示意图（续）

双甘氨酸引导序列之间的相似性，以及不含羊毛硫氨酸的小分子热稳定肽类细菌素相应的运输蛋白之间的相似性，使得利用某一细菌素运输系统产生另外一种细菌素，或利用一种细菌素转运系统产生多种细菌素成为可能，即利用异源分泌机制进行细菌素的表达。

羊毛硫细菌素大范围的翻译后修饰还包括几个稀有氨基酸的形成，总计超过 12 个稀有氨基酸在羊毛硫细菌素中被发现。非羊毛硫细菌素的前体肽同样须经修饰断开引导序列。这些修饰对于通过细胞膜分泌和运输的细菌素是非常必要的。

3. 细菌素的跨膜运输

大多数的Ⅰ类和Ⅱ类细菌素都是通过特定的三磷酸腺苷结合盒转运体（ABC 转运体）系统运输到细胞外的，但是少数的Ⅱ类细菌素是通过分泌依赖系统（Sec-dependent system）运输到细胞外的。依赖于 ABC 转运体的细菌素主要可分成两种：双甘氨酸引导序列的细菌素和带有不同的引导序列但非分泌引导序列的细菌素。双甘氨酸引导序列的细菌素主要是Ⅱ类细菌素，此外，还包括一些羊毛硫细菌素。细菌素分泌时，ABC 转运体的水解结构域与其前体肽的引导序列相结合，从而引发 ATP 水解和转运体构象变化，最终使得引导序列分离脱去，同时，成熟的细菌素分子跨过细胞质膜分泌到细胞外。在细菌素分泌到胞外的过程中，还需要一个辅助蛋白。分泌带有不同类型引导序列的羊毛硫细菌素的 ABC 转运体没有 N 端水解蛋白质的能力，是通过一个专一的蛋白酶，如 Nisin 的 NisP，将引导序列移去的。

三、细菌素作用机制

乳酸菌细菌素可通过不同的机制产生抑菌效果，通常其目标是细胞膜。细菌素作用的最初动力是靶细胞膜和细菌素之间的静电引力。不同类型细菌素的作用机制是不同的。

1. 羊毛硫细菌素的作用机制

虽然不是每一种羊毛硫细菌素的作用机制都很清楚，但一般都含有靶位点。

Ⅰa 类细菌素的作用机制之一是形成孔洞和抑制细胞壁合成。羊毛硫细菌素中，Nisin、Lantibiotic Pep5、枯草菌素（Subtilin）、乳链球菌素 3147（Lacti-cin3147）和链球菌素 F22（Streptococcin FF22）可以在敏感微生物的细胞膜上形成短时、非选择性的孔洞，抑制氨基酸的运输，并且导致小分子如氨基酸、离子和 ATP 的释放。在体内没有发现形成孔洞机制的推定目标蛋白受体，却发现了脂质体与形成孔洞有关。形成孔洞是一个耗能的过程，现在对这一类细菌素的作用机制的大部分知识都来自 Nisin 对人工膜系统作用的研究。

Nisin 具有双重作用机制，如图 3-6 所示：Nisin 形成孔洞，引起跨膜电势消失，使质子动力（PMF）丧失，由于细胞内外 pH 不同而导致离子的泄漏和 ATP 的水解，从而导致细胞死亡；Nisin 也可以结合肽聚糖前体类脂Ⅱ，从而干扰细胞壁的生物合成。

Nisin 的双重机制使其在纳摩尔浓度水平即能发挥作用。

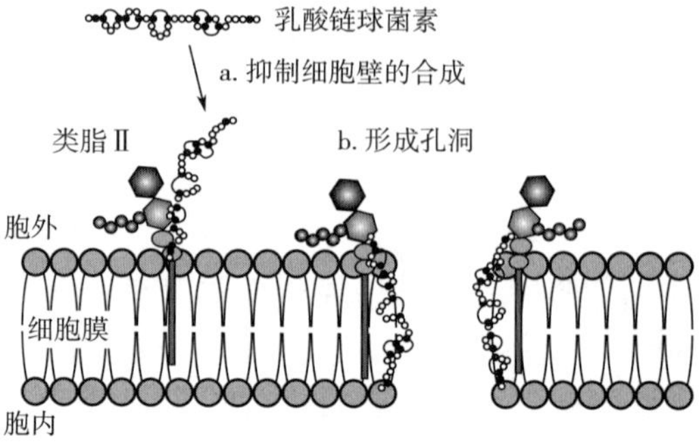

图 3-6　Nisin 的双重抑制作用机制

Nisin 可以使细胞膜形成直径为 2~2.5nm 的孔洞，增加细胞膜的通透性，引起跨膜电势消失，使得细胞膜上的质子动力（PMF）丧失，pH 梯度（ΔpH）和跨膜电势（$\Delta\varphi$）全部消散，最后使得所有的合成进程终止。细胞膜的组成是 Nisin 形成孔洞的重要影响因素，其中类脂Ⅱ是 Nisin 特异性结合细胞膜的靶分子。Nisin 结合类脂Ⅱ可抑制其进入到肽聚糖网络中。Nisin 的 N 末端可以在细胞膜上结合细胞壁合成前体类脂Ⅱ，抑制肽聚糖的合成。与 Nisin 诱导的没有对接分子（Docking Molecules）形成的孔洞相比，膜表面负电荷不是必需的。然而，Nisin C 末端的正电荷在与阴离子细胞壁聚合体结合，从而可以在体内产生抑菌活性。

除了形成孔洞和抑制细胞壁合成外，Nisin 和 Lantibiotic Pep5 还可诱导敏感的葡萄球菌细胞自溶，导致整个细胞壁的降解，这一反应主要发生在分化子细胞的分隔区。细菌素能释放两种细胞壁水解酶，*N*-乙酰胞壁酸-L-丙氨酸酰胺酶和 *N*-乙酰葡萄糖苷酶，它们是很强的阳离子蛋白，经静电相互作用，与细胞壁中带负电荷的物质结合。阳离子肽与细胞壁内抑制物通过一个类似阳离子交换的过程把后者取代，然后酶被激活并快速裂解细胞。

Ⅰb 类羊毛硫细菌素主要包括肉桂霉素和 Mersacidin 两类，通过结合特异性膜脂发挥活性，它们也是酶抑制剂。肉桂霉素类细菌素通过与脑磷脂结合形成复合物，抑制磷酸解作用。

Mersacidin 的抑菌机制既不同于Ⅰa 类羊毛硫细菌素，也不同于其他的Ⅰb 类羊毛硫细菌素。抑制细胞壁的生物合成是 Mersacidin 最主要的作用方式，这一抑制作用的分子基础是 Mersacidin 与类脂Ⅱ的相互作用，但与 Nisin 的结合位点不同，而且不能形成孔洞。一些抗生素，如万古霉素，通过在这一分子肽的侧链结合类酯Ⅱ抑制转糖基作用，但是 Mersacidin 并不与这一侧链结合，也不与其他抗生素位点结合。

2. 不含羊毛硫氨酸的小分子热稳定细菌素的作用机制

这类细菌素主要通过形成孔洞，引起细胞膜溶解，消耗细胞内 ATP 并导致氨基酸和离子的泄漏而杀死敏感细胞。这类细菌素对单核细胞增生性李斯特菌的敏感性可能与其磷酸转移酶系统 EII_t^{Man} 中的甘露醇透性酶有关，磷酸转移酶系统 EII_t^{Man} 是糖摄取/磷酸化系统，现在已有多条证据证明其中的甘露糖透性酶是这类细菌素一个推定的受体。这一理论最初得到肯定是由于细菌素天然抗性突变株在这一系统中的一个特定单元的表达减少，即在具有 Leucocin A 抗性的单核细胞增生性李斯特菌中不产生 IIAB，同时，另一株抗 Mesentericin Y105 的单核细胞增生性李斯特菌中编码 EII_t^{Man} 另一个亚单元的 MptD 也不产生 IIAB。具有 Mesentericin Y105 和 Leucocin A 抗性的单核细胞增生性李斯特菌的突变株同时显示编码这一透性酶的 *mptACD* 基因的表达减少。

3. 热不稳定的大分子蛋白质类细菌素的作用机制

溶菌素（Bacteriolysins）就是热不稳定的大分子蛋白质类细菌素，其溶解敏感细菌细胞膜的机制与上述Ⅰ类和Ⅱ类细菌素完全不同，它能促进细胞壁的溶解。这些蛋白质也是构建细胞壁的成分，而且在 N 末端具有反应区域，它们具有相同的肽链内切酶，并且 C 末端可能具有目标识别位点。与真正意义上的细菌素不同，溶菌素的特异性免疫基因和其结构基因并不是相邻的，但是它们可能通过修饰产生菌的细胞壁而赋予产生菌对其的免疫性。

四、细菌素免疫性

合成细菌素的细菌对其产物具有免疫性是细菌素不同于抗生素的一种现象。编码“免疫蛋白”的基因接近于细菌素其他的结构基因和加工基因。细菌素的结构基因和免疫基因通常都位于同一个操纵子上，而且经常是相邻的。目前，大多数对细菌素的免疫性的研究都集中在 Nisin 和一些Ⅱa 类细菌素上。

羊毛硫细菌素的免疫性最初认为是由于免疫基因的作用，如 Nisin 的 *nisl* 和 Subtilin 的 *spal* 分别编码 nisl 和 spal 免疫蛋白。然而，细菌素的免疫性是几种蛋白质相互影响的结果，因为其他基因的删除会导致宿主细胞免疫性的改变。例如，非 Nisin 产生的 Nisin 抗性菌株乳酸乳杆菌（*Lactobacillus lactic*）没有编码 nisl 蛋白的基因元件，但是有和 *nisF*、*nisE*、*nis*G 相似的序列。这些被认为使得菌株对 Nisin 产生抗性。*nis*G 基因的删除使得细胞对 Nisin 的抗性减少。

非羊毛硫细菌素类细菌素的免疫现象比较简单，由一个基因编码免疫蛋白。有研究通过对 12 个Ⅱa 类细菌素免疫蛋白的对比研究发现，相似的细菌素，其免疫蛋白的同源性很低，反之亦然，这说明这些相似的细菌素之间可能存在某种通用的靶物或“受体”。有试验发现，细菌素的免疫蛋白除了膜整合蛋白外，还存在于胞质中，表明这种免疫蛋白可能是自由跨膜穿梭分子，通过形成膜结合蛋白来保护细菌素在膜位点的作用，而非直接作用。

五、细菌素抗性机制

细菌素抗性通常和遗传定子有关，它有利于细胞间、菌株和菌种间的抗性转移。目前，大多数对细菌素抗性机制的研究也都集中在羊毛硫细菌素 Nisin 和一些Ⅱa 类细菌素上。不像大多数抗生素抗性，细菌素抗性是靶细胞膜生理上改变的结果。例如，李斯特菌的细胞膜比较僵硬，C_{15} : C_{17} 的比率较低，导致它对 Nisin 的忍耐力增加。Nisin 在不同单核细胞增生性李斯特细菌内产生自发抗性的频率从 10^{-2} ~ 10^{-7} 变化。在这些自发的突变体内，抗性的产生与细菌的细胞被膜的变化有关，例如，细胞膜的流动性和电荷的变化、细胞壁的厚度和电荷的变化或者这些因素的综合作用。虽然很多研究指出，是细胞膜组分的改变导致抗性的出现，但还可能是由于一种或多种酶的表达或失活。目前，和 Nisin 抗性增强或者天然具有 Nisin 抗性相关的基因位点已经找到。细胞被膜电荷的变化似乎是某些细菌天然耐受 Nisin 的最重要的原因。

有研究发现，Ⅱa 类细菌素对单核细胞增生性李斯特菌的敏感性可能与甘露醇特异的透性酶 EII_t^{Man} 有关。而 EII_t^{Man} 基因失活的李斯特菌突变体对 Pediocin AcH 具有很高的抗性。与抗性的 Nisin 突变体类似，细胞膜的流动性和细胞表面电荷的变化也是突变体产生对Ⅱa 类细菌素抗性的影响因素。随着进一步的研究，新的抗性机制无疑会变得更加明显。一变异链球菌株细菌素的生产被戈登链球菌所抑制，这种抑制是通过灭活相应的诱导肽实现的，这是一个有趣的由细菌素介导的竞争菌株之间进行通信的案例。

总之，细菌素抗性的出现除了是细胞膜改变的结果，还可能是由于一种或多种酶或诱导肽的表达或失活。

六、Ⅱa 类细菌素

随着近年来世界范围内发生的多起单核细胞增生性李斯特菌引起的中毒事件以及由此而带来的危害，使得预防和控制食品中的李斯特菌成为了人们关注的热点。在研究中发现，某些乳酸菌细菌素能抑制李斯特菌，因此，这类细菌素引起了人们特别的关注，这些细菌素通常都属于Ⅱa 类细菌素，Ⅱa 类细菌素是Ⅱ类中数量最多且研究得也最多的一群，目前为止，发现的所有Ⅱa 类细菌素都有强烈的抗李斯特菌的活性。某些Ⅱa 类细菌素还可抑制某些食品中的腐败菌，因而Ⅱa 类细菌素具有很好的控制食品腐败菌及病原菌的潜在应用前景。因此，这里将Ⅱa 类细菌素单独列出来加以详细阐述。

1. Ⅱa 类细菌素的组成及主要结构

Ⅱa 类细菌素通常包含 37 ~ 48 个残基，并且拥有相似的氨基酸序列。N 端有 YGNGVXaaC 基团，通常认为这个基团是膜结合蛋白受体的识别序列，随着新的Ⅱa 类细菌素的发现，其 N 端基团也可以表现为 YGNGVXaaCXaa（K/N）XaaXaaCXaaV（N/

D)(W/K/ R)-Xaa(G/A/S)(A/N)(括号中是很少变动的残基，大写字母的残基可能会被小写字母的残基替换，变化频率高的残基以 Xaa 表示)。

Ⅱa 类细菌素的一个重要特征是 N 端保守区中至少含有 2 个半胱氨酸，且这 2 个半胱氨酸形成了 1 个二硫键，二硫键的存在使得Ⅱa 类细菌素的 N 端具有两亲性结构，而且二硫键的存在对Ⅱa 类细菌素抑制李斯特菌的活性是必需的。另外，Pediocin PA-1/AcH、Enterocin A 和 Divercin V41 形成另一个二硫键(由另 2 个半胱氨酸形成)。Ⅱa 类细菌素的 C 端只有 34%~80.5%的序列相似性，C 端是 1 个 α 螺旋的两亲性结构，这个螺旋结构在敏感菌细胞膜形成孔洞时可作为跨膜组分起作用。

2. Ⅱa 类细菌素的产生菌株

所有的Ⅱa 类细菌素都是由与食品相关的乳酸菌菌株产生的，这些菌株分离自肉、乳制品和蔬菜制品等食品，如乳杆菌属、肠球菌属、片球菌属、明串珠菌属、肉食杆菌属等。

3. Ⅱa 类细菌素的合成及分泌

一般情况下，细菌素的产生都与质粒相关，但某些Ⅱa 类细菌素的编码基因却位于染色体片段上。编码Ⅱa 类细菌素及其细菌素周边结构的基因，包括细菌素产生和跨膜定位、产生菌的免疫性方面的基因，以及细菌素生物合成的调控基因，形成了 1~3 个操纵子结构。大部分Ⅱa 类细菌素的操纵子至少控制 2 个编码与 ABC 转运体及其辅助蛋白同源的蛋白质基因，这些蛋白质对细菌素的膜外定位是必需的。

Ⅱa 类细菌素的合成过程跟其他细菌素相似，首先是由核糖体合成没有生物活性的前体肽，前体肽的 N 端是引导序列，前体肽在某一特定位点分裂去掉引导序列形成有生物活性的分子并将细菌素分泌到胞外。

起初认为Ⅱa 类细菌素的双甘氨酸引导序列中由于含有特殊氨基酸残基从而使其带有正电荷和具有疏水性，但后来发现这些特征一直存在于相应的位置上。在亲水构型上，Ⅱa 类细菌素的引导序列的排列有明显的相似性，疏水性残基通常出现在 4 位、7 位、12 位、15 位，亲水性残基出现在 5 位、6 位、11 位。这些双甘氨酸引导序列的相似性说明其相应的 ABC 转运体及其相关蛋白质都是相似的，这就使得Ⅱa 类细菌素利用其他细菌素的分泌机制进行异源表达成为可能。

然而也有Ⅱa 类细菌素使用着另一种转运系统，如 Enterocin P 的合成就没有双甘氨酸引导序列，它是典型的信号肽依赖型，由 GSP 系统加工和运输。Ⅱa 类细菌素可由两种不同的加工分泌机制合成。

Ⅱa 类细菌素的调控系统包括诱导因子(IF)、组氨酸蛋白激酶(HPK)和反应调节子(RR)，它们是诱导目标基因进行翻译的信号。这个三组分系统可调控大部分Ⅱa 类细菌素的产生，近来发现广布肉杆菌 V41(*Carnobacterium divergens* V41)产生的细菌素 Divercin V41 是由一个双组分的信号转导系统指导合成的，而 Carnobacteriocins 的产生却可由这两个系统共同指导。有的报道认为，随着细胞的生长，IF 浓度积累，诱发三组分系统开始运转，在这种机制中，IF 可能起到了细胞浓度的信号作用。但也有报道认为是Ⅱa 类细菌素的信号诱导系统诱导了对环境信号的反应，例如，乳酸菌可根据环境条件提高或降低细菌素的产生，这很可能与细菌素的调控系统有关系。另外，环境因素还可以影响 IF 对 HPK 的结合，或影响对 RR 发挥活性所必需的磷酸化作用的平衡。

Ⅱa 类细菌素的跨膜运输是由 ABC 转运体和 1 个辅助蛋白进行的，这两个膜结合蛋白形成了运输系统，编码这些蛋白质的基因缺失突变会导致细菌素不能产生。Ⅱa 类细菌素的 ABC 转运体蛋白有着高度的同源性，C 端有 1 个高度保守的 ATP 结合区，N 端是 1 个疏水的膜结合区域，有 1 个长约 150 个氨基酸的延伸序列。这个结构域可在引导序列的去除中发挥作用，在前体肽的分裂中作为识别信号，且在成熟分子的跨膜运输中也作为识别信号，两者是一个同时发生的整体过程。细菌素分泌时，ABC 转运体的水解结构域结合在前体肽的引导序列上，引发 ATP 水解，转运体构象变化，使得引导序列分离，同时产生的成熟分子跨细胞质膜运输到胞外。

近来，学者们对利用异源分泌机制表达Ⅱa 类细菌素也进行了深入研究。大量研究表明，双甘氨酸引导序列之间的相似性，以及Ⅱa 类细菌素相应的运输蛋白之间的相似性，使得利用某一细菌素的运输系统产生细菌素，或利用一种细菌素的转运系统产生多种细菌素成为可能。另外，以信号肽代替双甘氨酸引导序列，也使得本来由其他运输系统产生的Ⅱa 类细菌素可由 GSP 系统产生。Ⅱa 类细菌素的异源表达需使用其他Ⅱa 类细菌素的分泌系统，例如，使用 ABC 转运体和 Leucocin A 的相关蛋白可使 Lactococcin A（乳球菌素）在明串珠菌 *Leuconostoc gelidum* UALI 87 中得到部分表达。另一方面，Ⅱa 类细菌素分泌系统也具有相当大的灵活性，它们可以通过 GSP 系统进行表达。例如，Carnobacteriocin B2 在没有特异性分泌基因的情况下，可由乳球菌宿主提供基因信息进行加工和运输，其中包括 Divergicin A 的分泌所必需的引导序列，Divergicin A 却是通过 GSP 系统进行表达的。反之，Ⅱa 类细菌素的分泌机制和引导序列也可以被使用 GSP 系统的细菌素利用，进行分泌表达。

4. Ⅱa 类细菌素产生菌的免疫性

很多Ⅱa 类细菌素产生菌可产生 88~114 个氨基酸的免疫蛋白，除了对菌体本身产生的细菌素具有完全免疫性之外，这个免疫蛋白对其他Ⅱa 类细菌素也有部分的抵抗作用。在Ⅱa 类细菌素之间还存在“交叉免疫性”，即产生菌中存在的免疫基因不一定与编码同源细菌素的基因之间有必然的联系。Ⅱa 类细菌素产生菌通常控制着一个或多个Ⅱa 类细菌素的免疫基因，这些基因具有一定的同源性，且在不同情况下有不同程度的表达。相似的细菌素之间可能存在某种通用的靶物或“受体”。

尽管Ⅱa 类细菌素的免疫蛋白之间的相似性很低，但这些蛋白质也有一些共同的特征，例如，它们大都是带有正电荷的亲水性分子。很多试验表明，Ⅱa 类细菌素的免疫蛋白很可能是自由跨膜穿梭的分子，通过形成膜结合蛋白来保护细菌素在膜位点的作用，而非直接作用。然而，关于Ⅱa 细菌素的免疫机制至今仍无定论。

5. 抑菌谱

Ⅱa 类细菌素对乳杆菌、明串珠菌、片球菌、乳球菌、肉食杆菌、肠球菌、微球菌、葡萄球菌、链球菌、梭状杆菌、芽孢杆菌、环丝菌（*Brochothrix*）等种属中的细菌表现敏感。另外，一些Ⅱa类细菌素还可抑制梭状杆菌的芽孢出芽和营养体的生长。虽然Ⅱa类细菌素的N端有大量的序列相似性及相近的同源性，但在抑菌谱上它们有很多差异，对李斯特菌有强烈的抑制活性是Ⅱa类细菌素在抑菌谱上唯一明显的共同特征。据推测，这可能是由于此菌属中含有的同源性脂肪成分决定的。但值得一提的是，Ⅱa类细菌素从整体上来说，与其他类的细菌素如Nisin相比，抑菌谱较窄。

6. 作用机制

像其他乳酸菌细菌素一样，Ⅱa类细菌素主要通过渗透到敏感细胞的细胞膜内而起到杀死细胞的作用，使细胞形成孔洞，胞内磷酸盐渗漏，离子失去平衡。这些干扰的结果使质子驱动势（PMF）包括膜电位 $\Delta\varphi$ 和 ΔpH 梯度部分或全部丧失，不像其他羊毛硫细菌素一样，使 $\Delta\varphi$ 和 ΔpH 全部丧失，Ⅱa类细菌素可能会使 ΔpH 全部丧失，但 $\Delta\varphi$ 只是部分丧失，只有 Mundticin 可使 $\Delta\varphi$ 全部丧失。Ⅱa类细菌素作用于细胞后，胞内ATP以98.9%的速率消耗，同时，氨基酸的吸收（作为活性运输的介质）也发生了堵塞或泄漏。

不像羊毛硫细菌素一样，Ⅱa类细菌素不会引起ATP的泄漏，这或许是由于Ⅱa类细菌素形成的孔洞没有羊毛硫细菌素形成的孔洞大。有学者观察了Pediocin PA-1引起的胞内ATP消耗和ATP加速累积，对比ATP消耗和无机磷酸盐的流出速率后，认为很可能是由于细胞为了使PMF再生而引起ATP耗尽，而不是ATP为了平衡无机磷酸盐而水解。

据推测，Ⅱa类细菌素的两亲性结构使其可形成跨膜螺旋，在与膜结合时形成了“桶板”模型。Ⅱa类细菌素作用于敏感菌细胞膜的最初步骤是带正电荷、具疏水性的细菌素N端与膜的阴离子磷脂头部极性残基结合，通常发生在膜的阴离子磷脂头部，随后C端的疏水/两亲性结构域和膜脂酰基链之间发生疏水相互作用，然后整个分子插入膜中，形成水溶性孔洞。这个疏水结构也许是Ⅱa类细菌素的细胞特异性识别区域，这与结构域和膜表面之间静电作用的非特异性形成了对比。

Ⅱa类细菌素使细胞死亡是以浓度和时间累积型的方式发生的，而且这个过程可被靶细胞或培养基所影响。靶细胞膜的脂肪含量可影响Dediocin PA-1的活性，随着脂质泡囊的阴离子脂肪含量的增加，细菌素对它们的亲和力也增加。Ⅱa类细菌素对目标细胞膜的亲和力也受pH的影响，如果将pH从7.5降低至6.0，Pediocin PA-1的膜结合力和渗透能力也相应增加了。另外，Bavaricin MN在pH 6.0下最易形成孔洞，而在其他pH下形成孔洞的有效性会降低。由于Ⅱa类细菌素带有正电荷，可吸附在带负电荷的膜磷脂头部，因此，改变培养基的pH或改变膜的脂肪组成都可以明显地影响肽链与膜磷脂间的静电结合作用。

第三节　胞外多糖

根据存在位置的不同，微生物多糖可分为细胞内多糖、细胞壁多糖和细胞外多糖（EPS）。乳酸菌大量产生的多糖主要是胞外多糖。胞外多糖的种类很多，按照所含糖苷基的情况可分为同型多糖和异型多糖。同型多糖中糖苷单体只有一种，如葡萄糖苷组成的葡聚糖和果糖苷组成的果聚糖。葡聚糖是葡萄糖的高聚物，其主链主要由 α-1,6 键连接组成（占总化学键的 50%）。在 α-D-葡聚糖糖苷键中，也有以 α-1,2、α-1,3 和 α-1,4 连接的支链。某些乳酸菌可以发酵产生葡聚糖，特别是链球菌和肠膜明串珠菌。由于口腔链球菌能够产生葡聚糖，其为牙菌斑的主要成分，因而引起了人们对葡聚糖的研究兴趣；而肠膜明串珠菌产生的葡聚糖可以作为临床、制药、研究和商业用途的化学制品，因而具有很大的商业价值。果聚糖是自然界中分布最广泛的生物高分子，是由以 β-2,6 键和 β-2,1 键连接的呋喃果糖基组成的同型多糖。根据连接键的不同，果聚糖可以分为菊粉和左聚糖（Levan）两种类型。左聚糖这一术语主要用来描述由 β-2,6 键连接的 D-呋喃果糖残基作为主链，以一些 β-2,1 键连接作为分支点所组成的微生物果聚糖。异型多糖也称为杂多糖，是由 2 种以上（一般为 2~4 种）不同的糖苷基组成的聚合体。这类 EPS 是由线性以及分支结构的重复单位组成的。

近几十年来，人们对乳酸菌的兴趣与日俱增。由于这些细菌具有公认的安全性，它们产生的 EPS 被广泛地用作食品工业中的增稠剂、凝胶剂以及稳定剂。在这一方面最重要的应用领域无疑是乳制品工业，在这一领域中，EPS 被用于生产不同质地和口味的发酵乳制品。现有研究结果表明，乳酸菌 EPS 具有良好的生物活性，例如免疫调节、抗肿瘤、降血脂、调节胃肠道菌群等，对人类健康大有裨益。本节将对乳酸菌 EPS 的合成及遗传调控、分离纯化、结构鉴定和生物活性等方面进行详细阐述。

一、产 EPS 的菌株

产 EPS 的乳酸菌来源广泛，绝大部分来源于乳制品，例如酸奶、开菲尔（Kefir）制品、干酪等，还有一些来源于发酵肉制品和蔬菜等。目前已经报道的产 EPS 的乳酸菌有：唾液链球菌嗜热亚种（*S. salivarius* subsp. *thermophilus*）、嗜酸乳杆菌（*L. acidophilus*）、干酪乳酪杆菌（*Lacticaseibacillus casei*）、德氏乳杆菌保加利亚亚种（*L. delbrueckii* subsp. *bulgarius*）、瑞士乳杆菌（*L. helveticus*）、乳脂乳球菌（*L. cremoris*）、乳酸乳球菌乳亚种（*L. lactis* subsp. *lactis*）、植物乳植杆菌（*Lactiplantibacillus plantarum*）、肠膜明串珠菌（*Leuc. mesenteroides*）、酒样乳杆菌（*L. kefiranofaciens*）等。其中研究较多的是唾液链球菌嗜热亚种筛选菌株 *S. salivarius* subsp. *thermophilus* EU20，NCFB2393，IMDO 01，SFi6，SFi39 和 SFi12 等；德氏乳杆菌保加利亚亚种（*L. delbrueckii* subsp. *bulgaricus*）筛选菌株 *L. delbrueckii* subsp. *bulgaricus* CNRZ 397，CNRZ 1187，CNRZ 416，Lb1，LY03 等；乳脂乳球菌筛选菌株 *L. cremoris* NIZO B35，NIZO B40，AHR 53 等。

二、EPS 种类和结构

按组成不同，乳酸菌产生的 EPS 可以分为三大类：①葡聚糖类，如右旋糖苷

(Dextran)、改性葡聚糖及变异聚糖（Mutans）；②果聚糖类，如左聚糖（Levan）和菊粉（Inulin）；③由嗜温乳酸菌及嗜热乳酸菌产生的杂多糖。

葡聚糖是一种主要包括 α-1,6 键的葡聚糖，它的结构随着生产菌株的不同而不同。其商业生产菌株是肠膜明串球菌 NRRL B-512F，图 3-7 所示为由该菌产生的具有代表性的葡聚糖（Dextran）的化学结构，其主链由 α-1,6 键连接，支链由少量（约占 5%）的 α-1,3 键连接。不同细菌产生的葡聚糖结构存在差异。肠膜明串球菌 NRRL B-1355、肠膜明串球菌 NRRL B-1498 和肠膜明串球菌 NRRL B-1501 产生的葡聚糖，有一个以 α-1,3 键和 α-1,6 键规律性交替连接的骨架。由于这种多糖不具有连续的 α-1,6 键显著区域，所以它并不是真正意义上的葡聚糖，因而将其命名为改性葡聚糖（Alternan），其代表性化学结构如图 3-8 所示。

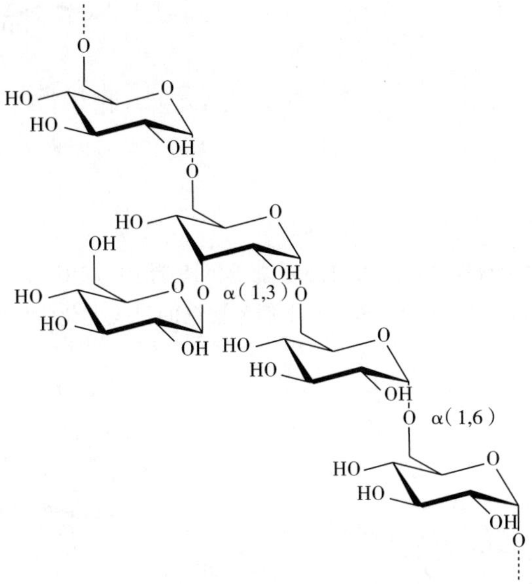

图 3-7 由肠膜明串球菌 NRRL B-512F 产生的葡聚糖的代表性化学结构

果聚糖具有多种分子结构，由一个葡萄糖单位连接两个或更多个果糖单位。已知有三种果聚糖三糖，每一种都是通过一个糖苷键，将果糖连接蔗糖分子三个伯羟基之一而形成的。果糖与蔗糖分子中的果糖基的第一个碳相连，形成 1-蔗果三糖（又称异蔗三糖）；其与第六位碳相连形成 6-蔗果三糖。这两种三糖都有一个葡萄糖末端和一个果糖末端。果糖若与蔗糖分子中的葡萄糖基的第六位碳相连，则形成新蔗三糖，具有两个果糖末端。左聚糖（Levan）主要是微生物来源的。微生物左聚糖具有相似的结构，但它们具有不同的聚合度和分支度，可分成几种类型。例如，由 β-2,6 键连接的 β-D-呋喃果糖残基组成，6-蔗果三糖作为基本的三糖单元，同时具有以 β-2,1 键连接的延伸的支链（图 3-9）。菊粉（Inulin）主要是植物来源的，是由 β-2,1 键连接的 β-D-呋喃多糖残基组成的，分子链的第一个单体是 β-D-呋喃果糖残基或者 β-D-吡喃葡萄糖残基，其化学结构如图 3-10 所示。

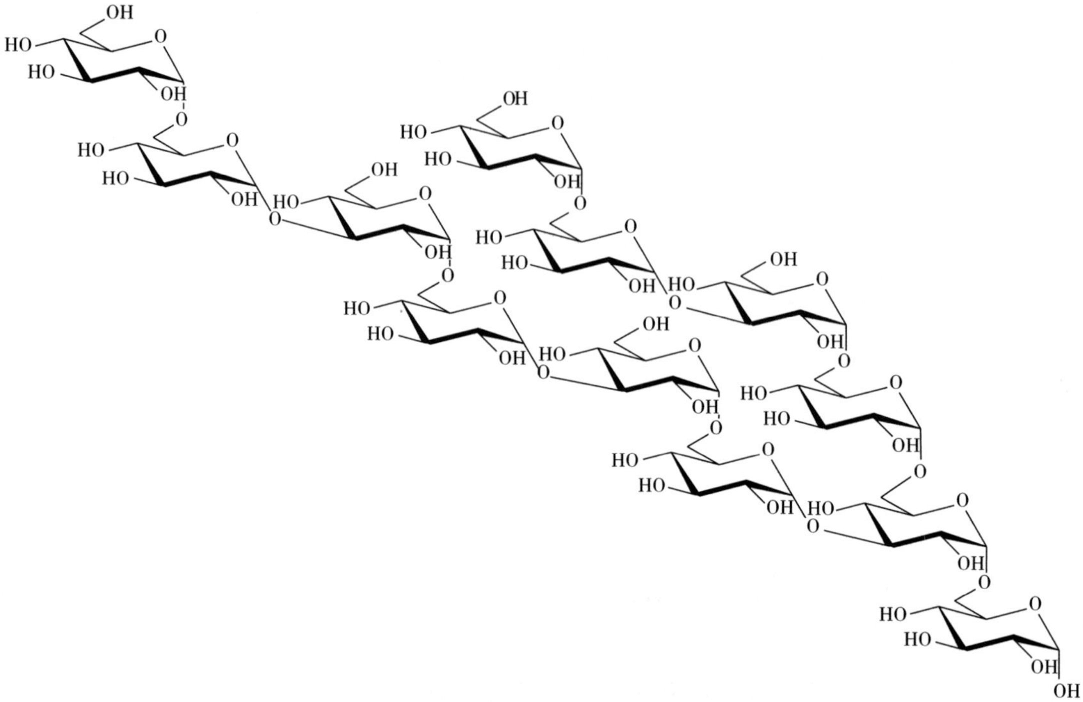

图 3-8　肠膜明串球菌 NRRL B-1355、肠膜明串球菌 NRRL B-1498 和肠膜明串球菌 NRRL B-1501 产生的葡聚糖的代表性化学结构

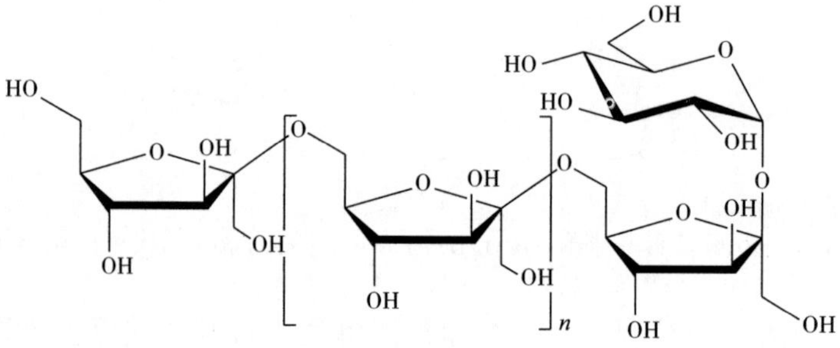

图 3-9　左聚糖的化学结构式

目前，人们对乳酸菌所产生的杂多糖研究的还比较少，其产量总体水平较低，一般为 200mg/L，而且其性质也常会发生改变。这类 EPS 是由一些线性或分支结构的重复单位构成。这些重复单位通过 α 键或 β 键连接，其大小从二糖到庚糖不等。大多数杂多糖含有不同比例的 D-葡萄糖、D-半乳糖或 L-鼠李糖，有时也会出现其他一些己糖如 D-甘露糖、D-蔗糖或戊糖如 L-岩藻糖、D-木糖及 D-阿拉伯糖。在少数 EPS 中，还发现存在有氨基己糖以及糖醛酸。表 3-3 列出了部分杂多糖化学组成，表 3-4 列举了部分杂多糖典型重复单位的结构。

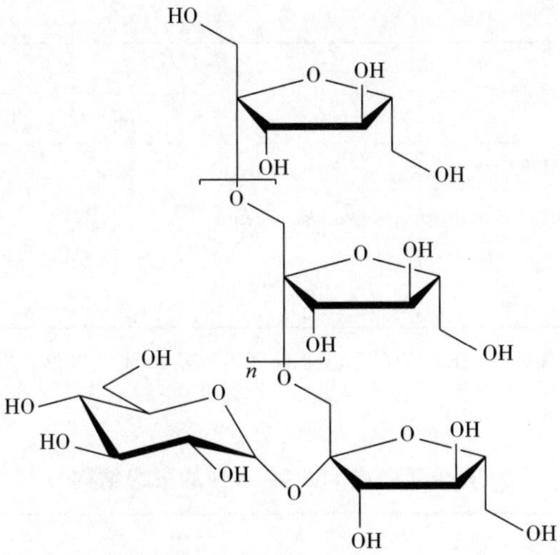

图 3-10　菊粉的化学结构式

表 3-3　乳酸菌合成的几种 EPS 的单糖组成

菌株	单糖			
	Gal	Glc	Rha	其他
德氏乳杆菌保加利亚亚种 NCFB2772（*L. delbruechii* subsp. *bulgaricus*）	+	+	+	−
德氏乳杆菌保加利亚亚种 CNRZ1187	+	+	−	−
德氏乳杆菌保加利亚亚种 CNRZ416	+	+	+	−
干酪乳酪杆菌 CG11（*Lacticaseibacillus casei* CG11）	−	+	+	−
干酪乳酪杆菌 CG11	+	+	+	−
瑞士乳杆菌 *var. jugurti* 变种（*L. helveticus* var. *jugurti*）	+	+	−	−
瑞士乳杆菌 LB161	+	+	−	Ac，P
马乳酒样乳杆菌（*L. kefirano faciens*）	+	+	−	−
副干酪乳酪杆菌（*Lacticaseibacillus paracasei*）	+	+	+	−
副干酪乳酪杆菌 34-1	+	+	−	GP
鼠李糖乳酪杆菌（*Lacticaseibacillus rhamnosus*）	+	+	+	−
清酒广布乳杆菌 *Latilactobacillus sakei*0-1	−	+	+	Ac，GP
清酒广布乳杆菌 0-1	−	+	+	−
乳脂乳球菌 LC330（*L. cremoris* LC 330）	+	+	−	GlcNAc
乳脂乳球菌 LC330	+	+	+	GlcNAc，P
乳脂乳球菌 SBT0495	+	+	+	P
片球菌（Pediococcus）	−	+	−	−
唾液链球菌嗜热亚种 EU20（*Streptococcus salivarius* subsp. *thermophilus* EU20）	+	+	+	−

续表

菌株	单糖			
	Gal	Glc	Rha	其他
唾液链球菌嗜热亚种 CNCMI733	+	+	–	GalNAc
唾液链球菌嗜热亚种 OR901（*S. salivarius*. subsp. *thermophilus* OR901）	+	–	+	–
唾液链球菌嗜热亚种 S3	+	–	+	Ac

注：Gal 为半乳糖；Glc 为葡萄糖；Rha 为鼠李糖；Ac 为乙酰基；GP 为糖肽；P 为吡喃型；GalNAc 为 *N*–乙酰半乳糖胺。

表 3–4　乳酸菌合成的几种 EPS 的一级结构

菌种	结构
德氏乳杆菌保加利亚亚种 NCFB2772	β–D–Gal*p*　β–D–Gal*p*　α–L–Rha*p* ↓　↓　↓ →2）–α–D–Gal*p*–（1→3）–β–D–Glc*p*–（1→3）–β–D–Gal*p*–（1→4）–α–D–Gal*p*–（1→
瑞士乳杆菌 LB161	β–D–Glc*p*　β–D–Glc*p* ↓　↓ →4）–α–D–Glc*p*–（1→4）–β–D–Gal*p*–（1→3）–α–D–Gal*p*–（1→2）–α–D–Glc*p*–（1→3）–β–D–Glc*p*–（1→
副干酪乳酪杆菌 341	磷酸甘油酯（sn–glycerol–3–phosphate–3） ↓ →3）–β–D–Gal*p*NAc–（1→4）–β–D–Gal*p*–（1→6）–β–D–Gal*p*–（1→6）–β–D–Gal*p*–（1→
清酒广布乳杆菌 0–1	β–D–Glc*p*–（1→6）　（Ac）0.85 ↓　↓ →4）–β–D–Gal*p*–（1→4）–α–D–Glc*p*–（1→3）–β–L–Rha*p*–（1→ ↑ –sn–glycerol–3–phosphate–（3→4）–α–L–Rha*p*–（1→3）
乳酸乳球菌乳脂亚种 SBT0495	α–L–Rha*p*–（1→2） ↓ →4）–β–D–Glc*p*–（1→4）–β–D–Gal*p*–（1→4）–β–D–Glc*p*–（1→ ↑ α–D–Gal*p*–1–phosphate
唾液链球菌嗜热亚种 CNC–MI733	α–D–Gal*p*–（1→6） ↓ →4）–β–D–Gal*p*–（1→4）–β–D–Glc*p*–（1→3）–α–D–Gal*p*NAc–[（1→
唾液链球菌嗜热亚种 OR901	β–D–Gal*p*–（1→6）]–β–D–Gal*p*–（1→4） ↓ →2）–α–D–Gal*p*–（1→3）–α–D–Gal*p*–（1→3）–α–L–Rha*p*–（1→2）–α–L–Rha*p*–（1→

续表

菌种	结构
唾液链球菌嗜热亚种 S3	β-D-Gal*f* 2Ac ↓ →3）-β-D-Gal*p*-（1→3）-α-D-Gal*p*-（1→3）-α-L-Rha*p*-（1→2）-α-L-Rha*p*-（1→2）-α-D-Gal*p*-（1→

注：Gal 为半乳糖；Glc 为葡萄糖；Rha 为鼠李糖；Ac 为乙酰基。

来源于嗜温乳酸菌 EPS 的化学组成变化程度要高于嗜热乳酸菌产的 EPS，前者常含有一些乙酰化或者是磷酸化的残基。一些乳球菌也能产生 EPS。这些 EPS 中常含有葡萄糖及半乳糖，而且鼠李糖及带电残基的存在也相当普遍。大多数能够引起啤酒及白酒变质的片球菌可合成高分子质量的β-葡聚糖。嗜热乳酸菌产的 EPS 中，大多数含有 D-葡萄糖和 D-半乳糖，有时也会出现 L-鼠李糖。

EPS 具有与蛋白质类似的三维立体结构，其一级结构，即糖基的组成、糖基排列顺序、相邻糖基的连接方式、异头碳的构型以及糖链有无分支、分支的位置等，决定了它的高级结构。一级结构中相对较小的变化都会引起 EPS 空间构型及其性质的巨大改变。EPS 的二级结构是指多糖的骨架链内以氢键结合所形成的聚合体，即多糖分子的主链构象并不涉及侧链的空间排布。二级结构进一步卷曲、折叠形成特定构象的三级结构。多糖的四级结构是多糖链间的相互协同结合，即亚单位现象。由于乳酸菌 EPS 的种类繁多、结构多样，目前对于其结构与功能关系的报道还相对较少。

三、EPS 生物合成及遗传调控

微生物胞外多糖的生物合成因菌种不同而发生在生长的不同阶段和环境条件下。按合成位点和合成模式的不同，微生物胞外多糖的合成分为位于细胞壁外的同型多糖合成与位于细胞膜上的异型多糖合成。同型多糖的合成为不依赖糖基载体酯（C55-lipid-p）的合成模式，异型多糖的合成则为依赖 C55-lipid-p 的合成模式。

1. 同型多糖的生物合成

同型多糖，例如由肠膜明串珠菌生产的葡聚糖，是在胞外合成的，合成体系包含糖基供体（蔗糖）、糖基受体及葡聚糖蔗糖酶。在葡聚糖的合成中需解决的问题包括：单链或多链反应、启动子、主链延长方向、链的终止、受体机制及支链连接方式等。葡聚糖的合成属单链反应机制，葡聚糖蔗糖酶是一个糖苷转移酶（蔗糖-6-葡萄糖基转移酶），它将供体（如蔗糖）的糖苷基团转移到受体，即正在延长的葡聚糖主链上，蔗糖可启动其自身的多聚化反应，并不需要葡萄糖作为启动子。葡聚糖的合成特点是以蔗糖为唯一底物，合成所需的能量来自蔗糖的水解而不是糖基核苷酸，不需要脂载体和独立的分支酶，产物分子质量大。葡聚糖的生物合成如图 3-11 所示。

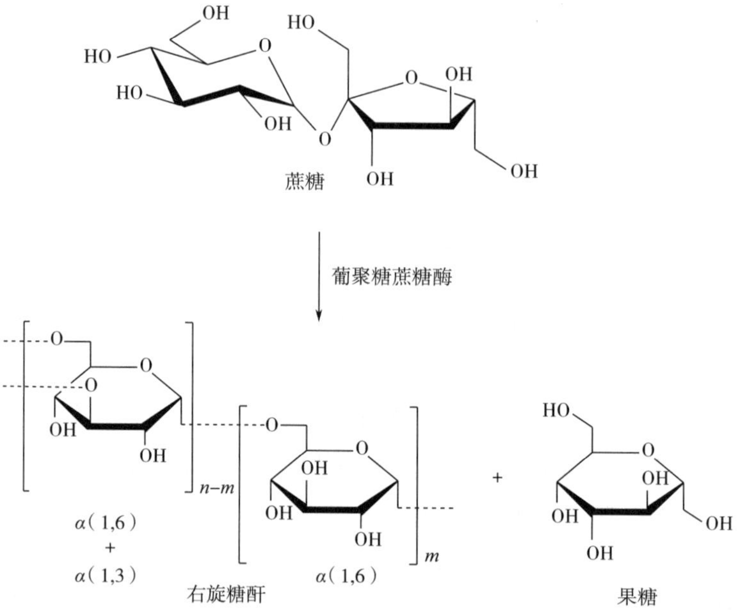

图 3-11 葡聚糖的生物合成反应

2. 异型多糖的生物合成

较同型多糖的生物合成相比，异型多糖的生物合成过程比较复杂，涉及多种酶与蛋白质。异型多糖的生物合成是在细胞质内由许多复合体聚合而成的。典型的异型多糖合成途径见图 3-12。由图 3-12 可以看出，葡萄糖和乳糖是异型多糖的来源。葡萄糖-6-磷酸是糖酵解途径和异型多糖合成途径的关键中间产物：既可以经磷酸己糖异构酶转化形成果糖-6-磷酸，进入糖酵解途径，产生的 ATP 中一部分用于异型多糖的合成；又可以经 α-磷酸葡萄糖变位酶转化形成葡萄糖-1-磷酸，进入异型多糖合成途径。葡萄糖-1-磷酸经相关酶转化形成异型多糖前体糖核苷酸，这些糖核苷酸发挥着重要的作用，不仅为聚合提供能量，而且可以激活糖基和促进糖基的相变（如差向异构、脱羧、脱氢等）。糖核苷酸前体在糖基转移酶的作用下，将第一个糖基加载在一种磷酸盐脂载体上，随后相关的一种或多种特异性糖基转移酶按一定顺序将新的糖基加载在不断增长的重复单元上。最终聚合成异型多糖，通过细胞膜转移分泌到胞外。目前重复单元的聚合机制以及聚合体的分泌输出机制仍不是很清楚，但已有初步证据证明 LAB 中存在类异戊二烯脂载体。图 3-13 所示的是乳酸乳球菌乳脂亚种 NIZO B40 异型多糖的生物合成模型。

通过和同型多糖的合成体系比较可以发现，异型多糖的合成体系除了具有糖基供体（糖核苷酸）、糖基受体（增长中的重复单元）外，还包括脂载体、酰基供体及酶系统。脂载体整合多糖的重复单元；乙酸、丙酮酸、3-羟基丁酸等的活性形式是酰基，为胞外多糖合成的必需物质；酶系统包括己糖激酶、糖核苷酸合成及转移酶、糖基转移酶、聚合酶等。异型多糖的合成始于糖核苷酸的胞内合成，之后，糖核苷酸在液态

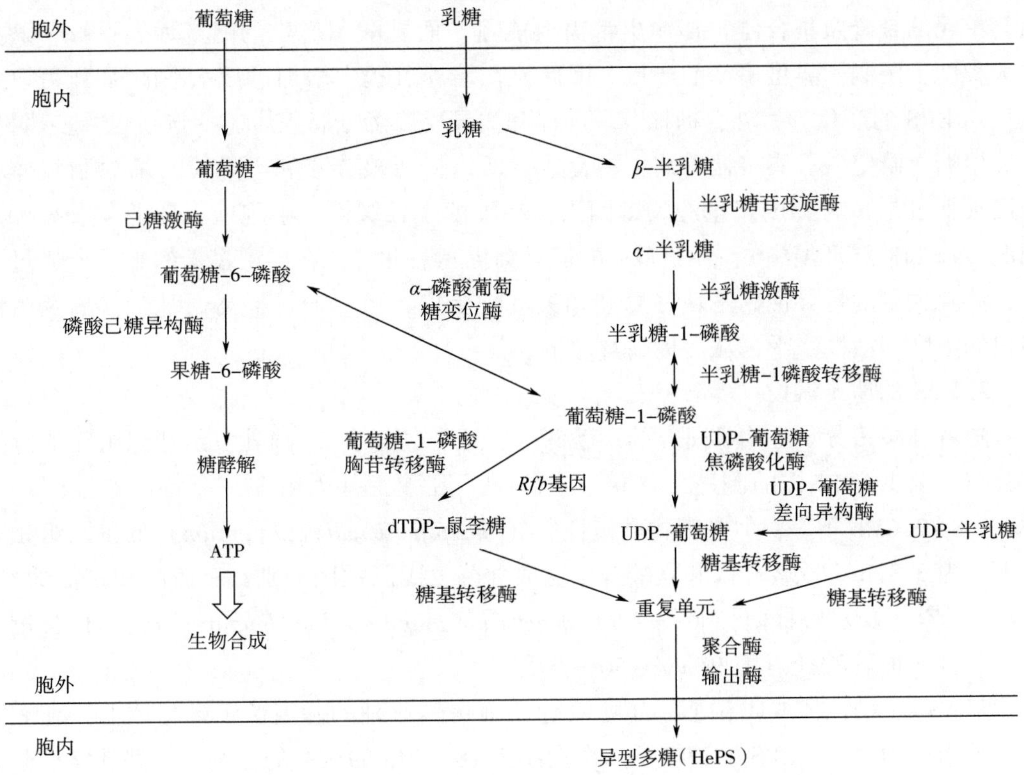

图 3-12 典型的异型多糖（HePS）生物合成途径

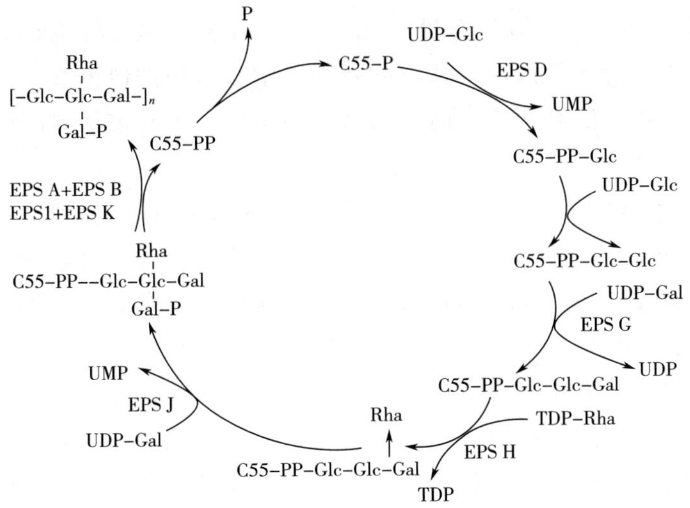

图 3-13 乳酸乳球菌乳脂亚种 NIZO B40 HePS 的生物合成模型

载体中形成重复的单元，最后一步将重复单元聚合，并从细胞膜运输到细胞外，或者共价黏附在细胞壁上，如荚膜多糖；或者分泌到环境中，如黏液多糖。

异型多糖的生物合成是一个耗能过程。前体糖核苷酸的合成，脂载体的磷酸化，重复单元的聚合及集合体转移输出都需要能量。而乳酸菌产生的能量远远不够，这在很大程度上限制了异型多糖的产量。因此，在培养过程中增加过量水平的 ATP 可以大大提高 EPS 的产量。另外，糖核苷酸前体和类异戊二烯糖脂载体还参与细胞壁多聚物，如肽聚糖、磷壁酸、脂多糖等的生物合成。所以，糖核苷酸和类异戊二烯糖脂载体的浓度水平也是影响 EPS 产量的关键因素，在细菌生长缓慢，细胞壁大分子合成减少的情况下（如低温环境中），异型多糖的产量会提高。此外，在异型多糖的生物合成过程中，涉及大量的特异性糖基转移酶和相关活性蛋白，可以通过提高糖基转移酶及活性蛋白的浓度和活性水平，从而提高其产量。

3. EPS 的遗传调控

随着乳酸菌分子生物学研究的不断深入，至今已经有 22 种乳酸菌基因组完成测序并公布，至少有 12 株的测序工作正在进行中。乳酸菌基因组在一个特定的范围内变化，1. 8~2. 6Mb 不等，但是植物乳植杆菌（*Lactiplantibacillus plantarum*）的基因组相对较大，为 3. 3Mb。双歧杆菌和乳酸杆菌这两种革兰氏阳性菌分别具有较高和较低的 G+C 含量，其中长双歧杆菌长亚种（*Bifidobacterium longum* subsp. *longum*）的 G+C 含量高达 60. 1%，而乳酸杆菌从 30. 9%~50%不等。

基因位于染色体或质粒上，如唾液链球菌嗜热亚种的基因位于染色体上；乳酸乳球菌乳脂亚种 MS 产 EPS 的特性受一个大小为 18. 5 Mu 的质粒的控制；干酪乳酪杆菌干酪亚种产 EPS 的特性受一个大小为 4. 5 Mu 的质粒的控制；产 EPS 的德氏乳杆菌保加利亚亚种不含质粒。*eps* 基因簇通常是单向排列，转录成单个多顺反子 mRNA，并协调表达的。不同 *eps* 基因簇中基因的系统性、转录方向和推测的功能都具有高度的保守性。根据其同源性研究，*eps* 基因簇分为四个功能区域：中心区域，即编码 EPS 重复单元生物合成过程中必需的特异性糖基转移酶的基因；中心区域两侧的 2 个区域，它们编码了在聚合和输出过程中控制链长、输出和聚合的酶的基因；位于基因簇开头的调控基因区域。

图 3-14 显示了 4 种不同的唾液链球菌嗜热亚种菌株 *eps* 基因簇。通过比较可以发现，5′端都存在编码嘌呤核苷酸磷酸化酶的 *deoD* 基因，嘌呤核苷酸磷酸化酶作用于核苷酸的合成和分解反应。5′端的 *epsA*-*epsD* 在不同菌株之间显示了高度的保守性：*epsA*-*epsB* 是调控序列；*epsC* 是聚合序列；*epsD* 是跨膜运输序列，而且在不产 EPS 的菌株中也发现了相同的序列。第 5 个基因 *epsE* 编码了糖基-1-磷酸转移酶，它参与 EPS 合成单元中的第 1 步：将己糖-1-磷酸加载到脂载体上。目前已经证明至少有 2 种糖基转移酶是由 *epsE* 编码的，一种是半乳糖-1-磷酸转移酶（M_r=26000），一种是葡萄糖磷酸转移酶（M_r=52000）。*epsE* 下游的基因编码了糖基转移酶以及一些未知功能的酶，参与了 EPS 的聚合及输出、糖的生物合成过程。一些学者认为，基因簇 3′端可以通过 *orf14. 9* 来鉴定，但是，一些菌株（如 Sfi6、MR-1C 等）*eps* 基因簇 3′端 *orf14. 9* 下游仍存在编码序列，可能编码糖基转移酶或编码与跨膜转运有关的蛋白质。

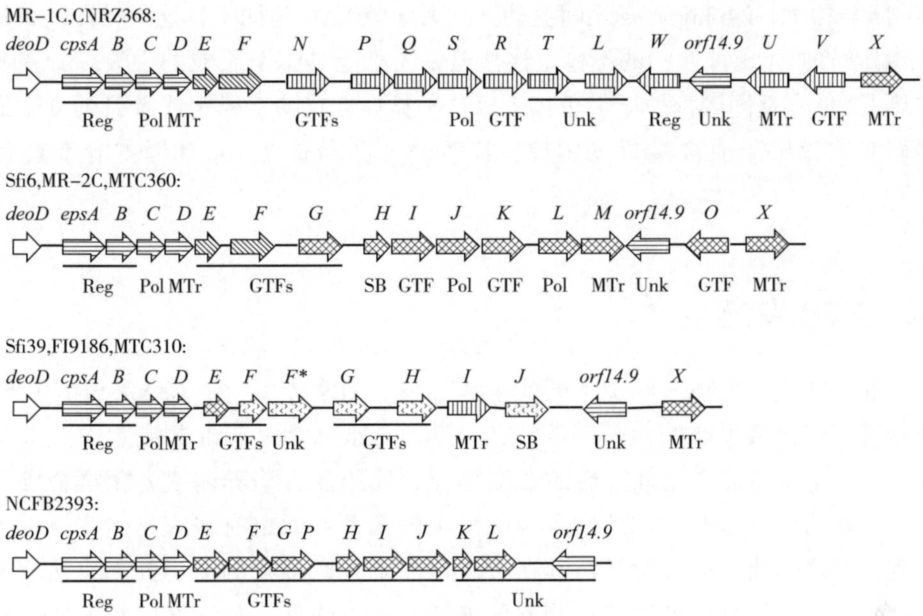

图 3-14 4 种不同的唾液链球菌嗜热亚种 *eps* 基因簇

GTF—糖基转移酶 MTr—跨膜运输 Pol—聚合反应 Reg—调控 SB—糖的生物合成
Unk—未知

目前针对 LAB EPS 合成量低的问题，很多学者都致力于利用基因工程技术，通过对 EPS 合成途径的基因调控，达到增加 EPS 产量的目的。从图 3-14 中可以看出，从葡萄糖-6-磷酸转化成葡萄糖-1-磷酸再形成 UDP-葡萄糖是 LAB EPS 生物合成途径中的关键限制性步骤，葡萄糖-1-磷酸和 UDP-葡萄糖的浓度水平决定着 EPS 合成量的高低。因此，可以通过过量地表达涉及限制性步骤的磷酸葡萄糖变位酶、UDP-葡萄糖焦磷酸化酶或 UDP-半乳糖差向异构酶，使细胞内 UDP-葡萄糖和 UDP-半乳糖大量积累，从而提高胞外多糖的产量。对于某些乳酸菌，例如干酪乳酪杆菌，UDP-半乳糖对胞外多糖的形成也具有重要的影响。但是在乳酸球菌中过量地表达 UDP-葡萄糖焦磷酸化酶和葡萄糖-1-磷酸胸苷基转移酶，可以使 UDP-葡萄糖、UDP-半乳糖和 dTDP-鼠李糖的水平提高，但对 EPS 的产量影响不大。可以看出，不同 LAB 菌株细胞内激活糖的水平对 EPS 产量的影响是不同的。另一种提高 EPS 产量的方法是在生物合成过程中多糖聚合作用的水平上，通过提高参与 EPS 聚合作用的糖基转移酶的酶活力来实现产量的提高。例如，在乳酸球菌中过量地表达起始糖基转移酶，可以使 EPS 产量得到一定程度提高。此外，通过克隆整个 *eps* 基因簇，并在多拷贝数的单个质粒中过量地表达也可以调控 EPS 的生物合成。

在利用基因工程技术对 LAB 改造过程中，发现了 EPS 的产量及其黏度在 LAB 表达过程中存在不稳定的问题，这同样表现出了改造 LAB 菌株基因水平上的不稳定。例如，1 株唾液链球菌嗜热亚种在相同的试验条件下，不同时间内 EPS 的产量和黏度分别在

45～340mg/L 和 41～240mPa・s 之间变动。在大多数 LAB 菌株中，这些显性性状是由质粒 DNA 编码的，而这种性状的不稳定性甚至丢失可能是源于质粒的丢失。所有唾液链球菌嗜热亚种 *eps* 基因簇都位于染色体上，这种显性性状的不稳定或者丢失可能是由于插入序列的位置位于或者接近基因簇，或者是一些菌株的 *eps* 基因本身就具有不稳定性。

四、EPS 发酵生产

产胞外多糖的微生物来源于不同的生态环境，通常碳氮比（C/N ratio）比较高的环境适合于产多糖微生物的生长，例如，制糖、造纸和食品工业的废水中一般含有产胞外多糖的微生物。而产胞外多糖的微生物通常使用复合培养基或者化学合成培养基进行分离，在培养基上形成黏液样且肉眼可见的菌落；但也有研究指出，微生物在固体培养基上形成的菌落形态特征与其在液态培养基中产多糖的能力并无直接联系。虽然微生物多糖的发酵过程可通过观测发酵液的黏度、浓度、分散性以及多糖的构象变化来反映，但要获得高产量的微生物胞外多糖，必须对其发酵过程进行控制，即对其环境条件和生产仪器操作进行调控。一般来说，微生物胞外多糖的产量与多种培养条件有关，如碳源、氮源和无机盐的利用，温度和 pH 等；此外，培养条件还能影响胞外多糖的结构特性，如相对分子质量、残基数、分支程度和构象等。

碳源的种类很多，如蔗糖、葡萄糖、乳糖、麦芽糖、甘露糖醇、山梨醇、乳清、糖浓缩液、甲醇以及 C_9～C_{16} 的 *n*-烷烃类，它们都可以用来生产微生物胞外多糖。通常情况下，碳源影响胞外多糖的产量及其分子质量。例如，由果糖和葡萄糖培养基发酵产生的海藻糖的分子质量分别为 500ku 和 276ku。德尔布吕克乳杆菌（*L. delbruckii*）在葡萄糖和果糖的培养基上会合成不同的多糖，当以葡萄糖为碳源时，能合成 25mg/L 由葡萄糖和果糖组成的多糖（比例为 1∶2.4）；而以果糖为碳源时，则能合成 80mg/L 由葡萄糖、半乳糖和鼠李糖构成的多糖（比例为 1∶7∶0.8）。

目前，用于胞外多糖生产的氮源主要是硫酸铵、蛋白胨、硝酸钠、尿素和酵母膏等。通常，使用有机氮源会产生较高的比生长速率和胞外多糖产量，很可能是由于其中含有少量的生长因子；同时，一些氮源中所含有的碳也可以作为胞外多糖合成的底物。另外，胞外多糖的产量会随着碳氮比的增加而升高。一般来说，在较低的氮源浓度的培养基中才能获得较高产量的胞外多糖。此外，添加复合氮源也有助于提高胞外多糖的产量。

培养基中的磷酸盐含量能影响胞外多糖的产量。例如，在不含磷酸盐的培养基中，克雷伯氏菌属（*Klebsiella* spp.）能得到最高的胞外多糖产量；而在控制 pH、无磷酸盐和乙酸盐的培养基中，最高的海藻酸盐的产量可以达到 7g/L。此外，未添加 Fe^{3+}、Zn^{2+} 和 NH_4^+ 的培养基对德氏乳杆菌保加利亚亚种（*Lactobacillus delbrueckii* supsb. *bulgaricus*）的菌体生长和胞外多糖产量均无明显的影响。胞外多糖的组成会随着无机盐浓度的变化而变化，当向培养基中单独添加 Mn^{2+} 或者和柠檬酸盐、Ca^{2+} 以及 SO_4^{2-} 一起添加，可以显著地提高干酪乳酪杆菌（*Lacticaseibacillus casei*）胞外多糖的产量。

此外，其他条件对胞外多糖的产量也有影响。例如，较高的搅拌速率能同时提高一些微生物胞外多糖的产量。从多糖合成的机制来看，要将胞内合成的单糖运送到细胞外必须连接 C55 的类异戊二烯醇的磷酸盐，而多糖的聚合过程则主要是在细胞外通过多糖聚合酶完成的，因此，一些主要的能量代谢过程、将糖氧化成相应的醇的过程以及还原性吡啶核苷酸的氧化过程都需要氧气的参与。因而，提高氧气利用率有助于提高胞外多糖的产量。一般来讲，向培养基中添加洗涤剂能改善氧气的浓度，例如，添加了洗涤剂的培养基中的黄单孢菌属（*Xanthomonas*）细胞比未添加的要小，而较小的细胞体积有助于提高其摄氧速率。另外，较高的通气速率也会引起某些微生物如出芽短梗霉（*Aureobasidium pullulans*）和腐皮镰刀霉（*Fusarium solani*）胞外多糖产量的降低。

培养基黏度的变化是微生物分泌胞外多糖的直接结果。在胞外多糖的生长过程中，发酵液表现出非牛顿流体的特性，即随着剪切速率的增加，流体的表观黏度降低。此外，培养基的黏度变化也可能是因为在生物反应器中搅拌、传质、氧气及热传递不均匀引起的，在这种情况下，也会引起胞外多糖质量的改变，如分子质量、分支程度和流变学性质等。一般来讲，发酵液的黏度和多糖的浓度有一定的相关性，而和菌体浓度无关，因此，黏度也是衡量多糖产量的一个重要参数。

微生物胞外多糖的发酵一般可分为分批发酵和补料分批发酵过程，而微生物在其对数生长期并未同时合成胞外多糖。在分批发酵过程中，只有当培养基中一种或多种营养元素缺乏的时候才会合成胞外多糖，并且在高碳氮比条件下才能获得最大的胞外多糖产量。据报道，在低稀释率的连续培养过程中，假单胞菌属（*Pseudomonas*）、产碱菌属（*Alcaligenes*）和克雷伯氏菌属（*Klebsiella*）可获得高水平的多糖。一般来讲，较低的稀释率能增加微生物的停滞时间，并促进其对培养基中碳源的利用；而在高稀释率下，类异戊二烯脂载体的缺乏将导致多糖合成量的减少。

胞外多糖合成的最适温度通常低于微生物的最适生长温度。较低的培养温度能引起菌体生长速率及其生物量的降低，同时将引起菌体对数生长期延长和发酵液黏度增加。微生物最适生长温度和最适胞外多糖合成温度的不同很可能是由于参与胞外多糖前体物质合成酶的活性不同引起的，例如，鸟苷二磷酸（GDP）甘露糖醛酸作为海藻酸合成的前体，其最大产量温度低于微生物的最适生长温度。此外，有学者也指出，温度的降低能引起微生物生长速率和细胞壁多聚物合成量的降低，可为胞外多糖的合成提供更多的前体物质。

通常，许多微生物都适合在中性 pH 的培养基中合成胞外多糖，且大多数微生物只有在恒定的 pH 条件下才能产生最大量的胞外多糖，因而可通过在培养过程中调节 pH 来控制胞外多糖合成的路径。此外，某些微生物，如产丙酸丙酸菌（*Acidipropionibacterium acidipropionici*）的最适产胞外多糖的 pH 为 5.2~6.5，且要向培养基中添加 20~40g/L 的 NaCl；脑膜炎球菌（*Neisseria meningitidis*）也在酸性 pH 培养基中胞外多糖产量较高。另外，在培养过程中，如果搅拌不足会造成在反应器中形成明显的 pH 梯度，对发酵过程的监控和发酵液 pH 的调节是不利的。

微生物通常在接种后的 24h 内达到最大的生长速率（对数生长期），而在稳定期达到最大的胞外多糖产量。一些其他的因素，如内源性的多糖水解酶也能影响胞外多糖的特性，某些多糖，如海藻酸，在微生物生长的后期会被海藻酸酶水解，从而引起发酵液黏度的降低。有学者指出，胞外多糖和细胞壁多聚物（如肽聚糖、磷壁酸和脂多糖）在生物合成过程中会竞争类异戊二烯的糖基脂质载体，因而，胞外多糖的合成和细胞生长没有必然联系。此外，在多糖合成过程中，细胞的大小和形状会发生变化，例如，小核菌（*Sclerotium glucanicum*）和齐整小核菌（*Sclerotium rolfsii*）在生长过程中通常在其周围包裹一层硬葡聚糖（Scleroglucan），将会引起传质速率的降低，从而引起胞外多糖产量的降低。

渗透性在微生物生长和胞外多糖合成过程中都起着关键作用。快速生长型的根瘤菌（*Rhizobium melilotii*）在不同的培养基渗透压下，能产生两种不同的水溶性胞外多糖，分别为琥珀酰聚糖（Succinoglycan）和半乳葡聚糖（Galactoglucan），即当培养基中不含 NaCl 时，两种胞外多糖的比例为 1∶1，而当培养基中的 NaCl 浓度达到 0.6mol/L 时，琥珀酰聚糖的比例会达到 85%。

向培养基中添加表面活性剂会显著增加胞外多糖的产量。在野油菜黄单胞菌（*Xanthomonas campestris*）生长 24h 后，向培养基中添加 0.1g/L 的曲拉通（Triton）X-100 可将黄原胶的产量提高 1.45 倍；此外，发酵液中未观测到明显的起泡现象。表面活性剂可以改变氧传递速率，从而增加胞外多糖的产量，而不会影响菌体产量和发酵液的黏度。此外，表面活性剂也能通过与细胞膜的相互作用，从而提高胞外多糖的合成及释放。

五、EPS 生物活性

近年来，LAB 的 EPS 被广泛研究的原因主要是基于两个方面，其一是 EPS 的物理化学特性。EPS 作为食品添加剂添加到食品中或者在发酵食品中由乳酸菌直接发酵产生，都可以改善食品的流变性、质构、稳定性、持水性和口感等。其二是 LAB EPS 的生物活性。EPS 具有许多对人类健康有利的生物活性，例如，作为益生元调节肠道菌群、免疫调节活性、抗肿瘤活性、降胆固醇活性和抗氧化等（图 3-15）。

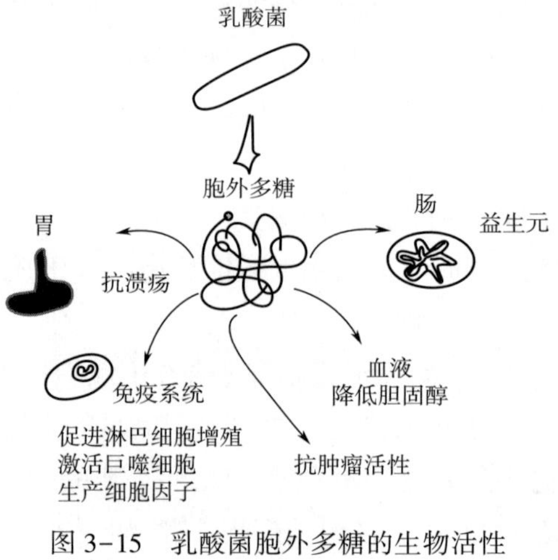

图 3-15　乳酸菌胞外多糖的生物活性

1. 益生作用

益生元是一种膳食补充剂，通过选择性地刺激一种或数种菌落中细菌的生长与活性而对寄主产生有益的影响从而改善寄主健康的不可被消化的食品成分。有效的益生元在通过胃肠道时大部分不被消化而进入到肠道后才被肠道菌群所利用，它只刺激有益菌群的生长，它对肠道内有潜在致病性或腐败活性的有害细菌没有促进作用。有些乳酸菌的胞外多糖具有益生元的作用，可调节人体肠道菌群，促进人体健康。

乳酸菌 EPS 还可以促进菌体在肠黏膜上的非特异性黏附作用，其中荚膜多糖（CPS）使菌体更容易在肠道内定植。EPS 由于能够增加食品的黏度，使得发酵乳制品可以在胃肠道内存留更长的时间，这对益生菌在肠道内发挥其益生作用十分有益。所以，一株高产、具有良好黏附性 EPS 的益生菌具有更高的应用价值。

2. 对肠道炎症和癌症的预防

乳酸菌 EPS 不仅可以作为结肠共生菌群的碳源，还可以调节结肠共生菌群生长和代谢的激活，从而维持结肠的稳态平衡。同时，乳酸菌 EPS 在肠道中又可以被一些微生物代谢，其中的代谢产物短链脂肪酸可以被肠上皮细胞吸收，降低结肠的环境 pH，使肠道内容物的溶解度增加，并抑制二次胆酸的形成和减少不必要病原体的扩散。与此同时，它们还可以作为结肠的能量底物，增强将要产生病变细胞的免疫能力，使突变的肿瘤细胞凋亡或者向正常细胞转变，并抑制致癌基因的表达，对溃疡性结肠炎和结肠癌的预防具有重要作用。另外，有些乳酸菌 EPS 不能被肠道内的微生物降解，这样的 EPS 即为益生元，此 EPS 会刺激肠壁，加快肠蠕动，有利于排便，降低致癌物质和结肠接触的机会，起到预防便秘和结肠癌的作用。

3. 免疫刺激活性

乳酸菌能诱导巨噬细胞和 T 细胞的免疫应答，它们产的胞外多糖在其免疫增强活性中扮演了重要的角色。许多双歧杆菌、乳球菌属和乳杆菌属等食品级的菌株产的胞外多糖被报道具有免疫刺激活性。青春双歧杆菌 M101-4 产的水溶性胞外多糖由葡萄糖、半乳糖和 *N*-乙酰胞壁酸组成，可促进脾细胞的增殖。除了双歧杆菌产的胞外多糖，乳酸乳球菌亚种 KVS20 产的胞外多糖能刺激 B 细胞加速有丝分裂。此外，研究者还发现，不管是整个菌体还是该菌的细胞壁成分，都不能诱导脾细胞进行有丝分裂。

除了诱导激活 B 细胞，乳酸乳球菌亚种 SBT 0495 产的胞外多糖（由葡萄糖、半乳糖和鼠李糖组成）还可增强某些特定的鼠源抗体的活性。益生菌胞外多糖的免疫增强活性还体现在可刺激巨噬细胞释放细胞因子，而这些细胞因子可以和其他免疫细胞通信，从而激发并增强机体的免疫功能，如鼠源巨噬细胞在胞外多糖的刺激下释放的干扰素和 IL-1 等细胞因子。例如，乳酸乳球菌亚种 KVS20 产的胞外磷酸化多糖可激活小鼠脾 Mφ 巨噬细胞释放干扰素 27.6 IU/mL，而对照组释放的干扰素的量为 9.7 IU/mL。事实上，研究者注意到胞外多糖刺激巨噬细胞释放细胞因子的时候伴有 IFN-mRNA 的表达。

除了乳酸乳球菌外，其他一些乳酸菌产的胞外多糖也具有上述刺激巨噬细胞释放细胞因子而增强免疫活性的功能。例如，鼠李糖乳杆菌 RW-9595M 产的胞外多糖可刺激 TNF、IL-6、IL-12 和 IFN-γ 等细胞因子的释放。事实上，鼠李糖乳杆菌产的胞外多糖的高分子质量部分（F1）促进鼠源脾细胞增殖的效果（相对于对照细胞为 130.8%）与 0.1μg/mL 的脂多糖相当（132.7%），而脂多糖是一种公认的强免疫刺激剂和促 B 细胞分裂剂。

4. 肿瘤抑制活性

1982 年，有研究报道了乳酸菌 EPS 具有肿瘤抑制作用，引起了众多学者对乳酸菌 EPS 抗肿瘤活性的研究兴趣。研究表明，有些乳酸菌产的 EPS 具有抗肿瘤特性。例如，德氏乳杆菌保加利亚亚种 OLL 1073R-1 产的胞外多糖的磷酸化多糖组分能激活巨噬细胞 Mφ，极大地增强了巨噬细胞 Mφ 对骨肉瘤细胞 S180 生长的抑制。酸性多糖（APS）激活巨噬细胞所引起的肿瘤细胞抑制率低于 90%，而脂多糖（LPS）引起的抑制率高于 90%。还有报道酸性多糖（APS）可有效激活巨噬细胞从而抑制 P388 肿瘤细胞的生长，APS 和 LPS 的肿瘤细胞抑制率可达到 60%。

多糖的肿瘤抑制活性与其分子质量、单糖组成、分支度、分子构象、糖苷键的构型、溶解度、黏度等有关，但主要与其立体构型有关。目前尚未发现较为统一的构效关系，不同种类多糖的抗癌活性结构可能有所不同，有学者发现水解壳聚糖使其分子量变小后抗癌活性增强。近年来，多糖受体的发现对阐明多糖的作用机制有重要意义。研究推测，多糖分子可能存在一个或几个寡糖片断的“活性中心”，多糖与受体作用时，只有分子中的“活性中心”与受体结合，因而在保持完整“活性中心”的前提下，小分子质量多糖可能具有良好的生物学活性。

EPS 一级结构是 β-1,2 键连接的葡聚糖、甘露聚糖、半乳聚糖，它们大都有一定的抑制肿瘤的活性；β-1,3 葡聚糖、半乳聚糖有较明显的抑制肿瘤的活性，其中 β-1,3 键连接的多糖骨架上的多羟基基团对抗肿瘤活性起了重要的作用。以 β-1,3 键为主链的葡聚糖如有 β-1,6 键连接的支链的，有的有抗肿瘤活性，有的没有抗肿瘤活性。另外，含乙酰化的 β-1,6-D-葡聚糖有抗肿瘤活性，但是如果去除分子链中的乙酰基，将丧失肿瘤抑制活性；β-D-葡聚糖具有三螺旋构象，这对于抑制 S180 肉瘤是必需的。β-1,3-D-葡聚糖骨架上的多羟基基团，对抗肿瘤活性起重要作用。乳酸菌胞外多糖的抗肿瘤活性是通过增强和恢复免疫功能，影响血液供应，刺激一种器官或组织（如肾上腺和网状内皮系统）再分泌一种物质作用于肿瘤细胞以及中和细胞表面的负电荷来实现的。

5. 调节血压、血脂

目前，关于乳酸菌 EPS 降血脂和降血压的报道还不多，仅发现干酪乳酪杆菌（*Lacticaseibacillus casei*）产生的一种多糖-糖肽聚合物（SG-1）对自发性高血压大鼠（SHR）和肾性高血压大鼠（RHR）具有明显的降血压作用。事实上，关于益生菌胞外多糖调节血压和血脂的功能活性研究较少，可能源于胞外多糖的调节血压和血脂的效果未有小分子化学药物显著，且其机制较为复杂，没有简单体外模型而只能用动物模型评价，而影响动物试验结果的因素很多，缺乏理想的动物模型和严格控制的试验条件，很可能导致试验结果并不理想。

6. 抗氧化作用

自由基和脂质过氧化产物是引起氧化损伤的重要原因，自由基的清除、抑制脂质氧化也是评价抗氧化性的重要指标。大量研究表明，一些乳酸菌 EPS 具有抗氧化作用。关于多糖的抗氧化机制，目前还停留在猜测阶段。可能的解释主要有以下几种。

（1）多糖分子直接作用于自由基本身　对于羟自由基·OH，多糖提供氢原子与其迅速结合成水，其本身则转化为带有单电子的碳自由基，进一步氧化成过氧自由基，最终分解为对机体无害的产物。对于超氧自由基·O^{2-}，多糖直接与其发生氧化反应清除。对于脂质过氧化，多糖分子可以捕捉链式反应过程中生成的活性氧化簇（Reactive Oxygen Species，ROS），阻断或减缓氧化反应的进行。

（2）多糖分子螯合催化 ROS 产生的金属离子　很多的金属离子如 Fe^{2+}、Cu^{2+} 等能催化·OH 产生、脂质过氧化启动反应的进行。被多糖分子螯合后，反应过程受到抑制，最终阻遏了 ROS 的产生。

（3）多糖分子可提高体内抗氧化酶系活力　文献多有报道多糖可以提高体内超氧化物歧化酶（Superoxide Dismutase，SOD）、过氧化氢酶（Catalase，CAT）等酶的活力，促进胞内 SOD 的产生及释放，从而间接地发挥抗氧化作用。

对于多糖抗氧化作用机制的研究才刚刚起步，多糖结构与功能的关系至今尚不清晰。但可以肯定的是，多糖的抗氧化活性必然与其结构有关。另外，多糖的空间结构、多糖的分子质量大小等都能影响其活性。而胞外多糖抗氧化活性的强弱不是单一因素导致的结果，而是多糖的分子质量、单糖组成、构型和糖苷键连接方式等结构特征的多方面因素相结合而导致的。

多糖中的半缩醛基团、伯仲羟基等与氧自由基间有明显的相互作用。报道称，药物中含羟基个数越多，抗氧化能力越强；但能力强弱并不仅取决于羟基个数，还与其活性状态有关。糖链上糖单元种类对自由基清除活性也有一定的影响，不同单糖种类的多糖，生物学活性差异较大。糖苷键连接方式也是决定多糖活性的重要因素，而多糖取代基的种类和数量也都能影响其抗氧化活性。引入的取代基团改变了分子的横向次序和定向性，使得分子更为伸展，羟基基团更为暴露，更易与自由基发生反应，导致抗氧化活性增强。多糖分子质量也是抗氧化活性的重要影响因素。例如，相对分子质量在 $(28.2\sim151.7)\times10^3$ 的硫酸多糖相对分子质量越小，抗氧化活性越高，多糖相对分子质量越大，分子内部缠绕越多，活性基团暴露越少，越不利于其抗氧化活性。但是，也不是相对分子质量越小越好，因为太低的相对分子质量无法形成特定的活性结构，或者跨膜进入细胞而被吸收同化而根本没有机会发挥作用。此外，一般认为，多糖在溶液中特定的空间构象是其生物学活性所必需的。例如，多数具有免疫活性的多糖（尤其是葡聚糖）都以 β-1,3 糖苷键连接，形成规则的三股螺旋结构。同理，抗氧化活性的产生必然也与其空间结构相关。只有弄清楚多糖分子在溶液（考虑到体内多是液体环境）中的构象，才能深入研究其构效关系，从而更好地加以利用。

第四节 维生素

生产维生素是益生菌和肠道微生物的诸多功能特性之一。很多乳酸菌和双歧杆菌在发酵时都可以产生维生素，主要是B族维生素，如叶酸、维生素B_{12}、维生素B_1、维生素B_2等。因此，如果利用这些乳酸菌或双歧杆菌来发酵生产某些食品，这样不仅可以提高该食品的营养成分，还可以通过进食将这些益生菌运送到人体的胃肠道，在胃肠道里，它们可以合成如上所述的人体所必需维生素。

一、叶酸

叶酸是一种水溶性B族维生素，是人体在利用糖分和氨基酸时的必要物质，是机体细胞生长和繁殖所必需的物质。叶酸对细胞的分裂生长及核酸、氨基酸、蛋白质的合成起着重要的作用。叶酸是胎儿生长发育不可缺少的营养素。孕妇缺乏叶酸有可能导致胎儿出生时出现低体重、唇腭裂、心脏缺陷等。叶酸与维生素B_{12}共同促进红细胞的生成和成熟，是生产红细胞不可缺少的物质。此外，叶酸也作为干酪乳酪杆菌（*Lacttcaseibacillus casei*）及其他微生物的促进增殖因子发挥作用。通过选育高产叶酸的乳酸菌菌株，并将这样的菌株用来发酵食品，可以满足人体对叶酸的需求。

乳酸乳球菌、植物乳植杆菌和德氏乳杆菌保加利亚亚种中控制叶酸生物合成的基因已经被鉴定。但并非每种乳杆菌属都能够产生叶酸，如加氏乳杆菌、唾液乳杆菌、约氏乳杆菌等。利用代谢工程技术可以提高乳酸杆菌、格氏乳杆菌和罗伊氏黏液乳杆菌的叶酸产量。与化学合成的叶酸相比，乳酸菌发酵得到的天然叶酸不会掩盖由维生素B_{12}缺乏而导致神经系统受损所引起的病症。因此，开展选育高产叶酸的乳酸菌菌株，提高发酵食物中叶酸的含量这一工作尤为重要。

二、维生素B_{12}

维生素B_{12}也是氨基酸、糖类、脂肪酸和核酸等在体内进行代谢的重要的辅因子，是所有呈现氰钴胺素生物活性的类咕啉的总称。人体如果缺乏维生素B_{12}，会引起造血系统、神经系统、心血管系统疾病。一些丙酸菌属、双歧杆菌属和乳杆菌属的成员具有产维生素B_{12}的活性。工业上是用假单胞菌（*Pseudomonas denitrificans*）和巨大芽孢杆菌（*Bacillus megaterium*）生产维生素B_{12}的，而乳丙酸菌属是唯一食品级的用来商业生产维生素B_{12}的菌株，其合成维生素B_{12}的生物途径已被广泛研究，据报道，该生物合成途径至少有 25 步。许多双歧杆菌可以生产维生素 B_{12}，如青春双歧杆菌（*Bifidobacterium adolescentis*）、两歧双歧杆菌（*B. bifidum*）、短双歧杆菌（*B. breve*）、长双歧杆菌婴儿亚种（*B. longum* subsp. *infantis*）、长双歧杆菌长亚种（*B. longum* subsp. *longum*）。罗伊氏黏液乳杆菌也表现出具有生产维生素 B_{12} 的活性。

利用基因突变和基因工程技术可有效提高费氏丙酸杆菌维生素 B_{12} 的产量，但针对乳酸杆菌的类似研究还未开展过。了解产维生素 B_{12} 的乳酸菌的复合基因序列将有助于设计相应的策略用于选育高产维生素 B_{12} 的优化菌株。

三、维生素 K 类

维生素 K 是一个重要的辅因子，参与转录后期某一类蛋白质谷氨酸残基的羧基化。维生素 K 以两种化学形式存在：一种是叶绿醌（维生素 K_1），存在于绿色植物中；另一种是由一些肠道细菌生产的甲基萘醌类（维生素 K_2）。一些种属的乳酸菌被筛选出来生产甲基萘醌类维生素 K，如乳球菌属、乳杆菌属、肠球菌属、双歧杆菌属、明串菌属、链球菌属等。

四、维生素 B_1 和维生素 B_2

据报道，双歧杆菌可以产生硫胺素（维生素 B_1）和核黄素（维生素 B_2）两种 B 族维生素。硫胺素是人体内一个关键代谢酶的辅因子，它的缺乏将引起人脑内血糖代谢的变化；而核黄素是一种重要的辅酶，参与了人体内诸多氧化还原反应，体内核黄素的缺乏将导致肝脏和皮肤疾病。

核黄素存在于奶制品和动物肝脏等食物中，通常以黄素单核苷酸（FMN）和黄素腺嘌呤二核苷酸（FAD）辅酶的形式和蛋白质结合存在，人体对其生物利用度远低于游离态核黄素，而乳酸菌发酵产生的核黄素大部分是游离态，因此，通过筛选产核黄素乳酸菌菌株并将其用于发酵食物，可有效满足人体对核黄素的需求。此外，还可以利用代谢工程技术获得高产核黄素的乳酸菌菌株。

第四章

非肠源性有益菌

关于益生菌，目前大量的关注点都在肠源性益生菌，如肠源乳酸菌、双歧杆菌等。其实自然界还存在大量非肠源性有益菌，如红曲霉、丙酸杆菌、明串珠菌、凝结魏茨曼氏菌等。这些非肠源性有益菌与肠源益生菌一样有利于对人体健康，具有不同于肠源性益生菌的一些功能性质，也吸引了不少关注。众所周知，微生物在自然界分布广泛、种类繁多，但目前被人类挖掘利用的非肠源性有益菌仍仅限于少数几种。因此，将眼光从机体肠道转移到整个自然界，发现更多的有益菌，对人类健康的影响意义深远。本章介绍几种目前广受关注的非肠源性有益菌的研究与开发进展。

第一节　红曲霉

红曲霉（*Monascus purpureus* Went），别名红曲，在我国的生产和使用已有1000多年历史。古籍中对它的特殊功效及在食品上的应用早有记载。《本草纲目》记载："红曲主治消食活血，健脾燥胃。治赤白痢，下水谷，治打扑伤损，治女人血气痛及产后恶血不尽"。而近代中医药理论把红曲的药用功能主要概括为"除湿痰，化血化瘀，健脾消食，治赤白痢，下水谷"等。食品工业中，红曲有库曲、轻曲、色曲3个品种。库曲主要酿制黄酒、果酒和药酒；轻曲用于腐乳、酱菜、果酒、药酒及食品着色；色曲用于食品着色。

红曲霉广泛存在于新鲜的牧草、泥土、橡胶及松树根组织中。它是同宗配合的，形态多为不规则的分支菌丝。菌丝多核具有大型液泡、线粒体和横隔；分生孢子单一或成串地生长于菌丝顶端，并从上至下逐渐成熟。红曲霉的孢子产量普遍较少，菌丝初为白色，老熟后因菌种的不同而呈淡红色、紫红色、赭红色、橙红色、烟灰色等。菌落的结构有成绒毡状、皮膜状、少褶皱或具有辐射纹。按真菌学的分类方法，红曲霉属真菌门（Eumycophyta），子囊菌纲（Ascomycetes），真子囊菌亚纲（Euascomycetes），红曲霉属（*Monascus*）。目前，美国培养物物种保藏中心（ATCC）已有58个红曲菌株。根据1983年霍克斯沃思（Hawksworth）和皮特（Pit）的分类系统，大部分红曲菌株属于3种：丛毛红曲霉 M. pilosus K. Satô ex D. Hawksw. & Pitt、紫色红曲霉 M. purpureus Went及安卡红曲霉 M. anka Nakazawa et Satô。

红曲霉能够产生多种对人体有益的代谢产物，例如胆固醇合成抑制剂、抗生素、麦角固醇和中药成分等。随着国内外学者对红曲霉产生的有效生理活性物质的深入研究，越来越多具有药用价值、营养价值的代谢产物被发现。

一、红曲色素

红曲色素是红曲霉在生长代谢过程中产生的天然色素。红曲色素是多种色素成分的混合物，以颜色的不同可分为黄色素、橘黄色素及红色素三类；以溶解性不同可分为水溶性色素和脂溶性色素两类。红曲色素作为一种天然色素，安全性高，经急慢性毒性实验及致畸、突变实验都证明其无毒，故红曲色素已广泛应用于各种食品中。

1932 年，首次从紫色红曲霉等培养物中分离了黄色和橘黄色晶体。随后将红曲色素用有机溶剂提取分离，经元素定性，熔点测定，紫外、红外和可见光吸收光谱以及核磁共振谱分析，认为红曲色素是由化学结构不同、性质相近的红、黄、橘黄 3 类不同色素组成的混合色素。红曲色素属于聚酮类（Polyketide）色素，主要由 6 种结构相近的成分组成，其中，Monascin（1）与 Ankaflavin（2）为黄色素，Rubropunctatin（3）与 Monascorubrin（4）为橘黄色素，Rubropunctamine（5）与 Monascorubramine（6）为红色素。红曲色素具有广泛的生物活性。如抑癌活性，其中以 Monascorubrin 是最有效的；橘黄色素 Rubropuntatin 和 Monascorubrin 对细菌、酵母和丝状真菌具有抗菌活性，而且可抑制枯草杆菌（*Bacillus subtilis*）和热带念珠菌（*Candida pseudotropicalis*）的生长；黄色素 Monascin 和 Ankaflavin 对小鼠脾脏 T 细胞具有免疫抑制活性。

除了上述 6 种主要色素以外，近年来科学家们从红曲代谢产物中陆续分离得到了许多其他色素类化合物（7~35），具有多种不同的生物学活性，其结构式见图 4-1。

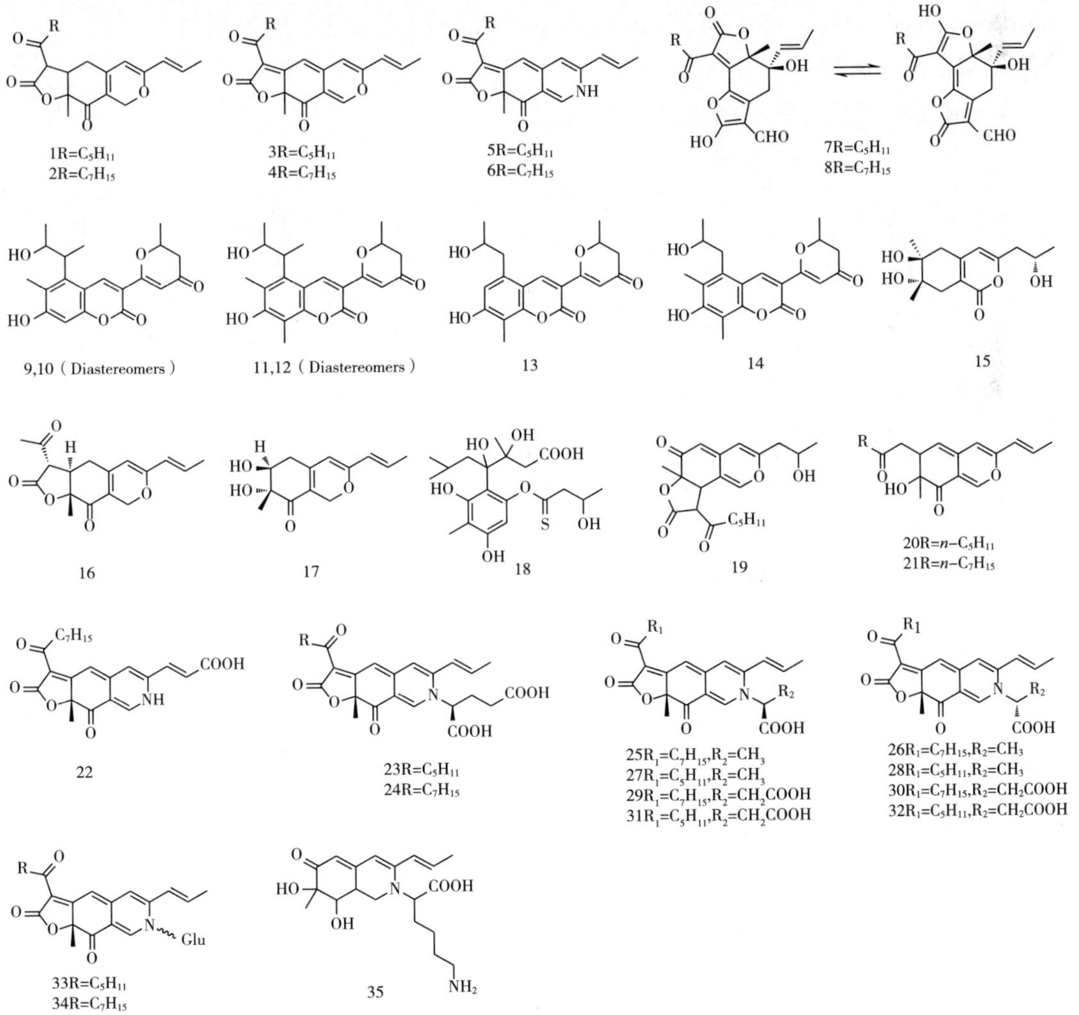

图 4-1　红曲色素的化学结构

二、莫纳克林类化合物

1979 年，首次从红色红曲霉 No. 1005 的代谢产物中分离了能够抑制胆固醇合成的物质莫纳可林 K（Monacolin K）（36）。莫纳可林 K 是 3-羟基-3 甲基戊二酸单酰辅酶 A（HMG-CoA）还原酶的竞争性抑制剂，而 HMG-CoA 还原酶是控制胆固醇合成速度的限速酶。莫纳克林 K 的 β-羟基-δ-内酯环的开环结构（洛伐他汀酸）与 HMG-CoA 的结构更为接近，且开环结构的 HMG-CoA 还原酶抑制活性约是内酯闭环结构的 2 倍。随后，莫纳克林 K 的类似物 Monacolin J（37）、Monacolin L（38）、Dihydromonacolin L（39）、Monacolin X（40）、Monacolin M（41）、3α-hydroxy-3,5-dihydromonacolin L（42）、Dihydromonacolin K（43）、Dehydromonacolin K（44）、Monacolin 3（45）、Monacolin 4（46）、Monacolin 6（47）、Dihydromonacolin-MV（48）和 Dehydromonacolin-MV2（49）被陆续从不同株系中被分离出来。其中 3α-hydroxy-3，5-dihydromonacolin L（42）没有共轭双键的紫外吸收，而且很不稳定并较容易转换成 Monacolin L（38）；Dihydromonacolin-MV（48）有较强的 DPPH 自由基清除活性、脂质过氧化抑制活性和超氧化物自由基清除活性。

Monacolins 类化合物的结构见图 4-2。

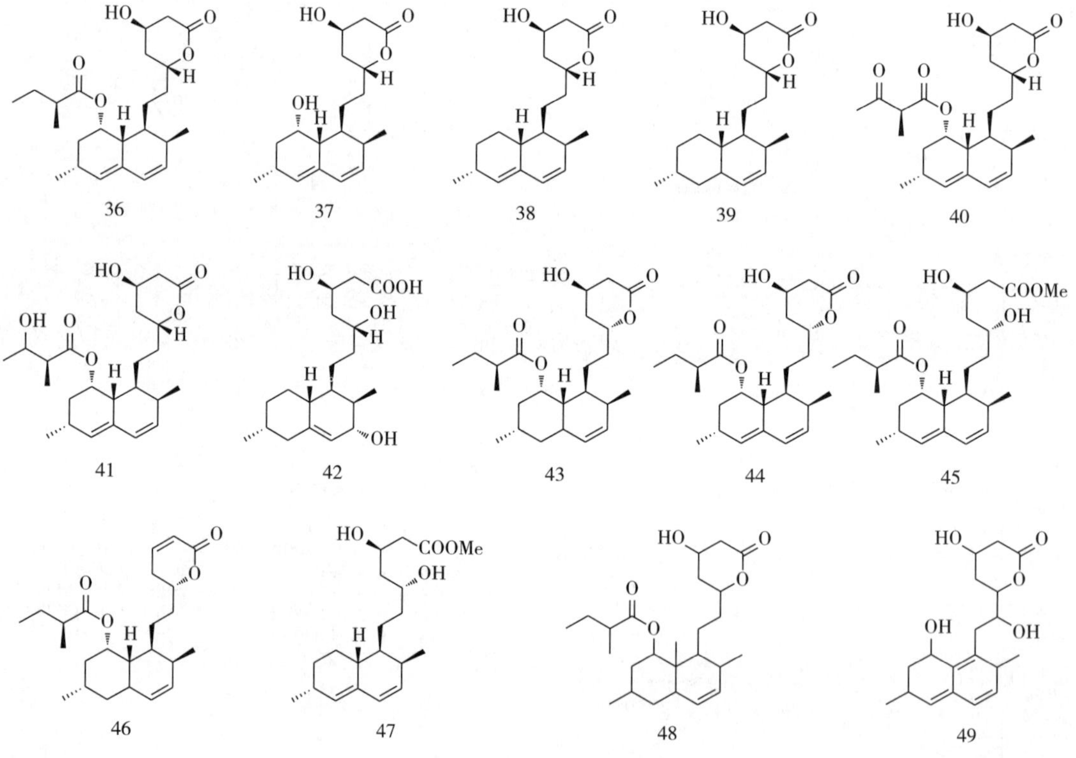

图 4-2　Monacolins 类化合物的结构

三、其他代谢物

（1）Ankalactone　从安卡红曲霉的培养液中分离到的α，β-不饱和γ-内酯结构的化合物 Ankalactone（50），对大肠杆菌和枯草杆菌的生长有抑制作用，但比红曲色素 Monascorubrin 和 Rubropunctatin 的抗菌作用稍显微弱。

（2）γ-氨基丁酸和氯化乙酰胆碱　在丛毛红曲霉 IFO 4520 发酵米中发现了 2 个具有降压作用的化合物γ-氨基丁酸和氯化乙酰胆碱。

（3）Dimerumic Acid　从安卡红曲霉发酵米中分离得到 Dimerumic Acid（51）具有较强的 DPPH 自由基清除活性，对小鼠四氯化碳诱发的肝损伤具有抗氧化及肝保护作用，对 NADPH 氧化酶介导的脂质过氧化及二价铁介导的脂质过氧化也有抑制作用。

（4）Monascodilone 和 Monascopyridines　从紫色红曲霉 DSM1379 发酵的红曲米中分离了 Monascodilone（52）、Monascopyridine A（53）和 Monascopyridine B（54）。

从紫色红曲霉 DSM1603 发酵的红曲米中分离得到了 2 个有细胞毒性的化合物 Monascopyridine C（55）和 Monascopyridine D（56）。

（5）（+）/（-）-Monascumic Acids 和 Monasfluores　从丛毛红曲霉 IFO 4520 发酵的红曲米中分离得到了 2 种对映异构体氮杂环丁烷型氨基酸，分别为（+）-Monascumic Acid（57）和（-）-Monascumic Acid（58）。（-）-Monascumic Acid 对 12-邻十四烷酰大戟二萜醇-13-乙酸酯（TPA）诱导的炎症和 Epstein-Barr 病毒早期抗原（EBV-EA）均有抑制作用，但（+）-Monascumic Acid 只对 EBV-EA 有抑制作用。

从 Monascus AS3.4444 发酵红曲米的乙醇提取物中分离出 2 个具蓝色荧光的化合物 Monasfluore A（59）和 Monasfluore B（60）。

（6）Monaspilosin、Monaspiloindole 和 Monaspy-ranoindole　从 Monascus pilosus BCRC 38072 的菌丝体中分离到 Monaspilosin（61）、Monaspiloindole（62）、Monaspyranoindole（63）及一些已知化合物对羟基苯甲酸、5-羟甲基糠醛、对羟基苯甲酸甲酯、（Z）-pulchellalactam、（4R，5S）-5-hydroxyhexan-4-olide、反式咖啡酸、麦角固醇、β-谷甾醇、豆甾醇、β-谷甾基硬脂酸酯、亚油酸、环（脯氨酸-酪氨酸）。其中，Monaspilosin、对羟基苯甲酸及反式咖啡酸具有较好的 DPPH 自由基清除活性。

（7）Decalin 衍生物及 Monapurones　从红曲米的醋酸乙酯提取部分分离得到 2 个 Decalin 衍生物 Monascusic Acid A（64）和化合物 2（未命名，65）；从红曲的石油醚部分，通过活性跟踪分离方法，分离出 3 个新化合物 MonapuronesA~C（66~68），对人肺腺癌细胞 A549 有较高的细胞毒性。

（8）Peroxymonascuspyrone 及萜类化合物　从诱变株紫色红曲霉发酵的红曲米 95%乙醇提取物正丁醇部分，分离得到了一个新化合物 Peroxymonascuspyrone（69）和 7 个已知化合物 3-表桦木酸、3-表桦木酸乙酸酯、无羁萜、斯巴醇、α-tocospiro A、α-杜松醇及 anticopalol。

从 Monascus pilosus BCRC 38072 发酵的红曲米正丁醇提取部分分离得到了一个新倍

半萜化合物 Monaspilosuslin（70）及 5 个已知化合物 3β-羟基多孔甾-5 烯-7-酮、β-扶桑甾醇、N-反式阿魏酰酪胺、香草酸及 α-生育醌。

（9）橘青霉素　橘青霉素（Citrinin，71）为红曲霉产生的真菌毒素，为酸性柠檬黄晶体，熔点为 172℃，在甲醇溶液中的紫外最大吸收波长为 250nm 和 333nm。橘青霉素难溶于水（橘青霉素的钠盐易溶于水），而易溶于甲醇、乙腈、乙醇及其他大部分极性有机溶剂。

橘青霉素具有肾毒性，可引起实验动物的肾脏肿大、尿量增多、肾小管扩张和上皮细胞变性坏死等；还可以诱发肿瘤，致畸、突变，小鼠口服半数致死量为 110mg/kg。橘青霉素的不良反应严重制约了红曲的广泛应用，已成为红曲产品走向国际的最大障碍。在国外，橘青霉素已作为相关食品污染程度的重要指标。红曲产品中的橘青霉素问题已经引起相关行业的普遍重视。橘青霉素的检测可以采用液相或气相色谱-质谱联用法、高效液相色谱法、薄层色谱法、酶联免疫法、高效毛细管电泳法和抑菌圈法等。红曲中色素量高，而橘青霉素量偏低是准确检测橘青霉素的主要不利因素。所以建立一种简便、快速、灵敏度高的橘青霉素检测方法极为重要。

为了控制红曲产品中的橘青霉素，国内外学者已从诱变、筛选、改造菌株，改良生产工艺、优化发酵条件及物理、化学法去除橘青霉素等方面进行了大量的工作。从工业化生产的可操作性来看，选育不产橘青霉素的优良菌株从源头上杜绝橘青霉素显得更为重要。其他代谢产物的结构见图 4-3。

四、红曲霉主要代谢产物的生产调控

红曲霉是我国重要的微生物资源，能产生广泛的具有生物活性的天然产物，应用于诸多领域。目前，调控红曲代谢产物主要是通过选育菌种、优化培养基和发酵条件及物理场辅助发酵的方法来实现，前两种方法目前研究较多。菌种选育主要通过紫外诱变、离子束诱变、^{60}Co 辐照、等离子辐照等物理化学诱变手段，这些育种方法都具有的方向性差、周期长等缺点。优化发酵条件方法则主要研究碳源、氮源、脂肪酸、温度、通气状况等培养条件的影响，通过这一方法提高红曲霉代谢产物产量的效果很有限。物理场辅助发酵法研究刚刚起步，这种方法可以通过人为控制辅助条件找到对微生物作用最优的条件，具有选择性好、周期短、应用潜力大的特点。因此，有望成为调控红曲霉代谢的一项重要的手段。

1. 菌株选育法

紫外线及其复合诱变紫外线诱变是红曲霉育种常见的方法，同时也采用紫外线与其他物理诱变和化学诱变结合的复合诱变方法。红曲霉经紫外线诱变处理后，再经过复筛获得突变株，突变株经连续数次传代，最后得到具有稳定遗传性的高产不同代谢产物的菌株。有研究者以此方法获得了高产红色素菌株和高产多糖菌株。为了选育到对红曲霉多种代谢产物同时有效的菌株，有研究者采用紫外线和氯化锂以及紫外线与

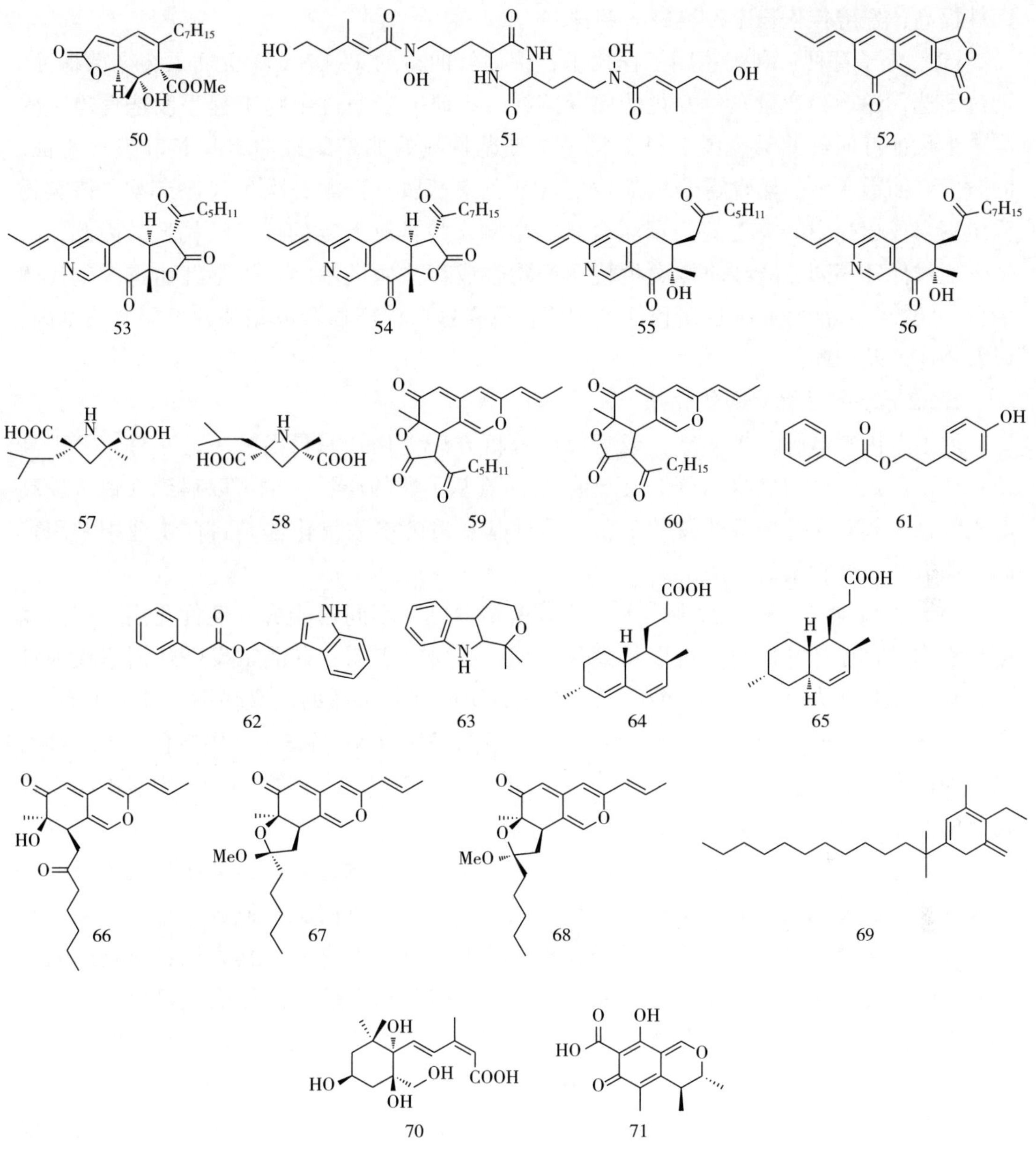

图 4-3　其他代谢产物的化学结构

超声波、微波等结合的复合诱变法，选育出了色素代谢比较稳定，橘青霉素含量有明显降低的菌株，以及高醋化力和低产橘青霉素菌株。

（1）辐射、激光和离子束育种　辐射也是一种传统育种方法。有人利用^{60}Co辐射对原本具有橘青霉素生产能力的红曲霉进行诱变，筛选得到不产橘青霉素的菌株。随着物理技术在生物育种的应用，激光和离子束诱变也应用到红曲霉的育种中。有人采用 He-Ne 激光诱变红曲霉原生质体，获得 1 株洛伐他汀产量约是出发菌株的 4.1 倍的突变株；另外也有运用离子束注入对紫色红曲菌，获得 1 株红色素和黄色素相比于原菌株提高，发酵传代稳定性良好的菌株。

（2）分子育种　利用基因工程技术，构建红曲霉的 T-DNA 随机插入突变菌株库，通过筛选代谢产物产量发生变化的突变菌株。有研究者通过生物工程手段选育出 1 株高产洛伐他汀的红曲霉突变菌株，且该突变菌株具有典型的红曲霉生长和发酵特征。同时，红曲霉产生的橘青霉素、洛伐他汀和色素都属于聚酮类次生代谢产物，该类物质生物合成途径中的关键酶为聚酮合酶。聚酮合酶具有一定的保守结构域。因此，有学者通过保守序列克隆红曲霉次生代谢产物合成相关酶类基因，探寻红曲霉次生代谢的分子调控。目前有人报道洛伐他汀和橘青霉素这两种产物合成相关的聚酮合酶基因，以及相应的基因簇。

2. 培养基和发酵参数优化法

通过单因素试验、正交试验或响应面分析方法优化红曲霉发酵工艺条件，可提高洛伐他汀产量、红曲色素总色价及产量和 γ-氨基丁酸的产量，也可以得到在色价较高时橘青霉素相对含量最低的发酵工艺。培养基和发酵参数优化法是目前工业中常用提高红曲霉代谢产物量的方法。

（1）洛伐他汀　在以大米作为主要发酵培养基，不同营养成分经优化后，红曲发酵过程中洛伐他汀的代谢量可以得到较高值。有研究表明，红曲霉发酵代谢洛伐他汀时，碳源以甘油为最好，葡萄糖次之。有机氮源能促进菌体的次级代谢，其中牛肉膏、蛋白胨作用优于酵母膏。无机氮源中 $NaNO_3$ 效果好于 $(NH_4)_2SO_4$。碳氮比为 5.33 时，洛伐他汀产量最高。向培养基中加入 0.5%的乙醇或加入 5g/L 的 NH_4Cl 均能提高洛伐他汀的产量。

（2）色素　以玉米粉作为碳源的产红色价最高，色调也最红，其次是大米粉。有机氮源明显比无机氮源更利于菌体生长与色素的分泌，蛋白胨作氮源时色价最高，其次为大豆和味精，它们对红曲色素合成酶系的形成有较大影响，其添加量影响红曲产色素的能力，在较低的环境下易生成黄色素。在培养基中适量添加醋酸可以在色价小幅下降的情况下改善产品的色调。酵母滤液可以促进红曲红色素增产，其水溶性红色素产量最高。在红曲霉培养液中加入 60g/L 的植物油，红色色价比对照组高出 73%。

（3）橘青霉素　向培养基中加入 0.5%乙醇或加入甲硫氨酸和 5g/L 的尿素均可以降低橘青霉素的产量。辛酸和月桂酸等可抑制橘青霉素的产量，而玉米油能提高橘青霉素的产量。含氮源的培养基会强化橘青霉素的生产。

3. 物理场辅助发酵法

超声波处理可以使红曲霉菌丝体分散，发酵液黏度降低，物质混合均匀，有利于氧气及营养物质的传递，进而有利于菌体的代谢和产物量的提高。

红色单色光对平板培养的红曲霉菌落形态有明显影响；在液态发酵时，红光在发酵初期可促进红曲霉的生长并促进其提前进入色素合成期；红光培养与黑暗培养对照相比，其发酵液、菌丝及单位菌丝中产生的色素都有明显提高，并在一定程度上降低了橘青霉素的产量。另外，红光稳定且持续地刺激红曲霉生产红色素，而蓝光抑制其生产。

较强的磁场通常会抑制微生物生长，而弱磁场对微生物生长有促进作用，不同种类微生物磁效应的结果亦不同。磁场处理可以改变乳酸菌的代谢途径，增强或抑制乳酸链球菌素的生产。

五、红曲霉在酿酒工业中的应用

红曲霉是自然界中广泛存在的一类丝状腐生真菌，是我国重要的传统酿酒微生物，在酿酒，食醋、酱油、天然食用色素及医药等制造方面都有重要应用价值。近年来，我国酿酒企业通过自主创新来提高酒的品质及功能性，既丰富了酒类产品文化内涵，又满足了消费者对传统酒类营养保健功能逐渐增长的旺盛需求。如何将传统与创新结合，最大程度发挥红曲霉在酿酒工业中的作用已成为当前行业研究热点。这里主要介绍了红曲霉在白酒、黄酒、保健酒中的功能与应用。

1. 红曲霉在白酒中的应用

红曲霉可代谢产生对白酒酿造至关重要的糖化酶、酯化酶等酶，若在酿酒中加入适当比例红曲霉，不仅能提高对物料的利用率和糖化时间，还能根据特定的发酵条件，控制发酵过程中所需酯类的合成，进而获得具有独特口感、香味的酒。

糖化酶是一种具有外切酶活性的胞外酶，能将淀粉转化为葡萄糖，在白酒酿造中起着重要作用，它为白酒中微生物的生长及其代谢产物的产生提供物质基础。酯化酶能够促进基酒中各种生香酯类物质的合成，直接影响到酒的风味口感及营养价值。浓香型白酒发酵过程中添加红曲霉，其代谢产生的酯化酶能较强地促进已酸乙酯的合成，进而改善酒的风味、质量；清香型白酒发酵过程中添加红曲霉，对提高乙酸乙酯含量、增香提质效果明显。将酯化酶粗酶制剂应用于浓香型大曲酒的酿造，曲量用量可降低 5%，出酒率及优品率均提高约 5%，已酸乙酯与乳酸乙酯的比例提高约 1%；在红曲霉固态发酵产酯化酶过程中，添加乳酸与乙醇可明显提高红曲霉酯化力。目前白酒酿造中多用红曲霉制成的强化大曲或粗酶制剂来提高酯类的合成，但仍存在活性较低、不稳定、效果不明显等问题，可借助工程技术提纯酯化酶，制成稳定性高的酶制剂；还可通过基因工程、诱变育种等技术整合或筛选、诱变出高产酯化酶和糖化酶的红曲霉菌种，以提高白酒产率、品质及改善白酒风味。此外，通过添加外源物质，如葡萄糖、乳酸、乙醇及新鲜酵母培养物等，也能提高红曲霉产酶能力。

红曲霉是白酒酿造中的重要微生物，但其在白酒中的开发利用程度还远远不够。多数企业还需要加强对红曲白酒的开发意识和产品创新理念，但也有少数企业创造性地将传统酿造工艺与红曲完美结合，酿造出了高端酱香红曲白酒，不仅传承弘扬了国酒文化，还力将“红色传奇”推向国内外市场。但目前针对白酒中红曲霉的遗传背景及其重要基因的本质、功能、变化等相关报道很少，如何成熟运用分子生物学方法深入解析红曲霉的物质代谢及分子结构与功能，对其进行基因敲除、定向改造，以获得安全、高产的功能红曲菌株并成功应用于白酒酿造，还需探索。

2. 红曲霉在黄酒中的应用

黄酒源于我国，与葡萄酒、啤酒并称为世界三大古酒。黄酒是在谷物和水中添加酒曲后经糖化发酵酿制成的风味独特、特色鲜明的发酵产物，它含有丰富的氨基酸、活性肽和蛋白质等活性物质，而红曲霉作为一种高效糖化发酵剂，其发酵过程中能产生红曲色素、γ-氨基丁酸（GABA）和 Monacolin K 等多种功能物质，故被广泛用于黄酒酿造。

将红曲色素勾兑在酒中，可以赋予酒类独特的色泽，还可延长酒的保质期；福建老红酒、义乌丹溪红曲酒、金华寿生酒和台湾红露酒，均在发酵过程中加入了红曲，酒体颜色鲜艳、香味浓郁，且保质期长；红曲霉发酵产物可以增香着色，在熟制糯米中接种 20%红曲霉，在 35℃发酵 120h，可酿造出酒体协调、色泽红亮、口感香醇的甜米酒。以液态红曲替代固态红曲酿造红曲黄酒，可提高酒样色值中的 a 值，酒体颜色更红，且理化及感官指标基本符合清爽型干黄酒的国标要求。红曲霉还能够提高黄酒的营养价值，例如，红曲发酵的黄酒中的 Monacolin K 能竞争性抑制 HMG-CoA 还原酶活性，阻碍胆固醇合成，起到预防多种心脑血管疾病的功效，因而由红曲霉酿制的黄酒是降血脂的健康饮品，国内外目前在提高 Monacolin K 的产量方面取得了一些进展，但针对其在黄酒等酒类中的研究应用相对较少。

红曲霉在黄酒发酵过程中发挥着重要作用，而发酵期间伴有多种微生物共同发酵，这些微生物之间是否存在协同或拮抗作用；黄酒中红曲霉代谢产生的功能成分的形成和变化规律以及这些功能成分之间的关系和规律；黄酒加工工艺等方面都需要做更深入的研究，继而为黄酒的品质提高及功能开发提供理论参考。

3. 红曲霉在保健酒中的开发应用

保健酒在酿制过程中添加了中药材或其他营养成分，它是药酒的分支，却不以治疗为目的，它含有的不同功效成分，使其具有抗疲劳、抗衰老、健脾胃和提神醒脑等保健功能，红曲霉因具有较强的糖化力和药食同源性，不仅为酒液增色增香，其代谢活性成分也有调节机能，滋补养生等功效，被广泛用于生产红曲保健酒。

目前关于红曲霉在保健酒中的应用研究，大多是从已知的生理活性产物入手，忽略了未知功能物质的挖掘，若采用传统的分离纯化手段研究纯菌，同时利用蛋白组学和代谢组学等方法研究纯种红曲霉的代谢特性，可能会发现红曲霉更多独特的功能性代谢成分；其次，酿造保健酒所用原料的产地、品种不同，造成酒的质量参差不齐，为提高保健酒的质量及品质稳定性，必须对原料的来源和质量进行严格控制；此外，保健酒的酿造工艺也需要得到持续改进与提升，出酒率和有效成分含量提高的同时，生产成本也能降低，以此深入推进我国保健酒产业优质高效发展。

第二节　丙酸杆菌

丙酸杆菌对健康的有益作用近年来才被人们注意。丙酸杆菌具有耐酸和胆盐的能力。其中，费氏丙酸杆菌具有和乳酸菌类似的黏附于肠道上皮细胞的能力，而且丙酸杆菌特殊的代谢类型还合成了许多独特的代谢产物，如丙酸、细菌素及 B 族维生素等，因而其作为一个具有潜力的益生菌越来越受到人们的关注。

一、丙酸杆菌分类学特征和分布

丙酸杆菌是一类革兰氏阳性菌，不形成芽孢，不运动。过氧化氢酶阳性，都含有血红素酶，如细胞色素和过氧化氢酶。通常是多形态的，类白喉菌或棒状，一端圆钝而另一端渐细或变尖，着色不深。有些培养物的细胞可能是球形的、延长的、叉形的甚至是分枝的。细菌通常排列成单个、成对或 V 字和 Y 字形状，短链或丛生排列。化能异氧，厌氧到耐氧，在 30~37℃和 pH 接近 7 时生长最快。

丙酸杆菌包括两大类群：皮肤丙酸杆菌和乳丙酸杆菌，又称经典丙酸杆菌。前者来源于人的皮肤，是人皮肤的正常菌群，人、鸡和猪等脊椎动物的粪便中也有该菌存在，它是条件致病菌，和人的某些皮肤感染有关，主要包括痤疮丙酸杆菌、贪婪丙酸杆菌、颗粒丙酸杆菌和嗜淋巴丙酸杆菌等。后者从土壤、蔬菜、乳品及青贮饲料中分离得到，由于其无致病性，广泛用于发酵工业，主要用来生产瑞士干酪和生物法生产丙酸及维生素 B_{12}。乳丙酸杆菌包括产丙酸丙酸杆菌、特氏丙酸杆菌、詹氏丙酸杆菌和费氏丙酸杆菌等。

二、丙酸杆菌有益作用

（1）丙酸产生和乳酸利用　丙酸是一种重要的有机酸，消化道内高水平丙酸有益于肠道完整性。在肠道中丙酸杆菌能利用乳酸菌和双歧杆菌生成的乳酸转化为丙酸，起到有益作用。同时丙酸及其盐类对霉菌和细菌有灭杀作用。

（2）对双歧杆菌生长的刺激作用　费氏丙酸杆菌 7025 能产生一种双歧杆菌生长刺激因子（BGS），它存在于丙酸杆菌的无细胞滤液中，这种刺激因子有水溶性，相对分子质量小于 3000，对热、pH 和蛋白酶有一定耐受性。丙酸杆菌能产生刺激因子之一是 2-氨基-3-羧基-1,4-萘醌。不是所有的双歧杆菌都被丙酸杆菌培养物刺激，有的被抑制生长，因此推测 BGS 具有特异性。

（3）细菌素的产生　细菌素是筛选益生菌的一个重要因素，它可抑制其他微生物生长，使其自身在肠道中处于优势地位。乳品丙酸杆菌能合成一种特殊的多肽或蛋白——丙酸杆菌素。丙酸杆菌素可抑制多种细菌和真菌生长，从而起到预防疾病的目的。目前研究的丙酸杆菌素主要有 6 种，分别是丙酸杆菌素 PLG-1、T1、SM1、JenseniinG、PAMP 和 Microgard，它们的特性如表 4-1 所示。

表 4-1　　乳品丙酸杆菌素性质比较

名称	PLG-1	T1	SM1	JenseniinG	Microgard	PAMP
产生菌株	*P. thcenii*	*P. thcenii*	*P. Jensenii*	*P. Jensenii*	*P. freudenreichii*	*P. Jensenii*
相对分子质量	9327.7	7130.2	—	—	—	6383
带电荷	中性和疏水性	碱性	—	—	—	带电荷
热稳定性	不稳定	稳定	—	稳定	—	—
抑制作用	其他丙酸杆菌、一些霉菌和酵母	—	真菌	其他丙酸杆菌和乳酸菌	革兰氏阴性菌、酵母和霉菌	几种丙酸杆菌和乳酸菌

（4）免疫调节　注射和口服丙酸杆菌可有效刺激机体免疫反应。目前已有许多把丙酸杆菌作为免疫刺激因子治疗疾病的研究。

（5）产生维生素　丙酸杆菌特殊的代谢可产生维生素 B_{12}、叶酸和生物素。维生素是作为辅酶或辅助因子参与机体代谢过程，是机体物质代谢和细胞增殖不可缺少的物质。维生素 B_{12} 是一种重要的饲料添加剂，它对上皮细胞的正常更新和红细胞的新生及成熟都有重要作用，同时还是生物合成核酸和蛋白所必需的物质。叶酸也是一种重要的辅助因子，参与多种代谢反应，包括 DNA 和 RNA 的生物合成。生物素参与碳水化合物、脂类和蛋白质的代谢，还与溶菌酶活化和皮脂腺的功能有关。

第三节　明串珠菌

明串珠菌（*Leuconostoc genus*）属于厚壁菌门（Firmicutes）、芽孢杆菌纲（Bacilli）、乳杆菌目（Lactobacillales）、明串珠菌科（Leuconostocaceae）。最早明串珠菌属内包括 13 个种，近年来人们基于进化关系，利用分子生物学方法（16*S* rRNA 序列、23*S* rRNA 序列和 *rpoC* 基因）将 *Leuconostoc genus* 重新划分为明串珠菌属（*Leuconostoc*）、魏斯氏菌属（*Weissella*）和酒球菌属（*Oenococcus*）。其中，新的明串珠菌属包括 8 个种，分别为肠膜明串珠菌（*Leuconostoc mesenteroides*）、假肠膜明串珠菌（*Leuconostoc pseudomesenteroides*）、柠檬色明串珠菌（*Leuconostoc citreum*）、冷生明串珠菌（*Leuconostoc gelidum*）、肉色明串珠菌（*Leuconostoc carnosum*）、谲诈明串珠菌（*Leuconostoc fallax*）、乳明串珠菌

（*Leuconostoc lactis*）和阿根廷明串珠菌（*Leuconostoc argentinum*）。其中模式种为 *Leu. mesenteroides*，包括3个亚种：肠膜明串珠菌肠膜亚种（*Leuconostoc mesenteroides* subsp. *mesenteroides*）、肠膜明串珠菌乳脂亚种（*Leuconostoc mesenteroides* subsp. *cremoris*）和肠膜明串珠菌右旋葡聚糖亚种（*Leuconostoc mesenteroides* subsp. *dextranicum*）。

一、明串珠菌分离筛选

明串珠菌的生存环境十分广泛，植物表面和根部较为常见，是韩国泡菜、中国酸菜、墨西哥干酪等发酵食品中的优势菌群，利用纯培养法可对明串珠菌进行分离。早在1964年就有学者通过向培养基中添加乳清和不溶性柠檬酸钙来筛选乳中的明串珠菌。自此之后，众多学者对明串珠菌选择性培养基展开多年探索，尝试使用HP培养基、LMM培养基、LUSM培养基等，但直至目前，仍未探索出一种十分精准的明串珠菌选择性培养基，现今多数研究普遍采用添加20g/L $CaCO_3$ 的MRS培养基配合使用含30μg/mL万古霉素的MRS培养基对明串珠菌进行分离筛选。

对于明串珠菌的鉴定，除了传统的生理生化指标外，目前多数研究更倾向于利用快速、准确的分子生物学手段，如G+C含量测定、同源性比较、系统发育分析等。例如，依靠随机扩增多态性DNA分析技术确定DNA引物，来鉴定肠膜明串珠菌肠膜亚种。近年来，国内学者相继自乳样、土壤、蔬菜发酵食品、临床标本及肠道粪便等中分离出明串珠菌细菌。国外学者也从肉类、泡菜、乳样、活性淤泥、热带水果、龙舌兰酒等中分离出明串珠菌属细菌。

二、明串珠菌特性

1. 生物学特性

明串珠菌是一种G+C含量低于50%的革兰氏阳性异型发酵乳酸菌，菌落形态为直径小于1.0mm、灰白色、圆形、光滑湿润、中心凸起但边缘整齐、透明度较低，其大小为（0.5~0.7）μm×（0.7~1.2）μm，在电镜下通常为椭圆形或球形，以成对或短链形态排列，极少为长链。明串珠菌在20~30℃时生长繁殖最为旺盛，最适pH为6.5，不产生吲哚、细胞色素，不溶血，不还原硝酸盐。明串珠菌属于化能有机营养型菌株，在兼性厌氧环境中生长情况最佳，即0.05g/100mL半胱氨酸-盐酸盐、19.8% CO_2、11.4% H_2 和 N_2。其生长要求培养基内包含复杂的生长素和氨基酸，属内所有种的生长均离不开烟酸、硫胺素、泛酸、生物素，但均不需要钴胺素和对氨基苯甲酸。明串珠菌能够以碳水化合物为发酵底物来维持生长，同时伴随产生D-乳酸、乙酸、细菌素、胞外多糖、甘露醇、双乙酰等代谢产物，而明串珠菌的这些特性使其在医药卫生、食品保健等领域的发展拥有广阔前景。

2. 抑菌特性

明串珠菌属的某些细菌对常见致病菌有较明显的拮抗作用，是由于明串珠菌能够利用蔗糖代谢产生多种有机酸、过氧化氢、细菌素，从而抑制某些乳酸菌的生长。1990年，哈丁（Harding）等从肉中分离出1株对单核细胞增生性李斯特菌有较强抑制作用的明串珠菌。1992年，赫卡德（Hechard）等从山羊乳中筛选出1株同样对单核细胞增生性李斯特菌有很强抑制作用的肠膜明串珠菌。崔虎山等将从发酵食品中分离出的2株抑菌性明串珠菌于121℃处理20min，或将其置于pH 3.0~10.0的环境中时，菌株均具有抑菌活性。帕特里夏（Patricia）等从酿酒中分离出29株肠膜明串珠菌，所有菌株对大肠杆菌和金黄色葡萄球菌（*Staphylococcus aureus*）等潜在致病菌均具有抑制作用，因此肠膜明串珠菌能够降低消费者的饮食风险，同时也能够减少酿造业因啤酒中的有害细菌而遭受的经济损失。

明串珠菌细菌素现存的缺点限制了其在各领域的广泛应用，一方面明串珠菌细菌素的抑菌谱较窄，另一方面明串珠菌细菌素处于碱性环境中会失去活性。

3. 产甘露醇特性

甘露醇是一种低热量的糖，可以替代食品中的蔗糖、乳糖、葡萄糖或果糖，它是独立于胰岛素代谢的，也可用于预防糖尿病食品中，具有一定的保健性。自然界中很多微生物均能合成甘露醇，如细菌、酵母菌和霉菌等，然而明串珠菌发酵生产甘露醇有着其自身的优势。首先，利用明串珠菌进行发酵，甘露醇为主要产物，且安全易纯化，条件易达到，转化率较高。其次，明串珠菌能利用较廉价的碳源合成甘露醇，相较于乳杆菌来说，实现大规模工业化生产的潜力更大。因此，对于明串珠菌产甘露醇的生产工艺进行技术创新、技术开发，使其应用有着广阔的前景。

4. 产双乙酰特性

双乙酰是一种良好的风味物质，明串珠菌经柠檬酸代谢可生成双乙酰和CO_2等。双乙酰风味阈值偏低，当其质量浓度较低（1.5~5.0μg/mL）时就能够赋予食品浓郁的风味。在明串珠菌发酵过程中，双乙酰的产量还受到多种因素的制约，一方面双乙酰还原酶的活性较低将直接影响双乙酰产量，另一方面，柠檬酸利用完全后，其代谢产生的双乙酰会出现高降解，因此改变发酵条件有助于提高明串珠菌发酵液中双乙酰的含量，比如增加通氧时间、发酵前期添加柠檬酸等。

5. 有益性

明串珠菌并不能够在肠道系统内定植，而且其借助细胞的微生物活动对宿主发挥的积极影响也非常有限，但是当人体摄入的明串珠菌细胞达到相对较高的数量时，其对健康有益效果便能够充分体现。

目前，明串珠菌还未作为益生菌大量应用于食品生产，关于其潜在益生作用的报道也还较少。其中一个关键问题是低酸环境会很大地抑制明串珠菌的生长，若明串珠菌在低酸条件时仍能够达到较高活菌数，被摄入机体后将能更好地发挥益生作用。可以从耐酸性良好的明串珠菌中尝试筛选具有良好益生特性的菌株。

三、明串珠菌应用

明串珠菌属内的肠膜明串珠菌乳脂亚种是发酵生产中一种优良的风味剂，可以通过发酵柠檬酸产生具有特殊气味的物质，已被添加于多种传统发酵乳制品，例如干酪（白软干酪、奶油干酪、羊干酪、高田干酪、伊达干酪、哈瓦提干酪、夸克干酪和蓝脉干酪）、成熟（乳酸）黄油、酪乳、酸奶油和斯堪的纳维亚发酵乳。

乳制品发酵剂（如乳球菌和乳酸杆菌）中产生的乙醛是干酪、奶油和发酵乳中的主要风味物质，过量的乙醛会导致乳制品中青苹果样味道缺失。明串珠菌可以将乙醛作为电子受体，将其还原为乙醇或者将其氧化成乙酸，从而改善产品风味。乳脂亚种和右旋葡聚糖亚种肠膜明串珠菌可作为生产酸乳的辅料，修饰乙醛味道，产生双乙酰风味。由明串珠菌 EPS 产生的乙酸、乙醇和 CO_2 也有助于提升产品的整体风味和特性。明串珠菌的代谢产物不仅有利于发酵乳制品风味的形成，还能够影响发酵乳制品的组织状态和贮藏期，明串珠菌作为发酵剂菌种或非发酵剂乳酸菌应用到发酵乳制品中将会在很大程度上提高产品的感官质量或功能性。

第四节　凝结魏茨曼氏菌

20 世纪 30 年代，著名细菌学家霍洛威茨・瓦尔沙文和诺沃泰罗经多次鉴定分析，将凝结魏茨曼氏菌归入乳酸菌家族。在《伯杰氏系统细菌学手册（第八版）》中，取消嗜热乳杆菌，将产芽孢的嗜热乳杆菌做不同处理，对接触酶阴性菌株设为产芽孢乳杆菌属，将接触酶阳性菌株作为凝结魏茨曼氏菌并入芽孢杆菌属。凝结魏茨曼氏菌一般被认为是安全的微生物种类。

一、凝结魏茨曼氏菌性状及特点

凝结魏茨曼氏菌，兼性厌氧，属革兰氏阳性菌。最适生长温度为 45～50℃，最适 pH 为 6.6～7.0，为同型乳酸发酵菌，可将糖类分解成 L-乳酸，能形成稳定性好易贮存的芽孢，菌株本身可合成多种氨基酸，又可产生蛋白酶，对蛋白质的消化吸收代谢有促进作用，此外，凝结魏茨曼氏菌还耐盐，在 10～80g/L NaCl 溶液中，凝结魏茨曼氏菌均可存活超过 4 周；耐酸，pH<4.0 时，其抗逆性会降低，但即使在 pH2.42 的酸性溶液中，存放 1 年后，其活菌数仍达 10^5 CFU/mL；耐高热，其芽孢在沸水中保存 30min 也不会死亡；芽孢萌发速度快，可在肠道内快速生长为营养体，定植性较强，有助于营造肠道乳酸菌繁殖所需的厌氧环境；有杀菌活性，能产生凝结素，对多种致病菌

如粪肠球菌、沙门氏菌、创伤弧菌和绿脓杆菌等都具有杀菌活性。

二、凝结魏茨曼氏菌筛选及发酵

1. 凝结魏茨曼氏菌的筛选

（1）平板初筛　从健康畜禽肠道内容物和虾塘淤泥等采集凝结魏茨曼氏菌，将样品接入改良的 MRS 培养基中，37℃静置培养富集，后转入乳酸菌培养基平板，37℃恒温培养 24h，挑取具有溶钙圈的单菌落，反复划线分离，获得纯菌株。

（2）生理生化鉴定　可参照《常见细菌系统鉴定手册》和《微生物学实验教程》进行形态学和生化特征的初步鉴别。目前，分子生物学鉴定主要包括染色体 DNA 的提取、菌株 16*S* rDNA 的扩增克隆、序列测定及基于局部比对算法的搜索工具（BLAST）比对等步骤。

（3）菌株产酸能力测定方法　EDTA 螯合 Ca^{2+} 测定乳酸的原理与总酸度的测定原理基本相同，为满足快速筛选的要求，可在培养 48h 后，用 pH 计直接测定培养基中 pH，表示菌株产酸能力的强弱。

（4）胆盐耐受及低 pH 耐受鉴定　取几支装有 10mL 乳酸菌增殖培养基的液体试管，分别加入终质量分数 0.03g/L 的牛胆盐，接入 10g/L 的初筛菌种，37℃恒温培养 24h，以不添加胆盐的试管作对照，于 600nm 波长处检测吸光度。

配制不同 pH 的牛肉膏蛋白胨培养基，pH 分别为 2.0，2.5，3.0，3.5，4.0，4.5，5.0，5.5 和 6.0。分别将耐胆盐筛选得到的菌株接种到不同液体培养基中，找出各芽孢杆菌在培养基中生长的最低 pH，达到选择 pH 耐受性最强菌株的目的。

2. 凝结魏茨曼氏菌的发酵

研发低成本、高活菌数和产孢率高的凝结魏茨曼氏菌发酵工艺技术是产业化的关键。

凝结魏茨曼氏菌可通过液体发酵获得，活菌数可达 10^{9} ~ 10^{10}CFU/mL，但芽孢形成率不高。对凝结魏茨曼氏菌发酵过程进行优化，活菌数量达 3.9×10^{9}CFU/mL。就目前的研究现状来说，芽孢的纯化技术难度较大。针对液体发酵高密度培养效果不理想的问题，主要是因为凝结魏茨曼氏菌经同型发酵后生成大量乳酸，在发酵液中不断积累，造成 pH 下降，抑制菌体生长，从而提出解决途径：应用过滤技术，降低乳酸含量，为菌体生长创造有利条件。

三、凝结魏茨曼氏菌作用机制及生物学功能

1. 凝结魏茨曼氏菌的作用机制

凝结魏茨曼氏菌产品一般采用口服方式，当其过十二指肠后，芽孢体萌发成营养

细胞，开始快速生长繁殖，约30min就可繁殖1世代。凝结魏茨曼氏菌在肠道内分泌乳酸，营造酸性环境，适宜有益菌生长，调节肠道菌群平衡；还能分泌淀粉酶和蛋白酶等酶类，促进机体对营养物质的消化和吸收；可产生B族维生素、氨基酸和短链脂肪酸等物质，补充宿主自身所需的某些营养物质，并能加快小肠蠕动速度，改善肠道消化功能。凝结魏茨曼氏菌在肠道内定居后，可产生大量凝固素和L-乳酸等抑制有害菌物质，对大肠埃希氏菌、沙门氏菌、志贺氏菌、变形杆菌、长球菌、明串珠球菌、李斯特菌和小球菌等都有抑制作用，促进宿主健康生长。

2. 凝结魏茨曼氏菌的生物学功能

（1）促进机体对营养物质的消化吸收　凝结魏茨曼氏菌可以通过3种方式促进机体对营养物质的吸收利用。一是促进产生多种消化酶，如蛋白酶、脂肪酶、淀粉酶、木聚糖酶、β-半乳糖苷酶及乳酸脱氢酶等有助于提高胃肠道对食物消化，降解难以被宿主消化的复杂碳水化合物，例如果胶、葡聚糖、乳糖、纤维素和木聚糖等；二是在肠道内生长、繁殖和定植后，其自身能直接产生多种营养物质供机体吸收利用，如氨基酸、维生素、短链脂肪酸和促生长因子等，它们同其他益生菌协同作用促进小肠蠕动，改善肠道功能，从而促进机体对营养物质的消化与吸收；三是可以通过产生乳酸促进动物机体对铁、磷、钙和维生素D等的吸收。

（2）抗氧化，延缓衰老　凝结魏茨曼氏菌的摄入能提高血清谷胱甘肽过氧化物酶活性，帮助抵御紫外线对皮肤的伤害，延缓皮肤的衰老。

（3）促进消化，调节消化道的微生态平衡　凝结魏茨曼氏菌是一种兼性厌氧菌，能适应肠道内低氧环境，进入肠道后，在肠道内定植，通过消耗游离氧，抑制需氧型有害菌的生长，同时促进厌氧益生菌如乳酸菌、双歧杆菌等的增殖；产生乳酸降低肠道pH，并分泌多种抗菌的细菌素类多肽物质如凝固素等，能够抑制肠道有害菌的生长，从而有效恢复并维持肠道微生态平衡，进而提高生物体免疫力，减少肠道疾病的发生。除此之外，它能产生双乙酰、有机酸等多种代谢产物，减少胺类等有害物质的产生，不仅能改善肠道内微生态环境，同时也改善体外环境，从而减少疾病的发生与传播。

（4）提高免疫力，增强抗病能力　益生菌能够提高免疫系统的免疫能力，增强吞噬细胞的活性，增加胃肠道等器官对病原微生物的抵抗能力。体外试验表明，凝结魏茨曼氏菌的发酵上清液及细胞壁成分可通过调节细胞因子、抑制活性氧和增强细胞吞噬作用来提高肠道免疫能力，另外凝结魏茨曼氏菌能促进消化道黏膜发生免疫反应。凝结魏茨曼氏菌GBI-30能够提高T细胞中TNF-α的含量，可用来防治腺病毒和甲型流感病毒等特定病毒感染。

四、影响凝结魏茨曼氏菌使用效果的因素

1. 有效活菌数和产孢率

有效活菌数和产孢率是影响凝结魏茨曼氏菌发挥作用的重要因素。不同的产品、

不同的生产批次都可能有不同的有效活菌数和产孢率。并且不同的芽孢形态也对其使用效果有影响，稳定的大芽孢是凝结魏茨曼氏菌制剂顺利穿过胃和十二指肠后萌发定植的前提。

2. 机体自身条件

机体的肠道菌系会随着年龄及其生理状况变化而产生一定的变化，导致相同的产品作用于不同的个体上也可能呈现不同的效果。因此，对于不同生理状态的动物，其使用量及产品的组合形式都会有所不同。

3. 其他因素

产品水分对凝结魏茨曼氏菌的存活率影响很大，一般而言，产品的水分应控制低于8.00%。与其他有效成分（益生元、其他益生素和吸附剂等）不同组合或配合使用，也会出现不同的使用效果。

第五章

食物中的致病菌

世界范围内食品安全事件的不断发生引起了消费者的极大不安。世界卫生组织和联合国粮农组织联合呼吁建立国际食品卫生安全组织和机制，制定预防食源性疾病的共同战略。随着贸易规模的扩大，食品可作为载体传播各类食源性疾病，增加某些食源性疾病爆发的危险性。世界卫生组织公布的信息表明，全球每年发生食源性疾病的病例达到数十亿例，即使在发达国家每年也约有 1/3 的人次患食源性疾病。在食源性疾病上的花费达数十亿美元，因食源性微生物污染引起的腹泻而死亡的 0~15 岁儿童约 170 万。近几十年来，全球各地连续发生的一系列食源性疾病暴发事件，英国的疯牛病、日本出血性大肠埃希氏菌和葡萄球菌肠毒素中毒的雪印牛乳事件等均引起世界范围的震惊。

食源性疾病按来源分为两种：生物性和非生物性食源性疾病。其中，生物性食源性疾病包括：①食品污染了致病性微生物或能够产生毒素的微生物，导致致病性微生物的直接侵袭作用对人产生直接危害和微生物毒素对人体的间接伤害；②动植物所共有的生物毒素对人的危害。因摄入被致病菌或其毒素污染的食物引起的急性或亚急性疾病，是食源性疾病中最常见的一类，即细菌性食物中毒。引起食物中毒的细菌主要有痢疾杆菌、致病性大肠埃希氏菌、沙门氏菌、霍乱弧菌、炭疽杆菌、鼻疽杆菌、结核菌、布氏杆菌、猪丹毒杆菌等。本章从致病菌引起食源性疾病开始，介绍食品中各种致病菌的致病机制。

第一节　食物中致病菌引起的食源性疾病

世界卫生组织指出，“凡是通过摄取食物而使病原体进入人体，以致人体患感染性或中毒性疾病，统称为食源性疾病”。因此，食源性疾病包括食物中毒、肠道传染病、人畜共患传染病、肠源性病毒感染以及经肠道感染的寄生虫病等。上述疾病的病因、临床症状、诊断以及流行病学特征，一般比较清楚，故预防措施也比较明确。

一、微生物普遍存在于食品中

微生物无处不在，它们能够污染和影响食品，并对消费者产生危险后果。食品中常见的微生物有细菌和真菌。细菌为原核生物，真菌比细菌少见，包括多细胞的霉菌和单细胞的酵母；虽然病毒在人与人的传播较通过食物为媒介传播更加重要，但食品受到接触且携带病毒的工作人员的污染仍然是一个重要问题。

霉菌属于多细胞的真核微生物，其形态是由直径为 30~100μm 管状细胞组成的鞭毛，用肉眼可以见到菌团（菌丝体）。一般而言，霉菌较细菌和酵母更能耐受酸碱度的变化和温度的波动。霉菌在 pH 7.2 左右生长最好，在 pH 2.0~8.0 范围内均能够生长。几乎所有的食品均可以被霉菌污染，可以分散到整个食品加工链中。其生长可通过腐烂点、斑点、黏液、棉花状丝菌体或有色的产孢子霉菌进行。碳水化合物、脂肪和蛋白质的酶分解可产生不良的风味和气味。由于霉菌比较难以控制，许多食品加工者都曾经遇到霉菌引起食品腐败问题。

酵母通常是单细胞的，与细菌的不同之处在于酵母有较大的细胞体积和形态。酵母通过分裂繁殖，产生小芽；酵母繁殖一代所需要时间较细菌长，在食品中需要2~3h。从酵母污染到食品腐败需要40~60h。酵母通常在偏酸性（pH 4.0~4.5）食品中生长。

细菌是单细胞原核微生物，直径约为1μm，形态各异，有或长或短的杆状（杆菌）、球状（球菌），球菌有的为葡萄状（葡萄球菌）、有的为链状（链球菌）。有些细菌能够产生芽孢，对热、化学品和其他环境条件有抵抗力。这些能够形成芽孢的细菌许多是能耐热的细菌，会产生毒素，引起食源性疾病。

二、细菌造成的食源性疾病

在全世界所有的食源性疾病暴发的案例中，66%以上为细菌性致病菌所致。适宜腐败菌生长的许多因素也支配着食物中毒细菌的生长，但某些致病菌并非腐败性微生物，也就是说这些细菌（如沙门氏菌）并不以明显地腐败作用来暴露它们的存在。而许多食物中毒细菌并不参与在混杂的微生物菌系间的相互竞争，它们的危险往往是在食品加工过程中去除了腐败微生物而又发生了交叉感染。在这种情况下，不正确保持温度就为食物中毒提供了条件。在这种情况下，含有有毒有害物质的食物在外观上通常与正常食物没有明显区别，消费者凭自己的感官不容易区别。

细菌性食物中毒是指人们吃了被细菌及其毒素感染的食品而引起的食物中毒。能引起食物中毒的细菌有许多种，几乎所有食品都有被各种细菌污染的机会。细菌性食物中毒的发生与不同地域人群的饮食习惯和卫生习惯有密切关系。如沿海地区由海产品因引起的副溶血性弧菌食物中毒最为常见。在厕所、水源、禽畜饲养及人的生活区域交叉混乱的乡村，由沙门氏菌、志贺氏菌、致泻性大肠埃希氏菌引起的食物中毒或食物传播性疾病很常见。应该指出的是，“传播”一词仅仅适用于沙门氏菌而不适用于金黄色葡萄球菌，因为后者是通过在食物形成毒素而引起食物中毒的，因此后者正确的定义是食源性疾病。能够通过食物传播疾病的细菌见表5-1，其中李斯特菌属、丹毒丝菌属、分枝杆菌属等细菌通过食物传播病原的作用有限。

表5-1　　能够通过食物传播疾病的常见细菌

革兰氏阳性菌	革兰氏阴性菌
芽孢杆菌（*Bacillus cereus*）	沙门氏菌属（*Salmonella*）
链球菌属（*Streptococcus*）	志贺氏菌属（*Shigella*）
李斯特菌属（*Listeria*）	大肠埃希氏菌（又称大肠杆菌，*Escherichia coli*）
丹毒丝菌属（*Erysipelothroo*）	克雷伯氏菌属（*Klebsiella*）

续表

革兰氏阳性菌	革兰氏阴性菌
分歧杆菌属（*Mycobacteria*）	副溶血性弧菌（*Vibrio parahaemolyticus*） 假单胞菌属（*Pseudomonas*） 变形杆菌属（*Proteus*） 耶尔森菌属（*Yersinia*） 布鲁氏菌属（*Brucella*）

1. 细菌性食源性疾病特征

细菌性食物中毒一年四季都有发生，气候炎热的季节高发。原因是炎热季节适合细菌生长繁殖，人体机体抵抗力下降。细菌在食物中毒可以是散发的、以家庭为单位暴发或集体暴发。其特点为发病率高，病死率较低，恢复快。婴幼儿、老年体弱者、免疫力低的人群一旦中毒有可能病情严重或发生严重的并发症。表 5-2 列出了重要细菌性疾病的特征。

表 5-2　　重要细菌性食源性疾病的特征

疾病	病因	症状	潜伏期	相关食品	预防措施
蜡样芽孢杆菌食物中毒	蜡样芽孢杆菌	恶心、呕吐、腹部疼痛	1~16h	煮过的食品、面团、炒饭、奶粉	注意加工卫生、严格控制温度
肉毒梭菌食物中毒	肉毒梭菌毒素	吞咽、语言、呼吸和运动协调损伤，头晕和视线模糊	12~48h	罐装、低酸食品，包括肉、鱼等	适当地罐装，消毒，添加适量亚硝酸盐，以及适当的冷藏盒卫生措施
葡萄球菌食物中毒	金黄色葡萄球菌产生的肠毒素	因胃肠炎引起的恶心、呕吐、腹部疼痛	3~6h	用乳清和奶油制作的馅饼、色拉、乳制品、剩饭	乳制品进行巴氏消毒，适当的冷藏盒卫生措施
产气荚膜梭菌食物中毒	产气荚膜梭菌产生的毒素	恶心、偶尔呕吐、腹泻、腹部疼痛	8~12h	在非冷藏条件下长时间存放的熟肉、家禽肉和鱼肉	对暂时不食用的熟肉、家禽和鱼进行冷藏；维持适当的冷藏和卫生措施
沙门氏菌食物中毒（感染）	因为摄入1200种沙门氏菌之一引起的感染	恶心、呕吐、腹泻、发热、腹部疼痛，可以继发发冷和头痛	6~24h	蒸煮或加热肉、禽、蛋或乳制品不当，在冰箱中放置过长	食品设备清洗、消毒，巴氏杀菌，适当的冷藏和卫生措施
志贺氏菌感染（菌痢）	志贺氏菌	恶心、呕吐、腹泻（里急后重）、发热、大量出汗、腹部疼痛和肌肉酸痛	1~7d	由不卫生的加工人员接触食品所致	食品加工者的卫生操作

续表

疾病	病因	症状	潜伏期	相关食品	预防措施
空肠弯曲杆菌病	空肠弯曲杆菌	腹泻、腹痛、发热、便血、头痛、肌肉痛、头晕	1~7d	家禽、肉	肉类食品的清洁处理、加工、制备与贮藏
单核细胞增生性李斯特菌食物中毒	单核细胞增生性李斯特菌	脑膜炎或单核细胞增生性李斯特菌败血症、发热、恶心、呕吐、虚脱、头晕，与流感类似；流产、死胎，婴儿、免疫低下儿童和成人死亡率达 30%	4d~数周	牛乳、干酪、冰淇淋、家禽、红肉	避免食用曾经接触过感染动物的生食品；在 2℃以下贮藏食品
耶尔森菌食物中毒	小肠结肠炎耶尔森菌	腹部疼痛、发热、腹泻、呕吐、皮疹，持续 2~3d	1~3d	乳制品、生肉、水产品、蔬菜	食品的清洁处理、加工、准备和贮藏
O157：H7 出血性大肠埃希氏菌食物中毒	肠出血性大肠埃希氏菌 O157：H7	出血性肠炎、腹部疼痛、发热、腹泻、呕吐、皮疹，持续 2~3d	3~10d	碎牛肉、乳制品、生牛肉、水、苹果、蔬菜	加工卫生，辐射，加热到 65℃以上

2. 控制食品中腐败的因素

表 5-3 列出 8 种食品中引起腐败的主要微生物，其中一个特点是假单胞菌属在食品腐败方面所起的中心作用。同样，链球菌和芽孢杆菌所引起的食源性疾病也不可忽视。以下介绍影响微生物生长速率的各种因素。

表 5-3　　8 种食品中引起腐败的主要微生物

食品类型	导致腐败的主要微生物属名
粮食	曲霉属、芽孢杆菌属、根菌属、镰刀菌属、青霉属
罐头食品	芽孢杆菌属、根菌属、链球菌属、绿衣菌属、乳酸杆菌属
腌肉	链球菌属、乳酸杆菌属、假单胞菌属、无色杆菌属、芽孢杆菌属、微球菌属、变形杆菌属
鱼及其制品	黄杆菌属、假单胞菌属、无色杆菌属、变形杆菌属、芽孢杆菌属、链球菌属、棒杆菌属
乳制品	链球菌属、微球菌属、产碱杆菌属、芽孢杆菌属、梭菌属、假单胞菌属、乳酸杆菌属、青霉属、圆酵母属、地丝菌属

续表

食品类型	导致腐败的主要微生物属名
家禽及其制品	假单胞菌属、微球菌属、产碱杆菌属、无色杆菌属、青霉属、分支孢子菌属、产气杆菌属
红肉	假单胞菌属、无色杆菌属、乳酸杆菌属、明串球菌属、芽孢杆菌属、微球菌属、微杆菌属、枝霉菌
蔬菜和水果	欧文菌属、葡萄菌属、假单胞菌属、细根霉菌属、链格孢属、木霉属、青霉属、镰刀菌属

（1）外部因素　影响微生物生长速率的外部环境因素有以下几方面。

①温度：微生物有最适宜温度、最高温度和最低温度。环境温度不仅决定了繁殖速率，而且决定了微生物种类以及微生物的活动程度。例如，只要将温度改变几度，微生物的最适体系完全改变，结果就会导致另外一种类型的食品腐败和食源性疾病。这一特性对于控制食品腐败和食源性疾病十分重要。绝大多数微生物繁殖的最适宜温度在14~40℃。但也有微生物能够在高于100℃或低于0℃的环境生长。

②氧气：氧气决定了体系中能够存在的微生物种类和数量。有些微生物需要氧气，这种需要游离氧的细菌称为需氧菌（如假单胞菌）；有些微生物只能在绝对无氧情况下生长，称为厌氧菌（如梭状芽孢杆菌）；有些微生物则在存在游离氧和不存在游离氧的情况下均能够生长，称为兼性微生物（如乳杆菌）。

③湿度：细菌所要求的湿度较酵母和霉菌高，其最适相对湿度为92%或更高；酵母的最适相对湿度为90%或更高；霉菌的最适相对湿度为85%~92%。

（2）内部因素　主要与维持或影响微生物赖以生长的基质（食品原料）的特性有关。

①水分活度（A_w）：微生物的生长需要水，因此减少有效水分能够减低微生物的繁殖速度。首先必须认识到，并不是存在的水分总量，而是微生物在代谢活动中能够得到的水分对微生物生长具有限制作用。微生物所需水分的测量单位就是水分活度（A_w），其定义为待测体系的蒸气压除以纯溶剂的蒸气压。大多数微生物的最适宜 A_w 为 0.99，A_w 为 0.91 以上时许多腐败菌才能生长，而霉菌和酵母 A_w 低于 0.91 就可以生长。也就是霉菌和酵母更加喜欢在部分脱水物质表面（包括食品）生长，而细菌的生长却受到这种环境的抑制。

②pH：绝大多数微生物的最适 pH 接近中性（7.0）。酵母能够在酸性环境中生长，在中等酸性范围 pH 4.0~4.5 内生长最好；霉菌能够耐受较宽的 pH 2.0~8.0 范围，但在酸性环境生长更好。细菌通常喜欢中性，而嗜酸菌可以在 pH 5.2 左右的食品中生长。

③氧化还原电位：不同的微生物要求不同。

④营养要求：微生物需要外源性氮源、能源（碳水化合物、脂肪和蛋白质）、矿物

质和维生素来维持其生长。

⑤抑制剂：能够抑制微生物的物质称为抑菌剂，能够杀灭微生物的物质称为消毒剂。

第二节 致病菌进入宿主细胞的机制

一般细菌侵入宿主细胞都是通过触发机制或拉链机制，细菌把自身的效应蛋白注射到真核细胞中，然后诱导细胞膜进行骤突。不同于传统的网格蛋白介导的胞吞作用中的小窝，拉链机制有一个显著的特点就是通过网格蛋白介导的结构，细菌可以“大摇大摆”地走进宿主细胞中。把控着触发机制和拉链机制的细菌就能够随意激活特定脂筏中的信号平台。在细菌侵入的区域，激活的信号通路控制着入侵细菌的生死，细菌能够在细胞质或囊泡生态位进行复制，同时也可以利用生物体本身所带免疫系统进行作用，通过降解通路的方式把入侵的病原菌除去，尤其是借助自噬作用对细菌进行清除。

一、拉链机制

细菌主要通过 3 个步骤侵入宿主细胞。第一，细菌附着在宿主细胞表面，与肌动蛋白的作用无关，主要是细菌的配体和宿主细胞表面的受体发生共同作用，配体与受体结合然后诱导产生的瞬态信号是下一步触发的关键。第二，形成吞噬杯，此阶段同时进行的，是细胞膜的延展以及细菌周围肌动蛋白的聚合。第三，细菌的内化和闭合吞噬杯。耶尔森菌通过拉链入侵机制占领宿主细胞。假结核耶尔森菌（*Yersinia Pseudotuberculosis*）所产生的侵袭素和黏附素（YadA），能够与宿主胞外基质中的 $\beta1$ 整合素受体进行结合。侵袭素本身 C 末端部分的超级域能够和整合素的 $\beta1$ 链发生作用，与整合素的成簇和活化密切相关。整合素 $\beta1$ 链的胞质尾与细胞骨架能够在黏着斑复合体上进行结合，微生物细菌能够进入细胞也正是因为这一作用。胞质尾 NPxY 序列的突变体被破坏之后就会对整合素介导的细菌摄取产生限制作用。$\beta1$ 链上的突变体不仅能够降低细胞骨架结合还可以增强细菌摄取能力，由于质膜受体与细胞骨架的相互作用降低了，质膜上受体移动性增加。增加质膜受体移动性能够促进细菌黏附素与质膜之间相互作用。活化的整合素能够致使酪氨酸激酶进行磷酸化，重排宿主的肌动蛋白，紧接着就是内化细菌的过程。黏着斑激酶 FAK 在整合素成簇引导的过程中发挥着信号转导的作用，促使整合素 $\beta1$ 链能够和酪氨酸激酶进行结合。侵袭素细菌的内化需要激活小 GTP 酶 Racl 蛋白，ADP-核糖基化因子 6（ARF6）和肌动蛋白聚合的主要调节因子就是 Racl 蛋白，ARF6 与膜转运的过程有密切的联系。磷脂酰肌醇-4-磷酸-5-激酶（PIP5K）的活化需要 Racl 和 ARF6 的诱导作用；PIP5K 在质膜产生的 5-二磷酸磷脂酰肌醇主要用于内吞作用，调节囊泡外吞和重排肌动蛋白细胞骨架。

李斯特菌是一种单核细胞增生的革兰氏阳性菌，它的致病性主要是脑膜炎、肠道疾病、自发性流产。单核细胞增生性李斯特菌能够跨越肠、血液、脑液、胎盘等屏障，因此会诱发各种临床症状。李斯特菌和耶尔森菌都是通过拉链机制占领宿主细胞。李斯特菌的内化素 A（InlA）和内化素 B（InlB）与侵入机制联系密切。内化素 A 主要和人体 E-钙黏着蛋白结合，人体 E-钙黏着蛋白受细胞连接的完整性影响较大。InlA 与 E-钙黏着蛋白结合后，会招募 α-联蛋白和 β-联蛋白一起到细菌入侵点，α-联蛋白和 β-联蛋白也可以与肌动蛋白结合，影响肌动蛋白的聚合。肌动蛋白多聚化同时受到 ARP2/3 复合体、小 GTP 酶 Rac 蛋白和皮层蛋白的影响。InlA 介导的内化过程受到肌浆球蛋白Ⅶ A 和配体 Vezatin 的影响。InlB 介导的内化离不开肝细胞生长因子（HGF）受体 Met 的影响，因为 InlB 想要形成 Met 必须要与人体结合，因此 InlB-Met 的相互作用算得上一种属性特异性。受到内化素 B 活化的 Met 能够招募 Gabl、Cbl 和 She 等相关调节蛋白，这些调节蛋白同样能够活化介于质膜之间的磷酸肌醇-3-激酶。磷酸肌醇-3-激酶能够激活小 GTP 酶 Rac 蛋白，Rac 蛋白直接影响着肌动蛋白的聚合。丝切蛋白与肌动蛋白纤维的解聚作用有关，丝切蛋白能够调节蛋白 LIM 激酶，同时能够促成上游肌动蛋白的重新排列。网格蛋白在这个侵入机制中发挥了一定的作用，网格蛋白介导的胞吞作用会在之后的章节里再进行详解。如今，医学界普遍认为网格蛋白介导细菌并非触发入侵机制，而是属于拉链入侵机制。

二、触发机制

沙门氏菌属和福氏志贺氏菌（*Shigella flexneri*）等革兰氏阴性菌一般都是借助触发机制占领宿主细胞。触发机制的基本特性就是能够促成质膜上肌动蛋白细胞骨架的重新排列。细菌Ⅲ型分泌系统（T3SS）能够黏附到宿主细胞外面。细菌通过 T3SS 系统将细菌效应蛋白注射到宿主细胞之中，参与肌动蛋白重排的胞质蛋白能够与其产生特异性靶向作用。沙门氏菌的 T3SS 编码由染色体毒力岛（PAI）SP-1 完成，而志贺氏菌的 T3SS 编码则由质粒 PAI 完成。志贺氏菌的 IPaB/C 和沙门氏菌的 SipB/C 都是给 T3SS 编码的蛋白，它们与孔的形成有直接影响，把效应蛋白送到细胞质中。IpaD 蛋白属于志贺氏菌的多功能蛋白，它对孔的形成进行了严格的调控。IpaD 处在 T3SS 的顶端，主要控制 IpaB/C 在细菌和细胞接触位的暴露点。宿主细胞会和入侵的细菌发生持续的相互作用。在宿主和细菌发生作用之前，防止降解的特异性伴侣分子和细胞质内的细菌效应蛋白进行结合。每当细菌附着在宿主细胞表面时就会激活分泌信号，这离不开 T3SS 的特异性磷酸酶发挥作用，把效应蛋白注射到宿主细胞内。IpaB 和透明质酸受体 CD44 之间发生的作用是分泌机制活化、细菌黏附以及将 IpaB/C 插入质膜的关键阶段。研究表明，IpaB/IpaC/IpaD 与整合素受体之间的相互作用直接影响了细菌内化。细菌效应蛋白融进细胞质后，大规模重排的细胞骨架会引起细菌周围的膜突变，志贺氏菌的作用机制和沙门氏菌在这方面十分类似。丝状伪足主要是由 IpaC 和 SipC 所诱导的肌动蛋白成核，成核过程都离不开上面提到的两种蛋白质的 C 末端结构域作为介导，而且对 SopE 效应蛋白十分依赖。沙门氏菌中肌动蛋白纤维的延伸主要集中在侵入位点，Cdc42、Racl 和 SopE 效应蛋白的作用主要是在模拟交换因子，而 SipA 效应蛋白能够与肌动蛋白纤维结合并起到稳定作用。当细菌被转运到巨胞饮区室中，肌动蛋白解除聚合作用，细菌内化过程到此全部完成。T3SS 分泌沙门氏菌效应蛋白 SptP，具有酪氨酸磷酸酶活性和 GAP 活性，SopE 的拮抗物即为 SptP，能够限制肌动蛋白的结合。SopE 被蛋白酶降解的速度要比 SPtP 快得多，能够按时序调整这些过程。T3SS 能够分泌志贺氏菌的效应蛋白 IpaA，同时结合黏着斑蛋白的 N 末端结构域，黏着斑蛋白参与肌动蛋白的解聚。

三、参与细菌入侵的内吞作用机制

由于拉链机制和触发机制之间的分子特征是特定的，形态特征成为两者之间存在差异的重要因素。站在入侵机制的角度来看，这两种机制的入侵过程的内吞途径是不一样的。外部环境与细胞能够通过具有高度动态结构的质膜分隔开。一些低分子质量化合物，如氨基酸、糖和离子等可以直接通过小孔穿过质膜，但是大分子无法穿过，只能通过胞吞作用等机制进行内化。细胞中的内吞作用种类众多，包括巨胞饮、吞噬作用以及依赖网格蛋白或小窝蛋白的内吞作用等。嗜中性粒细胞、巨噬细胞和树突状细胞等专职吞噬细胞除了具有普遍的内吞作用以外，还具有专职吞噬细胞才有的吞噬作用。

1. 依赖网格蛋白的内吞作用

质膜上依赖网格蛋白的内吞作用是蛋白质内化的主要机制，网格蛋白是网格蛋白包被囊泡的主要成分。网格蛋白在拉链机制细菌的内化中发挥着作用，这也与已知的细菌入侵机制中的肌动蛋白作用具有一致性。

在依赖网格蛋白发生作用时，单核细胞增生性李斯特菌中的 InlB 与 Met 相结合，诱导了受体内化。细菌内化的关键因子，如网格蛋白、泛素连接酶和发动蛋白等可能在细菌的入侵位点被招募，而表达立克次氏体外膜蛋白 B 基因中的大肠埃希氏菌内部也存在这种招募现象。在肺炎链球菌、停乳链球菌、大肠埃希氏菌、金黄色葡萄球菌、流产布鲁氏菌、空肠弯曲杆菌、肺炎杆菌、立氏埃里希体、致肾盂肾炎大肠埃希氏菌、牙龈卟啉单胞菌、弗氏柠檬酸杆菌等细菌的内化过程中，网格蛋白介导的内吞作用可能产生一定的作用。淋病奈瑟氏菌能够和去唾液酸糖蛋白受体结合，在依赖网格蛋白的内吞作用产生的过程中，去唾液酸糖蛋白受体被吞噬。

病原体的内化途经有很多种，依赖网格蛋白是某些病原体的内化途经。

2. 脂筏依赖的内吞作用

过去 20 年的各种研究证明了质膜组分的分布不是随机的，而是动态地分布在各个特定的微结构域。脂筏在各个已鉴定的微结构域中是细胞信号的重要成簇结构。目前，这些微结构域的确切成分、稳定性、生物特征和域大小等方面还没有准确的鉴定结果，但是在一些细胞生理过程中，尤其是阿尔茨海默病、帕金森氏病和朊病毒病等机能失调疾病中，脂筏发挥的作用是十分重要的。胆固醇和鞘糖脂含量高是脂筏的一个重要特征，同时脂筏还与糖磷脂酰肌醇锚定蛋白之间存在着相关性。脂筏在生化方面也具有一定的作用，其特定的脂质成分能够帮助它们增强对去污剂溶解的抵抗力。在脂筏耐去污剂特性的基础上能够对折叠微结构域中的蛋白质进行鉴定。甲基-β-环糊精（MBCD）萃取的胆固醇浸提物可阻止靶蛋白与抗去污剂细胞膜的结合，这一特性为研究脂筏中蛋白质分区和脂筏功能破坏提供了适当的方法。与这些检测方法相结合并通过显微镜进行观察分析，可以得到与脂筏标记物和靶标蛋白质相结合有关的信息。

脂筏与毒素之间存在着相互作用。例如，霍乱病毒与神经苷脂 GM1 相结合形成五聚体的形式。在细菌内化方面，脂筏能够参与一些细菌的侵入机制，包括空肠弯曲杆菌、流产布鲁氏菌、致病性大肠埃希氏菌、分枝杆菌、淋病奈瑟氏菌和单核细胞增生性李斯特菌等。

3. 依赖胞膜窝的内吞作用

电子显微镜最初鉴定出的胞膜窝是 60~80mm 的小窝。内吞作用、转胞吞作用、钙信号及其他信号转导事件中都有胞膜窝的参与，在各种疾病状态中也发现了胞膜窝及其膜蛋白成分，例如，在乳腺癌与肢带型肌营养不良中就发现了胞膜窝的突变。单个胞膜窝结构中包含的窝蛋白分子共 144 个，这些窝蛋白与脂筏相关联形成了胞膜窝。胞膜窝在神经节苷脂 GM1 和 GM3 等鞘磷脂上的含量十分丰富，其结构在 MBCD 除去胆固醇的过程中会遭到破坏。在分离质膜的过程中，胞膜窝存在于脂筏部分。不同分子参与了胞膜窝胞吞作用，其中动力蛋白、肌动蛋白、蛋白激酶 C 和 Src 激酶等发挥了重要的作用，促进了胞膜窝的内化。胞膜本质上与特定形态不同的神经鞘磷脂-胆固醇微结构域是一致的，窝蛋白对后者产生了稳定作用。病原体对胞膜窝的利用分两种，一是将胞膜窝作为内吞作用入侵的直接入口，二是促进比胞膜窝体积大的病原体入侵。依赖胞膜窝的内吞作用与依赖网格蛋白的内吞作用相似，胞膜窝结构内化的分子一般小于 80mm，因此胞膜窝的理论模型并不适用于细菌内化。

四、自噬：信息和观点

自噬是一种细胞通路，能够降解蛋白质和细胞器。大多数人体病理生理功能，如神经退行性疾病，与自噬功能障碍有关的癌症、衰老和微生物感染等，都与自噬有关系。近年来的许多研究发现，在宿主抵抗病原体的天然免疫反应时，自噬也会参与其中。

自噬体也称为自噬结构，是细胞膜结构通过动态重排形成的，细胞膜结构重排则是在隔离膜包绕细胞质部分形成吞噬泡的条件下启动的。目前，几乎所有的胞内膜区室的鉴定都存在争议性。供体膜如果具有特异性，则要对其中的详细机制进行证明，而待运转物所具有的特异性与供体膜的特异性是一致的。这里将靶向细菌的自噬称为异源自噬。通过延伸和融合的方式，吞噬细胞形成了双模自噬体。参与调控自噬的蛋白数量超过了30种，在参与自噬体形成的过程中，一些蛋白所需的2个独立的偶联反应最先是Atg12蛋白和Atg5蛋白的偶联。Atg12-Atg5偶联物能够通过非共价的形式与Atg16L1结合，为吞噬泡延伸提供所需的复合物。自噬体完全形成之后，吞噬泡不仅相互分离，也会被Atg16L1-Atg12-Atg5复合物定位到。第二个参与自噬体形成的偶联反应是Atg8/LC3。

在细菌内化过程和自噬体内的运转过程中，自噬发挥着一定的作用。自噬能够对内化细菌的命运和细胞质内复制囊泡膜相关联的信号进行调节。核结合低聚反应区蛋白（NOD）1和2这2种肽聚糖感应因子能够招募Atg16L1到细菌的入侵部位，从而对细菌自噬产生作用。

第三节 细菌在细胞质中的作用机制

在感染的过程中，致病菌如分枝杆菌能够被摄取到细胞内，或如李斯特菌和志贺氏菌等主动侵袭到上皮细胞中。致病菌通过内化作用能够进入吞噬体的囊泡结构中，这个过程可以是短时间的，也可以是永久性的。完全形成吞噬体要经过内体的融合以及吞噬体成熟的过程。通过吞噬体和溶酶体融合形成的吞噬溶酶体能够对摄取的致病菌带来破坏性。一些致病菌，如沙门氏菌和分枝杆菌等，对吞噬溶酶体的生物合成形成干扰，同时会形成复制囊泡。其他病原菌如李斯特菌、志贺氏菌或立克次氏体等已经寻找到解决策略，通过从吞噬体逃离到细胞质的方式阻碍了吞噬溶酶体发挥其破坏作用。致病菌想要避免细胞质内的免疫应答，进入细胞质之后需要从细胞内得到营养，并在新的宿主细胞中扩散进行持续性感染。

一、细菌在细胞质中的复制

目前，关于细胞质中是否允许细菌生长这一问题的答案尚不清楚，导致这一结果的一部分原因是对细胞质内容物的成分和不同细胞类型中细胞质内容物的变化的了解较少。通过鉴定细菌基因以及了解细菌生长需要的营养，能够为了解细胞质中的营养成分提供帮助，细菌生长需要的营养有助于细菌在细胞质中的复制。通过研究缺乏特定营养物吸收系统的病原菌以及复制功能缺陷的细菌突变，可以了解细胞质中具有限制性因素的营养物质。

苏氨酸、芳香族氨基酸和腺嘌呤限制了细菌在细胞质中的复制。在细胞内生长时，单核细胞增生性李斯特菌主要通过Hpt蛋白介导的糖摄取系统。志贺氏菌的突变体不能在细胞内复制，主要原因在于其难以合成氨基苯甲酸、胸腺嘌呤和鸟嘌呤；二氨基庚二酸营养缺陷型志贺氏菌在细胞质中生存的可能性为零。因此，目前还无法全面了解细胞质内病原菌的营养需求，需要进行更深层次的研究来揭示细胞内成分。

细胞类型不同，细菌在细胞质中的生长情况也不同。含沙门氏菌的囊泡（SCV）所需的细菌Ⅲ型分泌系统效应蛋白依赖于鼠伤寒沙门氏菌 SifA 蛋白维持。SifA 蛋白突变体虽然不能在巨噬细胞内繁殖，但可以在上皮细胞中复制，这也是胞内菌在宿主体内占据不同细胞生态位的主要原因。土拉弗朗西斯菌在巨噬细胞中生长繁殖，福氏志贺氏菌在人肠道上皮细胞内繁殖，立克次氏体在内皮细胞内完成复制。单核细胞增生性李斯特菌和伪鼻疽伯氏菌与上述细菌的生长状态不同，它们在生长过程中既能感染吞噬细胞又能够感染非吞噬细胞。

二、细胞内细菌运动机制

肌动蛋白通过体外重组之后，尾部会具有一定的细胞骨架蛋白，但是其他细胞骨架成分也可能给致病菌的运动带来影响。细胞骨架成分如何在细胞内环境调控基于肌动蛋白的细菌运动的报道很少。

致病菌在感染过程中调节宿主细胞微管。志贺氏菌分泌细菌Ⅲ型分泌系统效应蛋白 VirA 能够对周围的微管产生破坏作用，从而保证其自身在细胞内的运动。VirA 效应蛋白在基于肌动蛋白的细菌运动和破坏微管稳定性中的确切作用需要进一步深入研究。

李斯特菌的 ActA 蛋白可招募 LaXp180。已报道的 LaXp180（或 CC1）是宿主的微管解聚蛋白 Stathmin 的结合物。对 ActA-LaXp180-Stathmin 之间的相互作用是否能够破坏微管并有助于细菌在细胞质中的运动目前还没有相应的试验证据。

Septins 蛋白是细胞分裂过程中不可或缺的 GTP 结合蛋白，该 GTP 结合蛋白以非极性纤维的形式进行组装。Septins 蛋白作为细胞骨架的非常规成分，对其作用仍然知之甚少。Septins 蛋白在肌动蛋白尾形成的过程中发挥抑制作用，同时，通过肌动蛋白多聚化的志贺氏菌被 Septins 蛋白的笼状结构捕获，对其在细胞与细胞之间的传播形成了限制，或是通过 Septin 蛋白的笼状结构进入不同的小室，或是形成肌动蛋白尾，在形成肌动蛋白尾的过程中要依靠失活 Septin 蛋白笼状结构的帮助，这一过程也可以促进志贺氏菌在细胞与细胞之间的传播。肌动蛋白尾的形成和细胞-细胞之间的传播受到 α-干扰素等多种因素的抑制。可见，Septin 蛋白笼状结构通过对细菌肌动蛋白聚合限制防止病原体传播，是宿主的防御策略。

三、细菌与宿主防御系统相互作用

宿主细胞中的防御机制与逃逸到细胞质中的细菌相互作用，受到先天免疫感应器识别后，对细胞凋亡、焦亡或自噬产生作用。下面将对胞内菌如何引起细胞免疫应答进行解释，并详细说明细菌感染产生的免疫应答调控。

1. 细胞内受体

Toll 样受体（TLRs）和 NOD 样受体（NLRs）等几类模式识别受体组成了先天免疫系统。各个受体具备各自的功能，例如，Toll 样受体能够对细胞表面或内部的微生物进行识别，NOD 样受体能够对细胞质中的微生物产生感应。NOD 样受体家族在人体中的组成胞质蛋白共有 23 个，这些胞质蛋白具有 2 个特征，一是亮氨酸的重复序列丰富，二是具有 NOD 结构域。长期以来对 NOD1 和 NOD2 这 2 个 NOD 样受体的研究是最多的。NOD1 主要在肠上皮细胞中存在，能够识别革兰氏阴性菌中肽聚糖的胞壁肽。NOD2 是一种胞质受体，能够识别结核分枝杆菌等细菌的肽聚糖。

NOD1 和 NOD2 在识别配体方面，能够对分裂素活化蛋白激酶（MAPK）和 NF-kB 天然免疫应答起到促进作用，而其他 NOD 样受体，如 Ipaf、Nalplb 和 Cryopyrin/Nalp3 等则参与到 Caspase-l 活化所必需的炎性体的组装。炎性疾病的发生对 NOD 样受体的突变会产生影响。

2. 细胞凋亡与细胞焦亡

细胞发育、体内平衡和免疫调节的一个关键过程就是细胞的死亡，多种疾病会影响细胞死亡的失调。细胞死亡途径是凋亡，主要是程序化地使细胞成为凋亡小体，随后被周围的细胞和巨噬细胞吞噬。B 细胞淋巴瘤 2（Bcl-2）蛋白家族和半胱天冬酶家族这 2 类进化相对保守的蛋白家族参与细胞凋亡。Bcl-2 蛋白家族参与了调节线粒体完整性的过程，半胱天冬酶，即半胱氨酰天冬氨酸特异性蛋白酶，在细胞凋亡的过程中担任着介导的角色。宿主细胞在细菌感染时利用细胞凋亡机制对病原菌的复制点进行破坏。病原菌通过防止线粒体释放细胞色素 C，防止半胱天冬氨酸酶活化和激活细胞存活通路等方式防止细胞凋亡。除此之外，病原菌在细胞凋亡过程中受益，通过诱导感染细菌凋亡获得全身感染，同时为了逃离宿主的免疫防御，病原菌利用细胞凋亡使未感染的免疫细胞受到影响而死亡。

调控死亡的一种形式就是细胞焦亡，它与细胞凋亡有不同之处。细胞凋亡过程具有非炎症特性，且膜结合凋亡小体在细胞凋亡时发挥吞噬摄取作用，细胞焦亡则与之不同，其特征为细胞质膜的快速破裂和释放促炎性细胞内容物。发生细胞焦亡与炎症过程中的抗菌反应有关，Caspase-1 被炎性体激活，炎性体也被称为焦亚小体（Pyroptosome）。Caspase-l 缺陷型小鼠更易受细菌的感染，因此细胞焦亡被认为可对宿主应对细菌感染提供广谱的保护作用。

3. 自噬

细胞质内容物在溶酶体中被降解的过程称为自噬，大自噬、小自噬和分子伴侣介导的自噬是自噬的三种类型，其中对大自噬的研究是最广泛的。分子伴侣介导的自噬通过伴侣蛋白折叠蛋白质的方式，将细胞质蛋白直接转运穿过溶酶体。小自噬是向内凹陷的溶酶体将细胞质转运到溶酶体腔。这里的自噬指的是大自噬，是一种分解代谢途经，真核生物通过这种相对保守的途径实现对细胞组分的降解或循环利用，而特定的双层膜囊泡中隔离蛋白和细胞器是支持这一途径实现的主要场所，其中的囊泡被称为自噬体。到目前为止，在酵母中鉴定出的自噬相关基因有 30 多种。自噬的基础水平有助于细胞内稳态的维持。大量的研究发现，在细胞的应激、分化、发育等过程中，自噬在每个过程中的功能是不同的。在细菌致病过程中，细胞能够通过识别泛素化病菌降解细胞质病原菌，其途径主要是：自噬体膜捕获自噬识别到的泛素化细菌并将其运送到裂解区由自噬溶酶体进行降解。自噬识别泛素化细菌时，自噬受体 P62 和 NDP52 参与到其中，并对泛素化细菌靶向作用发生自噬。

四、细菌感染过程中的细胞应答

1. 鼠伤寒沙门氏菌（*S. Typhimurium*）

沙门氏菌诱导肠上皮细胞凋亡之后，巨噬细胞吞噬被沙门氏菌感染的凋亡细菌，整个过程有助于沙门氏菌在细胞与细胞之间进行传播，使巨噬细胞感染沙门氏菌后发生细胞焦亡。为防止细胞感染沙门氏菌，可利用 NOD 样受体 Ipaf 和调节因子 ASC 中的细菌鞭毛蛋白介导 Caspase-1 的活化。一旦 Ipaf 被激活就会诱导宿主发挥免疫应答保护作用。

沙门氏菌入侵宿主细胞后，大部分细菌在含沙门氏菌的囊泡中栖居和复制。但是，大约 25%的鼠伤寒沙门氏菌进入细胞质之后会被靶向作用发生自噬。2 种自噬受体 NDP52 与 Tank-结合激酶 1（TBK1）复合物相结合，能够对泛素化沙门氏菌在细胞质中的增殖产生限制作用。

2. 分枝杆菌（*Mycobacteria* species）

结核分枝杆菌的致病性在很大程度上要归因于其具有可捕获成熟的吞噬体并可在巨噬细胞内生存的能力。Toll 样受体和 NOD2 可介导致病分枝杆菌的非冗余识别。NOD2 对分枝杆菌的肽聚糖特别敏感，可能已经进化出识别分枝杆菌的敏感度。NOD2 是否可介导分枝杆菌从囊泡中逃脱的免疫应答反应还需要进一步研究。

大量研究报道了结核分枝杆菌对吞噬体成熟和杀菌效应蛋白的抗性。目前的一些研究表明，利用自噬作用可以有效清除细胞内的分枝杆菌。自噬体所具有的抗菌特性来自自噬受体 p62 传递的细胞质成分，这也有助于清除结核分枝杆菌。除此之外，各种结核分枝杆菌能够通过对巨噬细胞的自噬作用进行调节来达到逃避宿主免疫系统的目的。

3. 福氏志贺氏菌（*S. flexneri*）

对防御志贺氏菌起到重要作用的是肠上皮。促进 NF-kB 与 C-JimN-末端激酶（JNK）的活化和促炎细胞因子 IL-8 的分泌所必需的是 NOD1，对人肠细胞系进行试验后发现，NOD1 介导了宿主对志贺氏菌的感应。宿主防御志贺氏菌的另一种成分是巨噬细胞，在巨噬细胞的感染过程中，细胞质内的志贺氏菌可触发 Caspase-1 的活化，并且诱导细胞发生焦亡。感染志贺氏菌的巨噬细胞想要激活 Caspase-1，必须发挥 NOD 样受体 Ipaf 的作用。

细胞质中的志贺氏菌是自噬的诱导物。Atg5 是促进自噬体成熟的关键蛋白，上皮细胞感染志贺氏菌之后，利用 Atg5 识别 IcsA 诱导自噬。效应蛋白 IcsB 在 Atg5 招募 IcsA 的过程中起到了阻碍作用，细菌利用效应蛋白 IcsB 避免了自噬。IcsA、Ipaf 和 Caspase-1 在巨噬细胞中的功能不同，IcsA 触发自噬，Ipaf 和 Caspase-1 则对自噬起到了抑制作用。NOD 样受体蛋白既能诱导炎症反应，也能调节自噬反应，因此，宿主的炎症反应通路和自噬反应通路存在交集。

4. 单核细胞增生性李斯特菌（*L. monocytogenes*）

NOD1 在宿主对李斯特菌感染的免疫应答中发挥作用。在内皮细胞中，侵袭性李斯特菌可以通过 NOD1 诱导 MAPK 的活化和 IL-8 的分泌。在巨噬细胞中，李斯特菌诱导产生的 Toll 样受体和 NOD1/NOD2 等细胞因子具功能性冗余。肽聚糖的 *N*-脱乙酰作用是李斯特菌逃避宿主和先天宿主防御的一种高效机制。细胞溶素李斯特菌素 O（LLO）依赖性孔在细胞膜的形成和李斯特菌侵入细胞质中均可诱导 Caspase-1 的活化，但参与调节 Caspase-1 活化的特定 NOD 样受体仍然存在争议。

自噬标记物在细胞质内的单核细胞增生性李斯特菌周围聚集的条件是单核细胞增生性李斯特菌形成肌动蛋白尾巴，这有助于逃避泛素化和随后的自噬识别。ActA 具有使李斯特菌避免泛素化与自噬的能力，并且与其介导细菌运动的能力无关。然而，李斯特菌和志贺氏菌中基于肌动蛋白的细菌运动与自噬识别相关。因此，还需进一步研究肌动蛋白聚合、自噬和病原传播之间的联系。

第四节 细菌在囊泡中的作用机制

病毒与质膜融合之后进入宿主细胞，而细菌与病毒不同，为了保持完整性，只能通过细胞内吞作用进入宿主细胞，细胞内吞实现的途径是质膜的内陷和封闭。胞内细菌最初在囊泡生存，一段时间后细菌需要考虑继续在囊泡生存还是进入细胞质。胞内细菌利用这两种生存方式完成进化，在此过程中微生物形成细胞防御机制来对抗宿主，但是也付出了相应的代价。

一、细菌适应囊泡内生活

1. 侵袭细胞后的抵抗

成功病原菌是指病原菌能够使具有防御功能的宿主发病。了解宿主抵御入侵病原菌的不同防线有助于了解致病菌突破宿主防御系统的策略，宿主的防御系统能够消灭微生物。致病菌对巨噬细胞或上皮细胞产生嗜性。而巨噬细胞和上皮细胞对入侵微生物的抵抗能力不同，在此需要分别介绍巨噬细胞和上皮细胞。

（1）吞噬细胞　吞噬是指细胞内化大颗粒的过程，能够帮助动物细胞清除死亡细胞或细菌。吞噬主要由嗜中性粒细胞、巨噬细胞、树突状细胞、单核细胞和肥大细胞等专职的吞噬细胞实施，这些细胞表层的特异性受体能够识别并清除外源物质。吞噬体与溶酶体在短时间内融合后形成吞噬溶酶体，其融合后进入吞噬体腔，体腔内的杀菌机制对颗粒产生作用，吞噬的物质被水解酶的水解活性破坏，这些酸性水解酶要求环境的酸性达到最佳，可通过质子泵的活性维持吞噬溶酶体的酸性 pH 环境。研究表明，小阳离子抗菌肽具有的天然免疫系统能够抵御胞内菌，把囊泡内包裹的细菌隔离到不同的区室从而发挥天然免疫作用。巨噬细胞感染结核分枝杆菌后，其部分抗菌活性在溶酶体包含的泛素衍生肽中体现出来。通过内化作用或者吞噬体的酸性水解活性环境可以造成大部分微生物的死亡。此外，通过诱导表达一氧化氮合成酶（iNOS）或者烟酰胺腺嘌呤二核苷酸磷酸（NADPH）氧化酶复合物实现巨噬细胞的活化，从而增强其杀菌活性。吞噬细胞含有广谱的 Toll 样受体和其他模式识别受体，因此能够识别和诱导产生初始炎性反应以对抗微生物。

吞噬体在建立细胞免疫应答对抗感染的过程中发挥了关键作用。吞噬体既在细菌入侵的先天免疫应答方面发挥了重要作用，也为构建病原体细胞免疫平台创造了条件。

（2）非专职吞噬作用的细胞　巨噬细胞比其他类型的细胞内化和消除微生物的功能强，但由于对吞噬细胞产生维持作用的基本分子存在于非吞噬细胞中，所以细菌具有侵入多种细胞的能力，且容易侵入宿主的上皮细胞中。细菌侵入细胞后，微生物存在于囊泡中，且囊泡通过内吞途径成熟、酸化，和溶酶体相融合后降解其中的内容物。NADPH 氧化酶活性广泛存在于吞噬细胞中。此外，一些 NADPH 也存在于上皮细胞的非吞噬细胞中，这说明细菌感染后有助于活性氧化簇的产生。上皮细胞在感染过程中能够表达 MHC-Ⅱ类分子，使细菌的多肽呈现递呈形式，这表明上皮细胞也参与到了细胞免疫中。

2. 为细菌创造一个适宜的囊泡环境

为抵抗宿主的防御机制，实现自身的生存，胞内菌进化出两种策略：一是逃离囊泡；二是使囊泡适应其存在和增殖。虽然囊泡内不同病原菌抵抗宿主杀菌的策略多种多样，但它们实现的条件是相同的，即被内化后，短时间内实现细菌控制囊泡膜与其他细胞内区室的相互作用，形成一个抵抗宿主杀菌的机制。

囊泡和细胞区室在进化过程中相互作用的途径主要有三种。分枝杆菌和沙门氏菌利用内吞途径限制它们之间的相互作用，使细菌寄居在囊泡中，难以和溶酶体进行融合，从而逃脱降解酶的作用。立克次氏体则允许囊泡中的细菌与溶酶体融合，使一部分细菌与内吞途径外的细胞器建立联系，得到所需营养物质。军团菌和布鲁氏菌通过建立内质网衍生环境，使衣原体通过内吞作用和生物合成途径对囊泡和细胞区室之间的相互作用进行严格控制。

（1）组织吞噬体的成熟　以巨噬细胞中的非活动性结核分枝杆菌为例，说明细菌如何限制它们与内吞途径之间的相互作用。

胞内细胞器与囊泡的融合使细胞器的膜成分存在于囊泡膜中，细胞器的管腔内容物能够接触到囊泡腔。因此，细胞内区室间的不同标志物有助于在显微镜下看到囊泡和宿主组分之间的相互作用。细菌内化后的短时间内，含结核分枝杆菌的吞噬体能够与转铁蛋白相接触，也能够被 Rab5 修饰。此后，吞噬体的成熟受微酸性（pH 6.3）的管腔环境阻碍。

结核分枝杆菌组织吞噬体成熟的过程还不明确，要解答这一疑问，需要对分枝杆菌分泌机制进行研究。

（2）柯克斯氏体在酸性环境中存活的策略　柯克斯氏体主要感染的是单核吞噬细胞。目前，已知的在整个感染周期都在具有溶酶体成分的囊泡内进行复制的唯一细菌病原就是柯克斯氏体。柯克斯氏体抵抗吞噬溶酶体的恶劣环境采取什么样的方法还不明确，其中的一个猜测就是柯克斯氏体表面的特定特征起到了重要作用。柯克斯氏体为了逃避细胞防御机制，实施了抑制 NADPH 氧化酶活性的方法，这种特性在感染埃立克体的吞噬细胞和感染衣原体的上皮细胞也能够表现出来。由于缺少相应微生物的基因操作系统，造成柯克斯氏体调节囊泡成熟的机制仍然存在疑问，导致在研究分子水平上的机制的过程中遇到阻碍。其中一种猜测是该细菌在将效应蛋白转运到宿主细胞时，利用了由柯克斯氏体基因组隐藏的 Dot/Icm Ⅳ型分泌系统，军团菌的机制与此类似。最近，发现异源柯克斯氏体效应蛋白分泌物潜藏于军团菌中，这在一定意义上解释了柯克斯氏体破坏宿主的分子机制。

（3）劫持内吞途径以外的区室　军团菌和布鲁氏菌除了可以控制与内吞途径之间的相互作用之外，还可以选择内质网作为新的细胞内区室。在感染时间不超过 5min 的条件下，含军团菌的囊泡利用 Dot/Icm Ⅳ型分泌系统分泌细菌蛋白，从而能够从内吞途径中脱离出去，内质网衍生的囊泡、线粒体和核糖体能够将囊泡包围。细菌蛋白质 RalF 可充当鸟苷酸交换因子（GEF），GEF 定位于包含军团菌的囊泡，招募并激活 Arf1 和小 GTP 酶，Arf1 和小 GTP 酶参与 COP-I 介导的高尔基体到内质网的逆向运输。此外，至少有另外三种细菌蛋白质有助于招募 Rab1，Rab1 参与内质网到高尔基体及囊泡膜的运输。

布鲁氏菌的分子机制与军团菌不同，其进入内质网的途径也不相同。由于内质网在提供代谢物合成或转运方面具有重要作用，所以尽管布鲁氏菌与军团菌机制不同，但细菌在胞内复制最有利的条件就是内质网衍生的生态位。

二、细菌与宿主相互作用

1. 分泌机制

细菌如果想要在囊泡生活，就必须在宿主细胞质中的囊泡膜上产生作用。分泌系统能够帮助细菌转运蛋白，并穿过细菌和囊泡的膜，但革兰氏阳性菌只需要穿过其中的1层膜，而革兰阴性菌则需要穿过这2层膜。目前，在革兰氏阴性菌的研究中，细菌的Ⅲ型分泌系统的情况是最清楚的，这个分泌系统是由20多个蛋白质组成的多蛋白复合物，能够在转运细菌蛋白时发挥作用，使其进入真核细胞中。细菌的毒力岛、染色体或质粒上一般有编码Ⅲ型分泌系统的基因，许多致病性革兰氏阴性菌有Ⅲ型分泌系统，在细胞外能够触发吸收或阻止吸收。衣原体或沙门氏菌生活在囊泡中，这2种细菌被内化后能够激活Ⅲ型分泌系统。沙门氏菌的2个毒力岛能够产生2个不同的分泌系统，在侵入阶段或者在细胞内的吸收阶段，分泌系统的表达能够被获及，在侵入阶段和发育阶段的后期，分泌系统能够被激活。衣原体的基因只有1组，其中的基因数量约为1000个，其功能的实现大多需要宿主的支持。目前，如何调控衣原体效应蛋白的瞬时表达和转运仍需要进一步的研究。通过估算发现，细菌Ⅲ型分泌系统的蛋白可能超过100个，这表明在利用宿主资源时，细菌Ⅲ分泌系统发挥了重要作用。衣原体转运蛋白进入宿主的途径不仅依赖细菌的Ⅲ型分泌系统，蛋白酶也在宿主细胞质中发挥了作用。蛋白酶CPAF的分泌机制与Ⅲ型分泌系统的机制有不同之处，该系统的功能尚待研究。

存在于布鲁氏菌、军团菌、埃立克体和柯克斯氏体中的细菌Ⅳ型分泌系统是目前研究比较清楚的系统。该分泌系统的进化程度相对较高，能够实现DNA和蛋白质在细胞之间的转运。军团菌的Dot/Icm分泌系统包含的蛋白质超过了20个，这些基因突变体难以快速识别晚期内体标志物，也不能招募内质网的来源物到含军团菌的囊泡中。为了寻找分泌信号或阻断细胞功能的蛋白质，可以通过生物信息学等对系统分泌的蛋白进行详细鉴别。在鉴定的100多个候选蛋白中，确定功能蛋白的数量只有少数。关于分泌系统调节功能的研究发现，传递效应蛋白必须依赖吞噬作用。

细菌Ⅵ型分泌机制作为一种新的分泌系统，其具体信息尚待研究。鼠伤寒沙门氏菌的Ⅵ型分泌系统与栖居囊泡中的胞内细菌的毒力相关。最近，在革兰氏阳性细菌中鉴定出了细菌Ⅶ型分泌系统这一新型分泌机制，该机制在结核分枝杆菌中被称为ESX，并对结核分枝杆菌的毒力具有重要作用。但是，该系统的一些功能需要进一步研究，包括Ⅶ型分泌统是否分泌形成Injectisomes，从而使转运蛋白穿过吞噬膜体，该系统是否有助于细菌逃离吞噬体，是否帮助细菌在细胞质中发挥作用。

2. 输入营养成分

囊泡膜与真核细胞膜相同的地方在于它们均不允许离子和溶质通过。这种特征能够使细菌创造一个良好的生存环境，从而适应pH和离子成分。细菌除了需要输入机制外，还需要输出机制，从而使宿主细胞的资源穿过囊泡膜。宿主能够抵抗细菌的原因是其限制了营养成分进入囊泡，同时吞噬体膜上的二价阳离子的转运体自然抗性相关巨噬细胞蛋白（NRAMP）在微生物吸收铁、锰等微量元素的过程中起到限制作用。结核分枝杆菌进化的策略是其表达NRAMP同源物可竞争相同的二价阳离子。

目前，对囊泡运转机制的了解十分有限。囊泡腔获得营养物质的一种方式是囊泡膜与囊泡融合。细菌需要的铁由内质网衍生的囊泡与布鲁氏菌囊泡相融合提供，包含在血红素中的铁可靶向到内质网，并通过血红素加氧酶进行降解。一些宿主或细菌带来必需分子，并通过转运体将必需分子转运，从而穿过囊泡膜。衣原体转运到囊泡膜的蛋白质数量超过 60 种，其中的一些蛋白在将细胞质中的营养物质转运至囊泡的过程中发挥作用，但大部分蛋白质的功能尚不清晰，需要进一步研究。

脂肪滴是较大的囊泡，且充满中性脂类，能够被转运到包含衣原体囊泡中。细菌中性脂的潜在来源是被转运至衣原体包含腔的脂肪滴。目前，这种转运机制还不明确，可能与囊泡膜的内陷有关。

3. 囊泡的膨胀

囊泡内细菌的生长形式各不相同。囊泡中的柯克斯氏体和衣原体等细菌占据了细胞质的大部分，并且在单个区室内生长。其他细菌在囊泡膜中分割区室时导致囊泡膜的破裂，这也使单个囊泡中的细菌只有一个或者少部分。每个囊泡中具有一个或少数细菌与囊泡中包含多个细菌的情况不同，单个细菌占膜面积的比例更重要。囊泡中包含衣原体或沙门氏菌，囊泡膜会在整个细胞质中膨胀，这是否具备其他功能还有待研究，但是其中的一个假设是，“纤维丝”在增加囊泡表面积的同时能够与宿主交换物质，另一个假设是膜膨胀有助于形成次级囊泡，导致细胞裂解。在这方面还存在着不同的策略，包含衣原体囊泡的细菌可以被分割，包含柯克斯氏体囊泡的细菌则不能分割。

囊泡膜的膨胀除了需要细菌脂质外，还需要宿主来源的脂质。含柯克斯氏体的囊泡在细胞质中的占比非常大，囊泡的生长有两种形式，一是增加胆固醇摄入，二是依靠生物合成。菲律宾细胞染色体显示囊泡膜的胆固醇含量与富含胆固醇的细胞质膜基本相同，这说明空间较大的囊泡抵抗机械破坏的能力也较高。宿主细胞的脂质也是衣原体囊泡膜生长的重要条件。衣原体中积聚的胆固醇、鞘磷脂和磷脂表明来自宿主的成分能够穿过囊泡膜与细菌进行整合。含衣原体的囊泡要实现上述功能，应该具备两条转运途径，一是从多泡体转运，二是从高尔基体输出。高尔基体碎片出现在衣原体感染过程中，它的一个重要功能就是帮助识别高尔基体运送。

三、细菌感应环境

胞内细菌可在真核宿主的内稳态里面找到一个相对稳定的环境。但是，进入宿主体内的细菌在获取宿主体内的营养物质或者宿主细胞防御活性都是不断变化着的，并不是固定的，在侵入宿主后，几乎所有的细菌通常都需要时间上的延迟（柯克斯氏体可能延迟几小时甚至几天才开始进行复制），更有甚者可能是让胞内囊泡的生态位一直到能够维持细菌增殖才会停止。目前尚不清楚细菌感应环境的机制。

囊泡内 pH 在某些情况下与细菌基因表达的调控有关。在早期阶段，布鲁氏菌阻断了内化后的酸化，所以布鲁氏菌复制时不能在细胞内进行。在低 pH 条件下诱导编码Ⅳ型分泌系统基因进行表达时，Ⅳ型分泌系统必须使囊泡的环境变成合适的生态位。在分枝杆菌感染的期间，调节基因表达的必要参数其中之一就是胞内囊泡内 pH。

群体感应是细菌采取的影响其与环境因素的相互作用策略之一。群体感应系统依赖的是细胞密度变化的细胞间通讯方式，可以在一个细胞群体中调控细胞基因。在布鲁氏菌中就已经鉴定出两种这样的转录调节因子，虽然它们的作用都是调控Ⅳ型分泌系统基因的表达和鞭毛的合成分泌，但是它们的功能并不显得冗余。

衣原体感染态的原质小体（EB）几乎不能复制或很少复制，它只有代谢活性。衣原体被内化后不久，形态改变成可复制的网状体，即 RB。衣原体Ⅲ型分泌系统效应蛋白 TARP 的分泌发生在细菌入侵阶段。Ⅲ型分泌系统激活是否足以触发上述过程目前还不清楚，或初始囊泡的其他因素是否参与分化过程目前也不清楚。在之后的生命周期中，衣原体经网状体（RB）转变成原质小体（EB）的过程是否是针对细胞内或囊泡内环境变化的应答也仍不清楚。在同一个囊泡中不同的细菌分化也是具有不同步性的，RB 分化为 EB 的触发因素是细菌和囊泡膜接触面的缺失，但是这对所有的细菌都没有什么影响。衣原体在一定条件下进入“持续感染”阶段基本是不会进行复制的，所以衣原体是如何感测环境的就特别重要。在持续感染状态下，治疗时很难使用抗生素，这就导致了衣原体慢性感染的症状。在体外感染的实验中，可以用青霉素、干扰素等诱导剂或缺乏营养来诱导其产生持续感染。体外实验能在多大程度上模拟细菌体内的感染还是未知的，但对抗衣原体慢性感染的关键是鉴定其进入持续感染状态的感知参数。

四、细菌从囊泡中逃逸

邻近细胞或者新的宿主为感染细菌需要逃离囊泡。细菌逃离囊泡需要三步：融合囊泡膜与质膜，使质膜破裂或者从细胞中将囊泡挤出，让囊泡膜破裂。上述后两个步骤可以用在沙眼衣原体逃离上皮细胞的过程中。因为细菌从囊泡中逃离不是一个同步的过程，尤其是死亡率很高的细胞，很难观察到，而其所涉及的机制又很少了解。骨髓细胞中的结核分枝杆菌和麻风分枝杆菌能够从吞噬溶酶体转移到细胞质中。但是，在这个过程中并没有所谓的“逃离”，而是“侵入”。肠致病性大肠埃希氏菌能够被非吞噬细胞内化，并寄居在囊泡中。

第五节　细菌致病基因转移与进化

食品中的细菌根据其致病性可以分为致病菌、条件致病菌和非致病菌 3 类。凡能引起人类疾病的细菌，统称为病原菌或致病菌；条件致病菌指在机体抵抗力低下的条件下致病而正常健康状况下不致病的细菌；非致病菌是指食品中存在的非直接引起人体疾病的微生物。同一种细菌在经历了一定时间演化后，其致病能力会发生改变，而食品中越来越多的非致病菌进化成致病菌。

在细菌进化过程中通过基因水平转移获得新的基因，比细菌通过突变改变基因功能更容易解释细菌适应新环境，对新的选择压力做出反应的能力。食品中常见的致病菌有霍乱弧菌（VC）、大肠埃希氏菌、金黄色葡萄球菌等。以霍乱弧菌为例，霍乱弧菌是导致人类霍乱的病原体，霍乱是一种古老且流行广泛的烈性传染病之一，但是并不是所有的霍乱弧菌都具有致病性。早期研究发现，在众多霍乱弧菌之中，只有 O1 及 O139 霍乱弧菌带有可导致严重腹泻的毒素，属致病性霍乱弧菌；没有上述毒素的非 O1/非 O139 霍乱弧菌则不产生致病性。然而，近年来国内非 O1/非 O139 群霍乱弧菌成为了引发夏秋季腹泻和食品中毒的主要病原菌。研究发现，非 O1/非 O139 群霍乱弧菌获得了某些 O1 群霍乱弧菌的毒力基因。不仅霍乱弧菌存在着毒力基因向非致病菌株的转移现象，其他细菌，如溶藻弧菌，也存在着这种致病基因的水平转移现象。溶藻弧菌是引起牙鲆和鳗鲡等许多名贵经济鱼类发生细菌性鱼病的致病菌之一。溶藻弧菌过去一直被认为不致病或仅能引起部分创伤性感染而未受到重视，近年来它引起的人急性腹泻和食品中毒时有报道，并证实该菌与副溶血性弧菌一样，是沿海地区腹泻病和食品中毒的常见病原菌。霍乱弧菌中的毒力基因在致病性的溶藻弧菌中也有大量分布，提示溶藻弧菌获得了霍乱弧菌的某些致病因子从而具备了致病性。这种致病基因的获得现象是一种细胞水平基因的转移。

随着研究的深入，非致病菌从致病菌获得毒力基因这种水平基因转移现象被发现是自然界存在的一种普遍现象。由于这种普遍存在的水平基因转移导致了致病性微生物的不断涌现，从而也增加了对微生物致病防治的困难。这种毒力基因的转移只是众多基因转移事件中的一种，而且每种受体菌在获取外源基因片段后必须有一段较长的环境适应期。这种自然环境微生物之间遗传物质的交流是一种正常的生态平衡系统，虽然频繁出现，但其进化比较缓慢，其危害可以预期并被监测。然而，为了提高农业生产效率，改变食品原材料性能等人为地向微生物（细菌）中加入大量的人工构建的基因工程微生物（GEMs）或其他的基因工程生物（GEOs），这是一种加速进化的人工进化过程，并缺乏漫长的自然筛选，由其导致的致病基因的转移所引起的安全性问题将是人类面临的巨大挑战。因此，有必要理解发生在致病细菌之间的遗传信息转移。

一、细菌水平基因转移

水平基因转移研究引人关注的主要原因是由于基因工程技术的发展，人工构建的转基因动植物和微生物越来越多，对其释放于环境后可能发生的基因转移及其深远影响还没有明确的认识。目前人们对于遗传工程生物的安全性问题的争论多集中在这个方面。

水平基因转移也称为侧向基因转移，是指在差异生物个体之间，或单个细胞内部细胞器之间所进行的遗传物质的交流。水平基因转移是相对于垂直基因转移（亲代传递给子代）而提出的，它可打破亲缘关系的界限，使基因流动的可能变得更为复杂。水平基因转移有别于一般亲本和其后代之间遗传信息垂直的传递形式，是在生物个体之间进行的基因转移。对水平基因转移的研究不仅能了解水平基因交换对生物进化历程的深刻影响，更重要的是可以作为对偶然或有意识向环境中释放遗传工程生物的风险评估依据。

通过对特定基因的核苷酸序列或由其推导出的蛋白质氨基酸序列的分析，发现在生物进化过程中普遍存在着基因的侧向传播，其中细菌处于中心环节，并且先后在植物与细菌间、人细胞与细菌间、植物与动物间、真菌与细菌间、古生菌与细菌间、原生生物与细菌间以及细胞器与细胞核之间发现存在水平基因转移现象。

1. 细菌中的水平基因转移

在细菌中，基因转移不是其生活周期中的必需部分，遗传物质从一个机体转移到另一个机体可产生深远的影响，例如，提高细菌致病能力或使其具有针对某种抗生素的抗性。此外，供体细胞的一些基因转移到受体细胞中，来源于 2 个不同细胞的基因（DNA）间的整合有助于保持群体的遗传多样性。

通过对大肠埃希氏菌（*Escherichia coli*）MG1655 菌株全序列的分析来评估水平基因转移对细菌基因组进化的全面影响，发现自 *E. coli* 从沙门氏菌中分离出来，至少发生了 34 起水平基因转移事件，其基因组 4288 个开放阅读框中的 755 个（共 547. 8 kb）是通过水平基因转移而来，约占总数的 17. 6%。由于 *E. coli* 染色体长度是保守的，当通过水平转移获得新的序列后会通过缺失丢掉等长的其他序列，所以在 *E. coli* 基因组中基因组成是动态的，使得基因组中具现实意义的基因得以引入并保留，替换非必需部分，整个染色体是镶嵌性的，通过这种方式可以有效地改变一种细菌的适应能力和致病特性。

2. 水平基因转移的影响

水平基因转移的研究不仅有助于全面、深刻地认识全生物进化、物种形成等生物学基本问题，更为重要的是水平基因转移研究的现实紧迫性。

（1）抗生素抗性问题　近年来，陆续发现不能被目前任何一种已知抗生素控制的病原菌的“超级细菌”变种。细菌除自发突变产生新的抗药性并遗传给后代外，多数情况下细菌通过从其他细菌接受抗药性基因，而获得对某种抗生素的抗药性。人类在与细菌性疾病的对抗中面临着新的挑战。利用水平基因转移的研究成果，建立合理有效使用抗生素的方式，降低新的抗药性产生的频率，特别是减少抗药性基因传播的几率，将会有助于人类在这场与细菌的对抗中取得优势。

（2）遗传工程生物的安全性问题　随着遗传工程的产生与发展，越来越多的 GMOs 已经或将被释放于环境中，人们对 GMOs 释放的安全性疑虑重重。这种担心主要集中在 2 个层面。一方面是 GMOs 中经改造后的遗传物质及其产物对人的潜在影响，另一方面是 GMOs 释放于环境中改变了原有基因库的结构和组成，对生物多样性和生物进化的影响方式和程度。对 GMOs 释放的生物安全性的认识存在 2 种对立观点，均承认水平基因转移的存在，而对其作用和影响程度的评估是两派的重要分歧所在。

目前有关水平基因转移方面的研究工作还处于初级阶段，大多集中在 2 个层次，一方面不断发现并证实各种水平基因转移现象，另一方面从系统发育的角度研究进化过程中的水平基因转移事件，而对水平基因转移发生机制的研究还是一个薄弱环节。

3. 细菌水平基因转移的途径

一般认为细菌仅通过二分裂方式增殖，没有类似于真核生物通过有性生殖而获得遗传信息转移重组的机制。细菌转化、接合和转导的研究已有数十年的历史，但一直是作为细菌中类似于高等生物的有性现象和作为遗传作图的工具。自然条件下进行的转化、接合和转导过程实际上介导了细菌间的水平基因转移，水平基因转移现象的发现与确证赋予转化、接合和转导研究新的生命力，这方面的研究成果将有助于阐明细菌间水平基因转移的机制及水平基因转移在生物进化中的地位。

（1）转化　转化一般是指某一基因型的细胞从周围介质中吸收来自另一个基因型细胞的游离 DNA（Free DNA）而使它的基因型和表型发生相应变化的现象。1928 年医生格里菲斯（Griffith）在研究肺炎链球菌（*Streptococcus pneumoniae*）感染小鼠的实验中发现转化现象：将活的粗糙非致死肺炎链球菌与经加热杀死的光滑致死肺炎链球菌混合物注射小鼠，小鼠染病致死，从中分离到活的光滑型肺炎链球菌。粗糙型肺炎链球菌可被转变为光滑型肺炎链球菌，而且这种改变可以遗传。

从元素分析、酶学分析、血清分析以及生物活性鉴定等方面证实引起肺炎链球菌转化的转化因子是 DNA，第一次为遗传物质是 DNA 而不是蛋白质提供了直接证据，也表明水平基因转移的主要载体是 DNA。在肺炎链球菌中发现转化现象后，在许多种类生物中观察到转化现象，如不动杆菌属（*Acinetobacter*）、芽孢杆菌属（*Bacillus*）、嗜血杆菌属（*Haemophilus*）、奈瑟氏菌属（*Neisseria*）和葡萄球菌（*Staphylococcus*）以及酵母。

细菌整个转化过程是由染色体上的众多基因参与调控编码的，是细菌典型的基因水平转移方式。有关转化机制的研究表明，抽提得到的裸露 DNA 与感受态（Competence）细胞混合，每个细胞最多可摄取约 10 个 DNA 片段，低于正常细胞中 DNA 量的 5%。DNA 摄取只发生在细胞生长的特定阶段，可能在完整细胞壁形成以前。在此阶段，一种被称为感受态因子的蛋白质释放于介质中促进 DNA 进入细胞内，而且缺乏感受态因子的培养物经其处理后可建立感受态而摄取 DNA 片段。然而，不是所有细菌都可建立感受态，即不是所有的细菌可以被转化。DNA 进入细胞依赖于细胞壁的改变和质膜上形成可结合 DNA 的特异性受体，有的受体可以识别不同来源的 DNA，结合来源相同或近缘种属的 DNA，而排斥远缘种属的 DNA。在转化过程中，DNA 与特异性受体结合前对脱氧核糖核酸酶Ⅰ（DNase Ⅰ）是敏感的，这是转化的一个基本特征。DNA 结合到膜上后，内切酶将双链 DNA 切割成 7 000~10 000 个碱基对大小的片段，双链分离，仅一条链进入细胞，经过重组整合到染色体上。

（2）接合　接合为细菌中存在的由质粒介导的类似有性过程的基因交换重组现象。接合与转化之间存在明显的差异。首先，接合需要细胞与细胞之间的直接接触；其次，可以进行接合的细胞必须属于不同的配型，即供体细胞必须携带质粒（性因子、致育因子），而受体细胞则没有。细菌的接合过程分为接合配对形成和 DNA 转移 2 步进行，质粒上携带的基因表达形成特定的结构（如性伞毛）使供体和受体细胞配对，在其间建立一种通道，DNA 可借此从供体细胞进入受体细胞，然后如同转化过程中发生的一样，与受体 DNA 进行重组，受体细胞借此获得新的性状。接合过程是由染色体外遗传因子编码的功能。

（3）转导　转导是由病毒介导的细胞间进行遗传转移的一种方式，是指一个细胞的 DNA 或 RNA 通过病毒载体的感染转移到另一个细胞中。转导过程中，裸露 DNA 不能完成转导，不同于转化或接合过程。转导是与噬菌体生命周期密切相关的，噬菌体感染细菌后其 DNA 在细菌体内增殖，在装配过程中发生误包装，一些新的颗粒携带的是细菌 DNA 而不是噬菌体 DNA，携带宿主 DNA 的噬菌体感染新宿主时带入原宿主 DNA，噬菌体介导了两宿主之间的 DNA 重组，转导频率低，但具有在宿主间转移整个质粒和一些染色体片段（片段大小受噬菌体包装容量的限制）的能力，可能会导致一种基因的广泛扩散。转导现象是由噬菌体基因编码的功能所致。

4. 细菌基因转移的途径比较

细菌几种主要的遗传信息转移类型最基本的差异涉及 DNA 转移的量和转移所采用的机制。转化是通过裸露 DNA 发生的遗传性状的改变。转化中供体细胞中少于 1%的 DNA 转移到受体细胞中，转移过程的调控仅涉及染色体上基因的功能（相对于接合质粒而言），此过程需要感受态因子。接合由致育因子启动，通过性伞毛可以转移整个基因组进入受体细胞。

转导则依赖于噬菌体装配过程中 DNA 的误包装，片段大小受包装容量限制，DNA 转移范围与噬菌体宿主范围相关。转化过程中供体与受体的低专一性和转化机制的简约性，体现了转化在基因转移机制中的原始性。

二、细菌毒力基因遗传转化

1. 自然条件下的转化

自然遗传转化是不需要任何媒介的裸露 DNA 分子与自然感受态细胞间相互作用的一种基因转移方式，可以发生在细菌之间，也可以发生在细菌与其他真核生物之间。因此，自然条件下的转化需要具备 2 个条件：具备转化活性的裸露 DNA 分子和形成自然感受态细胞。

环境中存在大量具转化活性的 DNA。采用竞争 PCR 方法检测质粒 pVACMC1 在人唾液中的降解及转化活性的变化。结果表明，虽然质粒 DNA 在唾液中会被部分降解，但 24h 后还可检测到靶 DNA 片段的存在，且经新鲜唾液处理后的质粒 DNA 依然可以保持转化活性，而且 DNA 在通过胃肠道后还可得到部分保存。据报道，用 PCR 可以在自然环境条件下检测到转基因植物的 DNA，最长可达 2 年。从中发现，环境中具转化活性的 DNA 可以生存。另外，细菌细胞也能主动分泌 DNA 到环境中，并具有转化活性。而且在此转化过程中一些受体细胞为防止供体 DNA 的降解，会表达相应的 DNA 结合蛋白，诱导产生对应的重组酶系。

只有当受体细胞处于感受态时细胞才具有摄取外源裸露 DNA 并发生遗传改变的能力。感受态是指细胞具有结合摄取外源 DNA 并发生遗传改变的能力。依据建立感受态的方式，转化可分为人工转化和自然遗传转化（简称“自然转化”），后者感受态的出现是细胞一定生长阶段的生理特性，前者则是利用高剂量的二价阳离子（如 Ca^{2+}，Mg^{2+}）、诱导原生质体形成以及电穿孔等方法处理细胞，使其获得摄取外源 DNA 的能力。

一些细菌在它们特定生命周期中处于感受态，一些细菌在整个生命周期中均处于感受态。自然条件下，细菌可建立感受态，而且释放于环境中的 DNA 可吸附于黏土、沉积物或高岭石等表面，从而获得可以抵御被 DNase 降解的自我保护能力，并能保持一定的转化活性。研究发现，在从自然环境中采集的含一定离子的天然水样中，大肠埃希氏菌可通过其内在调节机制建立自然感受态，从而在自然环境中直接摄取外源 DNA；此外，枯草芽孢杆菌建立自然感受态的能力也早已得到人们的肯定，其基因组上有 10 多个基因与感受态的建立有关。还有一些细菌经过某些物理或化学处理，例如，用氯化钙、乙二胺四乙酸二钠盐（EDTA）、电击等处理后可以吸收 DNA。转化是在实验室中发现的，但转化不仅是一种实验室现象，转化在自然环境中可以进行，只是自然条件下转化对生物遗传多样性的贡献有多大还不得而知。

因此，自然界中进行的转化是普遍的，已报道至少 24 属 43 种细菌可以进行自然转化。自然转化是细菌在一定生长阶段采取的主动调节过程，由细菌或食品中释放的 DNA 具有转化自然感受态细菌的潜力。随着环境中具有转化活性的 DNA 分子及自然形成的感受态细胞的相继发现，自然转化在水平基因转移中的作用成为人们关注的焦点。因为自然遗传转化不需要致育质粒和噬菌体作为媒介，甚至不受时空的限制，可以发生在不同的生物之间，所以被认为很可能是水平基因转移的重要途径，也是非致病菌向致病菌转化的主要策略之一。

2. 自然遗传转化

不同于接合和转导，转化是由细菌染色体基因控制的，在细胞密度、营养条件等信号诱导下细菌建立感受态摄取外源 DNA 的过程，可能是由最初细菌为获得营养物质的一种方式演化而来的。已有报道在许多革兰氏阴性和阳性细菌中可以建立自然感受态，如：链球菌属（*Streptococcus*）、芽孢杆菌属（*Bacillus*）、奈瑟氏菌属（*Neisseria*）、嗜血杆菌属（*Haemophilus*）、不动杆菌属（*Acinetobacter*）、螺杆菌属（*Helicobacter*）、甲基杆菌属（*Methylobacterium*）、微球菌属（*Micrococcus*）、分枝杆菌属（*Mycobacterium*）、假单胞菌属（*Pseudomonas*）和链霉菌属（*Streptomyces*）。对细菌而言，自然转化的优势体现在 3 个方面。

（1）获取新遗传信息　自然转化是细菌通过水平基因转移获得新的遗传信息的一种途径，在人类病原菌之间抗药性的快速传播中，自然转化扮演着重要的角色。

（2）辅助修复受损染色体　细菌以自然转化过程中摄取的外源 DNA 为模板，可通过同源重组方式帮助修复受损染色体。自然转化是细菌在进化中逐步建立起来，以获得外源 DNA 修复受损染色体的一种机制，这对细菌维持生存是极重要的，因为单细胞生物不像多细胞生物那样可以通过免疫系统或细胞编程性死亡途径清除受损细胞，由正常细胞增殖取代。

（3）可作为细菌在营养胁迫条件下获得营养物质的方式　转化过程中受体细胞为防止供体 DNA 的降解而表达相应的 DNA 结合蛋白，诱导产生对应的重组酶系，这些表明转化是细菌在一定生长阶段采取的主动调节过程。近年来不仅观测到细胞接触转化，而且实验表明细胞间的接触大大促进转化活性，从而进一步证明完整的供体细胞在转化中的作用。供体功能的研究对全面了解自然转化过程中转化 DNA 的来源及转化在水平基因转移中的地位和作用具有重要意义。

三、细菌毒力基因转导和结合

1. 噬菌体介导的转移

自然环境中，非致病菌向致病菌进化的另一重要策略是由携带毒力基因的病毒或噬菌体进入宿主菌，并在宿主细菌中进行基因交流改变宿主菌的表型或增加宿主菌的毒力，或使无致病力的菌株转变为致病菌。噬菌体介导的遗传物质的转移又分为转导和转换 2 种。

转导是一种细菌的基因被噬菌体颗粒包裹转移到另一细菌中。例如，与 λ 噬菌体 P2 和 P4 相关的一些噬菌体在许多大肠埃希氏菌获得致病性的过程中发挥着重要作用。

P2 噬菌体提供衣壳、尾部和裂解基因组装 P4 噬菌体 DNA，使 P4 噬菌体 DNA 能转移至其他菌体。P2 和 P4 噬菌体具有广泛的宿主谱，例如，食品中常见的志贺氏菌属、肠道沙门氏菌等，这使得它们成为细菌之间毒力基因水平转移的重要载体。金黄色葡萄球菌致病岛（SaPI1）是伴随着葡萄球菌噬菌体 13 和 80α 的增殖而发生转移的。噬菌体 13 和 80α 能将 SaPI1 壳体化（Encapsidate）并转导至金葡菌中。

噬菌体通常携带一些病毒非必需基因，这些基因转换到宿主菌后能引起宿主菌的表型的改变，这种现象称为噬菌体的转换，具有这种能力的噬菌体称为转换噬菌体。宿主菌表型的改变包括可识别标记的改变和毒力的变化。噬菌体转换使非致病菌向致病菌转化的一个典型例子就是 β-棒状杆菌噬菌体的溶原转换，它可使无毒力的白喉棒状杆菌转变为有毒力的菌株。另外，E 群沙门氏菌 O 抗原的溶源转换也是一个实例。ε 噬菌体感染沙门氏菌后，噬菌体编码的修饰菌体外层的三糖残基的酶将会引起 LPS 化学性质的变化，从而导致细菌抗原性的变化。

因此，噬菌体是细菌毒力基因水平转移的重要载体，也在细菌毒力表达的过程中充当着重要的前体物质。而且噬菌体之间的相互作用（例如 λ 噬菌体 P2 和 P4 相互作用）还使得细菌不断获得新的毒力基因，从而导致新的致病株出现。可见，噬菌体介导的非致病菌向致病菌转化是一个非常重要的策略。

2. 细菌与细菌的接合交换

接合是细菌中存在由质粒介导的类似有性过程的基因交换重组现象。接合发生在2个属于不同配型的细胞（例如，供体细胞必须携带质粒，而受体细胞则没有）之间。细菌的接合过程分为接合配对的形成和DNA的转移二步进行：质粒上携带的基因表达形成特定的结构（如性伞毛），使供体和受体细胞配对，在其间建立一种通道，DNA可借此从供体细胞进入受体细胞，然后如同转化过程中发生的一样，与受体DNA进行重组，受体细胞借此获得新的性状。

通过接合传递的质粒有F质粒、R质粒、Col质粒、毒力质粒。目前，临床上多重耐药菌株的出现与F质粒和R质粒通过接合传递密切有关。而且环境中发生的细菌基因转移也大多数与接合有关。因此，细菌之间的相互接合也是非致病菌获得毒力基因产生致病性的一个非常重要的策略。

第六节　致病细菌耐药性

在人类征服致病菌的道路上，由于抗生素等药物的出现，使得那些猖獗一时、吞噬过无数人口的致病菌遭到毁灭性的打击，从而拯救了千百万生命垂危的病人。然而随着抗生素等的广泛应用，却发现它们对某些疾病的疗效在逐渐降低，甚至完全消失。究其原因，在于病菌产生了抗药性，又称耐药性。细菌的耐药性是指当细菌长期暴露于含抗菌药物的生长环境时，在药物的选择压力下，敏感菌株被抑制或杀灭，天然耐药或获得性耐药菌株则继续生存、繁殖和克隆传播，导致细菌的耐药性增高。抗菌药物的广泛使用和不规范使用（包括抗菌药物种类选择不当，给药次数与用量不正确，联合用药方案不合理，未遵从抗菌药物使用指南等）均可导致致病菌耐药性增强。许多致病菌，例如金黄色葡葡球菌、大肠埃希氏菌、志贺氏菌、结核杆菌等，出现了日益严重的抗药性现象。

迄今为止，抗菌药物耐药性（AMR）已成为21世纪主要的公共卫生健康问题。2014年，WHO发布了首份覆盖全球114个国家抗菌药物耐药性的监测数据报告，报告指出：在美国和欧洲，由多重耐药菌（主要为金黄色葡萄球菌、大肠埃希氏菌、肠球菌、肺炎克雷伯氏菌、肺炎链球菌、铜绿假单胞菌）造成的感染及死亡人数已达到较高水平；由耐药菌株造成的直接医疗费用（包括二、三线抗菌药物高昂的购买费用，专用设备使用费用，长期住院费用等）和间接社会成本（患者死亡造成的生产力损失）无法估量；在美国、英国等国家以及药物监管体系较为宽松的发展中国家，抗菌药物的自我药疗现象较为普遍，加剧了耐药菌的发生和发展；多重耐药革兰氏阴性菌（尤其产碳青霉烯酶肺炎克雷伯菌）的临床分离率迅速增长，极易于重症监护室和新生儿病房造成暴发流行，除个别“老药”和具有肾毒性的黏菌素，临床可用的抗菌治疗药物濒近枯竭。因此，当代医学研究的重点，变成了如何研制药物来克服细菌的耐药性，并且能够寻找出一种对耐药性的细菌具有高效、低毒，并且药理性很好的抗菌药物。

一、耐药性分类

按照传统的分类方法，可以将细菌的耐药性分为固有耐药性（Intrinsic Resistance）和获得耐药性（Acquired Resistance）。固有耐药性，顾名思义，是说细菌对抗菌药不敏感。抗菌药可以对细菌起作用的一个重要的条件就是这个细菌必须具有一个可以使药物发生作用的靶位，因为如果没有靶位，药物就不会有效。例如，真菌细胞的细胞膜中含有麦角固醇，然而这种物质在细菌的细胞膜中却没有，所以说抗真菌的药物对一些真菌来说是有效的，但是对细菌来说却是没有效果的。一般情况下，获得耐药性是指在正常情况下一些敏感性的细菌出现了耐药性。

细菌可以获得的一些耐药性大致能分为以下几种：①交叉耐药性。是指能对抗菌药物产生耐药性的细菌菌株，会对同类其他品种的抗菌药物产生同样的耐药性，又称为协同耐药；②单向耐药性。是指虽然能对同类的抗菌药中的一种抗菌药产生耐药性，但是对同类的其他抗菌药无法产生耐药性的细菌菌株；③多重耐药性。多重耐药性比较复杂，是指对不同种类的抗菌药均产生耐药性的一种细菌菌株。

固有耐药性和获得耐药性这两类耐药性都是与遗传有关的，所以又都将这两种耐药性统称为遗传耐药性。除此之外，还有一种耐药性，它既不是属于先天固有的也不是属于后天获得的，而是依靠细菌生长周期而产生的一种耐药性，也可以称为非遗传耐药性。

二、耐药性机制

细菌通过一系列反应从而获得耐药性的形成机理可以大致分为两类，即遗传学机制和生物化学机制。

1. 遗传学机制

遗传学机制又分为染色体耐药性机制和染色体外耐药性机制两大类。

（1）染色体耐药性机制　在细菌的生长繁衍中，染色体会受到来自外界各个方面的不同因素的影响，因此也会经常性地发生一些概率很低的反应，每一世代概率约为 $10^{-10} \sim 10^{-6}$。一般情况下，抗菌药是仅作为一种“选择剂”来将耐药菌筛选出来的。但事实上，抗菌药在接触细菌之前，就已经存在于菌群中了。

有些突变是采用人工方法通过诱变剂从而诱导细菌发生反应。如果人为地加大一些诱导因素的剂量，就可以提高突变的速率了。

由于外界的一些突变都是偶然发生的，所以耐药菌一般情况下只会对一种或一类抗菌药产生耐药性，通常情况下是不会同时对两种或两种以上的抗菌药产生耐药性的。

（2）染色体外耐药性机制　细菌的细胞质中含有的染色体外遗传物质包括很多，

例如质粒、噬菌体和转座因子。

质粒虽然并不是细菌进行多种生命活动所必需的物质，但是它携带的遗传信息能赋予细菌某些特殊的遗传性状，所负责的是制备并且合成耐药因子在传递时所需的部分物质。

噬菌体是一种可以侵袭细菌的病毒，最大的特点是必须要在活细胞中寄生生存。噬菌体的组成成分是核酸和蛋白质。蛋白质构成的是可以保护内部核酸的外壳。大多数噬菌体所含的遗传信息很少会含有耐药性的基因，只在耐药性的传递过程中充当载体。

转座因子又称为转位因子，是可以在细菌基因组（染色体、质粒、噬菌体）中随意转移的一类 DNA 片段，有时形象地称为跳跃基因或移动基因。转座因子广泛地存在于细菌体内，通过转座因子在非亲缘关系细菌间传播遗传信息，例如耐药性基因、毒力基因以及其他特殊功能的基因等，是赋予细菌新的生物学性状和促进细菌不断进化以及适应特殊环境而生存的方式之一。转座因子种类较多，主要有插入序列、转座子和可转座性噬菌体 3 类。

①插入序列（IS）：插入序列是在细菌中首先发现的最简单的一类转座因子，是细菌染色体、质粒和某些噬菌体正常基因组中的一部分，其插入作用既可以正向也可以反向整合到基因组上。IS 除带有与转座有关的基因外，不带有其他基因。

②转座子（Tn）：转座子是一类带有与转座作用有关的基因和其他基因（如耐药性基因、重金属抗性基因、糖发酵基因、毒素基因等）的转座因子。按照不同的结构特征，转座因子大致上分为 3 类，即复合型 Tn、TnA 族和接合型 Tn。复合型 Tn 因为其两端都带有 IS，所以很容易转移并且传递耐药性基因，是导致细菌的耐药性能够播散的重要原因之一。虽然 TnA 族的两端并不会携带 IS，但是它带有与转座、插入以及重排功能有关的耐药性基因。在 TnA 族中，人们研究得最多的就是 Tn3。接合型 Tn 是在革兰氏阳性球菌中发现的一类可以在不同细菌间通过接合作用进行转移的 Tn。其转座方式类似噬菌体从而整合到基因组中。

③可转座性噬菌体：一般把具有转座功能的一类温和噬菌体称为可转座性噬菌体。一方面，它具有温和噬菌体的特性；另一方面，它又具有转座因子的特性，可随机插入到细菌基因组中。

以下简单介绍细菌耐药性遗传学传递方式，有转化、转导、接合和转座 4 种。

（1）转化　转化是指受体菌通过直接提取供体菌 DNA 来获得新的遗传特性的过程。由于耐药基因分泌和释放的物质都特别少，并且生活中也是很少会有同时传递两种以上的耐药基因的情况出现，所以在临床上并不太在意转化传递的耐药性，并且这样的传递多见于革兰氏阳性菌，革兰氏阴性菌中出现得很少。

（2）转导　噬菌体将供体菌 DNA 转移到受体菌中，并因此而获得多种新的遗传特性的过程叫作转导。青霉素、大环内酯类、链霉素、氯霉素、四环素等抗生素耐药性细菌是通过转导方式传递的。

（3）接合　通过直接接触从而完成多种耐药基因的转移，进而使敏感菌对多种抗生素出现耐药性，这种方式叫作接合。接合不仅会发生在同种细胞中，在特定的情况下还可发生在不同的集中细胞中，并且在这种情况下耐药性发生转变的频率较大。

（4）转座　转座是指转座因子在基因组内或组间转移并获得新的遗传特性的过程。这种转移方式出现在不同种的转移菌种之间，甚至可从革兰氏阳性菌转座至革兰氏阴性菌，使耐药菌株范围扩大，耐药种类增多，耐药机制多样，这是造成临床多重耐药性感染流行的重要原因。

2. 生物化学机制

细菌能够产生耐药性，是在遗传学的基础上来进行解释的，有时被归属为一种耐药机制，有时是两种以上机制同时起作用。

（1）产生各种灭活酶，消除抗生素抗菌活性　细菌产生的灭活酶大致可分为两类，一类是水解酶，如β-内酰胺酶，β-内酰胺类因抗生素结构中的β-内酰胺环酰胺键断裂而失活；另一类是钝化酶，例如，乙酰化酶将乙酰基转移到氨基糖苷类结构中的游离氨基上而使药物失活。

（2）修饰靶蛋白结构，降低抗生素的亲和力　抗菌药与细菌的各个不同部位上的靶细胞结合，从而使其具有了杀菌消毒的作用。此外，细菌还可以通过改变靶位蛋白结构的方式，使抗菌药与靶细胞的结合力下降从而不能产生耐药性。

（3）改变菌膜通透性，增加抗生素渗透障碍　抗菌药想到达靶位蛋白，必须要通过生物被膜、细胞壁、外膜、周浆间隙和内膜等细菌外围诸多屏障。由于各类细菌的屏障结构不尽相同，这就使它们最后所形成的抗生素进入细胞后的浓度也存在一定的差异。

（4）增强流出泵系统，减少菌内抗生素浓度　20 世纪 80 年代初，研究发现跨膜蛋白通常情况下存在于细菌的细胞膜上。常见的细菌转运子家族是 MF 家族和 RND 家族。外膜蛋白是细菌通向外界的重要通道，它位于外膜，细菌内的一些药物就经常会通过它流出体外。能将药物通过转运子传递给外膜蛋白的一种蛋白质叫作附加蛋白，附加蛋白位于周浆间隙。

实际上除了这两种蛋白以外，还存在有一些其他的耐药方式。但是无论是通过哪种方式产生的耐药菌株，也不论是特异性还是非特异性耐药，单药还是多药耐药的菌株都是少数菌株。当然，耐药菌的出现是绝对的，只是迟早的事，但通过合理用药可以推迟其发生时间或减少到最低程度。

第六章

食物中常见真菌及其毒素

真菌在生活环境中广泛存在。食品中经常出现的霉变，便是食品被霉菌污染的结果。真菌污染食品后，能够在食品中生长繁殖，产生各种代谢产物，其中包括了真菌毒素等对人类和动物有害的物质。霉菌的污染导致食品腐败变质的情况很多，食用霉变食品容易引起真菌性食物中毒，危害人类健康甚至危及生命。真菌毒素是由部分真菌产生的，作为次生代谢产物的天然毒素，可引起肝毒、肾毒、神经毒等中毒症状。产毒真菌主要致病机制包括：①真菌对支持其生长的基质（如粮食、其他食品等）成分进行一系列分解和合成的转化作用，使原本无害的物质变成有害物质；②真菌毒素与宿主细胞内的大分子如 DNA、RNA 和蛋白质等结合，导致基因结构或基因表达异常；③真菌毒素产生免疫抑制作用，降低机体免疫力，增加机体被其他微生物感染的机会。

真菌中的曲霉和青霉属，通常具有致癌性，在食品污染物中代表一个重要的群体。霉菌毒素具有多种毒性机制。本章将介绍几种常见的真菌及其毒素的产生与危害。

第一节　黄曲霉及黄曲霉毒素

黄曲霉毒素（Aflatoxin，AFT）主要是由黄曲霉（*Aspergillus flavus*）和寄生曲霉（*A. parasiticus*）产生的高毒性次生代谢产物，有约 20 种衍生物。由于黄曲霉和寄生曲霉在适宜的温度和湿度条件下可在多种食品和饲料中生长，同时真菌污染可发生在从田间、采收、处理、输送到贮藏的任何环节，因此黄曲霉毒素可侵染多种食品，如香料、谷物、无花果、坚果和干果等。一般而言，黄曲霉毒素的侵染大多发生在热带地区的粮食作物中。

作为一类二呋喃香豆素衍生物，黄曲霉毒素的基本结构中都有二呋喃环和氧杂萘邻酮（香豆素），在紫外光照射下可产生荧光。B 族黄曲霉毒素连接戊酮，G 族黄曲霉毒素连接的是六元内酯，结晶的黄曲霉毒素 B_1（Aflatoxin B_1，AFB_1）有较高的热稳定性。黄曲霉毒素具有高毒性和致癌性，通过直接摄入（进食被毒素直接侵染的食物）或间接摄入（进食受毒素污染饲料的动物）对人体起毒害作用。其中，AFB_1 对哺乳动物毒性最大，会引起突变、致畸和肝损伤。

黄曲霉毒素的形成受遗传因素、生物和非生物因素影响。目前，研究已经揭示了参与黄曲霉毒素合成每步反应的酶的功能、编码酶的基因及黄曲霉毒素形成代谢的调控机制。

一、黄曲霉及其毒素对食物的侵染

据联合国粮食及农业组织（FAO）统计，全世界 25%的谷物因受真菌毒素污染而不能食用，当中受黄曲霉毒素污染的最为严重。很多主要的农作物，例如玉米、水稻和棉籽，都容易受到黄曲霉菌污染。热带和亚热带地区的食品和饲料中，由于湿热的气候为真菌的生长提供了适宜条件，黄曲霉毒素的污染率相对最高。农作物中黄曲霉的生长和黄曲霉毒素的产生受作物种类、真菌种类、环境中湿度及温度、作物的水分含量和物理损伤情况的影响。黄曲霉毒素的污染普遍会随着作物所受胁迫和损伤程度增大而加重，这些胁迫或损伤包括采收前的干旱、昆虫活动、采收时间、采收和采后的大雨天气和农作物贮藏前的未充分干燥。一般而言，干燥和贮存过程中的湿度、温度和通风是其中最重要的影响因素。

以花生为例，降低其对黄曲霉菌抵抗力从而造成黄曲霉毒素侵染的主要环节包括：①花生栽培过程中受到的病虫危害、收获前期的干旱胁迫以及适时采收的错过；②花生的收获方式与晾晒干燥过程；③荚果入贮时病、残、破损和秕果数量，贮藏过程中的荚果回潮情况、贮藏场所的温度、贮藏期间的害虫危害以及贮藏时间。这些环节均会导致花生自身对黄曲霉菌的抵抗力下降。

二、黄曲霉毒素生物合成

黄曲霉毒素的生物合成是一个错综复杂的过程，对其认知最初起源于对毒素结构的检测。黄曲霉毒素的生物合成需要很多酶的参与。编码这些酶的基因和转录因子位于黄曲霉和寄生曲霉各自基因组的一个大约 70 kb 大小的基因簇内。它们的结构大体相同，且其中每个基因的转录方向是唯一的。不难看出，黄曲霉和寄生曲霉的黄曲霉毒素合成基因显著同源。黄曲霉毒素生物合成的起始阶段类似于脂肪酸的生物合成，即以乙酰辅酶 A（乙酰 CoA）作为起始单位，丙二酸单酰 CoA 作为延长单位，在聚酮化合物合成酶（PKSA）的催化下形成聚酮骨架，之后在一系列的酶的催化下，最终成为黄曲霉毒素。目前，普遍认同的黄曲霉毒素生物合成模式如图 6-1 所示。

真菌在快速生长停止以后，通常会产生由非核糖体肽合成酶催化合成的 β-内酰胺抗生素以及由聚酮途径合成的聚酮黄曲霉毒素和杂色曲霉素。这些毒素是研究最透彻的几种真菌次生代谢产物。次生代谢的调控基因是成簇的，而且可以通过对真菌基因组进行计算机模拟分析轻易进行检测。此发现对于研究黄曲霉毒素基因调控和进化具有重要意义。

三、黄曲霉毒素生物合成影响因素

黄曲霉毒素的生物合成受很多生物和非生物环境因素的影响，这些因素包括碳源和氮源等营养因素、水分活度和温度的环境影响、pH 的生理条件和生物反应剂等。贮藏环境中的通风条件、贮藏环境温度和贮藏物的 pH 对菌株的产毒影响巨大，较低的温度和良好的通风再加上弱碱性的 pH 可很好地降低毒素的产量。此外，有学者通过研究

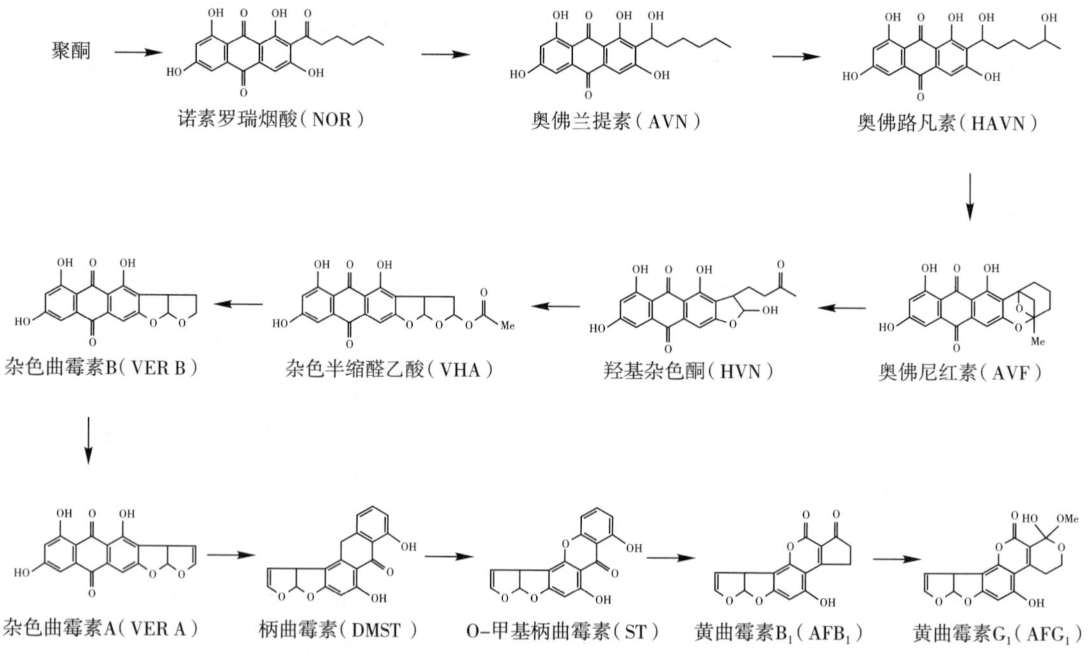

图 6-1　黄曲霉毒素生物合成模式

发现，温度对黄曲霉毒素合成通路特定基因转录的影响最大，其次是 pH、氮源、碳源。

1. 碳源

碳源和氮源是最广为人知的影响黄曲霉毒素产生的营养物质。碳源和黄曲霉毒素形成的关系已经明确。在寄生曲霉菌基因组中，与黄曲霉毒素合成相关的基因簇附近存在一个和糖利用有关的基因簇。这种紧密的物理联系证明了碳水化合物在诱导黄曲霉毒素合成过程中起着重要作用。对于糖类碳源，单糖（如葡萄糖、蔗糖、果糖）和麦芽糖有利于黄曲霉毒素的形成，而山梨糖和乳糖则起抑制作用。部分植物多糖或真菌多糖作为碳源，对黄曲霉的数量和产毒均有影响。例如，海带多糖、香菇纤维素、马铃薯直链淀粉和 A 型大豆多糖作为碳源，能够明显降低黄曲霉菌丝产量；而以海带多糖、香菇纤维素、马铃薯纤维素、香菇多糖和绿豆多糖为碳源，则能减少黄曲霉毒素的产生。

脂质类的碳源有利于黄曲霉毒素的产生。脂肪酶基因（*LipA*）存在于黄曲霉和寄生曲霉的基因组中。当脂质底物作为碳源时，*LipA* 的表达会被诱发，随后进一步诱发黄曲霉毒素的产生。向不利于黄曲霉毒素形成的蛋白胨培养基中添加 0.5%的豆油可诱导酶基因的表达，进而促进黄曲霉毒素的形成。然而，碳源参与黄曲霉毒素的代谢通路基因表达的分子机制还有待进一步研究。

2. 氮源

氮源能被真菌利用，因此其与黄曲霉毒素的产生紧密相连。作为常见的氮源，氨基酸种类的不同，对黄曲霉毒素的产生有不同的影响。酪氨酸、天冬酰胺、天冬氨酸、丙氨酸、谷氨酸、谷氨酰胺和脯氨酸都有利于黄曲霉毒素产生；而色氨酸则抑制黄曲霉毒素的产生。对于无机氮源，硝酸铵、亚硝酸铵和硫酸铵对黄曲霉毒素的产生起促进作用，但硝酸钠和亚硝酸钠对黄曲霉毒素的产生具抑制作用。总的来讲，还原态氮源促进黄曲霉毒素的合成，氧化态氮源则起抑制作用。

3. 温度

黄曲霉毒素的形成受温度的直接影响。一方面，产生毒素的寄生曲霉生长的最小温度范围为6~8℃，最大为44~46℃，最佳生长温度为25~35℃，超过最佳生长温度，会影响毒素的生成。另一方面，黄曲霉毒素在12~34℃的温度范围产生，在36℃时产毒停止，最适产毒温度为28~30℃。这是由于温度影响了黄曲霉毒素生物合成相关酶基因的表达。这些基因对黄曲霉毒素的生物合成在转录水平上起调节作用。基因的过度表达可促使黄曲霉毒素合成量增多。而高温则可减少黄曲霉毒素生物合成通路相关基因的表达。使用基因芯片和基因表达谱对比了这些基因分别在28℃和37℃的表达情况，结果发现在28℃条件下高表达的基因，在37℃条件下均出现了显著的表达下降。因此，当温度提高到37℃时，尽管整个黄曲霉毒素生物合成基因簇依然被激活，但由于相关基因表达的下降，黄曲霉毒素合成受到了抑制，生成量大量减少。

4. 水分活度

水分活度是影响黄曲霉生长的重要因素。水分活度低于0.90，黄曲霉无法生长，因此在一般情况下，水分活度越高，越有利于霉菌生长和毒素的生成。然而，玉米中严重的黄曲霉毒素的爆发多发生在炎热和干旱条件下。此状况下玉米污染黄曲霉毒素的机理还不是很清楚，可能的原因包括：①在水分胁迫条件下，植物的防御机制减弱；②昆虫侵食和相关的植物组织受伤为真菌入侵提供了机会；③干燥气候下，更多的真菌孢子散布到空气中。

5. pH

黄曲霉毒素的生物合成发生在酸性介质中，最佳pH为3.4~5.5，其在碱性介质中被抑制。PacC是调节环境pH平衡的一个主要转录调控因子。其经转运到达细胞核，与相关基因的启动子结合，诱导碱性物质合成的同时，抑制酸性物质的产生，从而进一步使环境pH趋向于碱性。在*aflR*基因（黄曲霉毒素生物合成途径调节基因）的启动子区域，存在至少一个PacC的结合位点。呈碱性的蛋白胨培养基不利于黄曲霉毒素的生物合成，其原因可能是*aflR*基因启动子的位点与PacC结合，进一步使pH升高，进而抑制黄曲霉毒素的产生。

6. 生长发育状态

霉菌的生长发育状态也影响着黄曲霉毒素的产生。黄曲霉经过一系列传代培养后，伴随着显著的形态学和生理状态的变化，产黄曲霉毒素能力也逐渐下降。霉菌能够产生孢子，孢子的形成与次生代谢产物的产生有关。一些缺乏孢子的突变体不能产生黄曲霉毒素，一些能够抑制寄生曲霉产孢子的化合物也可抑制黄曲霉毒素的产生。此外，对寄生曲霉和构巢曲霉的多胺生物合成具抑制作用的化学物质，同样对孢子的形成和黄曲霉毒素的生成具有抑制作用。孢子对次生代谢产物产生的控制是通过构巢曲霉信号通路介导的 G 蛋白进行的。黄曲霉和寄生曲霉中也存在 G 蛋白信号通路，敲除 G 蛋白 α 亚基的 *FadA* 基因，黄曲霉的生长和孢子的形成均受到严重的影响，无法产生黄曲霉毒素。

7. 氧化胁迫

寄生曲霉及黄曲霉的氧化胁迫和黄曲霉毒素生物合成同样相关。氧化胁迫能够诱导黄曲霉毒素的形成。利用抗氧化剂，例如水解单宁后所产生的没食子酸、抗坏血酸和咖啡酸解除黄曲霉的氧化胁迫，能有效降低黄曲霉毒素的产生量。其中经咖啡酸处理后的黄曲霉，*ahpC*2 基因被激活，转录表达为一种烷基过氧化氢还原酶，潜在参与平息黄曲霉毒素合成信号。这可能是咖啡酸解除氧化胁迫降低黄曲霉毒素生成的机理。

8. 植物代谢产物

植物代谢产物对黄曲霉毒素的形成起一定作用。来自棉叶和玉米叶的挥发性醛类能影响黄曲霉的生长和黄曲霉毒素的合成，其中的五倍子酸对毒素的生物合成起抑制作用。另外，植物代谢产物没食子酸也能够扰乱黄曲霉毒素生物合成的信号转导通路，减少黄曲霉毒素生物合成基因簇中结构基因的表达，显著抑制黄曲霉毒素的生物合成。脂氧合酶的反应产物 13（S）-过氧化氢的衍生物亚油酸也能减少黄曲霉毒素的产生。在一定条件下与对照组相比，正癸醛不仅能抑制寄生真菌生长，也可减少超过 95%的黄曲霉毒素产生。然而，尽管辛醛能抑制 60%的真菌生长，但却使黄曲霉毒素的产生量增加 500%。

四、黄曲霉毒素运输与代谢

1. 囊泡理论与黄曲霉毒素的合成

运输囊泡和液泡中存在大量合成次生代谢产物的酶，但其在次生代谢产物黄曲霉毒素代谢过程中的作用并不清楚。目前已提出的双分支模型（Two-branch Model，图 6-2），阐释了黄曲霉毒素生物合成过程中的亚细胞区域化、基因表达和碳流途径（Carbon Flow），从而明确了囊泡和液泡在黄曲霉毒素合成中的作用。此模型分为两个分支：①区域化：Nor-1、Ver-1 和 OmtA（三者均为黄曲霉毒素途径相关的酶）在细胞质游离核糖体中合成，包装成运输囊泡，通过细胞质到液泡的靶向（CvT）途径运送到液泡；②基因调控：细胞感应到葡萄糖浓度变化或葡萄糖代谢后，FadA/cAMP/PKA 信号通路被激活。线粒体和过氧化物酶体（Peroxisomes）均能为黄曲霉毒素的聚酮骨架合成提供乙酰 CoA。在过氧化物酶体中，聚酮经过一系列反应，形成诺素罗瑞尼克酸。经囊泡运输至液泡的 Nor-1、Ver-1 和 OmtA，连同诺素罗瑞尼克酸，在随后参与了黄曲霉毒素的中后期合成。在此模型当中，至少两种单独的信号（碳源和光照）触发 VeA 蛋白的活性，协调上述两个与黄曲霉毒素合成/运输相关的分支的调控。其中一个分支通过激活一般或特定转录因子上调基因转录。另一分支降低限制复合物（Tc）的活性，使运输囊泡积聚。当两个分支共同运作时，与黄曲霉毒素合成的酶将在黄曲霉毒素囊泡（Aflatoxisomes）中积聚，在此处合成黄曲霉毒素，并将毒素转运至细胞外部。

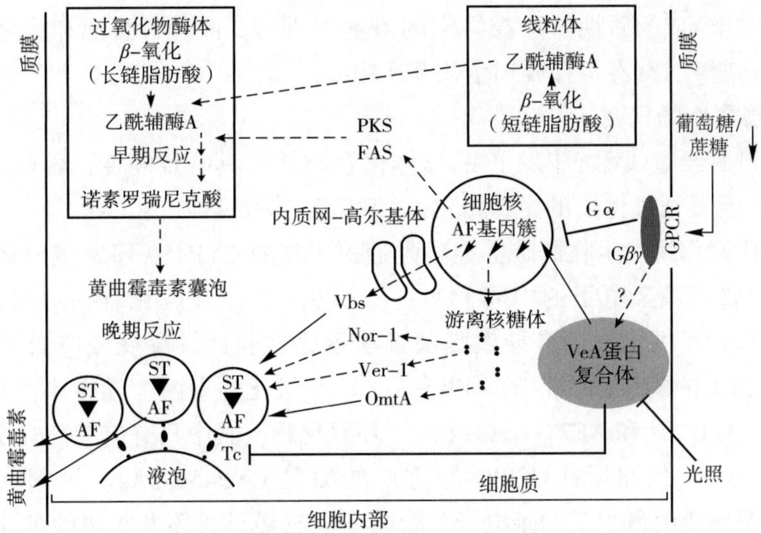

图 6-2　双分支模型示意图

黄曲霉毒素合成后转运至细胞外部也有相应囊泡介导的释放理论模型（图 6-3）。VeA 介导的限制复合物（Tc）活性下降导致了黄曲霉毒素囊泡的出现。黄曲霉毒素在黄曲霉毒素囊泡合成后，理论上通过以下三种机制中的至少一种，释放到细胞外：穿梭（黄曲霉毒素囊泡直接穿过细胞质膜到达细胞外），泵出［当囊泡黏附到细胞质膜的内表面时，由跨膜转运（Tp）蛋白介导的释放］和破裂（囊泡伸出细胞表面，将毒素释放到介质中）。

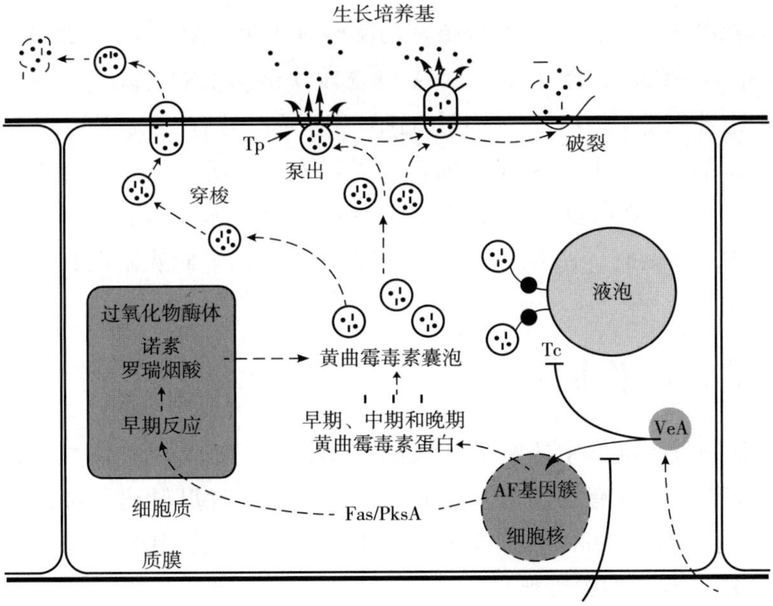

图 6-3　囊泡化合成释放激素的理论模型

· 黄曲霉毒素　ı 黄曲霉毒素蛋白

总之，丝状真菌寄生曲霉进化出高度保守的囊泡运输机制。在此机制的参与下，黄曲霉毒素生物合成的后期阶段在特定的囊泡中进行。此外，囊泡和胞浆膜融合发生胞吐作用，促进黄曲霉毒素释放到生长介质中。

2. 黄曲霉毒素的代谢

AFB_1 在没有经过代谢活化之前的母体化合物并不具有致癌性，因此 AFB_1 被称为“前致癌物”，需要通过体内的生物转化，“激活”其致癌性。

AFB_1 的代谢作用发生在肝脏，主要是通过 I 相酶 CYP450 超家族成员中的酶催化氧化作用，形成几种亲电子的中间代谢物。AFB_1 在 8、9 位置有一对不饱和的双键，AFB_1-8，9-双键环氧化作用是导致真菌毒素致癌性和诱发突变效应最关键的代谢反应。CYP450 相关的酶代谢产生的 AFB_1-8，9-环氧化物有两个异构体：AFB_1-exo-8，9-环氧化物（AFBO）和 AFB_1-endo-8，9-环氧化物，其中只有前者具有遗传毒性；对于人类来说，AFB_1 代谢形成 AFBO 最重要的酶是 CYP450 3A4。尽管 AFBO 是介导 AFB_1 诱发肝癌形成的最主要的亲电子化合物，但其经过机体Ⅱ相酶的催化反应，可以转变成不具有遗传毒性的化合物。例如，AFBO 在谷胱甘肽转硫酶（GSTs）催化下，可以和环氧化物的功能基团结合形成水溶性产物 AFB_1-谷胱甘肽（GSH）共轭化合物，最终以 AFB_1-硫醇尿酸（AFB_1-NAC）形式经尿排出体外；另外一个Ⅱ相酶是环氧化物水解酶（EPHx），在 AFB_1 解毒过程中的作用被认为是竞争性地将 AFBO 的结构改变成 8,9-双羟基 AFB_1，最终变成二氢二醇，使之失去和 DNA 结合的位点。然而，没有被解毒的 AFBO 有潜在的与细胞内大分子相作用的能力，可形成共价加合物。AFB_1-DNA 加合物被认为是 AFB_1 诱导人类肝细胞癌（Hepatocellular Carcinoma，HCC）发生点突变的起源。主要的 DNA 加合物形成于体内，即 AFBO 第 8 位碳原子和 DNA 鸟嘌呤上的第 7 位氮原子共价结合形成 AFB_1-N_7-鸟嘌呤（AFB_1-N^7-Gua）加合物，肝内形成的大部分 AFB_1-N^7-Gua 加合物可经 DNA 修复较快地从 DNA 清除，并经尿排出体外，尿液成为清除这种致癌的 DNA-加合物的唯一途径；另有 20%可转变为开环结构的 AFB_1-甲酰胺基嘧啶（AFB_1-FAPY）加合物。另外，血清白蛋白加合物是烷基化物暴露于 AFB_1 后形成的主要白蛋白加合物，即 AFB_1 与蛋白质赖氨酸的 ε-氨基共价结合。白蛋白中的 AFB_1-赖氨酸（AFB_1-Lysine）加合物不被修复而残留在血液中。

五、黄曲霉毒素毒性

黄曲霉毒素是霉菌毒素中研究最深入的一类，原因是其对机体具有毒性，而且对家畜和脆弱的实验动物具有致癌性，还能引起人类急慢性肝肿瘤。黄曲霉毒素的半数致死剂量（LD_{50}）为 0. 249mg/kg。与其他有毒化合物相比，其毒性是氰化钾的 10 倍，砒霜的 68 倍，能引起急性中毒死亡。

AFB_1 的毒性体现在其经肝脏 CYP450 催化代谢产生的 AFBO 诱发的遗传毒性外，还体现在其在代谢过程中在细胞内产生活性氧化簇（ROS）而造成的损伤。包括超氧自由基、羟自由基和过氧化氢等物质，可攻击可溶性细胞物质和膜，最终导致细胞功能的损害和细胞溶解。此期间，ROS 会诱发脂质过氧化反应，引起细胞氧化损伤。有研究指出，AFB_1 通过刺激磷脂 A_2 引起脂质过氧化反应，还会形成 8-羟基脱氧鸟嘌呤核苷（8-hydroxy-deoxyguanosine，8-OHdG）。8-OHdG 是 DNA 氧化损伤的重要标志物，能够与腺嘌呤错配产生 GC-TA 颠换，在体外实验中具有高度致突变性。

1. 黄曲霉毒素与癌症和肝炎

HCC 的诱发因素包括慢性 B 型肝炎病毒（Hepatitis B Virus，HBV）感染、C 型肝炎病毒（Hepatitis C Virus，HCV）感染、抽烟、长期饮酒、饮用水藻类毒素污染和膳食接触 AFB_1。慢性乙肝病毒感染和接触浓度高的膳食黄曲霉毒素对肝癌来说是两个主要的诱发因素。环境接触黄曲霉毒素的致癌作用增加了乙肝病毒表面抗原（HBsAg）携带者患肝癌的危险。由霉菌产生的致癌性毒素（黄曲霉毒素）与乙肝病毒协同互动增大了人类患 HCC 的风险。

AFB_1 是一种很强的肝毒素和肝致癌剂，肝脏被认为是黄曲霉毒素首要的目标。黄曲霉毒素有毒代谢产物与细胞核酸、核蛋白结合，最终导致肝脂质过度积聚，肝脏肿大，胆管上皮增生，坏疽和肝癌。AFB_1 必须由 CYP450 酶转化成反应中间体 AFBO 来发挥它的致肝肿瘤作用。

黄曲霉毒素和 HBV 协同致癌。HBV 本身不会引起 DNA 损伤和肝细胞癌变，DNA 修复系统可使 AFB_1-DNA 加合物引起的 DNA 损伤获得及时修复，降低黄曲霉毒素引起的致癌效应。HBV 蛋白影响宿主 DNA 修复系统和药物代谢酶系统，抑制受损 DNA 的修复。病毒造成潜在缺陷使 AFB_1 及其代谢产物一旦攻击 DNA，受损 DNA 累积造成肝癌发生率增加。另外，AFB_1 的攻击还降低了 CYP450 代谢酶基因的表达，增加 AFB_1 及其代谢产物的致癌效应。AFB_1 及其代谢产物致癌的分子机制主要是原癌基因（如 *ras*、*c-fos*）的激活和抑癌基因（如 *p*53）的失活。

2. 黄曲霉毒素与变异

黄曲霉毒素引起变异，能使人成纤维细胞发生程序外 DNA 合成，动物实验可见染色体畸变、染色体断裂及某些染色体缺失。黄曲霉毒素诱发 DNA 损伤和基因突变。小孩通常比成年人更容易受毒性物质影响，包括对遗传毒性致癌物的敏感性增加。黄曲霉毒素致突变的作用主要是通过与 DNA、RNA 和蛋白质形成加合物而实现，同时它也会引起脂质过氧化作用和 DNA 氧化损伤。黄曲霉毒素被摄入后主要经过肝脏的 CYP450 家族相关酶催化，代谢成很多代谢产物，其中有一种就是 AFBO。AFBO 可以与 DNA 共价结合形成加合物，这种加合物是黄曲霉毒素产生生物效应的原因，即导致细胞生长和分裂的失控。AFBO 极易与 DNA 链上鸟苷残基上的第 7 位氮原子共价结合，它们之间的电子云因原子核的吸电子作用而漂移，自发形成其他 DNA 损伤形式，包括 DNA 加合物引起的碱基修饰、形成无嘌呤/无嘧啶位点、DNA 单链和双链损伤、DNA 氧化性损伤、DNA 碱基错配损伤及能引起姐妹染色体交换（Sister-Chromatid Exchange，SCE）频率增加，增加基因的不稳定性。

3. 黄曲霉毒素与生殖

黄曲霉毒素对健康有很多不利影响，但对于它如何影响生殖系统及它对生殖健康的危害还没有统一的结论。不孕不育的原因有很多，例如性病、虫疾、生理与遗传缺陷。其中了解最少的是有毒物质的影响，包括霉菌毒素。黄曲霉毒素通过影响性成熟、卵泡的生长和成熟、激素水平、妊娠和胎儿的发育影响生殖。精液带有高浓度黄曲霉毒素的不育男性中，有 50%的人表现出精子异常（精子密度、形态学、蠕动）。黄曲霉毒素降低生殖能力，提高胚胎死亡率。血激素水平和性器官受黄曲霉毒素严重影响，AFB_1 扰乱了受感染动物体的激素平衡。

六、黄曲霉毒素吸收和代谢干预

黄曲霉毒素摄入后，可以通过两种途径降低体内黄曲霉毒素的毒性和致癌性。

1. 阻断和减少黄曲霉毒素的吸收

益生菌可以与黄曲霉毒素形成菌体-AFT 复合体，减少黄曲霉毒素在肠道的吸收，之后微生物和黄曲霉毒素一起排出体外。腐殖酸是一种有机高分子化合物，对重金属、芳香族化合物、矿物质等吸附作用强，从烟煤中提取的腐殖酸对 AFB_1 有较强吸附作用。叶绿酸与 AFB_1 结合成牢固的分子化合物，减少 AFB_1 的吸收，降低致癌物在摄入后的生物活性。葡甘露聚糖及其与无机吸附剂组成的复合物在常温下均对黄曲霉毒素有比较好的吸附效果，其机制是甘露低聚糖可通过氢键、离子键和疏水作用力对黄曲霉毒素产生吸附力，以物理作用为主。

2. 干预药物代谢酶调节黄曲霉毒素在体内的代谢

许多中药及其有效成分，例如黄芩、丹参、姜黄素、黄酮、多酚等，可作用于药物代谢酶系统，进而影响黄曲霉毒素的代谢活化及解毒。吡噻硫酮不但降低 AFBO 的生成量，而且提高 GSTs 的活性，促进谷胱甘肽与 AFBO 结合，增加 AFB_1-硫醇尿酸加合物经尿液排出。茶多酚对 AFB_1 和 HBV 诱发的肝癌有保护作用，其机制可能是诱导体内 GSTs 促进致癌物的解毒、抗氧化作用，提高免疫功能，诱导肿瘤细胞凋亡。葱白的提取物能有效减轻 AFB_1 所致的过氧化损伤，从而减轻 AFB_1 所致的细胞毒性和 DNA 损伤，其作用机制主要是降低 CYP450 酶家族成员 CYP450 3A4 的活性，提高 GSTs 的活性。另外，水果蔬菜中的香豆素、苄基异硫氰酸酯和 3-羟甲基吲哚等，也具有抑制 AFB_1 诱导的肝癌的作用。

此外，一些抗氧化剂、β-胡萝卜素、芜菁汁等也可干预黄曲霉毒素在体内的代谢。硒对动物 AFB_1 中毒也有缓解作用，其机制是通过影响 AFB_1 在体内代谢的关键酶，如 CYP450 和 GSTs 等的活性，缓解动物的中毒现象。

七、黄曲霉毒素脱毒

生物脱毒方法由于具有安全、高效、不可逆等因素，存在巨大的应用和发展潜力。

生物脱毒法包括生物吸附法、生物酶解法、生物提取物抑制法。

1. 生物吸附法

生物吸附法是通过生物体（主要是微生物）吸附黄曲霉毒素，这些生物体与黄曲霉毒素结合后形成复合物，从而达到去除黄曲霉毒素的目的。目前对于吸附黄曲霉毒素的微生物，使用最多的是酵母菌和乳酸菌。这些微生物通过非共价方式与黄曲霉毒素结合形成复合物，黏附在细胞壁上。由于复合物状态稳定，难以被机体吸收，所以大部分被排出体外。

从发酵玉米中分离出来的嗜酸乳杆菌，也具有吸附黄曲霉毒素的能力。然而，微生物吸附黄曲霉毒素是一种物理吸附，吸附力较弱，毒素只是吸附在微生物表面形成毒素-微生物复合物，毒素吸附不完全，吸附过程可逆。当复合物进入动物体内时有可能重新释放出毒素，因此生物吸附黄曲霉毒素具有一定的局限性。

2. 生物酶解法

因为生物吸附法不能从根本上彻底去除黄曲霉毒素，生物酶降解黄曲霉毒素成为近年来研究的热点。生物酶解法是利用生物酶制剂催化降解黄曲霉毒素的一种方法，通过破坏黄曲霉毒素的毒性基团，将黄曲霉毒素降解为低毒或是无毒物质被生物利用或是排出体外，达到去除黄曲霉毒素的目的。生物酶解法主要分为真菌降解和细菌降解两大类，其作用特点是具有特异性、高效性，反应条件温和，反应过程不可逆。通过生物降解作用，将黄曲霉毒素降解转化成低毒或是无毒物质。目前已经发现许多细菌、真菌及其代谢产生的酶能够降解黄曲霉毒素，其中能降解黄曲霉毒素的细菌包括分枝杆菌、橙色黄杆菌、红串红球菌、嗜麦芽寡养单胞菌、弯曲广布乳杆菌、沃氏葡萄球菌、枯草芽孢杆菌等，能降解黄曲霉毒素的真菌有黑曲霉、茎点霉、根霉菌等。

微生物对黄曲霉毒素的降解作用，与微生物所产的酶有关。但目前对于生物酶降解黄曲霉毒素的研究主要集中在菌株的筛选、产酶条件的优化上。对于酶分子的结构的剖析、作用机制的研究仍处于初步阶段。

3. 生物提取物抑制法

从微生物或植物体内提取的某些活性成分，对黄曲霉具有抑制作用或能够降解黄曲霉毒素，这些方法统称为生物提取物抑制法。

香菇中提取的多糖物质对寄生曲霉产黄曲霉毒素具有抑制作用；来自于白腐菌的β-葡聚糖也能够抑制黄曲霉毒素的合成；海带多糖、马铃薯直链淀粉、香菇纤维素、香菇多糖能够明显降低黄曲霉菌丝产毒能力。上述多糖主要是β-葡聚糖通过激活了转录因子 *hsf*-2，从而延迟产生黄曲霉毒素相关基因的表达，以此抑制黄曲霉的产毒。

除多糖外，一些植物水提物对黄曲霉及其产毒性能也具有抑制作用。云南大叶种晒青毛茶提取物能有效抑制黄曲霉 AS3. 4408 的产 AFB_1 和 AFB_2 能力。茶叶中的没食子酸、表儿茶素、表没食子儿茶素、香豆素对黄曲霉产毒抑制较强。槲皮素的抑制强度最强，其是通过激活抗氧化系统转录因子 *Yap1*，导致黄曲霉体内的抗氧化酶系统活性的增加，从而抑制产生黄曲霉毒素基因的表达。此外，其他植物提取物如肉桂醛、柠檬醛和丁香酚也对黄曲霉的生长及产毒具有抑制作用。许多中药提取物中的活性物质也可用于黄曲霉毒素的解毒。

植物提取物中虽然含有多种抑制黄曲霉生长及产毒的活性物质，但由于黄曲霉分布广泛，环境中的黄曲霉毒素未进入生物体前不会产生任何危害作用，清除环境中所有的黄曲霉也是不切实际的，尽管近年来国家和社会各界对黄曲霉污染越来越重视，并且加大了市场的监管力度，但是，黄曲霉毒素还是会进入人类饮食和家畜的饲料中，而且丢弃轻度黄曲霉毒素污染的饲料会造成资源的浪费，近年来的研究逐渐向增强生物体对黄曲霉毒素的解毒方向转变。

第二节　赭曲霉素产生菌与赭曲霉素

赭曲霉素是一种常见的污染食品的真菌毒素，是曲霉属和青霉属等一些菌属所产生的一大类次级代谢物的统称。这些产毒菌侵染粮食、食品、饲料及其他农副产品后在一定条件下即可产生赭曲霉素。赭曲霉素共有 A、B、C 三种，化学结构极其相似，赭曲霉素 B 毒性只有赭曲霉素 A 的 1/20，赭曲霉素 C 被认为毒性很小或没有毒性；因此赭曲毒素 A（OTA）是最主要需研究一类，也是毒性最大的一类，对人类及动物健康造成很大威胁，其可导致受试动物肾萎缩、胎儿畸形、流产及死亡，并具有一定致癌、致畸、致突变性。

一、赭曲霉素产生菌

自然界中有多种 OTA 产生菌，以赭曲霉（*Aspeigrllus Oeharceus*）、疣孢青霉（*Penicillium verrucosum*）和碳黑曲霉（*Aspergillus carbonarius*）三种为主。这三种主要 OTA 产毒菌株生长繁殖所需生态环境、污染农作物种类、污染率等依地域不同而有较大差异。

赭曲霉是最早发现的 OTA 产生菌，生长温度范围为 8~37℃，最佳生长温度为 30℃，最适水分活度为 0.95~0.99，最适产 OTA 温度为 20℃，水分活度为 0.99。

疣孢青霉是另一种主要的 OTA 产生菌，生长温度范围 0~31℃（最适 20℃），水分活度 0.95~0.98。

黑曲霉在食品中广泛应用，其产品也被认为是安全的；但近些年发现一些黑曲霉也可产生赭曲霉素。碳黑曲霉以苹果、葡萄为主要侵染对象，因此它是新鲜葡萄、葡萄干、葡萄酒和咖啡中 OTA 主要产生菌，在 30~35℃生长良好，最适产 OTA 温度为 15~20℃，水分活度为 0.95~0.98。

一般认为，水分含量较高的谷物，在采后没进行及时和充分干燥，在后期贮存过程中便有可能产生较多 OTA。在热带地区农作物田间或贮存过程中主要产 OTA 污染菌为曲霉。而在欧洲、北美洲等温带、亚寒带地区谷物和谷物制品中赭曲毒素 A 污染，主要是由疣孢青霉所引起。此外，曲霉属中比较罕见硫色曲霉、洋葱曲霉、蜂蜜曲霉等菌株也产少量 OTA；但由于它们不易引起食品腐败，从食品卫生与人类健康关系角度看，研究意义不大。

二、赭曲霉素易污染的食物

OTA 产生菌广泛分布于自然界，因此多种农作物和食品，包括谷类、豆类及豆制品、干果、咖啡、葡萄及葡萄酒、香料、油料作物、啤酒、茶叶等均可被 OTA 污染。动物饲料中 OTA 污染也较严重，动物进食被 OTA 污染后饲料会导致体内 OTA 蓄积，因此在动物性食品，尤其是猪的肾脏、肝脏、肌肉、血液，以及乳和乳制品等中常有 OTA 被检出；人通过进食被 OTA 污染的农作物和动物性食品而暴露于 OTA。

最先发现 OTA 天然污染物的作物是玉米。随着对 OTA 污染不断重视及检测技术不断提高，又相继从谷物和豆类中检出 OTA。在 20 世纪 90 年代，葡萄及葡萄酒也被发现 OTA 污染，主要由黑曲霉引起。对于猪肾这种动物源的食品也发现 OTA 的污染。由于反刍动物胃瘤中细菌产生一些酶可分解 OTA，所以到目前为止，尚未发现在反刍动物组织中检出 OTA。咖啡中 OTA 污染水平较低，加之咖啡加工中去除咖啡因和烘烤的过程可破坏 90%以上 OTA，且咖啡摄入量远低于谷物及动物性食品，因此咖啡并非是人群膳食 OTA 暴露的主要来源。在面粉加工过程中，全麦粉加工前对原料挑选细致程度较低，因此碾磨对 OTA 水平影响甚微；碾磨可去除硬小麦中 65% OTA，此后烹饪过程又可减少 10%，因此硬小麦粉制成食物后，OTA 水平已降低 75%。

OTA 在一定加工过程中可能被破坏或去除，因此在评价人类暴露 OTA 时最好以直接入口食品中的 OTA 水平为准。

三、赭曲霉毒素 A 的生成

1. 赭曲霉毒素 A 的生成机制

OTA 的苯基丙氨酸部分来自于莽草酸途径，二氢异香豆素部分来自于聚五酮途径。异香豆素聚酮化合物合成的第一步是一个乙酸盐基团和四个丙二酸盐基团缩合在一起，该步反应需要聚酮合成酶的活化。聚酮化合物长链经过形成内酯环和羰基化修饰，并由氯化物过氧化物酶将氯原子加入形成 OTα，最后，OTA 合成酶催化 OTα 连到苯基丙氨酸，合成 OTA。

2. 影响赭曲霉毒素 A 产生的因素

OTA 主要是由曲霉属和青霉属的某些真菌产生的次级代谢产物，但是在不同的生态位中由于环境条件、受侵染谷物种类不同，毒素爆发率及产毒菌的种类是不同的，例如在葡萄中，黑曲霉（*Aspergillus niger*）的生长与收获区域和收获年份有关。总体来讲，在凉爽环境下主要的 OTA 产毒菌是青霉属真菌，在热带地区则主要为曲霉属真菌。

产 OTA 的青霉属真菌一般分为两类，一类是疣孢青霉（*Penicillium verrucosum*），主要污染谷物，而北欧青霉（*Penicillium nordicum*）和一些通过蛋白食物发酵所得的产毒菌株则被划为第二类，主要在肉制品和干酪中被发现。与疣孢青霉相比，北欧青霉菌株的 OTA 产量较低。这些青霉属真菌一般分布于气候凉爽的地域，如北欧、加拿大等地。曲霉属真菌中的赭曲霉（*Aspergillus ochraceus*）是 OTA 的重要产生菌，在小麦、坚果、咖啡、加工肉类以及烟熏的和盐腌制的鱼中常见。曲霉属真菌产毒的第二类是黑霉真菌，碳黑曲霉（*Aspergillus carbonarius*）是最主要的一种，黑曲霉（*Aspergillus niger*）则是热带和亚热带植物，尤其是葡萄和干果中 OTA 的主要产生菌，但是黑曲霉只有一部分菌株可产 OTA。此外，洋葱曲霉（*Aspergillus alliaceus*）、土曲霉（*Aspergillus terreus*）、烟曲霉（*Aspergillus fumigatus*）、杂色曲酶（*Aspergillus versicolor*）等一些菌株也可以产生较低含量的 OTA。

菌对生长环境有选择性，对不同的农产品也有不同的偏好性，农产品中真菌菌群的组成和可能产生的毒素都将因为贮藏时间和贮藏条件而发生改变。温度、水分活度和培养基成分等，这些因素都会影响产毒菌的生理机能及产毒效率。疣孢青霉（*P. verrucosum*）被认为几乎是谷物专一性的。面包中的疣孢青霉（*P. verrucosum*）菌株在水分活度为 0.93，pH 6 生长 28~36d 时，OTA 产量最大。赭曲霉（*A. ochraceus*）和同属的其他嗜温种类西曲霉（*Aspergillus westerdijkiae*）等均能产生金棕色的分生孢子。它们的适宜生长温度为 24~31℃（8~40℃均可生长），水分活度为 0.95~0.99，pH 3~10。黑曲霉（*A. niger*）和碳黑曲霉（*A. carbonarius*）在玉米仁中，适宜生长温度分别为 25~40℃和 20~35℃，两者在该温度范围内均可产 OTA，但是在 15℃时均产量最高，后者在 20℃时也可达到该产量。

对于农产品来说，影响 OTA 的产生和产量最主要的因素是农产品收获时的环境，干燥条件及贮藏方式。谷物干燥的水分活度达到 0.7 以下，并且在贮藏过程中也保持该水平，能有效降低产毒菌的数量。花生贮藏时水分活度保持在 0.91 以下则可以有效减少黑霉菌 OTA 的产量。

除此之外，不同的农产品因为所含营养物质不同，因此侵染的菌株也有差异，这也会对 OTA 的产生条件有一定的影响。

四、赭曲霉毒素毒性

1. 急性毒性

OTA 对实验动物半数致死剂量（LD_{50}）依给药途径、实验动物种类和品系不同而异。OTA 急性中毒症状主要表现为：①几乎所有主要脏器多位点出血；②主要脏器（包括脾、心、肝、肾）纤维蛋白血栓；③肝脏和淋巴组织坏疽；④萎缩性肠炎。

2. 肾脏毒性

无论是实验室还是流行病学研究都已经证明，肾脏是 OTA 攻击的主要靶器官，OTA 具有强烈肾脏毒性，而且具有种属和性别特异性，对雄性的毒性大于雌性。OTA 可引起肾萎缩或肿大，颜色变灰白，断面可见皮质纤维性病变：显微镜下可见肾小管萎缩，间质纤维化，肾近端小管直部出现核增大和单细胞死亡、肾小管坏死。OTA 的攻毒会使钙素-A 基因的表达被强烈抑制。因此，除了造成氧化应激外，体内钙稳态及细胞骨架结构的改变可能也是 OTA 肾毒性的最初表现。造成 OTA 肾毒性的一个机制很可能与其影响活化剂蛋白-1（AP-1）及核因子 E2 相关因子 2（Nrf2）相关的信号传导途径有关。

3. 神经毒性

OTA 对大脑细胞的 DNA 有明显氧化作用，OTA 可抑制 DNA 氧化加合物的修复，降低大脑纹状体多巴胺水平。另外，OTA 可显著降低纹状体纤维细胞酪氨酸羟化酶免疫反应强度。使用 OTA 攻毒小鼠海马神经干细胞后，细胞活力、增殖及分化活力均大幅降低。

4. 免疫毒性

OTA 具有免疫毒性。鸡在食用含 OTA 的饲料后，法氏囊增大，其内的淋巴细胞大量减少。对于人类，特别是对癌症病人，OTA 通过损坏人体的免疫监管，抑制免疫。OTA 可降低大鼠天然杀伤细胞的杀伤活性；高浓度的 OTA 还能抑制刀豆球蛋白 A 诱导的淋巴细胞增殖等。另外，OTA 能够促进炎症反应，损坏巨噬细胞对伤害性刺激的反应能力。对于人血单核细胞，组织凝血因子（TF）及纤溶酶原激活物抑制剂 2（PAI-2）需要刺激物诱导而产生。OTA 不直接作用于 TF 及 PAI-2 这两种因子本身，但它们产生的诱导过程具有抑制作用，这可能是 OTA 造成免疫抑制的机制之一。

5. 致癌性及致癌机制

（1）致癌性　雄性 dyy 小鼠以含 50mg/kg（以体重计）OTA 的饲料喂饲 15、20、25 和 30 周后，肾细胞瘤的发生率分为 20%、7%、13%和 24%。暴露 25 和 30 周后，肝瘤的发生率分别为 33%和 35%。雌雄 Fischer F344/N 大鼠，每周 5d 分别灌喂 21mg/kg、70mg/kg 和 210mg/kg（以体重计）OTA 的玉米油，持续 103 周后，70mg/kg 和 210mg/kg OTA 暴露的雄性大鼠肾癌发生率分别为 31%和 60%，雌性大鼠仅为 2%和 6%；所有实验组雄性大鼠均发生肾腺瘤，且发生率与剂量有依赖关系，而雌性大鼠仅在最高剂量组发生肾腺瘤。

根据动物实验的结果，国际癌症研究署已将 OTA 归类为一种人类可能的致癌物质。

（2）致癌机制

①OTA 诱导氧化应激：ROS 诱导的氧化应激及大分子物质损伤被认为是衰老及包括肿瘤在内的慢性疾病的发病机制之一。OTA 引发 ROS 生成，通过各种直接和间接的机制导致氧化应激。

还原系统由磷脂囊泡、NADPH 氧化酶、CYP450 还原酶和 Fe^{3+} 组成，OTA 可以螯

合 Fe^{3+} 从而减少其还原为 Fe^{2+}，在氧存在的情况下，Fe^{2+} 提供活性成分开始脂质过氧化。这些导致氧化还原循环和活性氧的产生。

OTA 明显降低肾组织中参与氧化应激的基因的表达，其中许多基因的启动子区包含抗氧化调控元件。抗氧化调控元件被 Nrf2 所识别，Nrf2 参与编码解毒、细胞保护、抗氧化酶的基因的基础表达和诱导。因此，OTA 削弱了细胞的抗氧化防御屏障从而使细胞更易于发生氧化损伤。

②OTA 与丝裂原活化蛋白激酶（MAPKs）：MAPKs 是信号级联反应的关键部件，涉及磷酸化激活的反应，调控信号从细胞膜到细胞核的传导。ERK、JNK 和 p38 是主要的 MAP 激酶，调控哺乳动物细胞生理学的许多方面。一般认为，ERK 负责调节细胞增殖，JNK 和 p38 更倾向于参与应激反应和凋亡。ERK 上游的效应器为胰岛素样生长因子（IGF-1），IGF-P13K-PKB 通路可能参与 OTA 介导的肾毒性。细胞增殖、细胞存活、抗凋亡活性和肾肿瘤发展与 IGF-1 系统的刺激、蛋白激酶 C 活性的增加和 MAPK-ERK 的激活有直接关系。

③OTA 与 Ca^{2+} 动态平衡：Ca^{2+} 是重要的细胞信号，例如，它涉及钙调蛋白和蛋白激酶 C 的激活，且钙动态平衡失衡是毒素损伤的早期和关键事件。OTA 影响细胞内的 Ca^{2+} 平衡性。但是，关于 OTA 和 Ca^{2+} 平衡的体内实验研究，结果有限且不一致。

④OTA 诱发多种细胞效应：高浓度 OTA 诱发氧化应激并抑制蛋白合成，从而导致细胞毒性和细胞死亡。众所周知，毒性作用可能诱发细胞的再生和增殖，这可能导致细胞转化和肿瘤的发展。

OTA 可以诱导体内外细胞发生凋亡。随着肿瘤的发展，凋亡的作用是难以定义的。通常认为凋亡去除异常细胞而阻止肿瘤的发展。但是，OTA 介导的细胞凋亡引起抗凋亡细胞的选择，这极有可能导致细胞转化为肿瘤细胞。因为坏死和凋亡会刺激代偿细胞损失反应能力，导致细胞增殖和癌症的发展。

除了导致 DNA 损伤，持续低水平的氧化应激可以诱导细胞增殖。这最终可转换成基因突变的 DNA 损伤，从而导致细胞转化和肿瘤的发生发展。

6. 联合毒性

OTA 与橘青霉毒素（CNT）联合，可以极大增强细胞毒性，导致 DNA 断裂和染色体变异。此外，OTA 与亚致死量的青霉酸（PA）结合后作用于小鼠，两者对肾脏的攻击靶点相同，毒性明显增强。将 OTA 与沙门氏菌联合对肉鸡攻毒，与单独攻毒组相比，肾的退行性病变和间质性肾炎更加严重，而且法氏囊淋巴细胞更早、更显著地发生减少。

五、赭曲霉毒素脱毒

由于 OTA 毒性强而且结构比较稳定，因此如何去除毒素成为一个亟待解决的问题。一般而言，是通过将毒素转移、灭活、破坏、转化为无毒的物质从而达到脱毒的目的，主要有物理脱毒、化学脱毒和生物脱毒三类方法。

1. 物理脱毒

物理脱毒主要是通过吸附、辐照等手段达到脱毒的效果。酿酒的葡萄汁利用活性炭（0.24g/L）可以吸附葡萄汁约70%的OTA，沸石和某些酵母也具有吸附OTA的效果。但在体内，除活性炭外，其他材料均未能达到预期的效果，并且其他材料有可能会导致必需营养物质的滞留和动物中毒。通过吸附只是将毒素转移并没有将毒素破坏或者降解，因此存在二次污染的问题。利用γ射线进行辐照，能破坏OTA毒素结构从而达到脱毒目的，但是此过程不易操作，而且还需要专门的设备。

2. 化学脱毒

化学脱毒主要是对毒素进行化学修饰等使之变为不具毒性的物质。碱性的过氧化氢、氢氧化钠、氨基甲烷以及氢氧化钙铵盐能有效减少基质中的OTA。电化学技术产生的臭氧也能降低OTA。

3. 生物脱毒

生物脱毒主要是通过生物代谢或者酶促反应降解毒素或者修饰毒素分子而达到脱毒的目的，并且具有脱毒效果好，对营养物质无损伤，污染小，快速等特点，因而已成为目前的研究热点。

嗜酸乳杆菌（*Lactobacillus acidophilus*）、不动杆菌（*Acinetobacter*）、酵母菌（*Phaffia rhodozyma*）、地衣芽孢杆菌（*Bacillus licheniformis*）等种属的某些微生物菌株和某些曲霉属真菌（*A. fumigatus*、*A. niger*），在体外显示出>95%的OTA降解率，大多数的OTA降解产物为毒性较小的OTα。微生物菌群，例如牛和羊的瘤胃微生物，小鼠的大肠和盲肠微生物，人的肠道微生物，在一定程度上均可降解OTA。

微生物能够降解OTA，很可能是因为其内具有能够催化分解该毒素的酶。羧肽酶是较早发现能够催化降解OTA的一种酶，而从土壤中分离得到的拉氏菌科（Moraxellaceae）不动杆菌属（*Acinetobacter* sp.）的BD189菌株中发现的一种胞内金属酶，也具有催化降解OTA的功效。

有一些物质虽不能直接脱毒但是却可以抵消或降低OTA产生的毒性效应，这类物质包括褪黑激素（*N*-乙酰-5-甲氧基色胺）、儿茶酚类物质、维生素E等。

4. 食物加工中的脱毒

虽然OTA比较稳定，但是在特定的高温、高酸、高碱及生物酶解则会发生结构的改变，因此，加工工艺对产品中OTA含量是有影响的。

通过清洗除尘、清除坏掉的部分可以减少一部分OTA，但是去除量小（约2%~3%），且与农产品本身的状况相关。研磨洗擦去掉粮食表皮也可以去掉表皮上积累的OTA。但是由于研磨并不是破坏或者降解毒素，可能只是将毒素重新分布或者导致研磨部件毒素的积累，会引起二次污染的问题。OTA具有相对的热稳定性，但是对于不同的温度其稳定性不同。例如，烘焙饼干时可以破坏或固定一部分的OTA。水分的参与也可能影响OTA的消除。在一些发酵食品中，酵母可以有效降低OTA含量。阿拉比卡咖啡发酵中的酵母异常毕赤酵母（*P. anomala*）、克鲁维毕赤酵母（*P. kluyveri*）和孢汉逊酵母

(*H. uvarum*) 能抑制赭曲霉 (*A. ochraceus*) 的生长和产生 OTA。葡萄酒酿制过程中，白葡萄汁和红葡萄汁在酒精发酵结束后，OTA 含量明显降低，主要原因在于酵母能够降解并吸收 OTA。除此之外，烧烤、油炸、次氯酸盐处理等工艺也能减少一部分 OTA。

第三节　橘青霉素产生菌与橘青霉素

一、橘青霉素来源、分布和代谢

橘青霉素 (Citrinin) 从橘青霉 (*Penicillium citrinum*) 中首次被发现，随后相继在一些青霉、曲霉中被发现，其中确定产生毒素的种属有卡门柏青霉 (*Penicillium camemberti*) 和米曲霉 (*Aspergillus oryzae*)。

橘青霉素在长时间贮存的食物，例如谷物和谷物制品，大米，果实 (如苹果)，果汁，黑橄榄，烤坚果 (如杏仁、花生、榛子、开心果)，葵花籽，香料 (如姜黄、香菜、茴香、黑胡椒、豆蔻和小茴香)，干酪，清酒，腐烂的蔬菜，肉食和其他食品补充剂等中均发现有污染。近期，在酿制红米酒的红曲米中也发现了橘青霉素的存在，另外橘青霉素在红曲色素着色的素食食品和意大利发酵香肠中也有被检测出的报道。

橘青霉素的合成途径如图 6-4 所示。橘青霉素的主要排泄途径为尿液和粪便，其主要的尿代谢物为二氢吡啶酮。

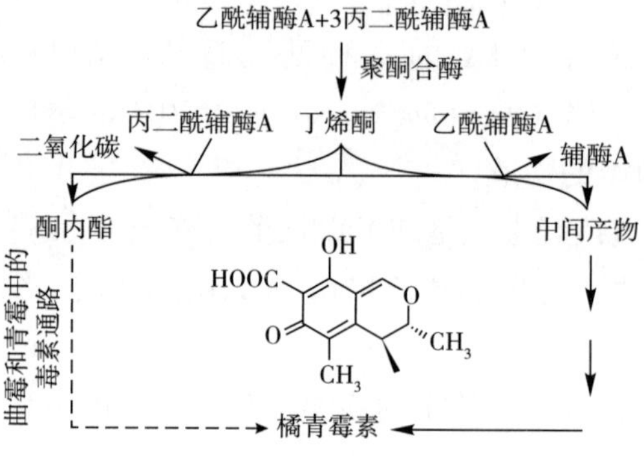

图 6-4　橘青霉素的合成途径

二、橘青霉素生物合成和实验室合成

橘青霉素是一种天然产物，可从其天然来源中提取获得，例如，产柠檬酸的真菌和受污染的食物。其生物合成很大程度上取决于它的真菌种类，前体物质可能是四酮而不是在天竺葵和橘属植物中分布的五酮。生物合成过程中所涉及的酶具有独立的基因调控机制。呼吸速率和菌丝形态被报道是影响橘青霉素生产的主要两个因素。

橘青霉素也可通过实验室化学合成得到（图 6-5）。3-（4,6-二羟基邻位-甲苯基）丁醇被羧基化，并受到盖特曼反应的影响（在锌存在下用氰化氢/氯化氢氯化物作为催化剂通过反应将苯酚转化为芳香醛）；随后用硫酸环化形成橘青霉素，然后通过用乙醇结晶纯化橘青霉素。橘青霉素也可通过将二羟基橘青霉素溴氧化的方法来合成。

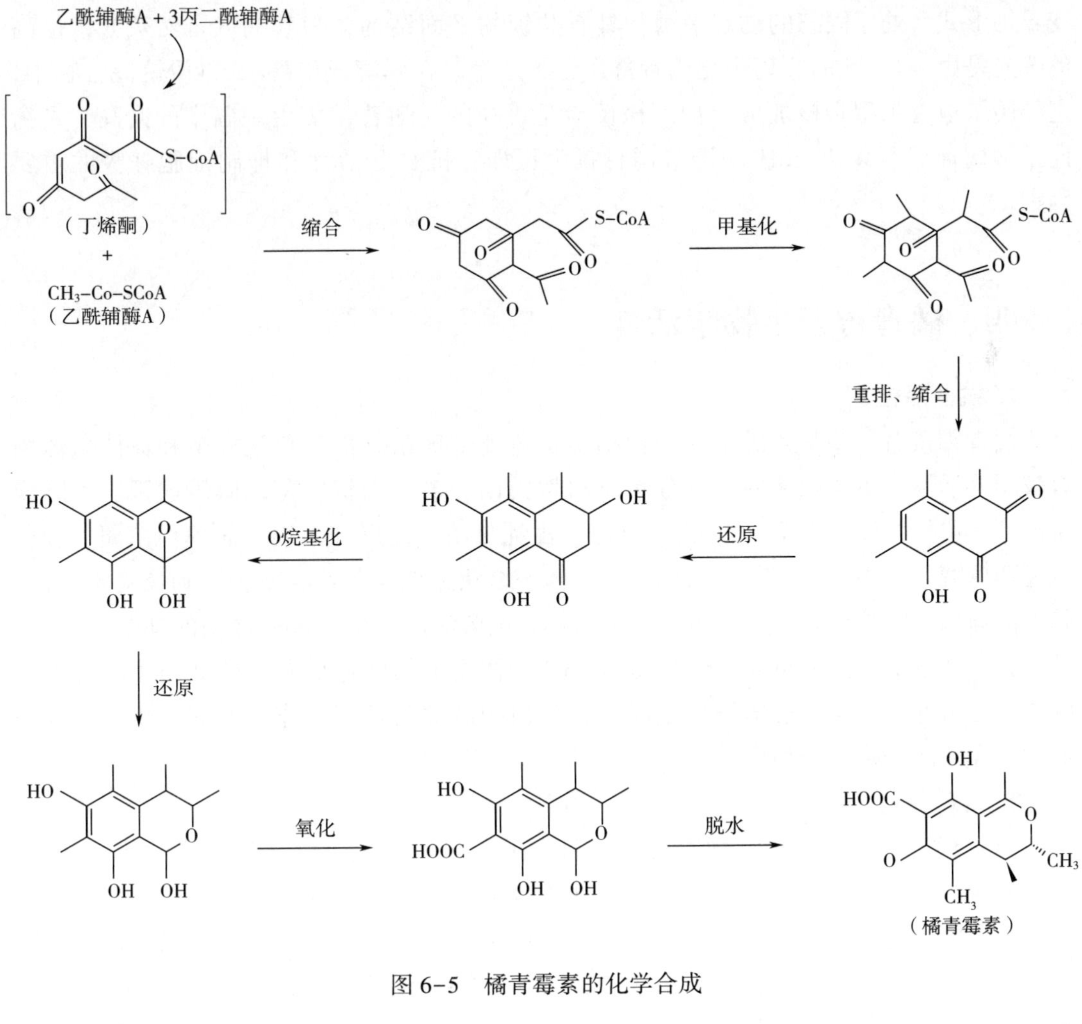

图 6-5　橘青霉素的化学合成

三、橘青霉素物理化学性质

橘青霉素是一种聚酮化合物霉菌毒素［$C_{13}H_{14}O_5$，IUPAC：（3*R*，4*S*）-4,6-二氢-8-羟基-3,4,5-三甲基-6-氧代-3H-2-苯并吡喃-7-羧酸（图 6-4）］，摩尔质量为 250.25g/mol。它是一种柠檬黄色针状固体毒素，pH 为 4.6。它在 pH 9.9 时颜色变为樱桃红色。熔点为 175~178.5℃。橘青霉素几乎不溶于冷水，微溶于热水，但可溶于氢氧化钠，碳酸钠或乙酸钠水溶液，以及极性有机溶剂，如甲醇、乙腈、乙醇等；当它形成的酸性柠檬黄色晶体，最大紫外吸收在250~321nm（乙醇中：222~321nm；3-甲基戊烷中：322nm；氯仿中：332nm）。

橘青霉素在高于175℃的干燥条件下或在高于100℃的有水情况下分解。橘青霉素可能形成螯合的络合物，在酸性或碱性溶液中可降解，或通过加热降解。结构上橘青霉素是具有两个分子内氢键的醌。橘青霉素以无序结构结晶，其中对醌和对苯二酚互变异构形式，处于固态的动态平衡，具有共轭的平面结构，为其提供自然荧光；最高的荧光是由pH 2.5的非离子化橘青霉素分子产生。在甲醇或甲醇/二氯甲烷混合物中，它经历了迈克尔型亲核加成反应，该反应是可逆的，随着二氯甲烷温度的升高，平衡向正常橘青霉素移动。pH是调节橘青霉素摄取、抗真菌活性和抑制细胞呼吸的重要因素。

四、橘青霉素生物学活性

1. 抗菌活性

橘青霉素对一些革兰氏阳性菌包括金黄色葡萄球菌、枯草芽孢杆菌和黄体微球菌有较弱的活性。不同浓度的橘青霉素对志贺氏菌、宋氏志贺氏菌、博伊迪菌、大肠埃希氏菌、鼠伤寒沙门氏菌（ATCC 6539）、霍乱弧菌、变形杆菌属、假单孢菌属、金黄色葡萄球菌、短小芽孢杆菌、枯草芽孢杆菌、蜡状芽孢杆菌蕈状变种、肺炎克雷伯菌、肺炎链球菌、阿拉伯乳杆菌和黄肉杆菌均具有抗菌活性（6~15mm之间的抑制区）。此外，在250μmol/L，500μmol/L或1000μmol/L浓度下的橘青霉素对粟酒裂殖酵母细胞的毒性，可通过与粟酒裂殖酵母质膜整合蛋白的游离巯基相互作用而起作用，引起膜流化，导致离子稳态失调。

2. 毒理作用

（1）橘青霉素的毒性　橘青霉素与日本的黄米病有关，也是猪肾病的元凶之一，橘青霉素作为一种肾毒素，对于不同物种的急毒性不同。橘青霉素的急性半数致死剂量（LD_{50}）主要取决于其给药途径、生理条件和动物种类。其中，兔的橘青霉素口服LD_{50}为120~134mg/kg，而静脉给药（i.v.）和腹腔给药（i.p.）分别为19mg/kg和50mg/kg。对于豚鼠，橘青霉素的皮下注射LD_{50}为37mg/kg，小鸭和鸡分别为57和95mg/kg；对于大鼠，口服橘青霉素的LD_{50}达到50mg/kg，腹腔给药为35~58mg/kg，而皮下给药LD_{50}为67mg/kg；对于小鼠，口服和注射橘青霉素的LD_{50}分别高达87~105mg/kg和62~80mg/kg。

橘青霉素在受试动物的肝脏、肾脏、心脏和胃肠道中发挥毒性作用。橘青霉素能够与人血液中的蛋白结合，从而影响人体健康。

（2）橘青霉素的毒作用机制　氧化应激和抗氧化酶的修饰（例如谷胱甘肽和转氢酶）被认为是生物系统中橘青霉素引发毒性作用的两个主要原因。橘青霉素可以促进

ROS 的形成，并刺激呼吸链中超氧阴离子的产生，引发脂质过氧化和线粒体功能障碍，导致细胞死亡。橘青霉素诱导的 ROS 产生是诱导细胞凋亡的关键，ROS 敏感性转录因子的激活可能与抗氧化系统的激活和适应反应有关，橘青霉素导致细胞死亡的进一步机制可能是由于与展青霉素结合导致 GSH 水平降低，并且青霉素或橘青霉素与整合膜蛋白的游离巯基的分子相互作用通过修饰导致质膜流化。这些蛋白质的三维结构，导致质膜的扰动和包括 K^+在内的必需细胞成分的泄漏。

橘青霉素的急性细胞毒性可能是其慢性毒性的机制之一。例如，橘青霉素抑制胆固醇合成的关键酶（导致血清睾酮和低胆固醇血症浓度降低），影响免疫功能，以及诱导肾病，肝脏和细胞毒性等，可能是其在不同的动物模型中诱导产生肾脏和腺瘤形成的机制。

（3）橘青霉素对心脏、生殖系统及其他器官的作用　橘青霉素在斑马鱼胚胎发育中对心脏产生毒性。在经过橘青霉素处理后，胚胎心脏的大体形态发生明显改变，包括心脏畸形、心包水肿和红血积聚。心脏循环不正确，心腔缩小，胚胎的心跳和血流速度显著降低。此毒性机制很可能是橘青霉素通过 microRNA-138（miR-138）、维甲酸（RA）信号和 *Tbx2a* 的失调引起。

在 ICR 小鼠中，橘青霉素可降低卵母细胞成熟，受精和胚胎发育的速度。在昆明雄性小鼠中，腹腔注射橘青霉素会造成睾丸、附睾、精囊、包皮腺的相对重量增加，异常精子的数量增加，并使活精子数量的减少。此外，当女性与暴露在橘青霉素中的男性交配时，怀孕率下降，表明对生殖系统有不利影响。

橘青霉素还显示出明显肝毒性。食用橘青霉素的小鼠肝脏中，可观察到包括多形核细胞的门静脉和小叶浸润，伴随肝细胞坏死、肝脂肪变性、显著的库普弗细胞、门静脉周围肝细胞细胞质中的含铁血黄素颗粒以及周围线粒体中的其他脂质内含物。因此，橘青霉素及其代谢物可能导致中毒性肝炎或血管内溶血等疾病。

橘青霉素还可导致肾脏病变。体现在肾小管扩张，肾小管管腔内的蛋白质积聚和蛋白质在肾小管腔内铸型，肾皮质小管上皮轻度至中度坏死，髓质管状上皮细胞有丝分裂活性略有增加。橘青霉素可使怀孕的 Wistar 大鼠产生核肥大和严重的窦状小管扩张，以及轻度空泡变性、管状变性、髓样管状坏死、小管囊性扩张、肾小球毛细血管丛变形和间质成纤维细胞增殖。斑马鱼胚胎中，橘青霉素通过诱导促炎基因的表达，包括环氧化酶 2α（COX2α）、TNF-α 和 IL-1β，造成肾损害。

为了避免橘青霉素中毒，一般建议食品容器适当封闭并放置在通风良好的地方。接触易受橘青霉素污染的物品时，应一直佩戴防护用品；如果与橘青霉素接触，应立即就医。

3. 致癌性、遗传毒性和诱变效应

对橘青霉素在生物系统中潜在致癌作用的认识仍然不足。通过饮食给予小鼠橘青霉素，发现橘青霉素并不具有致癌作用，然而，也有关于其诱导雄性 Fisher 344 大鼠的肾脏形成肿瘤的报道。

橘青霉素介导的遗传毒性效应则非常明确。橘青霉素作用 Vero 细胞 24h 后可观察到细胞 DNA 损伤的增加；橘青霉素可加速人类外周血淋巴细胞微核的形成，与 DNA 损伤具有浓度依赖关系。另外，橘青霉素被认为在体内外均可致染色体畸变和染色体断裂。

较高浓度的橘青霉素上调氧化应激诱导基因以及氧化和炎症介质的水平，导致细胞内生理相关抗氧化剂的扰动。通过这些途径，橘青霉素可以导致细胞周期停滞在 G0/G1 和/或 G2/M 期，体现出细胞毒性、遗传毒性和诱变效应（图 6-6）。这可能是橘青霉素细胞遗传毒性作用的潜在途径。表 6-1 中总结了部分关于橘青霉素的毒性及其产生毒作用可能的机制。

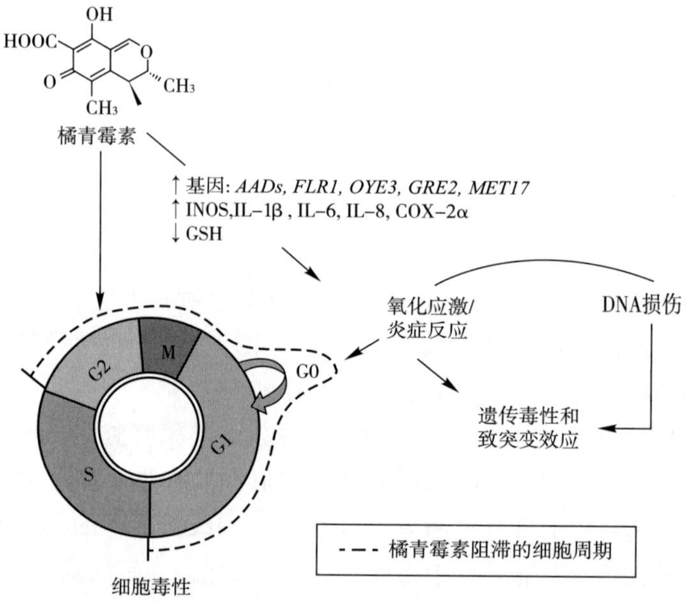

图 6-6 真核测试系统中橘青霉素介导的细胞遗传毒性作用机制

五、橘青霉素合成控制——以红曲产品为例

橘青霉素作为相关食品污染程度的重要指标，各国已制定了对食品添加剂红曲色素中橘青霉素的限量指标，例如，日本卫生部门认定为红曲产品不含橘青霉素才允许生产和出口，德国也明确提出今后若从中国进口红曲必须有安全生产菌种及产品不含橘青霉素的证明，但我国红曲产品中橘青霉素含量偏高。红曲产品中的橘青霉素问题已经引起相关行业的普遍重视，对食品安全提出了新的挑战。并非所有红曲霉都会分泌橘青霉素，这与菌种有很大关系，而且红曲霉分泌橘青霉素的合成量同时与培养条件及生产方法有很大关系。为了控制红曲产品中的橘青霉素同时高产红曲色素，已从诱变、筛选、改造菌株、改良生产工艺、优化发酵条件等方面开展了大量的工作。

1. 菌株

在菌种方面，红色红曲霉和单色红曲霉都不产橘青霉素。根据不同的菌株产橘青霉素的能力差距较大，通过菌株筛选，环境诱变育种（紫外、化学、高能混合粒子场、超声波、氯化铝等诱变方法），基因工程技术（关键基因敲除法、构建T-DNA插入转化子库）等改良红曲菌株，选育不产或者低产橘青霉素的优良菌种用于生产红曲色素。

表6-1　　橘青霉素的毒性及可能机制

处理对象	处理浓度	结果/作用机制
雄性和雌性豚鼠	40（mg/kg）/d（胃插管），14d	体重减轻，脱水，贫血，肝脏和肾脏受损（主要为变性和坏死）
雌性小鼠	62mg/kg，87mg/kg（口服）	肾功能衰竭：肾小管扩张，肾小管腔显示蛋白质，相对较小的肾皮质肾小管上皮细胞坏死，髓质管状上皮细胞有丝分裂略有增加
大鼠	5mg/kg、50mg/kg（腹腔射）	对氨基马尿酸（PAH）/菊粉清除率和 K^+ 排泄率降低
兔子	33.5（mg/kg）/d、77（mg/kg）/d，7d	轻度肾小管变性坏死及再生
Madin-Darby牛肾（MDBK）和原代胎牛肾（PFBK）细胞	0.1~3.0μmol/L	细胞的伸长、扁平、膨胀和成圆
幼仓鼠肾（BHK-21）细胞	0.1mmol/L，0.5mmol/L和1.0mmol/L	线粒体严重改变伴有肿大和细胞死亡
大鼠肝细胞	0.25~1.0mmol/L	增加ROS的产生和呼吸链中超氧阴离子的产生
雄性和雌性小鼠	0.065mg/100g（口服），60d	体重、形态学改变，某些器官中含铁血黄素颗粒的含量以及血液学参数的改变
中国仓鼠卵巢细胞CHO-K1、人外周血单核细胞PBMC和人胚胎肾细胞HEK293	20~140mmol/L、0.1~100μg/mL	对HEK293缺乏遗传毒性诱导，增加HSP-70的mRNA水平，减少IFN-γ的表达
阉割的雄性挪威长白猪的淋巴细胞、CHO-K1、人PBMC和HEK293	5~35mg/L、20~140μM	抑制细胞增殖、对HEK293缺乏遗传毒性诱导，增加HSP-70的mRNA水平
小鼠胚胎（ESC-B5）干细胞、小鼠囊胚	10μmol/L，20μmol/L和30μmol/L；15μmol/L或30μmol/L	诱导ROS的产生和细胞凋亡的线粒体途径［*Bax*/*Bcl*-2比值的变化，线粒体膜电位（$\Delta\psi_m$）的丢失，细胞色素C的释放和胱天蛋白酶-3（Caspase-3）的激活］的发生；通过钝化HSP-90/多配位体复合物，抑制Ras→ERK存活信号传导，导致发育损伤。细胞凋亡增加，细胞总数减少，有致畸的可能

续表

处理对象	处理浓度	结果/作用机制
酵母细胞、人 PBMCs	108mg/kg，324mg/kg 和 970mg/kg；10~100μmol/L	氧化应激反应基因（*AADs*，*FLR*1，*OYE*3，*GRE*2 和 *MET*17）的诱导和弱的遗传毒性作用，双核/单核细胞形成减少
酵母细胞	108mg/kg，324mg/kg 和 970mg/kg	诱导氧化应激反应基因（*AADs*，*FLR*1，*OYE*3，*GRE*2 和 *MET*17）的表达和具有弱的遗传毒性作用
人肺泡上皮细胞（A549）	0.2~50μg/mL	上皮 GSH 和 TGE β1 水平的降低与 IL-6 和 IL-8 水平的升高相结合，导致促炎活性的增强
怀孕的 Wistar 大鼠	10（mg/kg）/d（口服），15d	组织内细胞核增大和严重的窦状扩张和轻度空泡变性，肾小管变性，髓质肾小管坏死，肾小管囊性扩张，肾小球毛细血管簇变形和间质成纤维细胞增生
ICR 小鼠的卵母细胞	2.5μmol/L 和 5.0μmol/L	降低卵母细胞成熟，受精和胚胎发育的速率
人成骨细胞	5μmol/L，10μmol/L 和 20μmol/L	通过增加 ROS 水平刺激细胞凋亡；激活 JNK，半胱天冬酶和 p21-活化蛋白激酶 2（PAK2）依赖性途径
HepG2 细胞	10μmol/L，20μmol/L 和 30μmol/L	具有产生 ROS 的倾向，激活 JNK，钝化 Δψm，以及激活胱天蛋白酶-9，胱天蛋白酶-3 和 PAK2
HEK293 和 HeLa 细胞	25μmol/L，50μmol/L，75μmol/L 和 100μmol/L	通过 ERK1/2 和 JNK 途径刺激胱天蛋白酶 3 活性和显著减少 MAPK 抑制剂的存在
HepG2 细胞	2.5~25μg/mL	剂量依赖性膜性肾病形成和 DNA 损伤
肾小球系膜细胞（MES-13）细胞	3μmol/L，15μmol/L 和 40μmol/L	通过抑制 JAK/STAT-1α 和 NF-κB 信号传导途径抑制 LPS/IFN-γ 诱导的 NO 的产生
雌性瑞士白化小鼠	25μg，50μg 和 100μg	增加 ROS 的产生，促使 G0/G1 期的细胞周期阻滞，诱导细胞凋亡
HEK293 细胞	50~100μmol/L	激活 G2/M 期，阻止微管蛋白聚合的抑制和相关的有丝分裂纺锤体的形成，破坏微管组织、诱导染色体畸变
斑马鱼胚胎	7.5~30μmol/L	肾功能损害，诱导促炎基因的表达，包括 COX2α，TNF-α 和 IL-1β
昆明株雄鼠	0~6.25（mg/kg）/d（腹腔注射），7d	增加睾丸、附睾、精囊、包皮腺相对重量，增加异常精子数量；减少活精子数量，降低与橘青霉素暴露的男性交配的女性的怀孕率

续表

处理对象	处理浓度	结果/作用机制
斑马鱼胚胎	20μmol/L 或 50μmol/L	胚胎心脏畸形、心包水肿和红血积聚。心脏循环不正确，心腔缩小，胚胎的心跳和血流速度显著降低。可能由 microRNA-138（miR-138）、维甲酸（RA）信号和 *Tbx2a* 的失调所引起
粟酒裂殖酵母	250μmol/L，500μmol/L 或 1000μmol/L	与整合蛋白的自由巯基相互作用导致细胞膜流化，从而干扰了介导细胞毒性作用的离子稳态
新西兰白兔	15mg/kg，60d	与赭曲霉毒素 A 联合处理后，出现较多凋亡细胞、DNA 断裂和胞浆泡化
HepG2 细胞	50~300μmol/L	诱导 ROS 介导的 DNA 损伤

2. 培养工艺

红曲霉次生代谢产物的产生，除了与菌株有关外，很大程度也受到培养环境条件和培养基组分的影响，通过研究改变红曲霉的发酵培养工艺，如 pH、通氧量、水分、温度和光照、碳氮源的种类及其配比、外加添加物等方法，优化发酵工艺以期提高红曲霉色素产量的同时，抑制红曲霉发酵代谢产生橘青霉素的合成量。

丝状真菌红曲霉的生长发育和生理代谢过程受光照条件、发酵温度、供氧量、发酵环境 pH 等影响很大。调节发酵工艺参数能显著影响红曲霉合成橘青霉素的量。红曲霉发酵过程中采用蓝光短时间与低强度照射下能促进色素生成量，而在持续的红光照射下生长能产生更多的红曲色素，同时抑制橘青霉素的代谢量；在光照强度 300 lux，光照时间 30min/d，光照节律 12h 的最佳光照条件下，橘青霉素的产量降低 42.5%。红曲霉发酵代谢产生橘青霉素的合成量随着发酵温度先升后降，最佳的发酵温度是 34℃。橘青霉素的合成与发酵培养环境中的供氧量有很大关系。红曲色素的代谢合成受发酵环境 pH 的影响显著，添加谷氨酸钠、燕麦片、硫酸铵、硝酸钠等不同的氮源能直接改变发酵液最后的 pH，通过添加氮源硫酸铵或者谷氨酸钠，红曲霉在偏酸性的低 pH 发酵环境下能代谢生成黄色素且不生产橘青霉素。在红曲霉发酵过程中采用低频磁场（LF-MF）处理也能在不影响红曲霉细胞生长的情况下有效降低橘青霉素，提高红曲色素产量。

通过改变红曲霉发酵培养基组分，在保证红曲色素产量不受影响的情况下，尽量降低橘青霉素的合成量，改良红曲霉发酵培养基中的碳氮源组分及其配比，添加适量的铵盐、氨基酸、脂肪酸等能有效地让红曲霉发酵代谢高产红曲色素低产橘青霉素。例如，添加外源物环磷酸腺苷、生物素均可以明显地抑制橘青霉素合成量，生物素还能将红曲霉代谢合成橘青霉素途径中的主要成分乙酰-CoA 催化生成丙二酸-CoA，参与脂肪代谢提高脂肪酸的合成，进一步促进代谢合成红曲色素。六碳至十八碳的中链脂肪酸或甲基酮类物质，能在不影响色素合成量的前提下，诱导产生 H_2O_2 降低橘青霉素的合成量；另外，氨基酸能参与到红曲霉代谢中生成色素衍生物。

3. 代谢调控网络

对红曲霉产橘青霉素的代谢途径及途径中的代谢机制进行研究，将是降低橘青霉素产量的又一个可行方案。红曲霉代谢是动态的，随着培养工艺的变化，红曲色素和橘青霉素生成量不同，采用差异蛋白组学研究发酵工艺对红曲霉分泌蛋白表达的影响，鉴定及分析红曲色素和橘青霉素关键酶系及其活性变化规律，阐明代谢过程中红曲色素和橘青霉素合成的影响规律及其相关性，有望根据相关结果减少生产过程中橘青霉素的产量。

第四节　其他真菌毒素

一、伏马菌素

伏马菌素（Fumonisins）主要是由串珠镰刀菌（*Fusarium moniliforme*）产生的一种水溶性代谢产物。目前发现的伏马菌素有 FA_1、FA_2、FB_1、FB_2、FB_3、FB_4、FC_1、FC_2、FC_3、FC_4、FP 11 种。伏马菌素 B（FB）具有细胞毒性，其中的 FB_1 是伏马菌素 B 的主要组分，占其总量的 70%~80%，毒性最强。

伏马菌素主要感染玉米、小麦、稻米等农作物及其制品，在饲料、某些香辛料（如八角）及药食两用植物（如芦笋）中也有检出。作物根部被感染后会形成大小、形状不同的褐色病斑，由外向内腐烂，直至维管束，接着为淡红色至暗紫色斑块，感染处有白色粉状真菌菌丝，茎髓部变红褐色腐烂。

伏马菌素具有神经毒性、肝和肾毒性、免疫毒性、致癌性等，能导致人类食道发生癌变、肝脏癌变并造成胎儿神经管畸形等疾病。另外，伏马菌素污染的食品中同时含有黄曲霉毒素，更增加了对人类食品健康危害的严重性。伏马菌素属于镰刀菌毒素，其致毒机制可能是毒素破坏神经鞘脂类物质的生物合成。

二、麦角生物碱

麦角生物碱（Ergot Alkaloids，EA）简称麦角碱，是由麦角菌属（*Claviceps purpurea*）的霉菌感染黑麦、小麦、燕麦、高粱等谷类作物及牧草后产生的毒素。该属的霉菌也污染干粮，如面包、饼干、点心等并产生生物碱毒素，一般被麦角菌属感染后的农作物，会出现黑色的菌丝。

麦角生物碱的活性成分主要是以麦角酸为结构基础的一系列生物碱衍生物，如麦角胺（Ergotamine）、麦角新碱（Ergonovine）、麦角毒碱（Ergotoxin）、麦角生碱（Ergosine）、麦角克碱（Ergocristine）等。麦角菌病主要分布在潮湿的温带，另外，在食用被污染了麦角菌属饲料的动物乳及蛋中均发现有麦角碱的残留。产毒菌株的种类、温度、湿度、通风等生长情况都会影响麦角碱在谷物中的污染状况。

麦角碱的危害广泛，可引起农作物减产，食用了被毒素污染的食品能导致人类及家畜中毒，造成经济损失。另外，青霉属与曲霉属的霉菌也会产生麦角生物碱。麦角生物碱的毒性效应主要作用于中枢和周围神经系统，麦角碱中毒的症状主要分为坏疽性麦角中毒和痉挛型麦角中毒。坏疽性麦角中毒症状包括剧烈疼痛、肢端感染和肢体灼焦发黑等症状。痉挛型麦角中毒症状为神经失调，包括麻木、脉搏加快、出现幻觉、呕吐、失明、瘫痪和痉挛等症状。有研究表明，麦角生物碱的同分异构体会影响血脑屏障的完整性，因此对于麦角生物碱在食品和饲料中的风险评估非常重要，我国规定麦角碱在农作物中的含量不得高于 0.01%。

三、其他真菌毒素

单端孢霉烯族化合物是由头孢菌（*Cephalosporium*）、镰刀菌（*Fusarium*）、葡萄状穗霉（*Stachybotrys*）和木霉菌（*Trichoderma*）等代谢产生的一组生物活性和化学结构相似的有毒物质，均具有四环倍半萜烯结构。引起食品污染的单端孢霉烯族化合物主要有 2 个类群：①以 T-2 毒素为主的 A 簇；②以脱氧雪腐镰刀菌烯醇（Deoxynivalenol, DON）为主的 B 簇。单端孢霉烯族化合物主要污染大麦、小麦、玉米等。其可干扰人体内的蛋白质与核酸合成，因此对人类健康产生免疫抑制。

玉米赤霉烯酮，即 F-2 雌性发情毒素，是由禾谷镰刀菌（*Fusarium graminearum*）、黄色镰刀菌（*F. culmorum*）、木贼镰刀菌（*F. equiseti*）等产生的结构相似的化合物。它有 15 种以上的衍生物，主要存在于玉米和玉米制品中，在小麦、大麦、高粱和大米中也有一定的分布。

用于生产霉菌发酵干酪的娄地青霉和卡门柏青霉，能够产生大量的有毒代谢产物，包括青霉素酸、异烟棒曲霉素、蓝酪霉毒素。三线镰刀菌、木贼镰刀菌、雪腐镰刀菌、粉红镰刀菌产生的一种类雌激素样真菌毒素玉米赤霉烯酮，其急毒性对神经系统、心脏、肾脏、肝和肺都有一定的危害，慢毒性主要对象是母畜。

由曲霉属、青霉属和麦角菌属的某些种产生的一些真菌毒素能够导致农场养殖动物神经震颤。这些致肿瘤真菌毒素包括青霉震颤素、微紫青霉颤素、黄曲霉震颤毒素、钙激活钾通道阻断剂、雀稗麦角生物碱 A 和 B。皮落青霉产生青霉震颤素 A，这种物质涉及了一系列的狂犬病和一些人类癌症、呕吐和血性腹泻。

许多罕见和不明确的疾病很可能与某些真菌毒素有关。例如俄罗斯的大骨节病、非洲的姆塞莱尼（Mseleni）关节病、印度的家族性关节炎、巴布亚新几内亚的西米溶血、中国的变质甘蔗中毒等。

真菌毒素的分布广泛，在食品中也经常被检出，因此在日常生活中应该具有一定的食品安全防范意识。在食物来源方面，应去正规的食品市场购买新鲜卫生的食品，杜绝购买来源不明的食物，不要购买过期变质的食物。在条件允许的情况下，也可购买真菌毒素速测卡，检测食物是否含有真菌毒素。在食物贮存方面，应将食物包装好，置于低温干燥处，以防真菌污染产生毒素危害身体健康。及时丢弃长期放置于湿热环境的食物，避免误食导致的中毒。在不小心误食产生疑似中毒症状时，不要盲目采取措施，应及时就医，遵循医嘱进行治疗。

第七章

肠道菌群

肠道不仅是人体最大的消化器官，也是人体最大的免疫器官，具有消化吸收、排酸去毒、强化免疫等重要功能，在维持人体正常的免疫防御功能中发挥着极其重要的作用。同时，肠道为微生物提供了良好的栖息环境，形成了人体内复杂的肠道菌群。作为人体内最庞大、最复杂的微生态系统，肠道微生物及其代谢产物不仅能调节人体健康，同时对人类的营养、代谢、疾病等方面发挥着巨大的作用，由此可见，肠道微生物对人类的健康和发育具有十分重要的影响。因此，近年来肠道微生物组研究成为了科学家关注的热点。

第一节　肠道微生物组概述

2007 年，《科学》期刊曾预测，人体微生物组研究可能成为新的热点。2010 年 3 月 1 日，“2010 年人类肠道宏基因组计划（MetaHIT）国际会议”在我国深圳市举行，该会议聚集了 200 多位国际顶尖科学家，他们共同探讨人类自身健康和疾病与肠道微生物之间的联系。MetaHIT 作为由欧盟第七框架计划资助的子项目之一，迅速展开并大大加速了肠道微生物与代谢疾病的研究步伐。该项目的合作伙伴包括来自中国、美国、丹麦、法国、日本、西班牙、英国、芬兰 8 个国家学术界和工业界的 13 名成员。此项计划的目的是研究人类肠道中的所有微生物种群落，进而了解人体肠道中细菌的种群分布，从而为后续研究肠道微生物与人类的肥胖、肠炎、糖尿病等重要疾病的关系提供理论依据，达到预防和监控的目的。MetaHIT 极大地推动宏基因组学研究的快速发展，使得大规模的宏基因组学研究相继展开，大量新的微生物种群和新的基因将得以发现，对人类健康将有积极的现实意义。

2010 年 3 月 4 日，国际著名科学期刊《自然》刊发了论文《人体肠道菌群元基因组参考基因集的构建工作》，通过收集的 124 个来自于欧洲人肠道菌群的样本，并采用新一代大规模高通量的测序技术进行深度测序，产出近 6000 亿的碱基序列。经过序列组装和基因注释分析，从中获得 330 万个非冗余的人体肠道元基因组的参考基因，约是人自身基因的 150 倍。这个基因集中包含了绝大部分目前已知的人体肠道微生物基因，但更多的是目前未知微生物的基因。从这个基因集中可以估计人肠道中存在 1000~1150 种细菌，平均每个个体内约含有 160 种优势菌种，并且这些细菌为绝大部分个体所共有。

伴随着对肠道微生物研究的不断深入，肠道微生物的组成、功能以及与多种疾病的相互作用机制被不断发现，对治疗疾病、认识自身、探索未知都有着重大而深远的影响。

一、肠道微生物组成与建立

人类的肠道是一个复杂的生态系统，其中生物组成主要为细菌及其他微生物，例如真菌、寄生虫、病毒和古细菌等。研究发现，大量的肠道细菌主要位于结肠和远端小肠，其密度分布从肠道远端向近端，从肠腔内向肠腔外两个方向递减，同时肠道菌群的多样性也同向递减（图 7-1）。

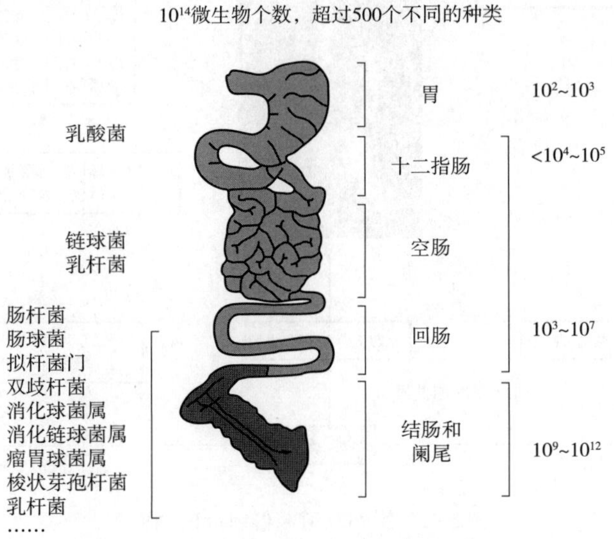

图 7-1 人体肠道微生物的分布及含量

肠道中的专性厌氧菌占绝对优势，而肠道兼性厌氧或需氧的革兰氏阴性细菌只占细菌总数的 0.11%。2005 年，宏基因组研究发现，肠道微生物在系统发育地位上基本分属厚壁菌门（Firmicutes）、拟杆菌门（Bacteroidetes）、变形杆菌门（Proteobacteria）、放线菌门（Actinobacteria）、疣微菌门（Verrucomicrobia）、梭杆菌门（Fusobacteria）6 大门，其中厚壁菌门和拟杆菌门为主要优势菌群。进一步研究表明，不同年龄、体重、性别及国籍的人群肠道微生物都大致可分为 3 种类型，即拟杆菌型（*Bacteroides*）、普雷沃氏菌型（*Prevotella*）及瘤胃球菌型（*Ruminococcus*）。

虽然人体肠道微生物的主要组成类群非常相似，但在不同个体间，不同微生物类群的相对含量和菌株种类存在着很大差异。因此人体肠道微生物可被分为“核心菌群”和“可变菌群”，前者指在绝大多数人群中都普遍存在的微生物种类；后者指受外部和内部条件影响仅存在于少量人群中的微生物种类。而影响微生物种群差异的因素主要包括宿主的地域、年龄、生理状况、饮食习惯等（图 7-2）。

膳食因素是改变肠道微生物的重要因素之一，也是最容易改变或控制的因素。不同人群由于膳食习惯的不同，对于膳食因子的摄入有很大的不同，由此引起的肠道微生物组成、结构与功能也会存在较大差异。人体肠道中核心主导菌群与膳食模式中蛋白质、脂肪和糖类成分的比例有关，拟杆菌属在长期以蛋白质和脂肪为主要膳食成分的人群中占主导地位，而在以糖类为主要膳食成分的人群中，普氏菌属则占核心地位。此外，富含高饱和脂肪酸的膳食能改变肠道微生物的组成，并促进原本较低丰度的亚

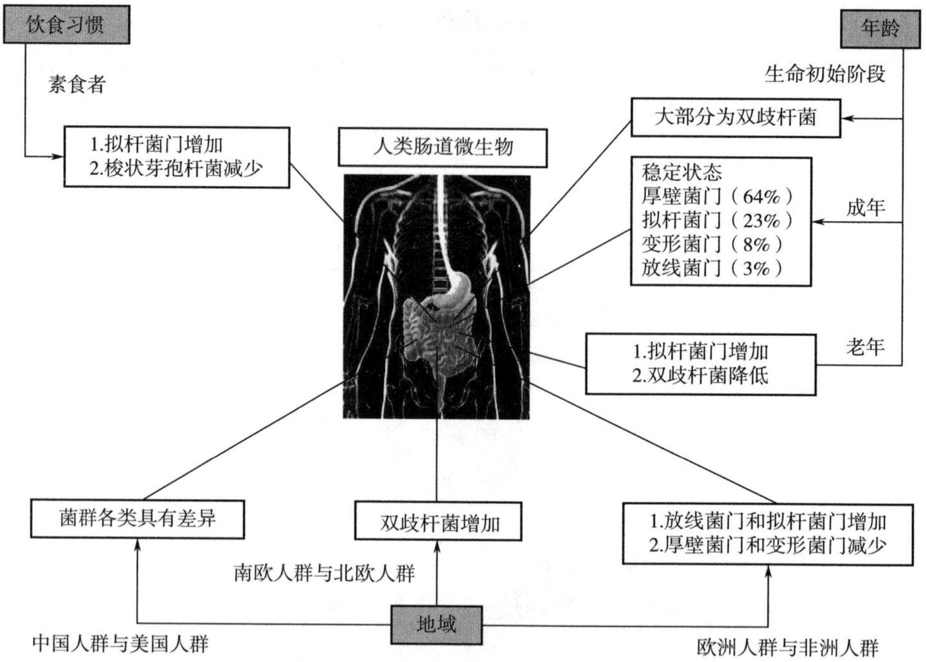

图 7-2　影响肠道菌群组成的因素

硫酸盐还原菌及沃氏嗜胆菌的增殖。

对于人类肠道菌群的建立，有报道表明人体从出生开始，可以通过多种方式获得肠道菌群。新生儿体内的微生物主要来源于母体产道、粪便以及体表的微生物。在婴儿出生后，一些兼性厌氧微生物如大肠埃希氏菌、金黄色葡萄球菌和链球菌等通过分娩移植到新生儿肠道中并不断增殖，造成新生儿肠道的厌氧环境，从而有利于厌氧微生物如拟杆菌和双歧杆菌的生长繁殖。母乳喂养是婴儿出生后母体的菌群向婴儿体内转移的一种重要方式，它使母体微生物包括金黄色葡萄球菌、链球菌、双歧杆菌以及乳酸杆菌等不断向婴儿肠道转移并加速肠道菌群的增殖和成熟。特别重要的是母乳中含有低聚糖等益生元使双歧杆菌等益生菌大量增殖，益生菌和益生元共同调节婴儿肠道的菌群，建立平衡的微生态环境，抑制病原微生物的增殖，调节肠道黏膜屏障功能及免疫功能。母乳喂养的婴儿 1 周岁时肠道菌群的发育已经比较完善，3 周岁时肠道菌群基本接近成年人。因此，婴幼儿期肠道菌群的建立和发育十分关键，将对婴儿以致对成年以后的代谢与免疫疾病产生重要的影响，进入成年期后的肠道菌群比较稳定，但当进入老年期时，一些生理功能包括免疫系统功能的改变将显著影响肠道菌群的组成。

二、肠道微生物功能

食物经由胃和小肠分解，消化后进入大肠。肠道菌群利用人体未完全消化的食物成分、部分代谢产物以及肠道黏液等进行新陈代谢活动并维持自身的数量平衡，通过自身的各项生理活动，可以在多个方面影响宿主的健康。

1. 对肠道的保护作用

正常的肠道菌群通过构建机械屏障、化学屏障、生物屏障和免疫屏障抵御外来病原微生物的入侵，维持肠道内环境的稳定和微生态平衡。人体肠道中厌氧菌占绝对优势（99%以上），大量繁殖的肠道菌群消耗了绝大部分肠道微环境中细菌生长繁殖所必需的营养物质，尤其是铁离子。从外部入侵的致病菌由于其铁捕获能力不如正常菌群发达因而无法竞争生长，造成其定植数量减少。此外，肠道菌群在代谢过程中产生挥发性脂肪酸、乳酸以及乙酸、丙酸、细菌素等，降低了肠道内的 pH，促进酸对大肠埃希氏菌、沙门氏菌的抑制和杀伤，抑制外籍菌的生长和繁殖，从而来减少这些细菌产生的毒性物质，使结肠中的潜在致癌物的形成数量减少。另外，厌氧菌和肠道黏膜上皮细胞紧密结合形成生物膜-菌群复合结构，对肠上皮组织起着重要的占位保护作用。

2. 参与物质能量代谢

定植于人体肠道的微生物群为宿主提供了多种人体自身所不具备的酶与生物转化途径，因此能够分解人体不易消化的多糖、寡聚糖以及糖蛋白等，生成短链脂肪酸，为宿主提供能量并为肠道菌群生长繁殖提供营养物质。除此之外，肠道菌群还能合成多种维生素包括 B 族维生素、维生素 K、维生素 C、生物素以及叶酸等，例如，大肠埃希氏菌可以合成维生素 K，而人无法从食物直接获取。另外，肠道菌群还能与宿主发生共代谢作用，通过肝肠循环等多条代谢途径参与药物及其他外来化合物的分解代谢，胆汁酸及脂肪等的代谢便是其中最为典型的例子。因此，它在人体的物质能量代谢过程中有着不可或缺的作用。

3. 肠道菌群与机体的免疫功能

肠道菌群通过细菌本身或细胞壁成分刺激宿主免疫系统使免疫细胞活化，通过增加抗体含量，调节淋巴细胞的吞噬作用，以及增加干扰素的分泌等作用提高机体的免疫力。大量实验表明，无菌动物的肠系膜淋巴结较小且在数量上也少于正常动物，抗体分泌水平也明显低于正常动物。研究发现黏膜免疫系统的主要功能是通过产生分泌型免疫球蛋白 A（sIgA）阻止微生物在黏膜上皮定植和繁殖。研究发现，初生婴儿粪便中双歧杆菌的数量与黏膜 sIgA 的浓度呈显著正相关，这表明双歧杆菌能促进黏膜免疫系统 sIgA 的成熟及分泌。

三、肠道微生物失调与致病因素

正常情况下，肠道各种细菌种群与宿主相互依存和相互制约，维持一种动态的生态平衡，一旦受到宿主及外环境变化的影响，平衡状态就会被打破，形成破坏生理性组合，生成病理性组合，从而造成肠道菌群失调并参与一些疾病的发生。

1. 失调类型

（1）比例失调　按严重程度可分为三类，Ⅰ度：细菌定量上发生改变，没有明显的或仅有轻微的临床症状，病变是暂时性和可逆性的，去除引起菌群失调的病因后可自行恢复；Ⅱ度：肠道菌群失调并引起了明显的临床症状，为不可逆性，去除病因后仍维持菌群失调的状态；Ⅲ度：肠道正常菌群被过度繁殖的过路菌所替代，引起感染症状，又称菌群交替症。

（2）定位转移　又称易位，是指肠道细菌及其产物越过肠道黏膜屏障向肠系膜淋巴结、肝、脾、肾等肠外组织迁移的过程。小肠细菌过度生长、肠道通透性增高及机体免疫防御功能低下是易位发生、发展的主要原因。定位转移又可分为横向转移和纵向转移两类。横向转移是指肠道正常菌群由原位向周围转移，如大肠菌群向小肠转移；纵向转移是指肠道正常菌群由原位向肠黏膜深层乃至全身转移，如细菌通过黏膜屏障进入血液。目前主要的防治措施包括营养支持、增强肠黏膜屏障功能、选择性肠道去污染、肠道微生态制剂及抗氧化剂等。

（3）自身感染　当机体抵抗力低下时，肠道的正常菌群可以转化为条件致病菌引起机体自身的感染。自身感染多见于免疫功能受损或危重病患者，通常是肠道菌群比例失调和定位转移共同作用的结果。

2. 致病因素

引起肠道菌群失调的原因复杂多样，主要包括药物因素、饮食习惯、年龄因素、肠道动力异常以及肠道免疫功能障碍等。

（1）药物因素　抗生素、免疫抑制剂、细胞毒性药物、激素及抗肿瘤等药物的使用均可引起肠道菌群失调。尤其是长期使用广谱抗生素可使肠道敏感菌被抑制，耐药菌过量繁殖，这是导致肠道菌群失调最常见的原因。抗生素所致肠道菌群失调的水平与用药剂量相关，高剂量组菌群变化更明显。此外，益生菌有稳定并增加肠道优势菌在肠道菌群中的作用，这促使治疗过程中需要考虑到肠道微生态平衡，更加合理地使用抗生素。

（2）饮食习惯　饮食习惯可以影响肠道菌群的种类和数量，不良的饮食习惯会破坏肠道菌群的平衡。例如，高脂饮食会改变肠道菌群，而在低脂饮食中加入纤维对维持肠道结构及功能有益。因此，调整膳食结构及养成良好的饮食习惯对维持肠道菌群动态平衡有重要作用。

（3）年龄因素　肠道菌群会随年龄的变化而变化。老年人肠道内双歧杆菌数量会显著减少，肠杆菌和肠球菌数量增加，肠道定植抗力下降。老年人肠道菌群失调可能与退行性及感染性疾病的易患性增加相关。因此，在老年肠道菌群失调相关疾病中，适当应用微生态制剂有利于老年人身体健康的恢复。

（4）肠道动力异常　正常的肠道运动是阻止肠道菌群失调的一个重要手段。小肠消化期和消化间期的正常运动具有清除细菌的作用，小肠动力出现障碍时，小肠移行性复合运动强度减弱，小肠转运速度及食物推进速度减缓，致使细菌在肠道内滞留时间过长，大量繁殖，促进了肠道菌群失调的形成。

（5）肠道免疫功能障碍　黏膜固有层的浆细胞是肠道正常免疫功能的主要来源，

它可以产生大量对肠道细菌有抑制作用的免疫球蛋白。sIgA 是肠黏膜主要的免疫球蛋白，对黏膜抵抗固有及入侵的病原体有重要作用，是阻止肠道细菌移位的重要环节。当肠道免疫功能出现障碍，造成 sIgA 缺乏，肠道细菌会因失去监控而过度繁殖，造成肠道菌群失调。

（6）器官移植 当人体内部环境发生变化时，肠道微生态被破坏，出现菌群失调，进而导致一系列相关疾病发生。肝移植术后，随着抗生素使用时间的延长，肠道菌群失调的发生率逐渐升高。故对于感染患者或者有潜在感染风险的患者，在选取抗生素时，不但要考虑到致病菌的耐药性特点及抗生素的使用种类，还要考虑使用时间，不可滥用抗生素以及严格规定抗生素的使用范围。

其他如外伤、重症感染、化学物品、精神疾病、肿瘤等因素均可导致肠道菌群失调。

四、肠道微生物与疾病

肠道微生物的失调，可导致消化系统疾病、代谢疾病等多种病症的发生，甚至能进一步影响衰老及相关疾病发展。近年来，肠道菌群和多种疾病发生之间互相作用的机制得到了深入与系统的研究，为通过调节肠道菌群维持人体健康提供了新的方向与策略。

1. 肠道微生物与肠道疾病

人们已经认识到，滥用抗生素导致的肠道微生物失调会提高肠道疾病发生的概率。随着对肠道微生物功能的不断挖掘，肠道菌群失调与肠道疾病发生的机制逐渐得到阐释。

肠易激综合征（IBS）是一种肠道功能紊乱性疾病，常伴随着慢性腹泻和腹痛。IBS 患者肠道内变形菌门细菌含量显著升高和肠道微生物的失调，导致肠道免疫系统功能紊乱，使 IBS 患者的结肠黏膜慢性炎症细胞数量上升，大量 T 细胞被激活，炎症因子加速表达。可见，肠道微生物失调引起的慢性炎症在 IBS 的发病过程中发挥重要作用。炎症性肠病（IBD）是一种病因不明的慢性肠道炎症性疾病，主要包括溃疡性结肠炎（UC）和克罗恩病，已成为中国乃至全世界消化系统常见疾病和慢性腹泻的主要原因。克罗恩病儿童患者体内，厚壁菌门尤其是梭菌纲细菌数量显著下降，而拟杆菌门和变形菌门细菌的比例显著上升。滥用抗生素及免疫因子（如 NLRP3 炎性体及 Toll 样受体家族的常见因子 MyD88）缺乏会导致肠道内共生微生物的多样性降低及数量减少，进而导致肠黏膜损伤并诱发结肠炎。

2. 肠道微生物与肥胖

肠道菌群参与了能量代谢和宿主肥胖的发生。与非肥胖人群相比，肥胖患者的肠道微生物会从食物中积累更多的能量，并转化为多余的脂肪。

肠道菌群的丰富性与肥胖相关疾病的易感性相关，即肠道菌群种类少的人更容易患有肥胖相关疾病，表现出胰岛素抵抗、血脂异常和慢性炎症表型；有可能引起消化道和整个身体轻度炎症的菌群在他们的体内占优势；其慢性炎症状态会影响代谢，提高 2 型糖尿病和心血管疾病的风险。

厚壁菌门（Firmicutes）和拟杆菌门（Bacteroidetes）是胃肠道中两个最主要的细菌门，占了肠道微生物种类的 80%~90%。与正常人群相比，肥胖人群的肠道中厚壁菌门的细菌数量明显增多，拟杆菌门的细菌数量明显减少。给予肥胖志愿者接受一年脂肪受限（Fat Restricted，FAT-R）或糖受限（Carbohydrate Restricted，CARB-R）的食物，体重明显下降。同时，肠道内厚壁菌门细菌的比例随之下降，拟杆菌门细菌的比例随之上升，拟杆菌的丰度与体重呈负相关。关于肥胖与肠道菌群研究的逻辑论证关系可以用图 7-3 来示意。

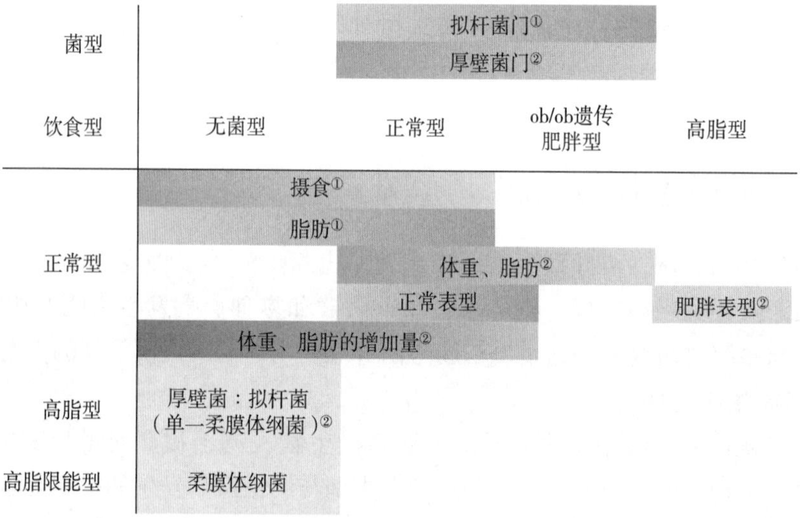

图 7-3　肠道微生物与肥胖研究的试验设计与关系分析图

注：颜色变深表示量的增加，颜色变浅表示量的减少；①表示有益于健康的指标变化；②表示不益于健康的指标变化。

肠道菌群对宿主肥胖的影响主要归结于两大方面：影响脂肪积累（能量储存）以及系统性慢性低度炎症。

（1）肠道微生物影响脂肪累积（能量储存）　随着研究的深入，肠道细菌影响脂肪代谢和累积（能量储存）方面的论证得到较多的发展，主要表现在两个方面。

第一，“开源”。①肠道肠微生物促进多糖等降解吸收，帮助宿主将摄入饮食中不能自行消化分解的物质转化为短链脂肪酸（SCFA）等小分子物质，供宿主吸收利用，储存能量。②肠道微生物刺激胃肠肽类激素的产生促吸收。肠道微生物降解多糖等产生的短链脂肪酸激活 G 蛋白偶联受体 GPR41，使血清中胃肠肽类激素酪酪肽（Peptide YY，PYY）水平显著上升，抑制食物摄入、胃肠排空、胰腺和肠道分泌及肠道蠕动，增加营养物质（主要是葡萄糖）的吸收和能量的获取。③肠道微生物促进甘油三酯的储存。肠道微生物也能抑制禁食诱导脂肪因子（Fasting-Induced Adipose Factor，FIAF；又称血管生成素连接蛋白 4，Angiopietin-like Protein4，Angptl4）的表达，促进肠上皮细胞中脂蛋白脂肪酶（Lipoprotein Lipase，LPL）的表达，促进肠道对脂肪的吸收，从而促进脂肪细胞中甘油三酯的储存，加速肥胖进程。④肠道微生物能促进甘油三酯的积聚。肠道微生物能促进脂肪合成基因（*fas*、*acc*）及其调节蛋白基因的表达来促进甘油三酯在肝脏脂肪细胞中的积聚，其中调节蛋白为糖类反应元件结合蛋白（Carbon-hydrate Response Element-Binding Protein，ChREBP）和固醇调节元件结合蛋白1（Sterol Regulatory Element-Binding Protein 1，SREBP-1）。

第二，“节流”。肠道微生物能抑制脂肪酸氧化：降低肝脏和肌肉中控制细胞能量代谢的关键酶AMPK的活性，从而抑制依赖于AMP活化蛋白激活酶（AMPK）的脂肪酸氧化。

（2）肠道细菌影响肥胖相关的系统性慢性低度炎症　代谢性内毒素血症假说认为，肠道菌群产生的毒素可能是人体衰老和得病的主要原因。肠道菌群的内毒素能够进入血液，引起低度的慢性炎症，从而导致肥胖、胰岛素抵抗等代谢损伤。

具体来说，高脂饮食通过诱导肠道菌群改变，可能增加了条件致病菌的数量，从而降低了保护肠道屏障功能的细菌数量。由于这种菌型变化影响肠上皮细胞基因表达，导致肠道通透性增加。随着肠道通透性的增加，进入血液的内毒素增加，后者与其受体CD14形成复合物，并被免疫细胞表面Toll样受体4（Toll-Like Receptor，TLR4）所识别后产生多种炎症因子，从而引起炎症反应和产生代谢异常，引发慢性炎症反应。慢性炎症反应的累积进而产生了肥胖、胰岛素抵抗等代谢失调表现。例如，高脂饮食导致的肥胖小鼠中肌肉、肝脏和脂肪组织中多种炎性因子表达量增加，如IL-1和IL-6、TNF-α以及单核细胞趋化蛋白1（Monocyte Chemoattractant Protein 1，MCP-1）等。这些炎性因子参与胰岛素抵抗的形成，例如，TNF-α水平上升能促进胰岛素受体底物1（Insulinreceptor Substrate 1，IRS-1）的丝氨酸磷酸化，干扰正常酪氨酸的磷酸化，从而减弱胰岛素信号转导，降低IRS-1对胰岛素的敏感性，进而引发胰岛素抵抗。由此，也将肥胖与2型糖尿病联系了起来。另外，炎症小体（Inflammasome）反过来也影响肠道菌群，与肥胖和非酒精性脂肪肝的形成有关。

当然，肥胖等代谢综合征的原因并不只是上述一种，是否还有其他条件致病菌也有类似作用，其中的具体作用机制是什么，肠道细菌与饮食和宿主的相互作用机制又是什么，这都需要更多的试验证据更深入地研究其间的作用过程和分子机制。

3. 肠道微生物与肝脏疾病

慢性肝脏疾病与肠道菌群的改变息息相关。近年来，由于对“肠-肝轴”的认识逐步深入，肠道菌群在慢性肝病发病过程中的作用备受关注。正常情况下，肝脏可以清除来自肠道的内毒素、氨、吲哚、酚类等各种有毒物质。但是肠道微生态的改变使肠道屏障功能受损，各种代谢产物大量进入肠外器官，过度激活机体免疫系统，引起异常免疫反应，导致肝细胞凋亡及坏死。慢性肝脏疾病患者存在不同程度的肠道菌群失调：双歧杆菌、乳酸杆菌等厌氧菌的数量减少，革兰氏阴性细菌过度生长繁殖，并释放大量内毒素，引发或加重慢性肝脏疾病。同时，非酒精性脂肪肝炎以及酒精性肝病患者的肠道菌群处于失调状态，而其中的肠杆菌比例明显高于健康人群。控制肠道菌群失调可以明显改善病人的临床症状。

4. 肠道微生物与糖尿病

全球范围内用于预防和治疗糖尿病及其并发症的成本预计将在2030年超过4900亿美元，糖尿病已成为一项重大公共卫生问题。人类基因组计划虽然完成，但人类自身遗传密码的破译并没有帮助人们找到彻底克服糖尿病的方法，科学家开始将目光转向与人类共生却具有100倍于人体基因的肠道微生物上。肠道微生物中蕴含的海量遗传信息可能是治疗糖尿病的新突破口。

肠道免疫系统对于1型糖尿病的发生起着非常重要的作用，而正常的肠道微生物对于肠道先天免疫系统的调节和免疫耐受的建立是必不可少的。肠道微生物紊乱、肠上皮细胞完整性受损以及肠道免疫功能失衡也都与1型糖尿病的发展有关。预防或延缓1型糖尿病、类风湿性关节炎和多发性硬化等慢性疾病的发生可能以肠道微生物群为标靶来评估。

2型糖尿病的发生与肠道菌群的改变具有极大的相关性。2型糖尿病患者肠道中拟杆菌门/梭菌门细菌数量的比例与血糖浓度呈正相关；而且与正常人相比，糖尿病患者体内的某一种菌比如β-变形菌纲的数目会显著增加。另外，拟杆菌门/厚壁菌门的比例与血糖水平呈正相关（$P=0.04$），与身体质量指数（BMI）存在一定程度的负相关。肠道微生物组成上的这种差异提示超重/肥胖相关的肠道微生物类别与糖尿病相关的肠道微生物类别有所不同。

2型糖尿病患者其中一个特征为中度肠道微生物菌群失调，产丁酸盐细菌的丰度下降，而各种条件致病菌增加，并且细菌还原硫酸盐和抗氧化应激能力增强。丁酸盐是一种可以被肠道细胞使用的能量分子，它也有助于减弱结肠炎症反应。肠道内的丁酸盐含量降低、条件致病菌增多以及微生物基因组中耐氧化压力基因增多，都会增加肠道内的炎症反应，导致胰岛素抵抗，进而罹患2型糖尿病。

5. 肠道微生物与衰老及相关疾病

肠道菌群与宿主是一个“超有机体”（图7-4），它们之间是一种共生关系，应把它们作为一个有机统一的物质和能量代谢系统来研究衰老机制、延缓衰老以及治疗疾病。

肠道菌群与衰老以及衰老相关的疾病存在非常显著的相关性，如图7-5所示。例如，正常的肠道菌群可通过影响淋巴细胞来调节机体对过敏原的反应，从而影响过敏疾病的产生。肠道菌群产生的类胡萝卜素类物质可在一定程度上降低动脉粥样硬化和中风的风险。节食的动物可以建立最佳的肠道菌群组合，这反过来通过减少整体炎症而改善健康，这点与“减少食物摄入，限制热量可以延长模式生物的寿命”的认知是一致的。肠道微生物群的这种结构变化与延长寿命之间确切的因果关系及作用机制尚需进一步研究，同时这种变化能否用作开发药食性抗衰老干预措施的生物标记尚需进一步确认。不过至少有望结合肠道菌群变化和血清脂多糖结合蛋白（LBP）水平来对宿主衰老以及与年龄相关炎症反应的升高得出早期预警信息。

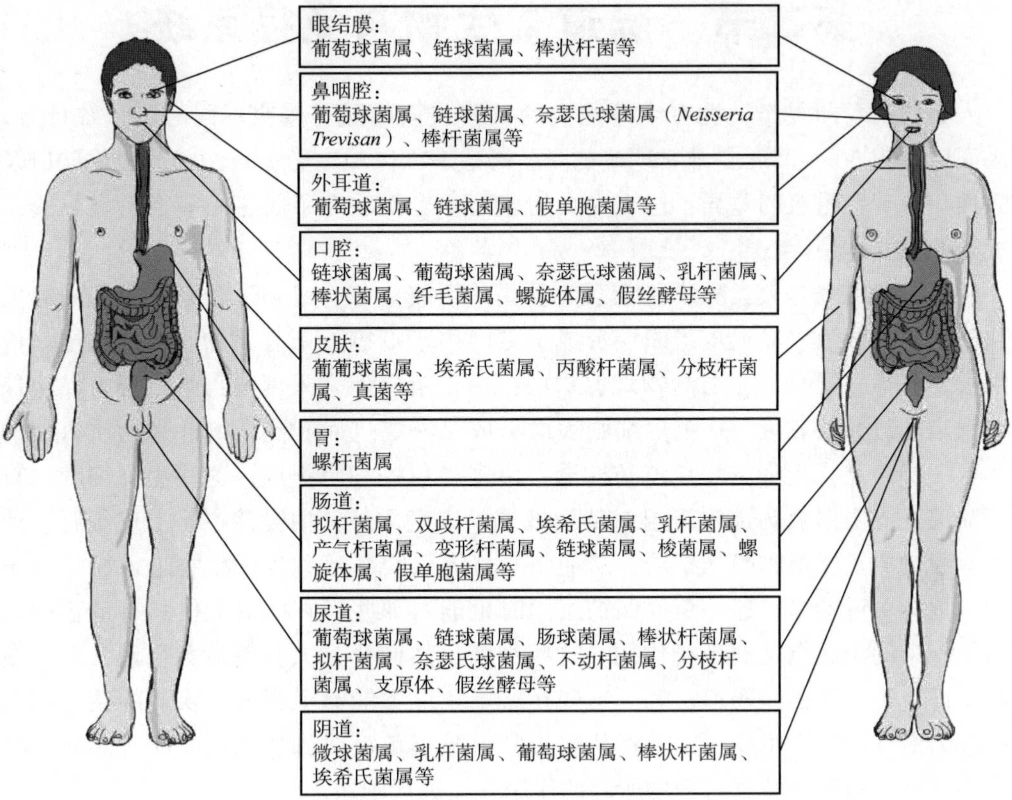

图 7-4 人体与其中多处分布的微生物构成超有机体

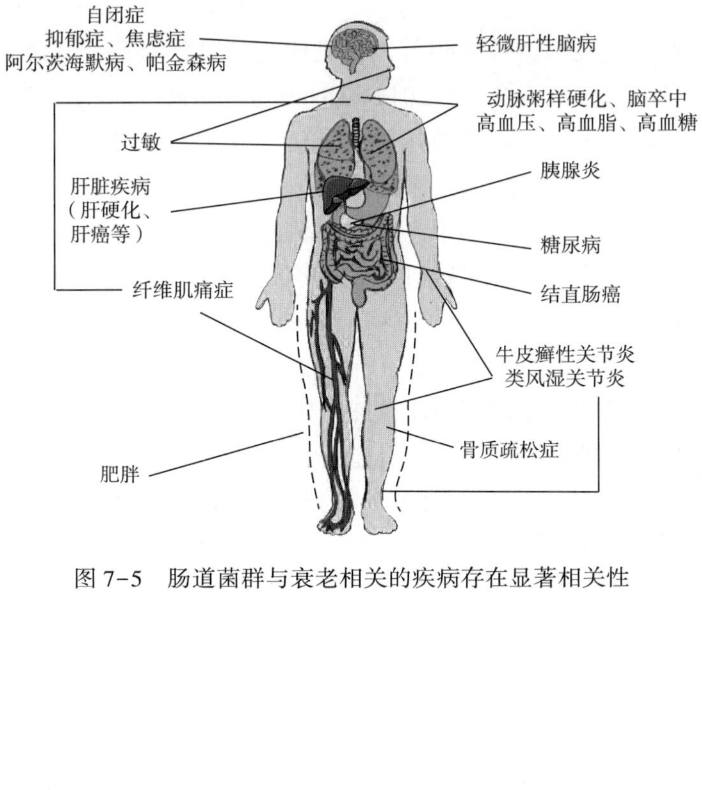

图 7-5 肠道菌群与衰老相关的疾病存在显著相关性

第二节 肠道微生物与免疫系统

人类肠道卷曲复杂，拥有十分庞大的黏膜表面区域，按照不同的测量统计方式，其表面区域为30~400m^2。非常明确的是，肠道表面区域十分庞大，相比于皮肤以及肺部表面积有着数量级的差异，这么庞大的表面积也就注定了肠道黏膜在人类黏膜系统中所处的重要地位。

肠道黏膜免疫是人类黏膜免疫系统重要的组成部分，胃肠道在黏膜免疫中起关键性作用。在胃肠道表面上皮组织层形成了专门用于抵御外来有害物质的保护层，该保护层主要分为三层：第一层为物理保护层，用于阻碍外来入侵物；第二层为黏液保护层，肠道通过分泌黏液并在上皮细胞表面形成黏液层进而起到抵御外来物质入侵的作用；第三层为黏膜免疫主要免疫防御层，由多种免疫细胞组成，这些免疫细胞一直分布于肠道表皮层以及肠道附近组织从而抵抗外来病原体。由黏液层、上皮细胞、免疫细胞一起构成了肠道黏膜保护层，从而防止亿万人类肠道共生微生物进入机体系统及组织。更为关键的是，这一免疫保护层同时也能对那些潜在的对人体具有危害的共生菌以及外来的病原体起到抵御作用。这些细菌虽然同样是人类肠道共生菌，但是在特定的条件下仍然能引起肠道疾病，这些在特定条件下能够引起人类疾病的共生细菌通常被称为潜在病原微生物。本节将从宿主肠道黏膜免疫防御的感应与应答层面以及它们在不同细菌引起的感染过程中所起的作用方面进行阐述。

一、肠道微生物与免疫系统相互作用

肠道病原体通常与腹泻类疾病相关，并且腹泻类疾病是引起人类疾病及死亡的主要原因之一。据世界卫生组织统计，2012年因腹泻类疾病死亡的人数高达150万。另据美国疾病控制与预防中心的统计显示，在美国每年大约有480万人因为这类病原体感染而生病，12.8万人因此类疾病住院，300人因此死亡。这类感染性疾病的主要感染类型是沙门氏菌以及弧形杆菌感染，其中沙门氏菌感染是导致住院及死亡的主要感染类型。在共生细菌中，虽然有多种细菌能够引起感染性疾病，但是它们所引起疾病的严重性、临床表征以及症状持续时间各有不同，比如霍乱弧菌及一些大肠埃希氏菌，可以通过分泌肠毒素而引起分泌性腹泻，然而弧形杆菌、志贺氏菌及大多数血清型沙门氏菌通过入侵上皮细胞诱发招募中性粒细胞聚集感染部位，从而使中性粒细胞活化，导致组织受损、黏膜保护层破坏，最终引起炎症，导致炎症性腹泻。

除了通常的病原菌外，一些正常的肠道微生物在特定的条件下同样能够引起感染性疾病。与通常的病原体不同，这类肠道微生物在健康的免疫系统与肠道微生物种群稳定性良好的情况下不会引起疾病，例如，肠球菌能够引起败血症及心内膜炎；梭状芽孢杆菌感染是引起结肠炎的主要原因。

不同的病原体在宿主防御机制的感应、应答的强弱、特殊防御机制的产生以及疾病的临床表现上各有不同。

1. 病原体与肠道微生物种群相互作用

在传统意义上，病原体感染宿主一直被认为是微生物与宿主免疫系统的一场战争，因为宿主免疫系统在预防病原体入侵与导致疾病的过程中起着关键性作用。然而，非常重要的一点就是病原体在进入肠道时并不是第一时间入侵细胞的。在病原体与肠道黏膜上皮细胞以及免疫细胞接触之前，它们首先面临的是存在于肠道的由多种微生物组成的复杂的微生物种群，即肠道微生物种群，这些微生物种群稳定寄居在肠道的不同位置，拥有属于自己的生态环境，它们通过特殊的生态环境与种群机制防止外来细菌进入以获取营养及其他资源，这种方式被称为定植抗力。20 世纪 50 年代，人们第一次发现用抗生素处理减少肠道微生物数量后，低于正常感染的最低剂量的沙门氏菌便能引起非常明显的感染。然而，即使健康的肠道微生物种群能限制病原体的入侵，共生菌群同样也在无意之中帮助了特定的病原细菌定植于肠道黏膜表面从而引起感染。

肠道微生物群可为病原体提供电子受体、无机营养物以及糖类等病原体无法获得的物质，从而诱发病原体调控通路，促进病原体毒性因子的释放，导致宿主被感染（图 7-6）。例如，四硫磺酸盐为沙门氏菌厌氧呼吸的电子受体，形成于肠道黏膜表面区域，由一系列氧化反应生成，肠道微生物代谢产生的硫化氢以及中性粒细胞产生的活性氧在这一过程中起重要作用。另外，当能量来源受限制时，沙门氏菌能够利用肠道微生物在糖发酵过程中产生的氢分子作为能量来源。

除了上面所讲的这类普通机制外，某些特殊的共生菌群已被证实可以促进病原体生长。例如，拟杆菌分泌的一种唾液酸酶能够在肠道中分解黏蛋白产生唾液酸。即使拟杆菌本身不能利用这一类物质，但包括沙门氏菌在内的病原体可以利用唾液酸作为能量来源从而确保其能在肠道内增殖；肠出血性大肠埃希氏菌同样通过不同的机制受益于拟杆菌，由拟杆菌产生的岩藻糖苷酶可以从宿主多糖中分离出岩藻糖，从而使得肠道内可利用的岩藻糖含量保持较高水平，肠出血性大肠埃希氏菌感受到岩藻糖这一信号从而诱导毒性相关基因以及该病原体在肠道内寄生的必需基因的表达，从而帮助其在肠道内增殖并感染宿主。与肠出血性大肠埃希氏菌类似，艰难梭菌与酸杆菌能够利用肠道微生物产生的琥珀酸作为能源物质从而在肠道中生长，酸杆菌同样能感知琥珀酸信号，从而上调毒性基因的表达。

虽然肠道微生物无意中为病原细菌提供了糖类或其他有益物质，但宿主对病原体的应答机制同样适用于共生菌群，这些物质能够促进它们在炎症部位聚集。例如，Toll 样受体与病原体连接能够迅速引起肠道小型上皮细胞发生白介素-22（IL-22）依赖的岩藻糖基化，这些细胞随后便流入肠道区域，在这一区域岩藻糖被解离并被微生物代谢。另外，有研究表明岩藻糖含量的升高可以降低酸杆菌毒性基因的表达，从而增强宿主对这一病原体的抵抗。

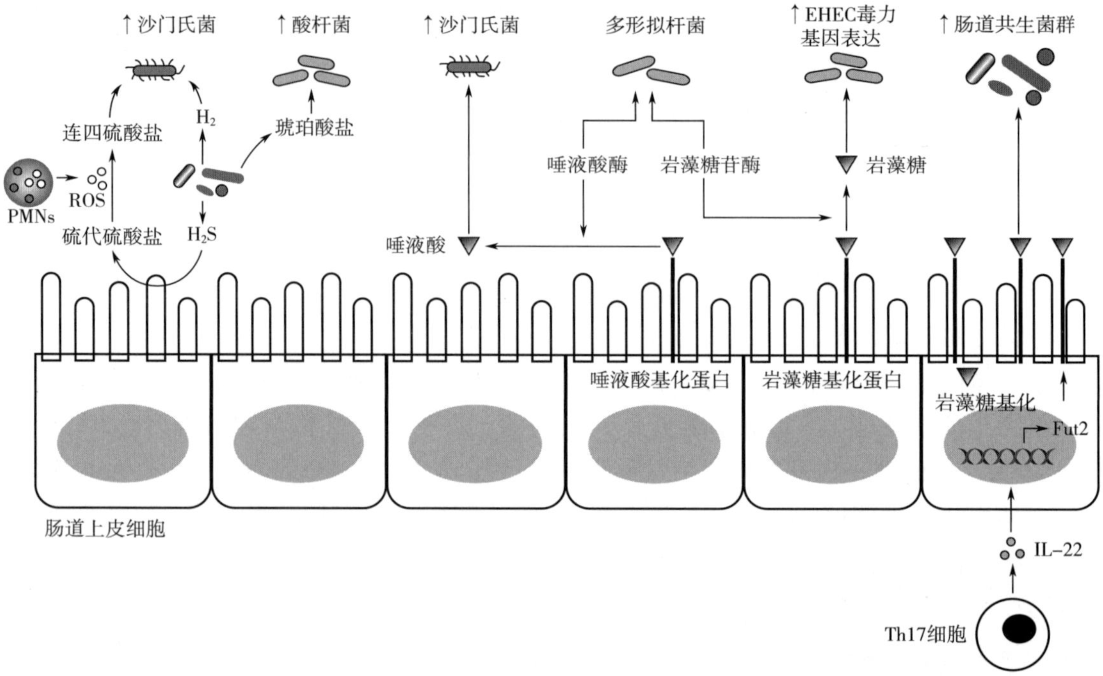

图 7-6　病原细菌利用共生菌群代谢产物在肠道内增殖示意图

注：病原体利用肠道共生菌群定植于肠道黏膜。肠道中沙门氏菌、酸杆菌以及肠出血性大肠埃希氏菌（EHEC）利用肠道共生菌群代谢产物（比如糖类、酶类、无机组分）作为碳源和能源从而进行增殖。共生菌群代谢产生的硫化氢随后被肠道上皮细胞转化为硫代硫酸盐，在炎症部位，多形核细胞（PMNs）释放活性氧分子并使得周围处于一个氧化环境下，硫代硫酸盐随后被氧化成连四硫酸盐，而沙门氏菌正好能够利用共生菌群无法利用的连四硫酸盐进行厌氧呼吸获得能量得以在肠道内存活与增殖；同样，酸杆菌能够利用共生菌代谢产生的琥珀酸盐作为碳源进行能量代谢。病原体同样能够间接地受益于代谢旺盛的肠道菌群，例如，沙门氏菌与肠出血性大肠埃希氏菌均能受益于多形拟杆菌的代谢，多形拟杆菌代谢产生的唾液酸能够使得沙门氏菌在其中生长增殖，另外，其分泌的岩藻糖能够被肠出血性大肠埃希氏菌感应，从而上调多种毒性因子的表达。岩藻糖不仅仅对病原体有好处，对于肠道共生菌群同样重要，在 Th17 细胞来源的 IL-22 诱导肠道上皮细胞表达的岩藻糖转移酶（Fut2）加了表皮细胞表面的岩藻糖基化从而使得岩藻糖含量升高，岩藻糖为共生菌群提供碳源从而保证共生菌群在炎症反应过程中能够维持稳定。

2. 免疫系统与肠道微生物种群相互协调以维持肠道稳态

肠道内共生细菌与免疫细胞相互作用受到紧密调控，以维持肠道内稳态以及区分共生微生物与病原微生物（图 7-7）。以 TLR 为基础的共生菌群识别是微生物种群与宿主共生关系中极为重要的方面，例如，在相互作用中 TLR2 介导的多聚糖 A（PSA）的识别。PSA 触发 TLR2 从而驱使调控型 T 细胞应答产生 IL-10。另外，共生细菌（如多型拟杆菌）可通过调控 NF-κB 的活性从而下调肠道内前炎症性细胞因子的表达。

在肠道免疫应答调控过程中，肠道微生物也能通过产生信号分子以维持肠道固有免疫应答强度，从而抑制病原微生物的入侵与增殖。例如，共生菌群能够刺激上皮细胞的 TLR 信号通路从而诱导抗菌凝集素 REG3γ 的表达。当利用抗生素处理肠道共生菌群后，REG3γ 表达量降低，并且当激活肠道上皮细胞 Toll 样受体 4 后，REG3γ 的表达

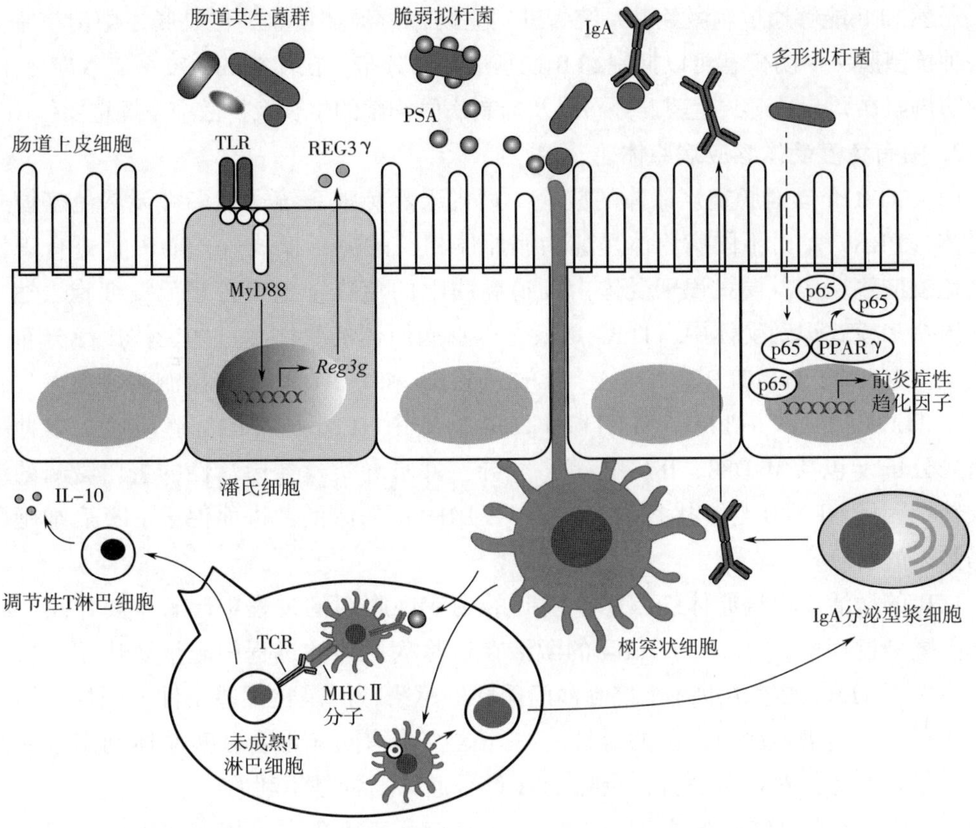

图 7-7 肠道共生菌群与肠道免疫系统相互作用示意图

注：肠道共生菌群参与调控肠道黏膜免疫反应。肠道共生菌群通过表达抗菌凝集素刺激潘氏细胞表面的 TLRs 信号通路，从而激活 REG3γ 的表达；来源于脆弱拟杆菌的 PSA 被肠道树突状细胞捕获并转移至肠系膜淋巴结（MLNs），在这里通过抗原呈递通路和 TLR2 信号通路激活调节性 T 淋巴细胞，激活的调节性 T 淋巴细胞随后迁移至肠道发挥其调控作用；CX3CR1$^+$树突状细胞捕获肠道共生细菌并呈递给肠系膜淋巴结中的未成熟的 B 淋巴细胞，并诱导其产生免疫球蛋白 A（IgA），IgA 随后被分泌至肠腔中参与调解共生菌群的组成；多形拟杆菌能够通过结合细胞核内的过氧化物酶体增殖物激活受体 γ（PPARγ）从而使得 p65 得以释放进入细胞质，进而调节上皮细胞表达前炎症细胞因子。

水平能够恢复到正常水平。

免疫系统抵抗病原菌的另一机制是通过摄取肠道共生菌群并利用肠道共生菌产生的定植抗力抵制病原菌。CX_3C 细胞因子受体 1（CX_3CR1）的表达可使得树突状细胞延伸其树突至上皮细胞之间以及内吞肠腔内细菌，共生细菌便从肠道转移至肠系淋巴结中，在这里共生细菌选择性地诱导浆细胞表达分泌性免疫球蛋白 A（IgA）。IgA 随后与肠道微生物结合并调节肠道微生物种群的组成，从而限制炎症反应以及共生菌与病原细菌的渗透。除了诱导 IgA 表达外，被获取的共生菌也能诱导 T 细胞簇的分化，肠道内共生节丝状细菌（SFB）单一共生于小鼠肠道中时能够充分地诱导 CD4$^+$ Th17 细胞的发育。这一过程需要 MHC-Ⅱ型 CD11c$^+$树突细胞提呈 SFB 抗原并控制肠道病原体的感染，另外在 SFB 单一共生小鼠肠道固有层中发现大量能产生 IgA 的浆细胞。

虽然 SFB 能够通过刺激免疫系统帮助宿主防御病原体侵染，但是肠道中由宿主表达的一种抗菌肽——防御素可以抑制 SFB 在肠道中的分布。在传统的免疫系统效应分子中，肠内防御素在调节肠道共生菌群分布以及抑制病原细菌的生长及扩散中发挥重要作用。

3. 固有免疫受体感应病原体

（1）TLR 介导对肠道病原体的应答　宿主天然免疫系统通过多种天然免疫模式识别受体（PRRs），对不同病原体呈递的病原体相关的分子模式（PAMPs）进行识别并发生免疫应答反应。模式识别受体由肠道黏膜上的免疫细胞或者非免疫细胞表达，在肠道内众多模式识别受体中，TLRs 是最先识别病原体的受体，这些受体广泛分布于细胞膜上（包括 TLR1、TLR2、TLR4、TLR5、TLR6 和 TLR10）或者细胞内囊泡上（包括 TLR3、TLR7、TLR8、TLR9、TLR11 和 TLR13）。由 TLRs 诱导的细胞应答由多种不同的信号分子（包括 MyD88、IFN-β 等）介导，并且导致丝裂原活性的蛋白激酶的激活以及转录因子 NF-κB 与干扰素调控因子 3（IRF3）的激活，进而促进前炎症细胞因子编码基因的转录。

TLR 的激活在由病原体细菌感染引起的炎症性腹泻的过程中起着重要作用。在沙门氏菌感染过程中，TLR2 与 TLR4 的激活在清除病原体的过程中起重要作用。虽然在一定条件下 TLRs 能够帮助宿主控制沙门氏菌的感染，但是在某些条件下同样能够被沙门氏菌利用从而增强沙门氏菌的毒性。另外这些受体同样也会被病原体利用进而感染宿主。尽管如此，对宿主而言，废除 TLR 信号通路通常是不利的。

与前面提到的 TLRs 不同的是，TLR5 作为细菌鞭毛蛋白受体在宿主应答侵略性病原体中发挥了重要作用。TLR5 由肠道内的 $CD11c^+$树突状细胞表达，并主要分布在上皮细胞的基底侧。TLR5 在沙门氏菌感染中的作用取决于感染的路径，通过口腔感染的 TLR5 缺陷型小鼠表现出更高的存活率与较低的感染扩散率；然而通过外周血途径感染时，TLR5 缺陷型小鼠对沙门氏菌感染更为敏感。TLR5 在肠道内表达量很高，基于此，许多肠道内病原菌进化出逃逸 TLR5 识别的方式。

在细菌感染后，TLR 在维持肠道黏膜的完整性中同样起重要作用。在酸杆菌与空肠弯曲杆菌感染后，TLR2 缺陷型小鼠表现出更为严重的细菌损伤与急性结肠炎。另外，在肠道中，TLR2 介导的细菌淀粉样结构识别似乎具有一种保护作用。

（2）NOD 样受体介导的模式识别　细胞质中的 NOD 样受体（NLRs）是另一类在肠道感染过程中被激活的模式识别受体如图 7-8（1）所示。

NLRs 根据 N 端结构域主要分为三大类：包含胱天蛋白酶激活与募集结构域（CARD）的蛋白质家族（NOD 蛋白质类，如 NOD1、NOD2、NLRC4）、包含热蛋白样结构域（PYD）的蛋白质家族（NLRP/NALP，如 NLRP3）以及包含 BIR 的蛋白质家族（NAIPs）。在肠道中，帕内特细胞表达 NOD2，上皮细胞表达 NOD1 和 NOD2。这两种 NOD 受体均能识别由革兰氏阴性菌合成的肽聚糖，另外 NOD2 能够识别革兰氏阴性菌与革兰氏阳性菌均能合成的胞壁质酸。当识别发生后，NOD1 和 NOD2 与 NOD1-丝氨酸苏氨酸激酶（RICK）相互作用从而激活 NF-κB 的活性。NLRs 在控制炎症性腹泻疾病发生的过程中具有重要作用（图 7-8）。

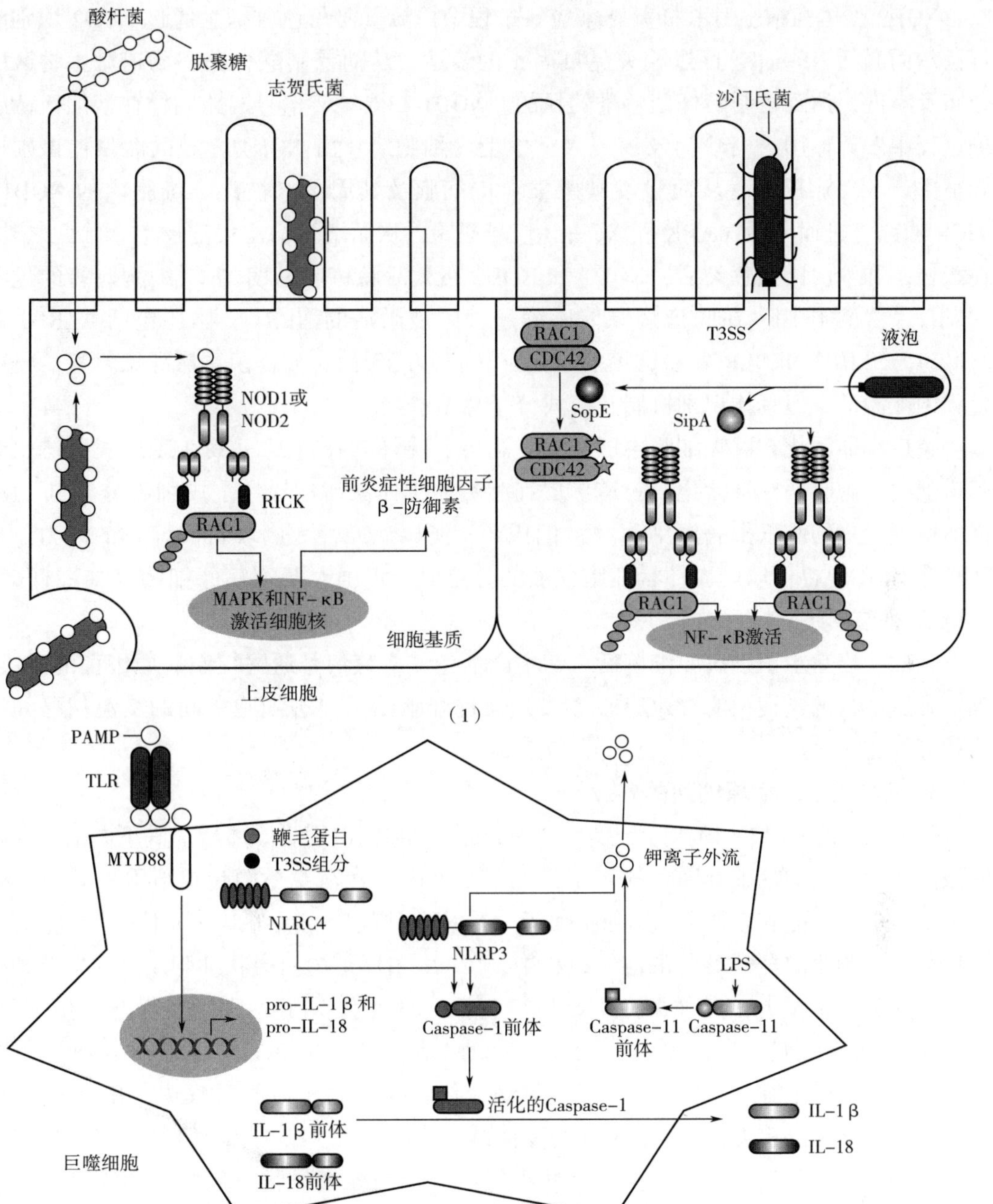

图 7-8 肠道内 NLRs 信号通路示意图

注：肠道内 NLRs 的激活如图 7-8（1）。肠道病原体细菌激活 NOD1 和 NOD2 信号通路。来源于酸杆菌和沙门氏菌的肽聚糖能够激活 NOD1 和 NOD2，沙门氏菌侵染过程中，沙门氏菌通过分泌 SipA 和 SopE 两种蛋白至上皮细胞基质中从而激活 NOD1 和 NOD2。激活的 NOD1 和 NOD2 促发 NOD1-丝氨酸苏氨酸激酶（RICK）和 NOD2-RICK 细胞信号通路从而激活 MAPK 和 NF-κB 信号通路，进而帮助宿主细胞增强炎症反应控制沙门氏菌感染。图 7-8（2）中，巨噬细胞内典型（Caspase-1 依赖型）与非典型（Caspase-11 依赖型）炎症小体信号通路激活。在 NLRs 激活随后促发 Caspase-1 前体进行剪切产生具有活性的 Caspase-1；Caspase-11 通过直接与细胞内的脂多糖结合从而促进钾离子外流，进而激活 NLRP3；Caspase-1 通过剪切 IL-1β 和 IL-18 前体，从而产生具有活性的 IL-1β 和 IL-18。

NOD2 受体在宿主对酸杆菌感染应答过程中扮演重要角色，宿主通过 NOD2 识别酸杆菌从而激活 NF-κB，促进相关免疫因子的表达，从而控制酸杆菌在肠道微生物区的分布及丰度，达到控制酸杆菌感染的目的。NOD1 和 NOD2 信号通路同样在沙门氏菌感染过程中发挥作用。当沙门氏菌侵入宿主上皮细胞后，由 NOD1 介导的肽聚糖识别诱导宿主产生炎症反应，从而触发被感染上皮细胞及其周围未被感染细胞内的 NOD1-RICK 通路，进而激活 MAPK 和 NF-κB 信号通路，从而增强宿主炎症反应。除此之外，在酸杆菌和沙门氏菌感染后，NOD1 和 NOD2 在激活肠道内早期 Th17 细胞应答的过程中发挥了关键作用。在肠道病原体感染过程中被激活的 NLRs 受体还包括 NLRP3 和 NLRC4。NLRP3 和 NLRC4 在肠道病原菌（包括沙门氏菌、酸杆菌、霍乱弧菌等）侵染过程中被激活，但具体识别机制及模式分子并不清楚。

炎症小体活化在巨噬细胞中已被广泛研究，见图 7-8（2），其在肠道病原体感染肠道上皮细胞时同样被活化。肠道上皮细胞炎症小体激活后导致上皮细胞分泌 IL-18，进而增强上皮细胞抵御病原细菌（沙门氏菌、肠内病原性大肠埃希氏菌）的能力。炎症小体 NLRP6 也可以调控杯状细胞黏液的分泌以及增强对肠道病原细菌（如酸杆菌）感染的抵抗力。

因此，当宿主识别病原细菌后，宿主激活免疫应答信号通路控制病原细菌的感染，为达到这一目的，宿主的普遍应答方式是通过细胞因子促进细胞之间的交流招募并活化相应细胞。

4. 细胞因子对病原细菌的感应

（1）IL-23-Th17 细胞信号通路　当 TLRs 和 NLRs 识别病原体后，其下游信号通路便被激活导致前炎症细胞因子的产生，这些细胞因子在宿主黏膜免疫应答的调节中非常重要。IL-23 便是其中的一类细胞因子，在肠道黏膜免疫系统对病原体（沙门氏菌、酸杆菌、空肠弯曲杆菌等）的应答过程中，IL-23 由肠道内树突状细胞及其他单核细胞产生。在免疫系统中，多种类型细胞可产生 IL-23 受体分子，这些细胞包括 Th17 细胞、天然 Th17 细胞（Natural Th17 细胞）、自然杀伤细胞（NKT 细胞）、γδT 细胞以及固有免疫淋巴样细胞（ILCs）。在宿主对病原体侵染的整个应答过程中，IL-23-Th17 细胞信号通路起到重要作用。IL-23 与受体结合后触发 IL-23-Th17 信号通路上的细胞信号因子 IL-17 与 IL-22 的产生，这些细胞因子控制黏膜对肠道病原细菌应答及病原细菌的感染与扩散，例如，IL-22 可增强基于微生物种群的对共生病原菌万古霉素耐受肠球菌感染的抵抗作用。在酸杆菌和沙门氏菌感染盲肠的早期，IL-17 由 Th17 细胞、γδT 细胞和 NKT 细胞介导产生，并且 Th17 细胞产生 IL-17 并不依赖于 NOD1 和 NOD2 信号通路。

肠道病原体感染可以诱导激活 IL-23-Th17 细胞信号通路并触发一定程度的肠道炎症。IL-17 保护宿主对抗肠道病原细菌主要有两种机制：第一，IL-17 增强前炎症因子效应，例如，增强 CXC 细胞因子的表达，从而促进招募中性粒细胞至肠道感染部位；第二，IL-17 与 IL-22 协同作用诱导抗菌肽和防御素的表达上调。这两种应答方式被认为有助于宿主抵抗病原体的入侵，即使这样的效应不足以抵抗所有的病原体。此外，宿主在抵抗病原细菌感染过程中，Th17 类型的记忆性应答机制也发挥着重要作用，但是在肠道病原细菌感染过程中 Th17 类型的记忆性应答的作用还不清楚。

（2）IL-22 介导的肠道感染保护机制　与 IL-17 类似，肠道病原体感染宿主后诱导 IL-22 大量表达，这些肠道病原体包括沙门氏菌、酸杆菌、空肠弯曲杆菌等。IL-22 普遍参与组织损伤修复并且为主要的肠道黏膜上皮细胞表达抗菌蛋白的诱导剂，这些抗菌蛋白质包括 REG3γ、脂质运载蛋白 2、两个钙防卫蛋白亚基 S100A8 和 S100A9。REG3γ 可以杀死革兰氏阳性细菌，包括机会性致病细菌肠球菌，并且 REG3γ 在维持肠道上皮层与微生物区之间健康的空间距离发挥着重要作用。脂质运载蛋白 2 和钙防卫蛋白并不直接杀伤细菌，而是通过限制细菌生长所需要的金属离子从而使细菌处于饥饿状态直至死亡。脂质运载蛋白 2 直接结合细菌分泌的嗜铁素蛋白质从而限制细菌对肠道内铁离子的利用；然而由 S100A8 和 S100A9 组成的异源二聚体钙防御素能够使锌离子和锰离子与病原体隔绝，从而使得病原体无法获得锌元素和锰元素（图 7-9）。

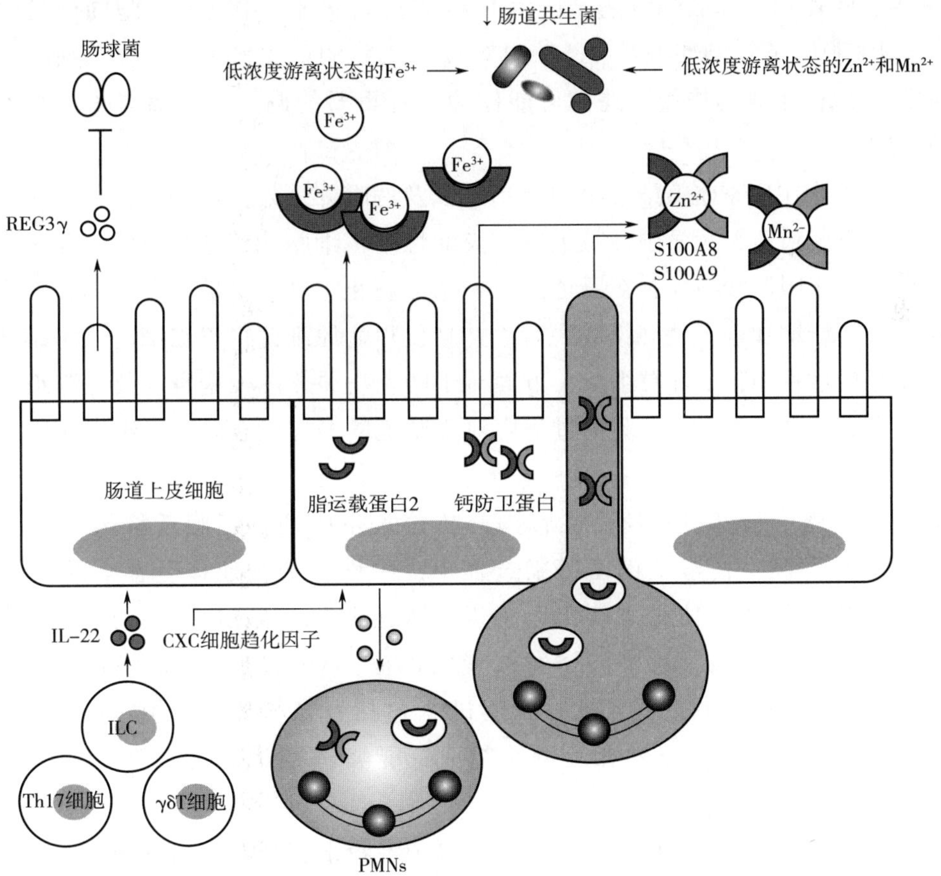

图 7-9　IL-22 介导的抗菌应答信号通路示意图

IL-22的来源在感染的不同阶段会有所区别，早期IL-22由免疫淋巴样细胞（ILCs）表达产生，之后由T细胞产生。IL-22对于维持酸杆菌在肠道中的寄生十分重要。

然而，IL-23-Th17细胞信号通路特别是肠道上皮细胞抗菌肽效应能够被肠道病原细菌利用，从而使得病原细菌能够在肠道中存活并逃避共生菌群的竞争性清除。

5. 免疫细胞对病原菌的感应

（1）肠道黏膜中性粒细胞对病原细菌的应答　宿主对于病原体入侵肠道黏膜的应答是一种十分刻板的形式，完全不受肠道病原菌不同种类的毒性因子影响，这一固定形式的应答最终导致炎症性腹泻。IL-17产生的结果就是诱导强效应中性粒细胞化学诱导物——CXC趋化因子的产生，并且中性粒细胞的招募与迁移至肠道内可作为炎症性腹泻的标志性现象。

中性粒细胞拥有多种不同的抗菌特性，注定了中性粒细胞在宿主对病原体的应答中扮演着重要角色。中性粒细胞在对抗病原体时其主要发挥的作用，包括对病原体的细胞吞噬作用、释放降解酶、产生ROS和抗菌肽等。中性粒细胞同样是Th1和Th17类型细胞因子（例如IFN-7、IL-17、IL-22）的重要来源。中性粒细胞不只是起到清除病原微生物的作用，还有可能作为一种重要的调控因子参与肠道黏膜对病原体的应答。

中性粒细胞在病原体感染过程中起到摄取及吞噬并杀死病原体的作用。非伤寒型沙门氏菌感染肠道后，大量中性粒细胞和炎症性单核细胞能够迁移至肠道黏膜。招募中性粒细胞对于限制沙门氏菌在肠道的感染从而防止感染的扩散是必要的，因为中性粒细胞减少可能增加全身性感染的风险，并且使得病原细菌得以在细胞外增殖。在沙门氏菌感染的过程中，中性粒细胞一方面对于防止病原体感染全身以及抑制细胞外细菌增殖十分必要；另一方面在肠炎过程中对于肠道的病理状态以及组织损伤同样有其负面作用。

志贺氏菌感染肠道引起炎症性腹泻并招募大量中性粒细胞迁移至肠道。但与沙门氏菌感染不同，在志贺氏菌感染过程中，中性粒细胞迁移至感染部位并导致肠道上皮组织损伤从而使得志贺氏菌得以转移至肠细胞基底侧。虽然如此，中性粒细胞在志贺氏菌感染过程中同样发挥着保护宿主对抗志贺氏菌的作用。在感染后续阶段，中性粒细胞通过不同的抗菌机制包括释放中性粒细胞胞外杀菌网络（NETs，由抗菌肽和颗粒蛋白相互缠绕组成，能够诱捕并杀死志贺氏菌）来抵御志贺氏菌侵染。

总之，宿主对于肠道病原体的入侵，招募中性粒细胞是普遍的应答方式。中性粒细胞利用不同的抗菌机制（包括产生活性氧分子、NETs、细胞因子）从而对病原体进行抵御与杀伤。

（2）肠道树突状细胞参与肠道免疫与耐受 肠道黏膜树突状细胞（DCs）存在于环境病原体、肠道共生菌群、侵略性肠道病原菌之间。在正常情况下，肠道黏膜处于稳定水平，树突状细胞具有很高的致耐受潜能，促使调控性 T 细胞分化从而保护宿主免受机体因机体免疫系统对无害的抗原共生菌产生免疫应答而导致的炎症损害；而另一方面，树突状细胞必须区分自身共生菌群与侵略性病原体，增强免疫系统对病原体的抵御（图 7-10）。

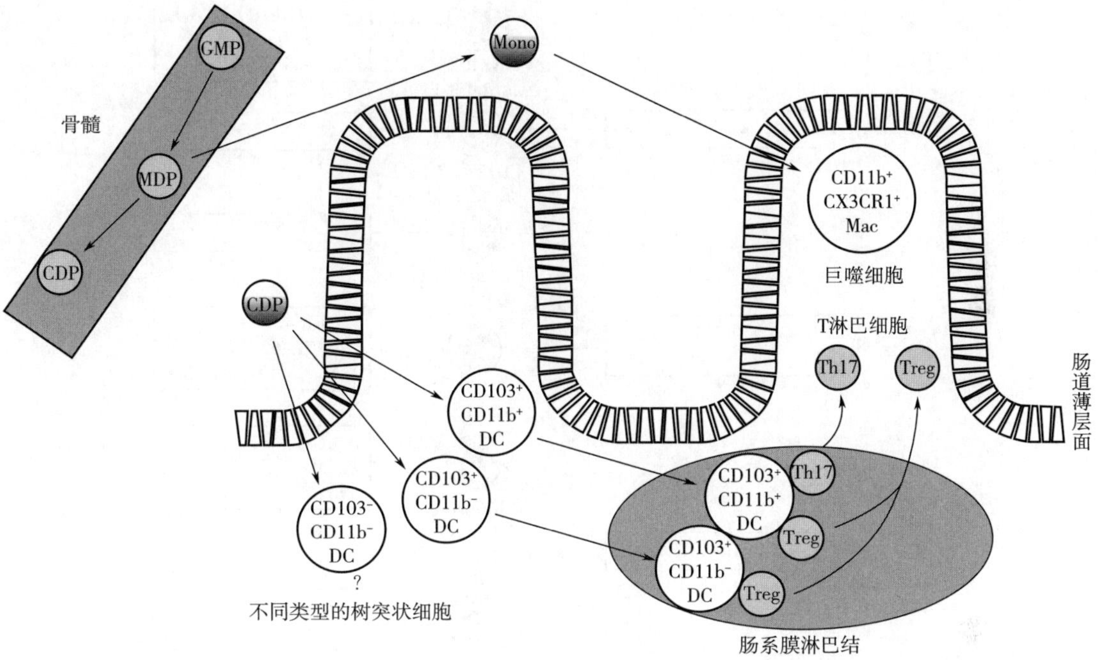

图 7-10 肠道黏膜树突状细胞与巨噬细胞的发育与功能示意图

注：在骨髓中存在一类粒细胞巨噬细胞祖细胞（GMP），这一类细胞可分化为巨噬细胞树突状细胞前体细胞（MDP），MDP 在外周血中进一步分化成树突状细胞共同的祖细胞（CDP）和单核细胞（Mono）。单核细胞迁移至肠道薄片层中分化为 $CD11b^+CX3CR^+$ 巨噬细胞，这一类巨噬细胞可直接识别摄取来自于肠腔的病原体。另一方面，CDP 进入肠道薄片层分化为三种主要类型的树突状细胞（$CD11b^+$ $CD103^+$、$CD11b^-CD103^+$ 和 $CD11b^-$ $CD103^-$），前两类树突状细胞只负责识别呈递抗原以及引发未成熟的 T 淋巴细胞分化为调节性 T 淋巴细胞和能产生 IL-17 的 Th17 细胞。

（3）肠道免疫过程中肠道免疫淋巴样细胞的功能 免疫淋巴样细胞（ILCs）是一类新的不同于天然免疫细胞的免疫细胞，在免疫反应和炎症过程中发挥着重要作用（图 7-11）。在肠道黏膜中也广泛分布着免疫淋巴样细胞，这类细胞在肠道中的功能包括保护肠道免受病原体的感染从而维持肠道稳态，促进肠道淋巴组织的发育，进行肠道组织的损伤修复。通过与肠道黏膜上皮细胞以及其他免疫细胞的相互作用，免疫淋巴样细胞参与对病原体的抵抗以及肠道共生菌群的耐受等免疫过程。肠道中免疫淋巴样细胞的发育受到肠道黏膜区域由食物消化或者肠道细菌代谢所提供的营养与代谢物质的影响。肠道免疫淋巴样细胞为人类代谢过程中的一部分，并且参与了包括肠道感染性疾病、慢性炎症以及癌症等在内的人类肠道疾病（图 7-12、图 7-13）。因此，理解免疫淋巴样细胞的生物学意义对于人类探索新的用于调节肠道黏膜免疫系统进而治疗肠道疾病的治疗方案具有很大的意义。

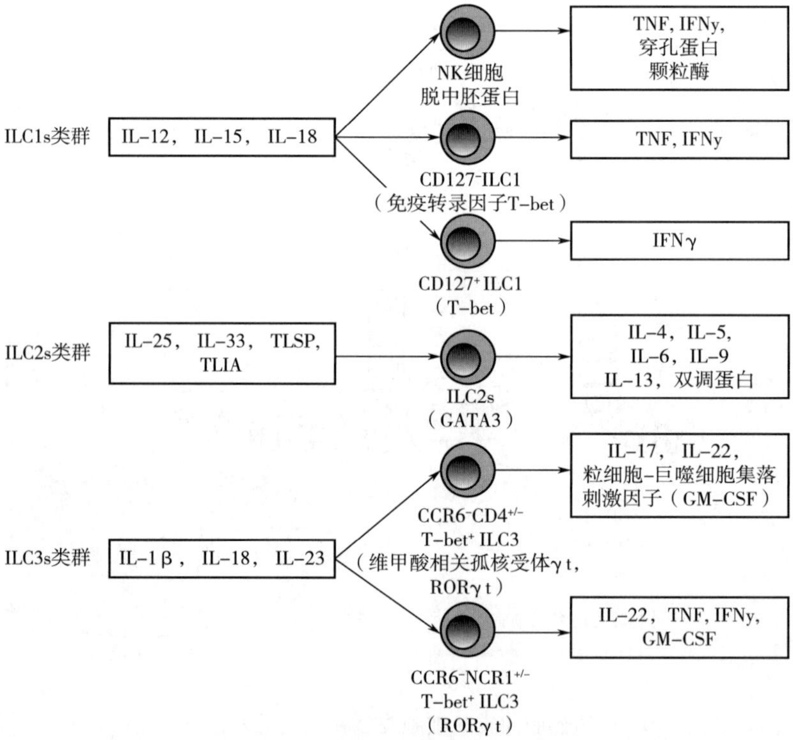

图 7-11　免疫淋巴样细胞（ILCs）的种类

注：ILCs 根据其分泌的不同的细胞因子以及关键的转录因子可分为三类：第一类，ILCls 包括 $CD127^-$ ILC、$CD127^+$ ILC 和天然杀伤细胞（NK 细胞）；第二类，ILC2s（GATA3）；第三类，ILC3s（RORγt）。ILCs 对细胞因子的刺激反应十分迅速，并释放更多不同种类的细胞因子，以促进机体对病原体感染以及组织损伤的抵抗。

6. 分泌性抗体

分泌性免疫球蛋白 A（sIgA）是一种由肠道固有层浆细胞分泌的对于肠道黏膜具有特殊意义的抗体分子，它能够通过与病原体表达的表面分子结合以及中和病原体产生的毒素从而增强肠道黏膜保护层对肠道病原体的抵御作用。IgA 对于减轻非侵略性病原体，如霍乱弧菌，在肠道的定植非常重要。被霍乱弧菌感染一周后，严重感染的病人体内霍乱弧菌抗原特异性淋巴细胞大量增多并达到最高峰。这些淋巴细胞表达肠道归

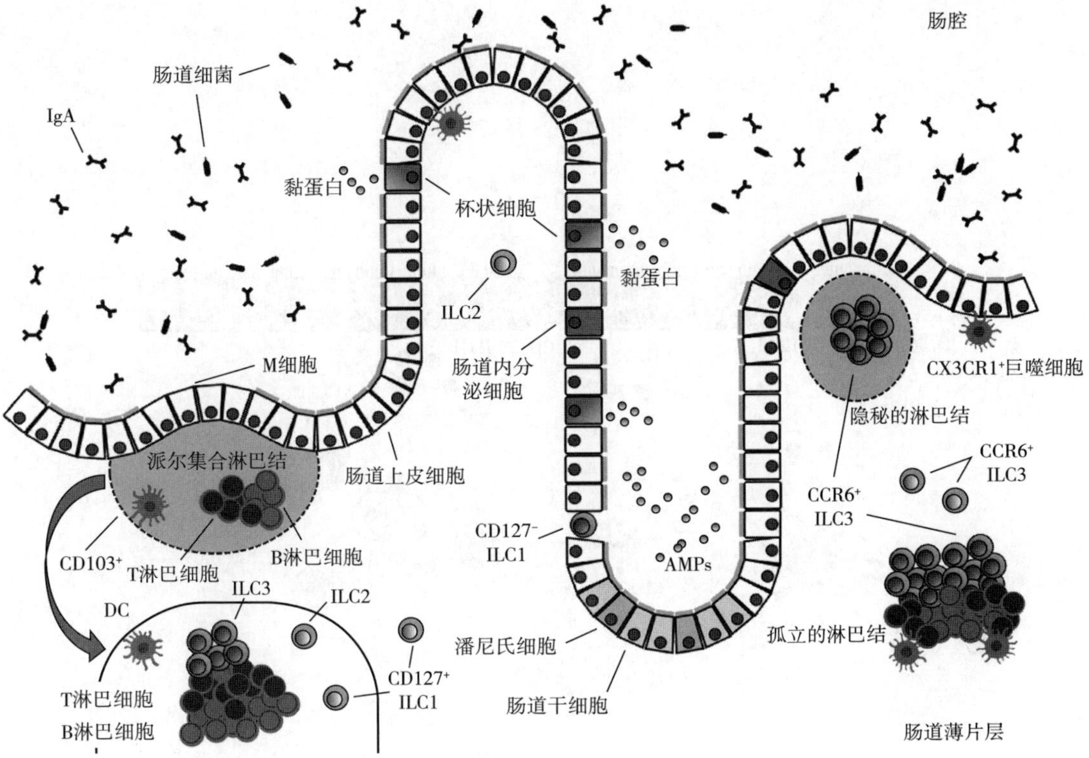

图 7-12 免疫淋巴样细胞参与宿主对共生菌群的控制与耐受示意图

注：通过比较 ILCs 与肠道上皮细胞和其他免疫细胞在肠道免疫中的作用，发现 ILCs 参与了宿主对共生菌群的控制与耐受。来自于肠道共生菌群的微生物相关的分子模式（MAMPs）激活上皮细胞和 $CX3CR1^+$ 巨噬细胞，另外 MAMPs 以及整个细菌可以通过位于派尔集合淋巴细胞表层的 M 细胞进入肠道叶片层，随后 $CD103^+$ 树突状细胞识别细菌及抗原并迁移至肠系膜淋巴结，随后呈递给 T 淋巴细胞和 B 淋巴细胞。在肠道叶片层，ILC3 参与了派尔集合淋巴结、隐秘淋巴结和孤立淋巴结（ILFs）的形成，在这些区域大量免疫细胞聚集。隐秘淋巴结成熟后进入 ILFs 区域，在这里 T 淋巴细胞、B 淋巴细胞、抗原呈递细胞相互作用形成信号交流。ILC3s 介导形成的 ILFs 是产生 IgA 非常重要的淋巴结。虽然在肠道中 ILC3 是 ILCs 的主要组成成分，但是 ILC1s 和 ILC2s 在肠道免疫中同样发挥着重要作用。上皮内的 ILC1s 表达产生 IFN-γ 并参与免疫系统对抗细胞内病原体。

巢型（Gut-homing）趋化因子受体，从而增强肠道 sIgA 的分泌，sIgA 能特异性结合由霍乱弧菌表达的霍乱毒素从而对抗霍乱弧菌的感染。抗体反应在对抗沙门氏菌感染肠道的细胞外阶段中同样重要。在感染过程中，抗体的产生能够有效防止因细菌感染导致的菌血症的发生，在沙门氏菌感染过程中免疫性抗体能够有效防止沙门氏菌入侵肠道黏膜。研究还发现，肠道内产生 IgA 的浆细胞能够产生抗微生物的介导因子——肿瘤坏死因子（TNF）以及可诱导的 NO 合成酶（iNOS 或者 NOS2）。

总之，在肠道黏膜区域，黏膜免疫系统通过多种免疫应答机制保护宿主抵御肠道病原细菌的感染。这些机制主要包括：①分子模式识别受体（PRRs，包括 TLRs 和 NLRs）对病原微生物的识别；②IL-23-Th17 细胞信号通路的激活；③前炎症性反应的

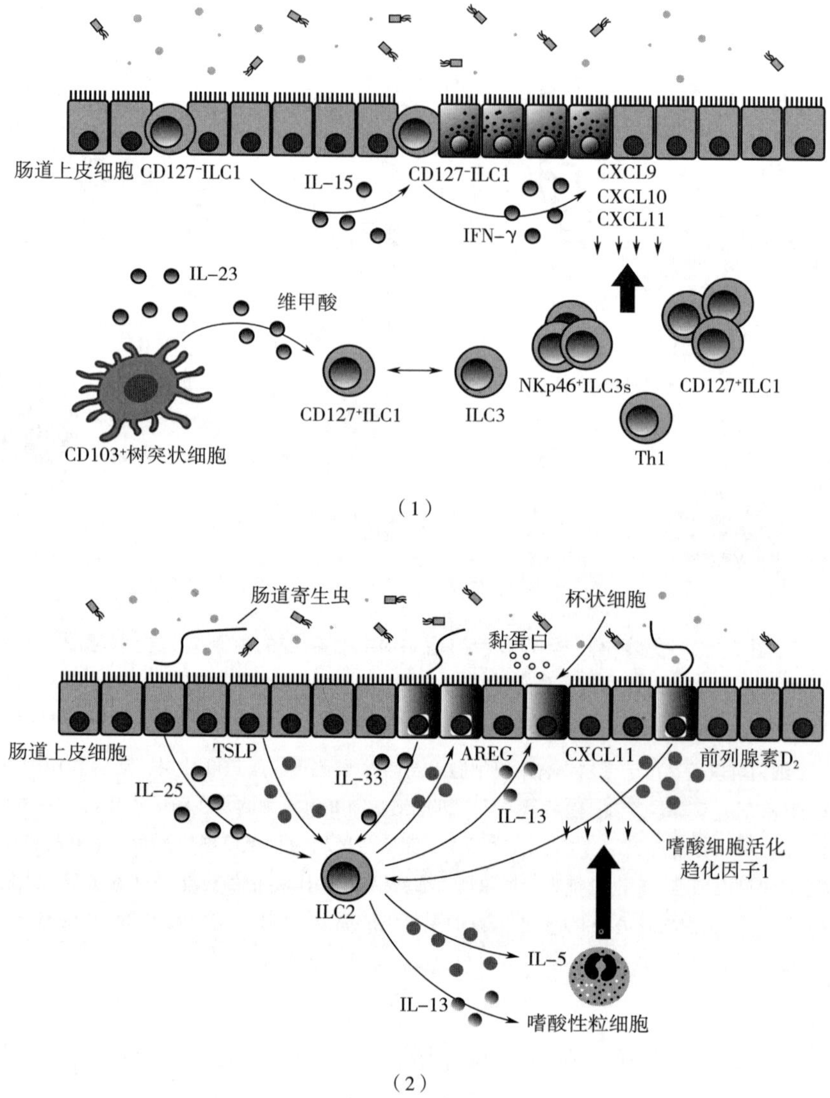

图 7-13　肠道黏膜不同类型 ILCs 对不同病原体产生免疫应答

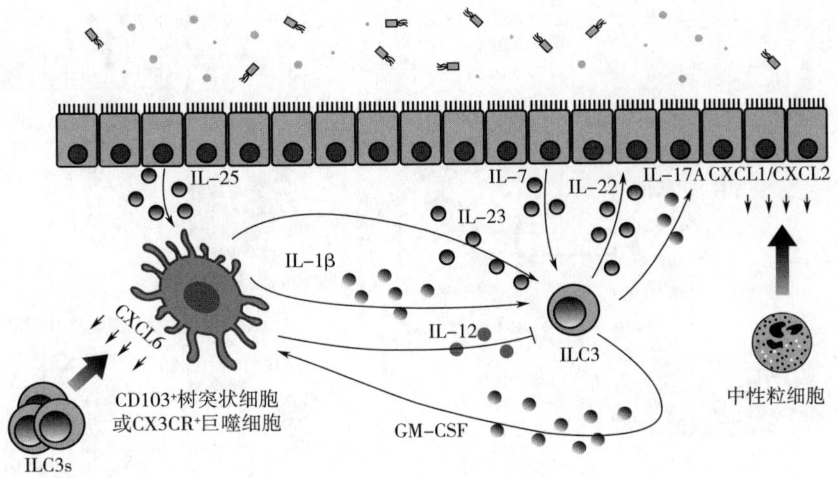

（3）

图 7-13　肠道黏膜不同类型 ILCs 对不同病原体产生免疫应答（续）

注：三类 ILCs 在肠道免疫中的作用。图 7-13（1）中，ILC1s 协助宿主对抗细胞内病原体、病毒及肿瘤。肠道上皮细胞分泌的 IL-15 诱导 ILCs 产生 IFN-γ，IFN-γ 作用于肠道上皮细胞增强细胞趋化因子（CXCL9、CXCL10 和 CXCL11）的表达，这些趋化因子进而招募 $CXCR^+$ 白细胞（Th1 细胞、ILC1s、$NKp46^+$、ILC3s）。视黄酸与来自于树突状细胞的 IL-23 协同增强 ILC1s 中 RORγt 的表达并诱导其向 ILC3s 转化。图 7-13（2）中，ILC2s 主要参与对抗寄生虫入侵，并参与损伤修复及过敏反应防御。IL-25、IL-33 以及胸腺基质淋巴细胞生成素（TSLP）均能刺激 ILC2s 产生 IL-5 和 IL-13。IL-13 促进杯状细胞分泌黏蛋白，进而促进对寄生虫的驱逐；在肠道中，IL-13 同样能促进 ILC2s 表达双向调节素，双向调节素参与损伤修复，对肠道组织起到一定的保护作用；前列腺素 D_2（PGD_2）作为一种前炎症分子能够诱导 ILC2s 的趋化作用并且增强Ⅱ型细胞因子的表达。图 7-13（3）中，ILC3s 主要参与抵御细菌及真菌的感染，并控制肠道共生菌群的组成和淋巴组织的发育与修复。肠道上皮细胞分泌的 IL-17 能够正向调节 ILC3s。通过激活抗原呈递细胞分泌前炎症细胞因子（例如 IL-1β、IL-23）诱导 ILC3s 产生 IL-17A、IL-22 和粒细胞-巨噬细胞集落刺激因子（GM-CSF），而 IL-12 可抑制 ILC3s 的功能并介导其向 ILC1s 转化。IL-17A 通过诱导上皮细胞表达 CXCL1、CXCL2，参与中性粒细胞的招募，而中性粒细胞是对于细胞外病原体的清除十分重要的效应细胞；IL-22 能够诱导上皮细胞产生抗菌肽，以达到控制肠道共生菌群的目的；GM-CSF 作为一种重要的细胞因子参与维持肠道内单核吞噬细胞的稳态。另外，由树突状细胞产生的细胞趋化因子 CXCL16 能够招募能表达 CXCR6 的 ILC3s。

放大；④抗菌蛋白质的分泌以及招募中性粒细胞。除了上述免疫应答反应，适应性免疫的激活将导致 slgA 的表达与分泌。另外，肠道共生菌群同样通过直接与病原细菌形成营养和空间的竞争，或间接通过调节肠道免疫系统的方式帮助宿主抵御病原细菌的感染。

在人类肠道免疫系统与肠道微生物之间的相互作用方面（图 7-14）仍然有许多未知的、科学家还无法解释的问题，比如，为什么特定的人群中有的人对肠道病原菌敏感，而有的人对肠道病原菌相比于其他人更为耐受。未来科学家们将致力于肠道微生物种群的差异性，以及肠道微生物种群的基因组层面上设计多种新的研究方法，以寻找更为有效的防治肠道病原细菌感染的方案。比较期待的是寻找新的可以靶向肠道病原菌的药物靶点、肠道黏膜免疫的辅助药物，以及通过调节肠道共生菌群从而增强共生菌群对肠道病原细菌的抵制。对肠道微生物与肠道免疫系统相互作用的研究有助于更有效地开发对抗众多肠道病原细菌的治疗方案，为人类的健康提供保障。

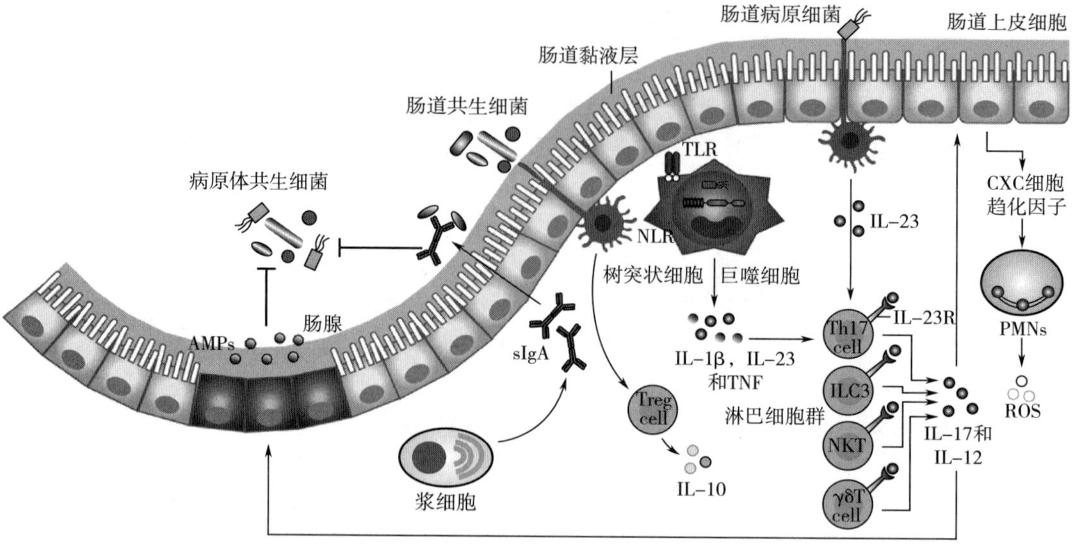

图 7-14　肠道黏膜免疫系统与肠道病原菌和共生菌群相互作用示意图

注：肠道黏膜免疫系统与肠道病原体以及肠道共生菌相互作用原理为，肠道树突状细胞识别肠道共生菌群后，树突状细胞通过激活调节性 T 淋巴细胞分泌 IL-10 进而发生对肠道共生菌群的耐受应答。肠道巨噬细胞与树突状细胞被病原体激活后分泌 IL-23。IL-23 进而刺激多种 T 淋巴细胞，包括 Th17 细胞、γδT 细胞、自然杀伤细胞（NK 细胞）、自然杀伤 T 细胞（NKT 细胞）以及 ILC3s 细胞，并分泌 IL-17 和 IL-22。这些细胞通过刺激肠道上皮细胞分泌 CXC 细胞趋化因子招募中性粒细胞从而增强宿主应答的放大。除了细胞趋化因子以外，IL-17 和 IL-22 也能诱导抗菌肽（AMPs）的产生进而调节肠腔共生菌群的组成。在肠道免疫过程中，浆细胞同样通过分泌 IgA 参与宿主控制肠道共生菌群以及抵御肠道病原体入侵。

二、肠道微生物与免疫系统疾病

肠道微生物群落结构的改变、黏膜屏障的破坏、固有免疫和适应性免疫的调节以及肠内神经系统的功能障碍可以导致肠道疾病发生，如 IBD、环境肠病、慢性结肠炎相关的结肠直肠癌。

肠道微生物对炎性反应（包括自身免疫疾病、过敏症等）的发展具有重要的影响。肠道微生物对宿主免疫系统的成熟有直接影响，它对免疫球蛋白 A 的诱导、$CD4^+$ T 细胞包括 Th1、Th17 和调节性 T 细胞（$CD4^+$、$CD25^+$、$Foxp3^+$）的调节以及抗菌肽的表达有重要作用，菌群产生的许多分子可能影响这些免疫反应。科研工作者们开始对微生物组在肠道疾病中的作用开展生态或群落范围的研究。

1. 跨肠道的功能差异

要了解微生物如何影响慢性炎症性疾病，特别是 IBD，考虑沿肠道的生理、免疫和病理差异至关重要。

（1）肠道上皮层　虽然小肠和大肠具有深远的功能差异，但它们具有一些结构相似性（图 7-15）。小肠分为十二指肠、空肠和回肠三个功能不同的区段，并且上皮组织的功能受到每个区段特异性转录因子的表达调控。例如，GATA4 由十二指肠和空肠中的上皮细胞表达，GATA4 表达的减少会导致这些细胞吸收胆汁酸，但这通常限于回肠上皮细胞的功能。肠的大部分消化和吸收功能发生在十二指肠和空肠中，同时长绒毛以及微绒毛可以起促进作用，它们包含介导消化和运输营养物的酶。其中一种刷状缘酶是肠道碱性磷酸酶（IAP），其在十二指肠中高度表达。IAP 可以水解单磷酸酯，降低微生物成分，如革兰氏阴性细菌磷脂成分的毒性，并且维持肠内稳态。来自患有 CD 和 UC 患者的肠的炎症黏膜组织显示 IAP 的产生减少。影响小肠的炎症性疾病常造成绒毛钝化，导致吸收障碍和营养不良，如乳糜泻和环境性肠病。

大肠的主要功能是水的再吸收和维生素（例如维生素 K、维生素 B_{12}、硫胺素、核黄素）的摄取。大肠也是对微生物难以消化的纤维进行酶降解的位置，产生短链脂肪酸（SCFA）。短链脂肪酸包括乙酸酯、丙酸酯和丁酸酯，对上皮细胞发挥保护作用并刺激流体吸收。UC 会导致微生物种群组成的变化和 SCFA 产生的减少，临床上用 SCFA 进行治疗有良好效果。丁酸酯存在于 UC 中是有益的，因为它是上皮的主要能量来源，可诱导调节性 T 细胞的分化，从而防止炎症发生。

（2）肠道中微生物负荷　微生物种群定植肠的整个长度，总数从十二指肠到远端结肠逐渐增加，其中微生物负荷估计为每克粪便 10^{12} 个微生物。普遍认为十二指肠和空肠每克肠腔组织含有不到 10^5 个细菌，并且在回肠中这个数量增加到每克肠腔组织含量高达 10^7 个细菌，结肠甚至更多，达 10^9 个。由上皮中 MyD88 信号传导丧失介导的肠道屏障破坏导致了黏膜相关细菌呈现完全对数增加，而粪便细菌数量没有变化。了解在 IBD 期间总细菌的负荷变化可能是研究疾病发病机制的一个有趣的方面，因为黏膜相关细菌的增加可以引起肠道炎症，并且可以解释不同患者对治疗的不同反应。

肠道微生物定植的密度被认为主要是受肠道的 pH、氧、抗菌肽（AMP）梯度以及肠的运输速度控制的（图 7-15）。不同研究报告中的 pH 略有变化，但趋势是类似的：pH 在十二指肠（pH 6.4~6.6）中最低，在往末端回肠（pH 7.3~7.5）的方向逐渐增加，在盲肠（pH 5.7~6.4）中减小，在朝向远端结肠（pH 6.6~7.1）的方向逐渐增加。氧含量沿着结肠的长度存在梯度变化，其水平在十二指肠中最高，在朝向远端结肠的过程中逐渐降低至形成厌氧环境。上部小肠的微酸性 pH 和氧合环境限制微生物定植为耐酸和耐氧细菌，主要来自乳杆菌属、链球菌属和韦荣菌属。在结肠中还存在径向氧梯度，其中氧由上皮产生并且由最靠近黏膜的微生物消耗。与 IBD 相关的慢性炎症可能通过增加血流和免疫应答（例如活性氧的释放）导致肠中的氧水平升高，其通过选择更多的耐氧微生物和破坏专性厌氧菌群来影响微生物组成，例如，在诊断时未进行治疗的 IBD 患者，其黏膜相关细菌群发生了变化，出现了耐氧种群。这些相关的耐氧物种可以用作早期诊断工具，并且提出了旨在使肠道氧水平正常化的新型治疗方法。与氧梯度类似，肠动力也沿着肠道的长度逐渐减弱，在十二指肠和空肠中被记录有最高蠕动速度。肠动力的变化对 IBD 的严重程度有重要的影响，CD 在肠中的活跃状态与小肠运动能力的下降和炎症标记物（如 C 反应蛋白和钙防卫蛋白）的增加有关。

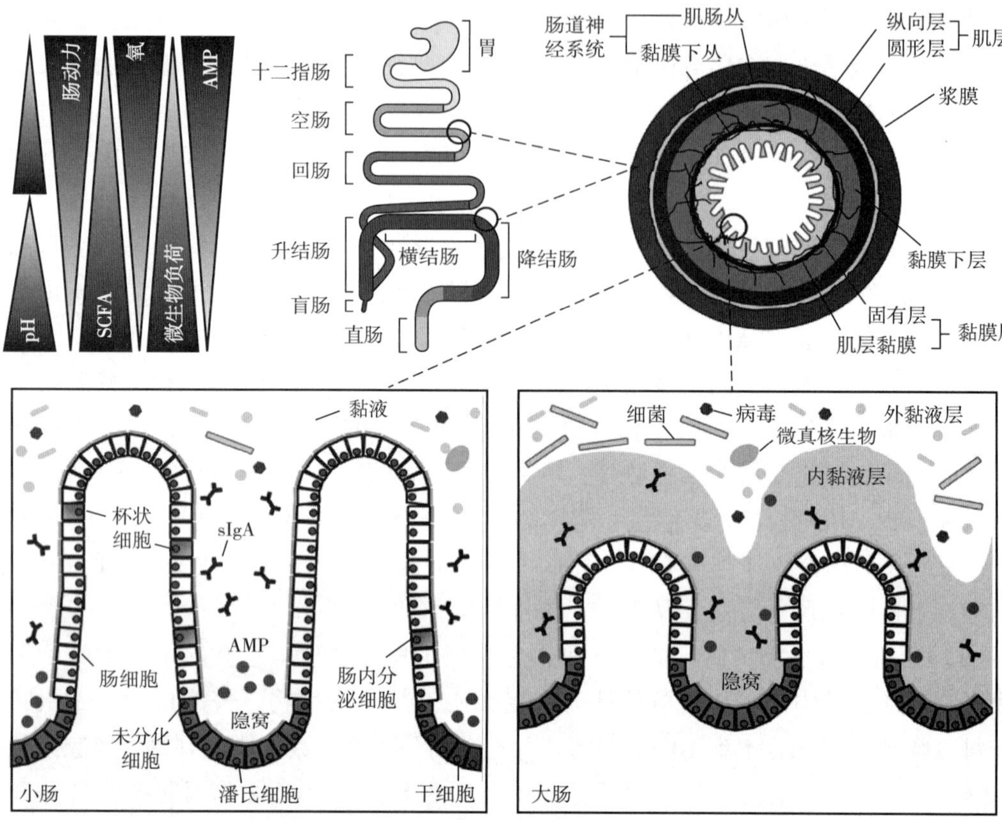

图 7-15　小肠和大肠的结构和差异特征

注：小肠在胃之后开始，由十二指肠、空肠和回肠组成。回肠通过盲肠连接到大肠。大肠由升结肠、横结肠、降结肠和直肠组成。小肠具有较高浓度水平的氧和抗菌肽（AMP），并且肠运动性增加。大肠的微生物负荷最高，SCFA 丰富。整个肠包含单层上皮细胞，在这些细胞下面是固有层（LP），其由结缔组织组成并供血，通过黏膜下丛的淋巴系统和神经支配。进一步的肠神经发生在平滑肌、肌层黏膜的薄层中，其将 LP 与下面的黏膜下层分离。在黏膜下层下面是厚的肌肉层，即肌层，由内部圆形层和外部纵向层组成。在两个肌层之间为肌肠丛，作为肠道神经系统（ENS）的重要组成部分，其功能是协调肠蠕动。肠的最外层是浆膜。在黏膜水平，小肠具有深入管腔中的长“指状”绒毛，并且其在大肠中不存在。在小肠中，隐窝含有干细胞，产生 AMP 的潘氏细胞和未分化的细胞；绒毛含有分化的肠细胞，包括肠内分泌细胞和杯状细胞。在小肠中，杯状细胞将黏液分泌到腔中，其具有松散的、非黏附的稠度。在大肠中，隐窝缺乏潘氏细胞并且仅含有干细胞和未分化细胞；分化的细胞包括肠细胞、肠内分泌细胞和杯状细胞。这里，肠细胞参与 AMP 的产生，杯状细胞分泌形成双层结构的黏液，即内部和外部黏液层。虽然许多细胞类型在小肠和大肠之间同时存在，但这些细胞的功能根据肠的位置而变化。

（3）抗菌肽（AMP）和黏液层　小肠隐窝中具有的许多潘氏细胞（图 7-15），其分泌包括 α-防御素、C 型凝集素、溶菌酶和磷脂酶 A2 的抗菌肽（AMP）。AMP 的分泌依赖于自噬，自噬的遗传破坏会造成 AMP 分泌障碍。在大肠中，不存在潘氏细胞，但可以由肠细胞介导包括 β-防御素、C 型凝集素、Cathelicidins、半乳凝素和脂质运载蛋白在内的 AMP 分泌。有趣的是，大肠内的微生物组具有能够编码对特定类型的 AMP 产生抗性的抗性基因。当 AMP 水平高时，这种抗性赋予微生物群落在炎症期间的恢复能力，在肠道感染后可更快地恢复微生物种群。

肠黏液由杯状细胞产生，主要由单一的、高度 *O*-糖基化的黏蛋白 2（MUC2）组成，其被分泌到小肠和大肠腔中。黏液相关的糖类会被肠道微生物利用。某些共生细菌［例如多型拟杆菌（*Bacteroides thetaiotaomicron*）］产生的岩藻糖苷酶和唾液酸酶对自身黏膜多糖不起作用，因而不会损害黏液层的完整性，这是健康微生物种群的共同特征，而病原菌则可以利用这些释放的糖促进它们自身的扩增。此外，产生免疫耐受的肠道微生物可以促进树突状细胞识别微生物-MUC2 复合物，进而导致针对特异性微生物抗原且依赖于 MUC2 存在的耐受信号的产生。在小肠中，微生物触发肠细胞分泌的穿膜肽酶 β（Meprinβ）可将 MUC2 从上皮表面裂解下来以阻止形成黏附的黏液层。相比之下，在大肠中不存在 Meprinβ，则允许形成黏液双层；其中黏液内层牢固地附着到上皮的表面并且被认为呈现的是无菌状态，而黏液外层是包含微生物的松散基质。这种双层结构的生理需求可能由于大肠的高细菌负荷、降低的 AMP 产生以及粪便物质较慢的传播时间导致。IBD 患者具有更薄的内部黏液层以及糖基化减少的 MUC2，这两种改变降低了内部黏液层的屏障势力。与 AMP 分泌一样，大肠中的黏液分泌也高度依赖于自噬，该自噬通过活性氧和与 NLRP6 炎症小体的连接介导的信号介导发生。

在肠道中，潘氏细胞和杯状细胞这两种类型的分泌细胞中的自噬与 IBD 高度相关：自噬基因中与 CD 相关的风险等位基因 *ATG16Ll* 能影响两种类型细胞的功能。遗传相关的风险等位基因也可通过影响微生物种群的组成来促使疾病发生，例如，同卵双生子与异卵双生子相比具有更相似的肠道微生物种群，IBD 相关多态性与特定细菌类群丰度的变化相关。宿主微生物种群的功能性质影响宿主遗传学和微生物种群定植功效间双向关系的程度将是微生物治疗学发展的重点领域。例如，粪菌移植（FMT）已经证明在治疗艰难梭状杆菌（*Clostridium difficile*）感染性结肠炎中是有效的，利用 FMT 治疗 IBD 也是一个研究热点，但目前还不清楚对 IBD 患者进行遗传背景的改变在什么程度上可以影响治疗的成功率。

2. 肠道微生物对 IBD 易感性的影响

宏基因组研究对 IBD 中微生物种群的复发性改变进行了社区层次上的了解，并研究了肠道菌群影响 IBD 以及相关炎性疾病发病过程的具体机制（图 7-16）。随着对 IBD 的微生物组研究的成熟到临床应用，这些脆弱性应该作为治疗干预的主要靶点。

（1）微生物种群失调　稳态时，微生物与肠道黏膜细胞呈现良好互利的关系。当发生炎症和感染时，正常的共生菌群体发生改变，促使机体被病原菌感染的风险增加，最终导致有害病原菌的过量增殖（图 7-17）。宿主 RNA 测序分析和部分患者检验结果揭示抗菌双重氧化酶 *DUOX2* 的表达与变形杆菌（在 CD 中丰度增加）的扩增呈正相关，而脂蛋白 *APOA1* 的表达则与厚壁菌的丰度（在 CD 中减少）呈正相关。*DUOX2* 表达的增加和 *APOA1* 表达的减少有利于氧化应激和 Th1 表型的分化，并且在患有严重黏膜损伤的患者中有富集。尽管这些特定的关联还需要在更多患者群体中得到确认，但整合宿主表达和宏基因组学数据，以推断宿主免疫应答和微生物组之间的相互作用关系，已成为未来研究的一个重要策略。

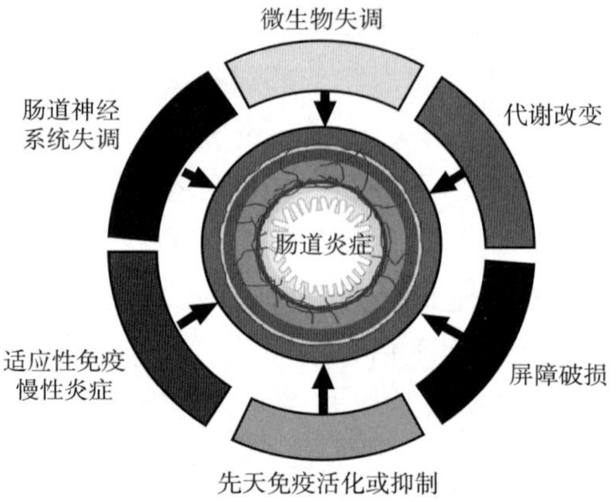

图 7-16　引起 IBD 的肠道脆弱性

注：α 多样性的减少和肠道微生物群落的结构变化是 IBD 的主要表型，可能有助于疾病的发生。肠道微生物种群的组成严重影响肠的代谢环境，并且特定的代谢物与炎症相关。另外，微生物可以影响免疫系统的固有和适应性免疫，并且这些相互作用可以引发疾病以及维持慢性炎症。肠道微生物还能产生多种神经递质，对肠道神经系统发育和功能至关重要；这些微生物诱导的对肠道神经系统的修饰可以转化为对下游黏膜免疫系统的作用。

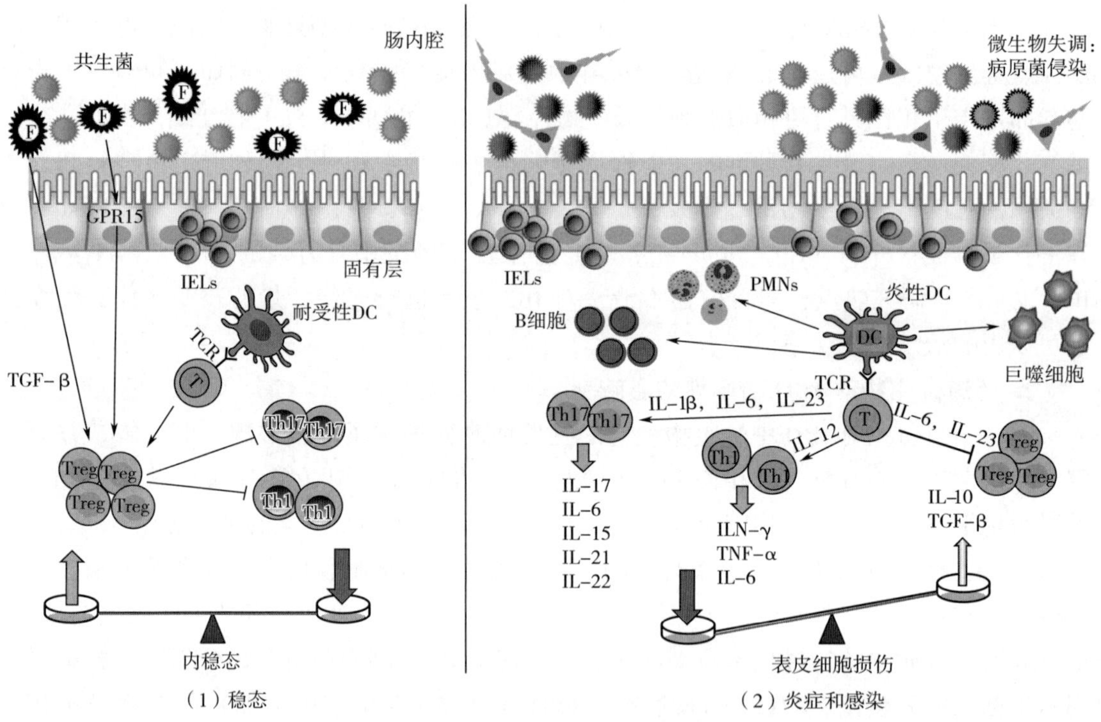

图 7-17　炎性肠病发病机理中免疫系统与微生物或病原体的相互作用关系

注：（1）稳态时，微生物与肠道黏膜细胞呈现良好互利的关系。（2）当发生炎症和感染时，正常的共生菌群体发生改变，促使被病原菌感染的风险增加，最终导致有害病原菌的过量增殖。病原菌被抗原呈递细胞（DC、T 细胞）识别，继而释放早期炎症因子，进而造成 Th17 和 Treg 的失衡，Treg 被抑制，加剧表皮细胞损伤。DC：树突状细胞；GPR15：G 蛋白偶联受体 15；IELs：内表皮淋巴细胞；IFN：干扰素；IL：白介素；PMNs：中性粒细胞；TCR：T 细胞受体；TGF：转移生长因子；Th：辅助性 T 细胞；TNF：肿瘤坏死因子；Treg：调节性 T 细胞；T：T 细胞。

（2）代谢效应　宿主体内代谢一般都会同时涉及肠道微生物和免疫系统，例如，必需氨基酸色氨酸可被微生物代谢为吲哚-3-乙醛，进而促进固有淋巴细胞产生 IL-12（图 7-18）。微生物组还可以通过引起宿主代谢的改变影响炎性疾病。宿主代谢与肠道微生物种群的代谢密切相关，例如，人类依赖于共生细菌合成几种关键维生素，包括生物素、叶酸、维生素 B_5、维生素 B_6、核黄素和硫胺素。还依赖于微生物种群来充分地吸收饮食中机体所不能消化的营养物。微生物种群是一把双刃剑，一方面可以维持健康的新陈代谢，另一方面也可以引起新陈代谢相关的炎性疾病。

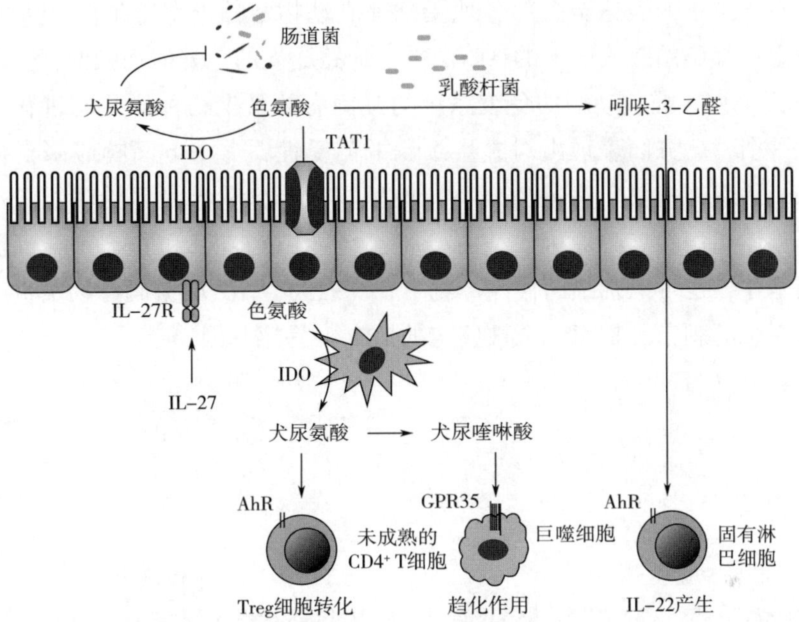

图 7-18　宿主代谢必需氧基酸色氨酸涉及肠道微生物和免疫系统

注：必需氨基酸色氨酸通过 T 型氨基酸转运子 1（TAT1）在肠道屏障穿梭，被树突状细胞产生的吲咪胺-2,3-双加氧酶（IDO）代谢为犬尿氨酸和犬喹啉酸。犬尿氨酸促进 T 细胞转化为调节性 T 细胞，犬尿喹啉酸与巨噬细胞（Mac）表达的 G 蛋白偶联受体 GPR35 结合。色氨酸还能被微生物代谢为吲哚-3-乙醛，吲哚-3-乙醛与芳香烃受体（AhR）结合驱使固有淋巴细胞产生 IL-22。

氢和硫化氢在胃肠道不同区域的产生有很大差异，并且参与免疫调节。硫化氢是由微生物利用氢后产生的代谢物，其在高浓度下可抑制 SCFA 产生，在低浓度下会参与调节宿主炎症反应。硫化氢在粪便中特别容易产生，并且与病原细菌的丰度呈高度正相关，对宿主具有细胞毒性作用。高硫化氢水平还可能会促进促炎细胞 Th1 的水平升高以及结肠炎的发生。在患有 CD 的儿科患者中，由氨基酸、氮元素、碳水化合物、维生素、矿物质和低脂肪物组成的基础饮食被证明与皮质类固醇疗法同样有效。基础饮食会引起肠道微生物组的组成发生较大变化，并增加微生物的多样性，而随着饮食的改变可以改变微生物产生潜在有害代谢物底物的可能性，表明饮食在管理 IBD 中的重要性。

（3）屏障破损　微生物种群与宿主的分离开始于物理屏障：黏液层和上皮。小肠中的微生物种群划分取决于分泌的抗菌蛋白，包括 REG3γ、α-防御素和 IgA。REG3γ

是靶向革兰氏阳性细菌的抗菌凝集素，由 TLRs 控制。α-防御素是一种小抗菌肽，促进肠腔肠道群落的形成。IgA 由浆细胞响应腔内环境中的抗原时产生，以分泌形式跨过上皮细胞以结合到腔内细菌。IgA 水平与化学诱导的结肠炎的易感性相关，IgA 水平较低时，对结肠炎的易感性增加。IgA 水平的降低是由于微生物种群发生改变，其特征在于存在特定菌属——萨特氏菌属（*Sutterella*）；这种微生物组的改变导致 IgA 分泌组分的降解。但是，目前参与降解 IgA 分泌组分的细菌蛋白酶以及这些细菌蛋白酶在 IBD 患者中的相对丰度仍待进一步确定。

抗菌肽在小肠中的表达至少部分地受到哺乳动物雷帕霉素靶蛋白（mTOR）控制，其随后通过上皮细胞的腔表面上的 ACE2 转运通路输入的色氨酸而被激活。

（4）先天免疫　哺乳动物的免疫系统与其固有的微生物种群共同进化，因此它必须保持刚性平衡，一方面表现出对共生细菌的耐受性，另一方面响应来自病原菌的威胁。这种平衡的维持依赖于宿主免疫系统的监视、防御和自身耐受功能，平衡的破坏是大多数炎症性疾病的核心原因。宿主免疫系统能识别自己和非己，既可识别微生物的保守结构基序，也可识别细菌代谢产物（图 7-19）。*NOD2* 编码产物负责响应细菌肽聚糖对免疫系统的刺激，是第一个被鉴定的 IBD 的易感基因。

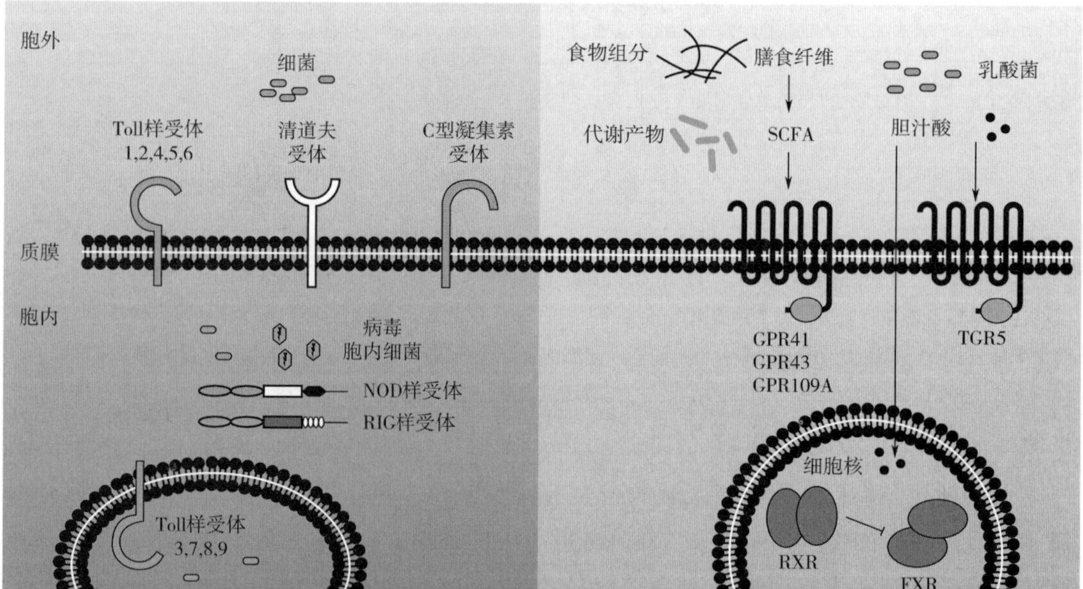

图 7-19　宿主免疫系统既可识别微生物的保守结构基序，也可识别细菌代谢产物

注：（1）模式识别受体，例如 Toll 样受体、清道夫受体、C 型凝集素、视黄酸诱导基因（RIG）样或 NOD 样受体，可以识别病原相关分子模式（细菌和病毒中高度保守的结构基序或分子）。（2）肠道菌群将食物和胆汁酸代谢为 SCFA、二级胆汁酸或维生素。G 蛋白偶联受体（GPR）可识别 SCFA，胞内法尼酯 X 受体（FXR）以及跨膜 G 蛋白偶联受体 5 可感应二级胆汁酸，视黄酸可被视黄酸 X 受体识别并介导宿主反应。

肠上皮细胞表达 CD1d 向自然杀伤 T（NKT）细胞呈递自身和微生物脂质抗原，CD1d 在发炎的 IBD 组织中下调导致 NKT 细胞参与促进结肠炎和 IBD 的发生。CD1d 通过激活 STAT3 和 STAT3 依赖的调节性细胞因子 IL-10、热休克蛋白 110 及 CD1d 本身的转录发挥其保护作用，并且是免疫系统维持对其微生物种群耐受性的重要机制。另外，微生物调节 NKT 细胞介导的炎症的机制与微生物鞘磷脂的产生相关。其中 α-半乳糖苷神经酰胺，能够控制 NKT 细胞活性。由脆弱拟杆菌（*Bacteroides fragilis*）产生的鞘糖脂，它能抑制 NKT 细胞的活性，导致其在固有层中的数量减少，并且在小鼠结肠炎模型中降低疾病的严重性。

（5）适应性免疫　脆弱拟杆菌产生的多糖 A 在无菌小鼠中能恢复 Th1/Th2 平衡，并诱导调节性 T 细胞起保护作用以避免结肠炎发生，这一发现首次揭露微生物组在适应性免疫细胞稳态中发挥功能。此外，向小鼠小肠中植入分段丝状菌（SFB）导致 SFB 黏附到回肠的吸收细胞上，进而促进 Th17 细胞的产生——Th17 细胞是肠中唯一能检测 SFB 抗原的 T 细胞亚型。包含 46 种鼠源性和 17 种人源性的一组梭菌属细菌可以诱导小鼠结肠产生调节性 T 细胞并起到保护作用以避免结肠炎和过敏。而且，对调节性 T 细胞的诱导是多菌属相互作用的结果。SCFA 在维持宿主适应性免疫功能中也起重要作用。SFCA 有助于防止炎症，并通过抑制组蛋白脱乙酰酶的活性诱导调节性 T 细胞发挥功能，进一步增加 *Foxp3* 基因的乙酰化以增加 *Foxp3* 的表达。由于人和小鼠存在差异，这些通路有待于在人肠道黏膜中进行验证。

（6）肠道神经系统　肠神经系统（ENS）由 200 万~600 万个神经元组成，分为肠肌丛和黏膜下丛。肠肌丛延伸在整个胃肠中，而黏膜下丛仅在小肠和大肠中发现。肠神经系统的主要功能包括调节肠蠕动、跨黏膜流体通量、局部血流量、肠激素释放、营养物吸收和与免疫系统的相互作用。肠细菌产生的几种具有神经活性功能的分子，包括 γ-氨基丁酸（GABA）、色胺、吲哚-3-丙酸、血清素和 SCFA，能作用于肠神经系统以调节肠内稳态。氨基丁酸是一种肠道神经递质，在肠肌丛和内分泌细胞中高表达，是肠动力的重要调节剂。有趣的是，中枢神经系统中的 γ-氨基丁酸信号传导与焦虑和抑郁有关，焦虑和抑郁通常与 IBD 相关。在小鼠中，摄取鼠李糖乳杆菌菌株导致脑中 GABA 表达的改变，此外，肠内分泌细胞产生的 5-羟色胺已被证明在小鼠的化学诱导结肠炎期间有助于炎症发生，抑制黏膜 5-羟色胺的产生则可以减少炎症。

肠神经胶质细胞（EGC）是 ENS 的主要细胞成分，其在黏膜中发现并且对于肠道神经系统功能和肠内环境稳定是必需的。肠神经胶质细胞与肠神经元结构紧密组织在一起，并且黏膜中肠神经胶质细胞数目的维持取决于微生物种群的存在。由于肠道屏障的缺陷，肠神经胶质细胞消融会导致严重的肠道炎症，这被认为是引起 CD 的一种可能的机制。肠神经胶质细胞表达 TLR2、TLR3 和 TLR4，并且通过肠神经胶质细胞检测细菌微生物相关分子模式可以直观反映肠上皮的屏障功能。肠道神经系统和肠神经胶质细胞功能的结构变化可以引起 TLR2 缺陷型小鼠对化学诱导的结肠炎易感性增加。

3. IBD 可以成为理解其他肠道疾病的平台

除了 IBD，还有许多其他普遍的肠炎性疾病，在微生物组的影响方面尚未得到很好的研究。获取肠道微生物群组和鉴定微生物引发 IBD 的病理学可以有助于理解这些未完全了解的疾病，以解开病因并开发新的治疗剂和治疗方法。

（1）肠道微生物组与炎症和全球健康　除了通常影响居住在高收入国家的个人的 CD 和 UC 之外，在环境卫生、医疗卫生和营养差异的低收入国家中还普遍存在不同的 IBD 样综合征，包括环境肠病（EE）、热带口炎（TS）和免疫增殖性小肠疾病（IPSID）。环境肠病和热带口炎现在被认为是全球儿童营养不良形成后遗症和持续存在的重要因素，这也是儿童死亡的主要原因。免疫增殖性小肠疾病影响患有小肠慢性炎症的青年人，并导致淋巴瘤的产生。然而，尽管这些疾病的影响广泛，它们的确切发病原因仍然未知。低收入国家的卫生条件差可能导致粪便细菌更多地暴露，肠道感染的发病率增加。连续暴露于粪便细菌可导致细菌在小肠中过度生长，可能导致环境肠病的特征性病理变化，特别是绒毛钝化、肠通透性增加和慢性炎症，损害近端小肠，并随后减少营养吸收。但这些微生物变化对环境肠病、热带口炎和免疫增殖性小肠疾病的病理生理学的确切影响机制还未知，并且与 IBD 类似，没有发现可以单独引发疾病的一种病原体、微生物、遗传或环境因子。

（2）肠道微生物种群与慢性炎症和结肠直肠癌　肠道菌群在结肠直肠癌（CRC）中具有的重要作用。在 IBD 中观察到了在结肠直肠癌微生物组中观察到的一些改变，并且慢性肠炎症是结肠直肠癌发生的主要危险因素。通过比较肿瘤与非邻近结肠组织的细菌群落，已经将梭菌属（*Fusobacterium*）鉴定为在肿瘤位点处最富集的分类群。梭菌属也是一种参与了 IBD 中结肠细胞入侵的细菌。由于 IBD 是引发结肠直肠癌的最大风险因素之一，所以这种炎症相关细菌可证明与这些疾病之间存在重要联系。

（3）其他肠道炎症疾病　乳糜泻、普雷沃氏菌引起的疾病和 1 型糖尿病（T1D）都与特定的微生物特征相关。乳糜泻是在遗传易感个体中由膳食小麦谷蛋白触发的免疫介导的肠疾病。*HLA-DQ* 基因是疾病的主要遗传决定因素，占遗传风险的 40%。然而，在具有更高的乳糜泻遗传风险的婴儿中，双歧杆菌的丰度降低，葡萄球菌和脆弱拟杆菌的数量增加，最终加剧疾病发展。普雷沃氏菌属（*Prevotella*）是一种涉及炎症和自身免疫性疾病的新型病原体，其可以侵入结肠隐窝，引发 NLRP6 介导的生物失调并加重结肠炎。具有 1 型糖尿病风险的婴儿肠道内微生物多样性急剧下降，包括里氏木霉在内的病原体的扩增；另外，促炎性肠道微生物种群也可以促进肠外炎症和自身免疫病如 1 型糖尿病的发生。阐明人类疾病期间微生物组发生的变化是否是这些及其他疾病的原因或结果，需要对这些变化进行进一步的纵向研究。

总之，肠道中微生物和宿主生理过程之间的关系呈现了一个复杂的动态性系统。人群间和人内微生物种群存在惊人的差异，只有不到 10%的微生物在个体间共有。尽管存在这种复杂性，在肠道疾病中仍能看到一些共享的“指纹”。已报道的 IBD 患者的微生物变化可以被认为是代表整个 IBD 患者群体的微生物指纹。虽然这样的指纹是有用的，但是要增强对 IBD 的理解，就还需要对基于特定类型的微生物改变引起的 IBD 进行分层分析，以及开发用于这些微生物指纹的分类系统。这样的系统有助于理解特定的微生物指纹是否与特定患者的基因突变相关，以及使用特定的微生物指纹来预测患者对当前治疗的反应。为了更好地理解这些关联如何可以合理地用于靶向 CD 和 UC 以及其他肠道疾病的特异性治疗，还需要进一步鉴定遗传背景和微生物种群之间的关系。而且越来越多的 IBD 相关的易感基因也被发现，例如，在 2007 年时鉴定了 8 个相关基因，到 2012 年，被鉴定的基因数增加到了 160 个，这些都有利于促进 IBD 的研究。

第三节　肠道微生物与代谢类疾病

一、肠道微生物与肥胖

（一）肥胖的影响因素与危害

造成肥胖的原因有多种，例如，食物能量摄取过多、遗传因素、环境因素及其他因素（新陈代谢的降低等）（图 7-20）。近年来，越来越多的研究证明，多种多样的肠道菌群也具有调节人体从食物中消化和吸收营养物质的作用。

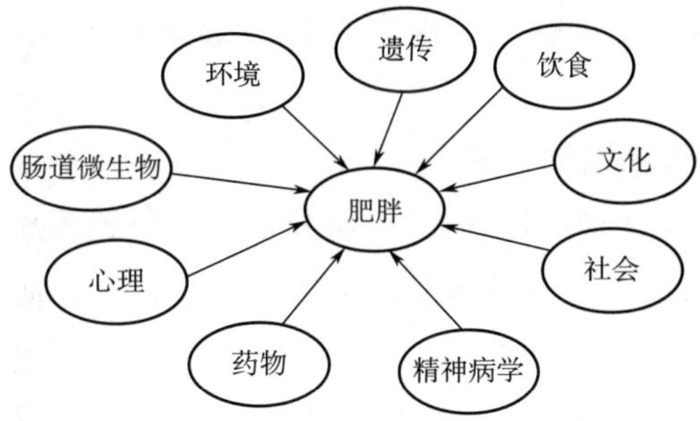

图 7-20　造成肥胖的多种因素

肥胖不仅影响体形美观，而且对居民健康具有一定的危害性。世界卫生组织已将肥胖定为疾病，是目前继心脑血管病和癌症之后威胁人类健康的第三大敌人。肥胖者易发生高血压、冠心病、脂肪肝、糖尿病、高血脂、痛风及胆石症等，危害人类健康。

目前比较公认的肥胖对人类健康有以下几个方面的危害。

（1）血脂水平　血液内胆固醇和甘油三酯升高，导致血管壁附着大量胆固醇斑块，形成动脉血管硬化，严重者发展为高血压、冠心病、心肌梗死和脑出血等疾病。

（2）胰腺　肥胖者胰岛素分泌较正常人群偏高，易引发胰腺功能减退及糖尿病。

（3）肝脏　肥胖者易引发脂肪肝、肝硬化、胆结石等疾病。

（二）肠道微生物调节人体能量代谢水平

定植在人体内的多种肠道微生物的基因组成“肠道微生物组”。通过宏基因组学，在人类的肠道中共检测发现了高达330万个基因。也就是说，肠道微生物组可以编码超过人类基因150倍的基因数目。由于肠道微生物组基因数目庞大，因此针对人类肠道中共生的微生物发挥的功能和肠道微生物基因的研究都显得十分重要。肠道细菌中95%以上可归为3个菌门：厚壁菌门、拟杆菌门和放线菌门，其中，厚壁菌门和拟杆菌门占绝对优势，厚壁菌门细菌数量最多，由乳杆菌属、支原体、芽孢杆菌属和梭菌属等200多个菌属组成。厚壁菌门是人体及高等哺乳动物肠道内的一大类细菌，绝大多数是梭菌纲（*Clostridia*），这一类细菌属于低G+C含量的革兰氏阳性厌氧菌；拟杆菌门是人体肠道内的优势菌群，属于革兰氏阴性严格厌氧菌，可分为拟杆菌（*Bacteroides*）、普雷沃氏菌（*Prevotella*）和卟啉单胞菌（*Porphyromonas*）三大类，共包括20多种菌属在内。

肠道微生物具有多种重要功能，它们能够降解本身不能被肠胃所消化吸收的糖类复合物（纤维素、半纤维素、果胶、抗性淀粉等），以及合成一些短链脂肪酸（乙酸和丁酸等），除此之外，肠道微生物还可以提供给人体一些维生素（生物素等）和氨基酸等。因此，肠道微生物给人体提供的益处有帮助代谢糖类，帮助人体从不能消化吸收的成分中获取能量，以及帮助人体生成一些氨基酸和维生素等多个方面。

肠道菌群虽然组成复杂，但是通过长时间进化和环境适应，在人体内分工明确，配合默契，能够共同努力消化食物、分解能量、吸收营养；同时促进免疫系统的发育与成熟，保护人体免受病原的感染。由于它们对健康有着重要的作用，因此被称为“人体第二器官”。

1. 肠道微生物对人体脂肪储存调节

近年来国内外关于肥胖环境因素的大量研究显示，肠道菌群与体脂的沉积及肥胖的发生有着密切的关系。肠道微生物能够促进单糖的吸收，从而影响机体能量的吸收、储存，图7-21是对肠道微生物调节脂肪储存过程的一个描述。其中FIAF为禁食诱导脂肪因子，又称血管生成素样蛋白4，产生于褐色脂肪、白色脂肪、肝脏和小肠，是脂蛋白脂肪酶的抑制蛋白，阻碍脂蛋白酯酶将游离脂肪酸酯化为甘油，具有重要的生理作用。

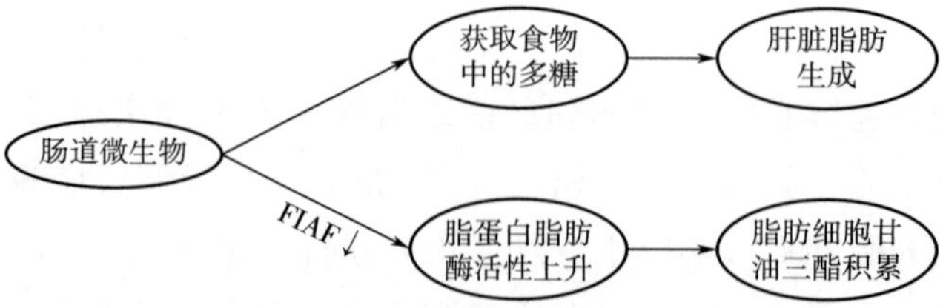

图7-21 肠道微生物调节脂肪储存的过程

注：肠道微生物通过禁食诱导脂肪因子FIAF促进脂蛋白脂肪酶的水平以及肝脏甘油三酯的积累和肝脏脂肪的生成，最终导致脂肪组织脂肪酸、甘油三酯等的积累。

拟杆菌门和厚壁菌门细菌组成了肠道微生物的主要成分。其中，拟杆菌可以通过上调葡萄糖共转运体 SGLT-1 的表达加速营养物的利用，还可以提高脂类的吸收；除此之外，此类细菌还可以通过上调转运体 CRT1 的表达水平从而改善微量营养素的吸收，可见拟杆菌负责肠道多糖类营养物代谢。拟杆菌门微生物还可以通过上调 Sprr2a 来增强肠上皮细胞屏障，从而保护宿主器官免受细菌的感染。对于肠道另一种主要的微生物——厚壁菌门细菌，目前已被证明可以提高上皮细胞的脂质液滴水平，参与脂质的代谢过程，而且厚壁菌可以促进氨基酸，尤其是谷氨酰胺的代谢过程。而改变营养物的摄取则会改变肠道微生物的结构组成，进一步改变能量的获取以及粪便中留存的能量。研究表明，在肥胖小鼠和肥胖个体（包括成人和儿童）肠道的厚壁菌门（Firmicutes）和拟杆菌门（Bacteroidetes）微生物的比例（F/B）相对于偏瘦个体而言更高（图 7-22），而且肠道微生物的种群多样性偏低。因此厚壁菌门细菌可以称为一种“肥胖菌”。

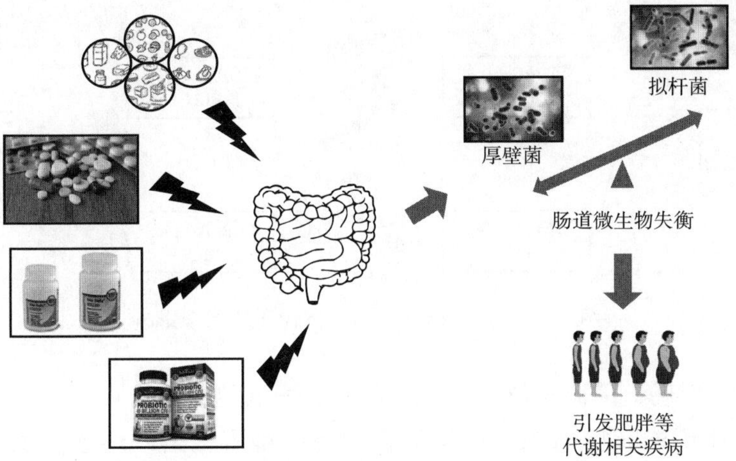

图 7-22 肠道微生物厚壁菌和拟杆菌的比例升高可引起肥胖

注：高热量食物的摄取、抗生素的过度利用、膳食纤维素的摄入量偏低、细菌添加剂如益生菌的缺乏等可以影响肠道微生物的组分，进而影响肠道内拟杆菌门细菌和厚壁菌门细菌的丰度，并影响代谢水平，诱导产生肥胖。

2. 肠道微生物对人体能量代谢的影响

肠道微生物对人体肥胖和胰岛素抵抗引起的代谢综合征具有一定的影响，具体如图 7-23 所示。代谢综合征（MS）是多种代谢成分异常聚集的病理状态，是一组复杂的代谢紊乱症候群，可以导致糖尿病和心脑血管疾病。在肠道微生物的影响下，肥胖的个体在大脑、脂肪组织、肝脏、上皮组织、肌肉组织和大肠等组织器官都呈现与偏瘦个体不同的代谢水平。首先在肠道微生物的影响下，肥胖的个体很难产生一定的饱腹感，因此大脑就不断“催促”个体进食来实现“饱”的感觉；其次，肥胖的个体脂肪组织、肝脏部位脂多糖和短链脂肪酸水平明显提高；上皮组织、肌肉组织等部位由于 PYY、GLP-1 等激素水平下降，脂肪酸氧化利用水平下降，禁食诱导脂肪因子（FIAF）表达受抑制，单磷酸腺苷激活蛋白激酶（AMPK）水平下降；除此之外，肥胖个体大肠产生的丁酸水平明显减少，而丁酸及丁酸盐是大肠中细胞的优质能量来源，它具有减轻炎症、降低结肠直肠癌风险的作用。

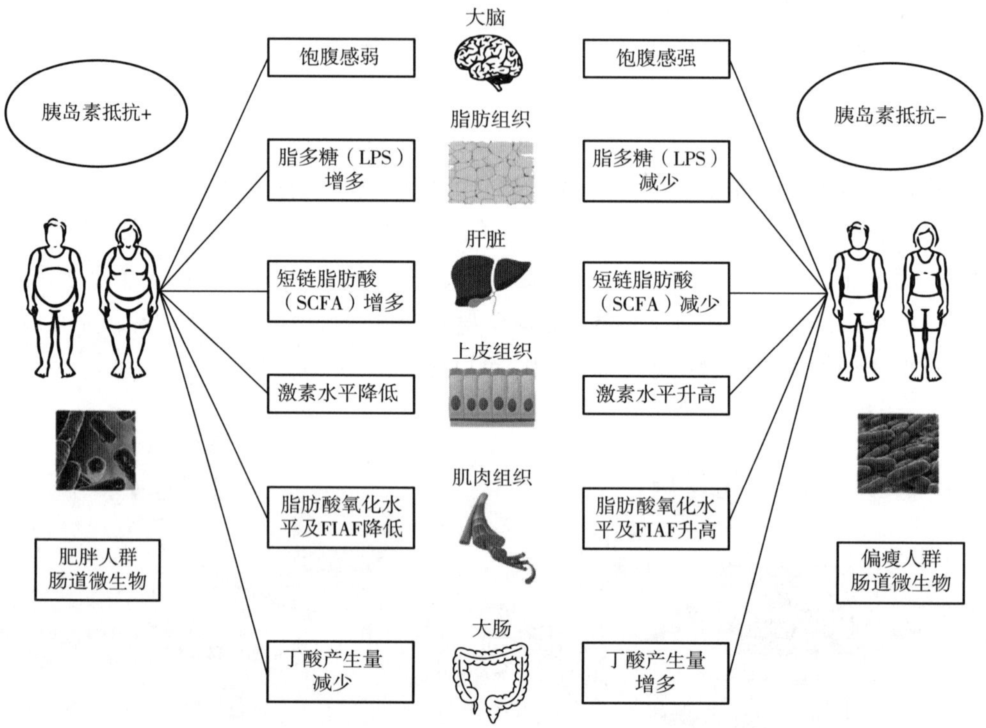

图 7-23 肠道微生物对人体代谢的综合影响

综上所述，对肠道菌群参与宿主的能量代谢进行总结：

①对于人体不能直接消化的糖类复合物（纤维素、半纤维素、果胶、抗性淀粉等），肠道微生物种群可以发酵利用这些多糖成分，转化成人体可直接吸收利用的小分子物质（如短链脂肪酸等）。

②肠道上皮细胞产生的禁食诱导脂肪因子（FIAF），可以抑制人体脂蛋白脂酶（LPL）的表达，而肠道菌群可以抑制禁食诱导因子表达，从而促进脂蛋白酯酶的表达，将大量甘油储存在脂肪细胞中，从而诱导肥胖。

③肠道菌群可以促进脂肪合成基因及其调节蛋白质合成基因的表达，从而促进甘油三酯在肝脏脂肪细胞中的积聚。

④个体肠道内复杂的微生物种群具有“专人专有”的代谢效能，而微生物构成的特定特征可能影响能量的储存或能量的消耗，从而诱发代谢相关疾病。

肠道内复杂的微生物种群通过与人体和外界环境的相互作用，对机体的营养、免疫和代谢产生影响。肠道微生物对于人体自身的代谢水平起到了不可忽视的影响。因此，健康的肠道菌群在维持人体代谢吸收稳态中所发挥的作用十分重要。

3. 肠道微生物影响肥胖的作用机制

肠道微生物影响肥胖发生，目前认为有以下几种可能的作用机制。

（1）营养物的吸收和利用水平提高　研究证明，接种肠道微生物的无菌小鼠肠道对单糖的吸收水平提高，同时小肠绒毛上皮细胞毛细血管密度有所增加，通过门静脉循环到达肝脏的单糖增加，肝脏将多余的能量转换成脂肪，并沉积在外周组织，导致身体脂肪含量增高。

（2）短链脂肪酸的产生增加与脂肪生成　肠道微生物在产生单糖的同时，还会产生短链脂肪酸（主要是乙酸、丙酸、丁酸）、二氧化碳和氢气等。丁酸是一种对人体有益的短链脂肪酸，可以被结肠上皮细胞利用作为碳源与能源，乙酸和丙酸可以被肝脏吸收，并作为脂肪生成和糖异生的底物。接种肠道微生物的无菌小鼠肝脏内甘油三酯的水平上升，与脂肪合成有关的两种酶——脂肪酸合酶（Fas）和乙酰辅酶 A 羧化酶（Acc1）表达水平上升，与糖类代谢相关的同时可以介导脂肪生成的转录因子 ChREBP 和 SREBP-1 表达上升，以上都是接种肠道微生物的无菌小鼠脂肪水平上升的原因。

（3）禁食诱导脂肪因子的活性降低　禁食诱导脂肪因子（FIAF）可以抑制人体脂蛋白脂酶（LPL）的表达，对 FIAF 的抑制作用可以导致脂肪酸和甘油三酯在肝脏中的堆积。因此，肠道微生物对 FIAF 活性的抑制也是接种肠道微生物的无菌小鼠引发肥胖的一种重要原因。

（4）慢性炎症　肥胖与慢性炎症相关，其中，肥胖患者细胞内脂多糖（LPS），以及巨噬细胞分泌的促炎细胞因子 TNF-α、IL-1、IL-6 的表达在炎症发生和胰岛素抵抗过程中发挥重要作用，胰岛素抵抗反过来又会增加脂肪组织中脂肪的堆积。此外，高热量饮食会引发血浆中 LPS 的水平升高，饮食含有的脂肪酸也可能会激活脂肪细胞和巨噬细胞的 Toll 样受体 4，Toll 样受体 4 是介导 LPS 进入小肠毛细血管辅助复合物的成分之一。

（5）肠道内产甲烷古细菌　产甲烷古细菌是能利用氢气、二氧化碳、乙酸、甲酸、甲醇、甲胺等在专性厌氧环境下产生甲烷气体的一类古菌微生物。产甲烷菌可以利用肠道菌群产生的氢气，并以甲酸、乙酸作为能量来源，从而产生甲烷气体。产甲烷菌与其他肠道菌群一起形成了一个有利于宿主获得更多能量的代谢循环，进而诱导人体肥胖的发生（图 7-24）。

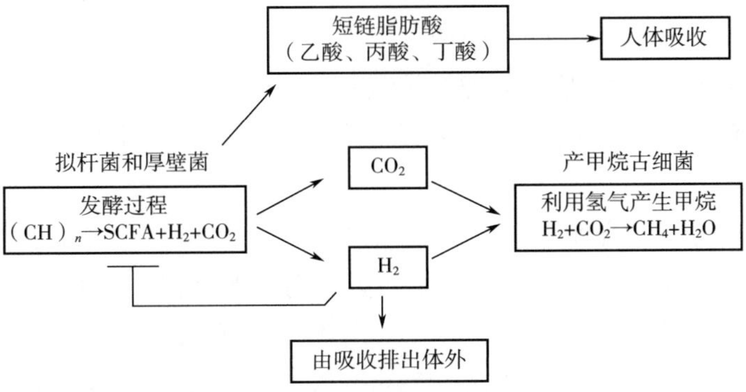

图 7-24　人体肠道内微生物发酵以及甲烷的产生过程

因此，肠道菌群在肥胖人群与体重正常人群中具有明显的种群与代谢差异，肠道内“肥胖菌”的含量往往能影响体重。肠道菌群一方面可以通过调节代谢影响能量物质的吸收，另一方面能直接调控脂肪的代谢与储存，从而直接或间接地控制人体内的脂肪含量。所以，对于“怎么吃都不胖”和“喝凉水都长肉”两种不同体质的人，往往也由肠道内菌群的差异造成。

4. 肠道微生物与减重

体重减少可以引起肠道微生物生态的变化，进而影响种群丰度，主要体现在厚壁菌门细菌数目明显减少，以及拟杆菌门细菌数目明显增多。肠道微生物可以通过影响能量吸收来帮助控制体重，体重的减轻也伴随着肠道微生物种群组成及丰度的改变。

5. 健康的肠道菌群有助于减少肥胖发生

肠道菌群是人体不可或缺的“微生物器官”，对维持人体健康至关重要，这早已被人们所认识。近年来对肠道菌群与肥胖发生之间关系开展的研究显示，肠道菌群失调在肥胖发展中起着重要作用，其机制涉及促进能量吸收，影响肠黏膜通透性和食欲调控因子分泌，引发内毒素血症和慢性炎症反应状态等多个方面。通过对肠道菌群的调整有助于应对现阶段居民肥胖的现状。影响肠道微生物的因素有很多，例如遗传、年龄、饮食和运动等。对于普通人来说，饮食和运动是改善肠道微生物最简便可行的方法。

（1）饮食对肠道菌群及肥胖的影响　肠道微生物群的组成一部分由人体的基因决定，同时也受生活方式的影响，例如饮食结构、药物摄取、饮酒及运动锻炼等。每逢节日各种美食诱惑着人们“大开吃戒”，进食不同类型的食物对肠道中的菌群也是一种考验和筛选——平日被压制的一些细菌会成为优势种群，而另一些菌群则由于肠道内生态的不适应被“打压”下去。当人们从食物中代谢营养时，肠道细菌同时也会获取用于生长必需的能量，因此饮食是调节肠道细菌种类的关键因素。

高纤维饮食会促进肠道菌群健康，使微生物多样性更高。而我国居民实际平均摄入量却少于 15g。膳食纤维不足，会造成肠道微生物多样性下降。

人体内消化纤维素的酶很少，大部分食物纤维不能被人类自身消化，这部分食物的消化主要依靠寄居在人类肠道中的微生物。这些微生物在从纤维中获取生存物质的同时，可产生一些对人体生理和免疫系统具有影响的小分子物质。如果长期食用低纤维食物，肠道里消化纤维的细菌就会慢慢被淘汰，最终只能维持在很低水平，或彻底消失。

肠道细菌紊乱会导致肥胖，因此调整饮食结构，甚至是快速的肠道菌群移植等手段都可以重塑肠道细菌，达到减肥的目的，并且可以避免慢性病的发生。

（2）运动对肠道菌群及肥胖的影响　除了饮食因素外，运动对肠道微生物也存在影响。运动员的代谢指标和血浆肌酸激酶的含量明显较高，且炎性因子水平较低。此外，从运动员粪便中检测出的肠道菌群的数目及多样性明显高于对照组。肠道生态环境中的微生物多样性有助于宿主的稳定性，肠道菌群多样性近年来也成为衡量健康的指标之一。

(3) 结合合理饮食及运动等手段调整肠道菌群进而改善肥胖 肥胖的根本原因是能量摄入超过能量消耗，减肥的重点在于使热量达到负平衡（热量摄入量小于热量消耗量），因此多数减肥方法都围绕能量摄入及能量消耗这两点或者直接从脂肪入手（图 7-25）。

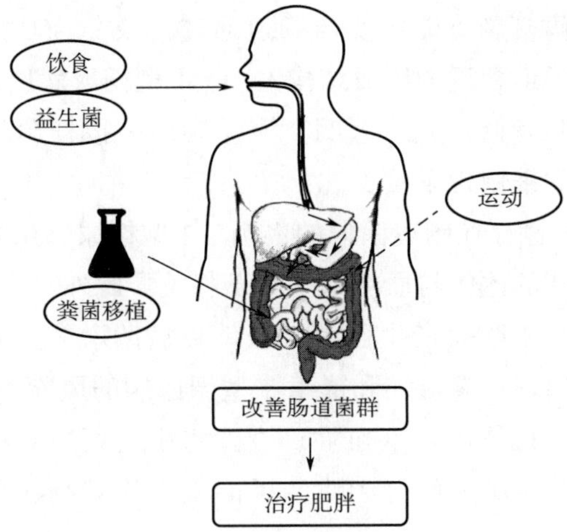

图 7-25 利用饮食、运动、益生菌制剂以及粪菌移植等手段调整肠道菌群，治疗肥胖

由于失衡的肠道微生物会导致人体发胖问题，因此利用膳食干预重塑肠道微生物菌群的结构，是解决肥胖问题的一个思路。据报道，食用动物产品后，1d 内肠道菌群基因表达类型发生显著变化，改变饮食 3d 或 4d 后，代谢副产物如短链脂肪酸也发生变化。饮食可以影响肠道菌群的组成，并且效果显著，仅仅花费几天的时间就会对肠道菌群有重塑的影响。

目前多位研究者和医生建议对人类肠道菌群进行检测，评估乳酸杆菌、阿克曼氏菌等影响肠道健康的菌群状态，并根据检测结果有针对性地补充益生菌，从而将紊乱的肠道菌群调理至平衡状态，之后辅助改善饮食结构等方法维持肠道平衡，同时适量运动，就可以很好地帮助肥胖者达到减肥的目的。

二、肠道微生物与糖尿病

关于糖尿病的治疗，目前的治疗手段主要针对疾病后果而非代谢紊乱的原因，这难以遏制全球患者爆发式增长的流行趋势，因此，需要探索导致代谢紊乱的原因，以寻找新的更为有效的防治策略。

1. 肠道微生物在糖尿病发生、发展过程中的作用

肠道菌群作为环境因素参与 1 型糖尿病的发生。肠道共生菌群作为 1 型糖尿病的保护性因素，例如，益生菌制剂可使糖尿病小鼠局部和全身抗炎症细胞因子 IL-10 含量增加，减轻对胰岛 B 细胞的破坏，进而预防 1 型糖尿病的发生；而有特异菌群定植的有菌环境则可减轻 NOD 鼠胰岛炎症程度，降低糖尿病的发生率。

肠道中的一些菌类是 1 型糖尿病的致病性因素，比如含谷氨酸脱羧酶（GAD）的细菌可导致 1 型糖尿病，因为该细菌分泌出的谷氨酸脱羧酶会触发肠源淋巴细胞破坏胰岛细胞。

肠道菌群参与的发病机制可能主要与肠道通透性及免疫功能的改变有关。糖尿病患者与正常对照者相比肠道菌群的组成结构不同：1 型糖尿病患者的肠道菌群分布的多样性和稳定性较正常对照者低，放线菌门、厚壁菌门、拟杆菌门的比例降低，某些有益菌群，如产生丁酸盐的细菌含量减少。

2 型糖尿病患者体内也存在肠道菌群的失衡。2 型糖尿病患者肠道厚壁菌门数量显著减少，且肠道菌群失调的比例与血糖水平呈正相关。此外，2 型糖尿病患者有大量细菌基因与正常人不同，其丁酸盐产生菌少，条件致病菌增多。高脂饮食可降低肠道内双歧杆菌的含量，增加出现毒素血症和罹患 2 型糖尿病的风险。而给予益生元治疗后，肠道双歧杆菌数量恢复，机体内毒素血症、炎症水平、葡萄糖耐量和胰岛素分泌均可得到改善。这些结果均暗示肠道菌群的改变可能成为检测及鉴别 2 型糖尿病患者的标记物。

类杆菌能利用来源于食物颗粒、肠黏液层，或是脱落的肠道上皮细胞中的糖，根据食物环境的多糖及单糖的变化，调节其基因组编码的糖基水解酶、糖代谢过程酶的表达，将分子质量很大的碳水化合物纤维转换成小分子的单糖或脂肪酸供宿主吸收，帮助宿主更有效地利用食物多糖。接种多形拟杆菌可导致无菌动物回肠中 Na^+/葡萄糖共运输蛋白质 mRNA 的水平升高，这使得即使在相同肠内葡萄糖含量的情况下，定植多形拟杆菌可加快葡萄糖从肠道运往其他需要之处，更有利于宿主正常机能的完成。因而可以推测类杆菌在糖尿病的病理生理中应有一定的作用。

无菌动物即便是饲喂高脂高糖饮食，仍能够抵抗肥胖和胰岛素抵抗的发生。然而无菌动物接种正常菌群后，葡萄糖的摄入增加，血中葡萄糖和胰岛素的水平提高；小鼠肠道菌群的改变使得胃肠的通透性发生改变，从而导致葡萄糖耐受量降低、体重增加和脂肪含量升高等一系列改变；肠道菌群刺激机体免疫系统所产生的 IL-6、TNF 等细胞因子也影响胰岛素的敏感性和葡萄糖的代谢；厌氧菌群可以调控人体 PPARg 受体的转运和活性，该受体与胰岛素抵抗和 2 型糖尿病关系密切；2 型糖尿病患者肠道内微生物种群的改变，可以使葡萄糖耐受量得以改善。此外，糖尿病大鼠乳酸杆菌、双歧杆菌减少，并且随降糖治疗的血糖下降而升高。因此，肠道菌群，包括其在机体内微生态平衡的改变，在某些程度上影响糖尿病的发生和发展。

肠道菌群导致糖脂代谢紊乱可能有两种机制。

（1）能量存储假说　目前认为肠道菌群在帮助宿主利用营养物质的同时，产生的代谢产物对人体代谢表型有着广泛影响，包括肥胖、胰岛素抵抗、代谢综合征和脂肪肝等。肠道菌群可能通过过度能量存储而导致代谢性疾病的发生，其主要机制包括：①发酵宿主自身不能消化分解的食物成分，将其转换为短链脂肪酸，促进脂肪合成和存储；②下调肠上皮细胞产生的禁食诱导脂肪细胞因子（FIAF）的表达，促进脂蛋白酯酶表达，从而促进脂肪细胞中甘油三酯的合成；③降低肝脏和肌肉的AMP活化蛋白激酶（AMPK）活性，该酶是控制细胞能量代谢的关键酶，从而抑制依赖AMPK的脂肪酸氧化作用；④上调肝脏碳水化合物反应元件结合蛋白质和固醇调节元件结合蛋白-1（SREBP-1）mRNA的表达，从而促进甘油三酯在肝脏脂肪细胞中积聚；⑤肠道菌群的产物短链脂肪酸作为重要的信号分子，可减慢肠道蠕动，促进营养充分吸收。

（2）炎症假说　近年来，糖尿病被普遍认为是一种慢性低度炎症性疾病。内毒素是肠道菌群参与代谢性疾病的早期触发因素及参与早期炎症级联反应的分子，而作为革兰氏阴性菌细胞壁成分的脂多糖是内毒素产生炎症效应的主要生物活性成分。脂多糖与其受体CD14形成复合物并被免疫细胞表面TLR4识别，引起一系列非特异性炎症反应。菌体死亡后释放出的脂多糖与其他细菌碎片能够移位到靶组织，如血液、肝脏、脂肪细胞、血管壁，从而干扰免疫系统，通过诱导系统性慢性低度炎症，导致肥胖、胰岛素抵抗及糖耐量异常等代谢性疾病以及心血管疾病的发生。

高脂饮食会导致肥胖表型的出现，宿主肠道中双歧杆菌减少，血液中的脂多糖水平升高，但明显低于感染性休克的内毒素水平，故被称为“代谢性内毒素血症”。这种长期低水平的脂多糖升高足以增加肝脏、骨骼肌、脂肪组织炎症因子的表达，引发胰岛素抵抗。“代谢性内毒素血症”假说解释了高脂饮食引发慢性低度炎症的机制：饮食诱导肠道菌群改变，增加机会致病菌的数量，降低保护肠屏障细菌的数量，影响肠上皮细胞基因表达，导致肠道通透性增加，使得进入血液的内毒素增加，引发慢性炎症反应，进而产生肥胖、胰岛素抵抗等代谢失调。

可见，肠道菌群与糖尿病的发生息息相关。但是，以上绝大多数的研究目前仍局限在动物模型上，对于人体的研究，由于人体肠道菌群的复杂性，遗传因素、饮食差异、健康状态、环境因素等多种复杂因素共同影响肠道菌群的结构和功能，因此还需采用扩大样本量等方式来进行人体肠道菌群与糖尿病发生的相关性分析。

人类对肠道菌群的了解才刚刚开始。肠道菌群通过其基因表达、中间产物、代谢活力等因素影响着宿主的代谢、能量吸收以及非特异性免疫调节。长期高脂饮食可造成肠道菌群失调，由此造成的代谢性内毒素血症参与肥胖及胰岛素抵抗的发生，进而促进2型糖尿病的发生和发展。然而，现有的研究证据存在一些矛盾之处，加之大部分研究来自动物模型，对人群研究较少、样本量小，且人体肠道菌群组成极其复杂，其结构和功能受遗传因素、环境因素、饮食结构、性别以及自身健康状态等多种因素共同影响，肠道菌群与2型糖尿病的相互关系仍有待于更深入的研究。无论如何，已有的研究结果已经表明，干预肠道菌群为2型糖尿病的防治提供了新思路和新策略。

2. 肠道微生物与糖尿病未来的研究方向与策略

（1）肠道微生物能否作为鉴定糖尿病风险预测的重要标记物　肠道菌群在糖尿病

发生和发展的不同时期有着不同的生理作用。糖尿病患者肠道微生物种群的多样性和稳定性较低，并且种群分布失衡，种群比例发生严重变化，大量细菌基因组与正常人不同。此外，随着病程的迁延，肠杆菌、韦荣球菌和类杆菌呈递增态势；乳酸杆菌和双歧杆菌呈下降趋势；而酵母菌、链球菌、肠球菌、梭杆菌、葡萄球菌和消化球菌变化不明显。

既然肠道微生物在糖尿病发生和发展过程中有着如此重要的作用，并且糖尿病患者的肠道菌群与正常人相比又有明显差异，期待通过后续大量的实验研究，可以仅通过某些肠道微生物数量、比例以及分布的变化，就能够作为诊断糖尿病的依据。然而，目前关于这方面的研究主要在小鼠中进行，人类与小鼠相比，其生活环境、遗传背景等显得更加复杂。所以，肠道微生物作为鉴定人类糖尿病风险预测的重要标记物，这方面的研究还有很长的路要走。

（2）通过干预肠道菌群治疗糖尿病的策略　近年来，关于糖尿病的治疗，除了生活习惯干预和药物治疗外，代谢性外科手术治疗也成为医学界关注的热点。但是，目前为止，只有手术治疗在预防糖尿病发生、逆转短病程糖尿病和控制血糖方面效果非常理想。强化生活方式干预（体重下降7%~10%）对预防糖尿病发生的效果也非常显著，但对于是否可以减少糖尿病患者死亡方面仍存在争议。而今，随着肠道微生物与糖尿病之间关系研究的不断深入，新结果和发现不仅有助于阐明糖尿病的发病机制，也将为探索新的治疗靶点和途径提供方向。

肠道菌群作为与人体共生的一个重要环境因素，影响着宿主的营养、能量代谢和免疫。肠道菌群失调参与了糖尿病等代谢性疾病的发病，纠正肠道菌群失调可能成为预防或治疗糖尿病的新靶点，但关于其具体的临床指标，目前尚需进一步深入研究。近年来的研究发现，中草药、针灸、益生菌和益生元都对肠道菌群有影响，有潜力应用于治疗糖尿病。

总之，肠道菌群与代谢性疾病关系的研究有望为早期预防、控制、诊断和治疗糖尿病提供新的理论依据和治疗途径。

第四节　肠道微生物与其他疾病

一、肠道微生物与肿瘤

肿瘤是指机体在各种致瘤因子作用下，局部组织细胞增生所形成的新生物，因为这种新生物多呈占位性块状突起，也称赘生物。

根据肿瘤生长特征以及对人体的影响和危害不同，肿瘤可分成良性和恶性两类。一般来讲，良性肿瘤对人体的危害性小，而恶性肿瘤对人体的危害性大。人们日常所说的癌即属于恶性肿瘤。不过，有些良性肿瘤生长在重要脏器周围，对人体也可构成极大的危害。人体的任何部位、任何器官几乎都可以发生肿瘤。

近年来，社会节奏的加快、社会压力的加大、人口老龄化等因素均导致国内肿瘤面临较为严峻的形势。

我国恶性肿瘤人数总体呈上升趋势，每年以3%左右的速度增长。从癌谱分布趋势来看，我国恶性肿瘤发病趋势呈现出新的特征。2006 年及 2007 年，肺癌、胃癌、结直肠癌、肝癌及乳腺癌成为发病人数最多的 5 种癌症；截至 2020 年，发病人数最多的 5 种癌症种类不变，但排名有所变化，依次为肺癌、结直肠癌、胃癌、乳腺癌及肝癌。由此可见，肺癌发病率一直处于首位，胃癌始终稳居前三，而肝癌位置不断下降，结直肠癌及乳腺癌发病人数逐渐上升。

从发病机制来讲，生活环境、生活方式的改变与癌症的发生有着直接的关系，营养因素、吸烟、职业暴露、感染等也会导致癌症发病趋势的改变。近年来，癌症人数不断增加，而恶性肿瘤发病不断呈现出新的趋势，发病率逐年增加，并呈现出年轻化趋势，造成社会及人力资源的严重耗损，因此要针对我国恶性肿瘤发病流行趋势，同时借鉴国外优秀经验，降低癌症发病率，减轻家庭经济负担。

人体肠道有超过 1000 种微生物，不但与人体健康息息相关，而且也与多种疾病的发生和发展有紧密联系，其中肿瘤与肠道微生物的关系得到了越来越多的重视。人体肠道细菌产物，如脂多糖等，可以与 TLR 4 结合，从而引起 TNF-α、IL-1、IL-6 及 IL-8 等细胞因子的释放，而这些细胞因子有促进细胞增殖及抑制凋亡的致肿瘤发生和发展作用。肠道微生物还可以通过生物合成基因毒性物质（Genotoxins）干扰细胞周期或者直接损失 DNA，生成有毒性代谢产物及激活饮食中的杂环胺类来促进以结直肠癌为代表的肿瘤的发生和发展。肠道微生物与肿瘤的关系在结直肠癌中研究较多，动物实验中发现使用抗生素降低内毒素水平，或者去除肝细胞上的 TLR 4，可以有效减缓实验大鼠中肝癌细胞的生长。而肠道微生物与乳腺癌、前列腺癌、食管癌的发生和发展的关系近些年也得到了一些关注。

1. 肠道微生物与结直肠癌的发生

对各种影响因素的潜在影响力分析发现，红肉的摄入量与造成结直肠癌肠道环境恶化的细菌正相关，而水果、蔬菜的摄取量与这类细菌则是负相关。细胞内负责储存铁的蛋白质——血清铁蛋白，与肿瘤患者富集的宏基因组连锁群呈负相关。铁是许多致病菌生长的关键成分，这些病原体可能以来自宿主或肉类等膳食来源的铁为生。

肠道微生物在人类宿主中的结直肠肿瘤致癌作用越来越受到重视。目前认为导致结直肠肿瘤发生和发展的机制主要有以下 3 个方面：①肠道微生物使肠道黏膜促炎症反应信号传导机制异常，导致肠道黏膜上皮损伤修复加剧，最终出现瘤形成和恶变；②某些微生物种属对肠道黏膜上皮细胞具有直接的细胞毒性作用，或者通过旁观者效应发挥毒性作用；③某些肠道微生物在参与营养物质代谢过程中的产物对肠道上皮细胞具有毒性作用，受损肠道上皮细胞的不完全修复可导致其致癌性转化。

目前，已知的可能与结直肠肿瘤有关的肠道微生物主要有牛链球菌、拟杆菌属的某些种（如脆弱拟杆菌）、败血梭菌、大肠埃希氏菌的某些种，其他链球菌属如唾液链球菌、血链球菌和粪肠球菌等，相关病毒主要有人乳头状瘤病毒、多瘤病毒属病毒、EB 病毒和巨细胞病毒等。肠道微生物代谢产物如酸、甲烷等可能在结直肠肿瘤中发挥有益作用。酸是肠道上皮细胞用以维持细胞稳定性和正常细胞表型的重要能量来源，可通过组蛋白超乙酰化抑制肿瘤生长和激活细胞凋亡。结直肠肿瘤高危人群肠道内短链脂肪酸和酸盐含量显著降低。

结直肠肿瘤人群与健康人群肠道微生物种群构成存在差异。结直肠癌及腺瘤性息肉病患者肠道内微生物多样性降低，优势菌群减少，但柔嫩梭菌和球形梭菌的多样性显著增加；同时，肠道拟杆菌门/普里沃菌属细菌较健康人群增多。另外，很大部分结肠癌和肠易激综合征患者体内都存在大肠埃希氏菌突变株，可引发小鼠体内形成肿瘤。这提示肠道微生物紊乱扰乱了肠道生态系统，使病原体能够入侵肠道，损害宿主细胞，从而提高患结肠癌的风险。

通过分子生物学方法检测肠道微生物分布可以对结直肠肿瘤的发生风险程度进行早期预警。因此，通过大样本的人群流行病学研究，有可能找到结直肠肿瘤人群的肠道微生物构成和代谢特征，为结直肠肿瘤的早期发现及预防带来全新的思路和方法。随着肠道菌群与结直肠癌的研究进展，将逐步揭示结直肠癌的发病机制，并为指导临床治疗及预防工作提供理论依据。除了肠道菌群对结直肠癌有很大影响外，科学家最近还发现肠道菌群的不同还可以改变检查点抑制剂对肿瘤的治疗效果。

2. 肠道微生物影响抗癌疗效

研究表明，肿瘤的生长速度取决于肠道微生物组的种类，其中类杆菌属和伯克氏菌属中的某些细菌影响微生物组的抗癌效果，双歧杆菌则可提高抑制剂对抗肿瘤的功效。这些发现提供了一种可能性，即利用益生菌来加强患者的抗肿瘤反应。但美国和欧洲的监管机构尚无批准利用益生菌治疗癌症病人的先例。此外，尽管肠道细菌对于免疫系统的发育非常关键（图 7-26），但微生物加强免疫反应的机制并不清楚，在发育成熟的动物中这些细菌功能的变化还不能确定。就目前而言，科学家们也只是了解如何对微生物组进行粗略调节，到底能否有目的地操纵微生物种群构成，从而为健康创造积极的影响，这一点尚不清楚。但无论如何，这些研究表明在对抗癌症的斗争中，益生菌的摄入打开了癌症治疗的新大门，也许未来人们可以通过饲喂特定的菌株达到提高癌症治疗效果的目的。

3. 肠道微生物与其他肿瘤

目前的肠道微生物与肿瘤的相关研究主要集中在肠道微生物与结直肠癌以及肠道菌群如何影响肿瘤免疫治疗这两大方向上，但肠道菌群还影响着其他类型的肿瘤。例如，女性绝经后肠道菌群多样性高的个体不易患乳腺癌，这可能是由于构成肠道微生物组的肠道细菌会影响女性机体雌激素的功能，也会决定雌激素产生后是存留在机体内还是会随着尿液和粪便排出体外。一般而言，机体肠道菌群多样性较高的女性，其机体中的雌激素的代谢产物存留的水平往往较高，患乳腺癌的风险会降低。

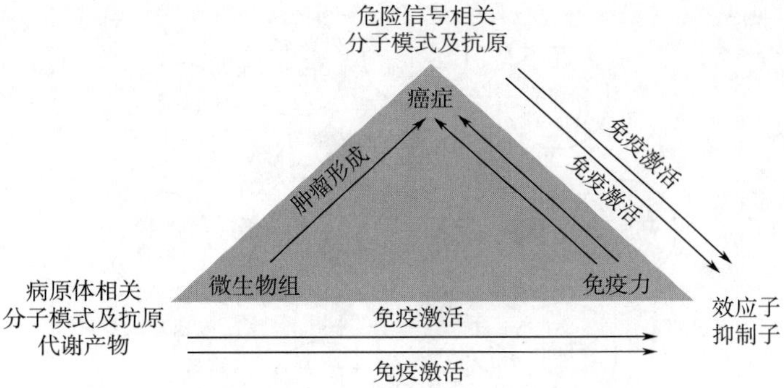

图 7-26 微生物对肿瘤形成和其免疫的影响

二、肠道微生物与心血管系统疾病

心血管系统疾病（CVD）是一类涉及心脏或血管相关疾病的总称。心血管疾病主要包括与血管相关的疾病，如冠状动脉疾病、脑血管疾病以及其他与心脏相关的疾病。冠状动脉疾病，又称缺血性心脏病，是最常说的心脏病，包括一系列心脏相关疾病，如心绞痛、心肌梗死和心脏性猝死。脑血管疾病是一类与脑部血液循环相关的血管疾病，通常由于脑部供血不足导致。最常见的脑血管疾病就是缺血性脑卒中（中风）和出血性脑卒中（脑出血），这些都可能引起血管性痴呆症。其他常见的心脏相关疾病包括先天性心脏病、风湿性心脏病、心肌病、心律失常和心力衰竭等，其他常见的血管相关疾病还有肺血管病、动脉血管瘤及外周动脉疾病等。

在中国，最常见的心血管疾病是脑卒中、冠心病、心律失常、心力衰竭、肺血管病、心血管外科、慢性肾脏病和外周血管病。《中国心血管病报告 2021》显示，我国心血管病的发病率与致死率仍高居榜首。2019 年农村、城市心血管病分别占死因的 46.74%和 44.26%，每 5 例死亡中就有 2 例死于心血管病。推算心血管病现患病人数 3.3 亿，其中脑卒中 1300 万、冠心病 1139 万、心衰 890 万、肺源性心脏病 500 万、房颤 487 万、风湿性心脏病 250 万、先天性心脏病 200 万、下肢动脉疾病 4530 万、高血压 2.45 亿，心血管病防控形势仍然严峻，是重大的公共卫生问题。

引发心血管疾病的危险因素有高血压、血脂异常、动脉粥样硬化、糖尿病、代谢综合征、不合理饮食、超重/肥胖、吸烟、缺乏运动和空气污染等（图 7-27）。

肠道是与人体细胞密切相关的外界环境因素之一，肠道中的大量微生物也是人体所接触的最大的环境微生物群体。人体每天摄取大量的食物，这对肠道微生物的组成与代谢会产生非常重要的影响。寄居在肠道的微生物需要从人体获取能量来源，因而菌群组成和代谢方式受到饮食较多的影响。同时，肠道微生物通过代谢不断地产生大量小分子物质，虽然这些物质大部分留在肠道，但有一些却被人体吸收并进入循环。虽然较早意识到了肠道微生物对人体健康有重要的影响，但关于肠道微生物以及它们

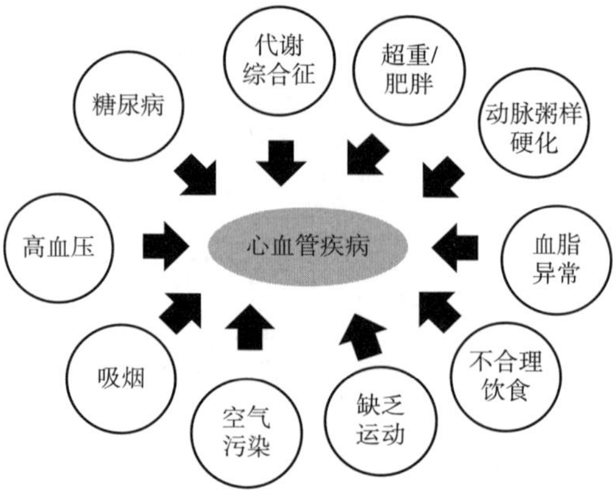

图 7-27 心血管疾病危险因素

与疾病之间的关系的认识却依赖于最近十几年的科技进步。肠道微生物能够代谢一些人体所不能消化的糖类和盐，从而影响人体的能量摄取、葡萄糖和脂质代谢。这些代谢物有的对人体健康有益，也有一些不利于人体健康。肠道微生物同时还影响系统性炎症的发生，而这些炎症过程与人体的健康息息相关。实际上，一些心血管疾病的危险征兆，例如肥胖、2 型糖尿病、血脂异常，被研究证实与肠道微生物种群有着重要联系。此外，有人提出肠道微生物也可能通过其他方式影响着心血管疾病的发展过程。

关于肠道菌群与心血管疾病关系的研究经历了几个阶段。早期主要发现了肠道微生物能够引起炎症，从而影响疾病的发生。后来则更多关注肠道菌群的多样性与稳定性，认为肠道菌群失调会改变肠道的吸收功能，增加血液中的脂多糖，最终引发系统性炎症。而最近的研究则倾向于将肠道微生物种群看作一个代谢器官，其产生的许多代谢物质直接影响人体健康。肠道微生物通过以下几个方面影响心血管健康。

1. 肠道微生物与机体炎症反应

微生物种群能够刺激固有免疫系统，从而引发炎症反应并促进心血管疾病的发生。细菌表面的脂多糖（细菌内毒素）与心血管疾病发生相关。同时，内毒素的水平与代谢紊乱的发生也存在正相关。流行病学调查的研究也认为感染会促进心血管疾病的发生。最近的研究还发现，有几个微生物类群共同存在于粪便和动脉粥样硬化斑块，这暗示这些相关菌群很可能来源于肠道微生物。冠状动脉疾病的发生可能与人类病原体有关，例如巨细胞病毒、幽门螺旋杆菌和肺炎衣原体。微生物也可能参与动脉粥样硬化的发生和发展。

2. 肠道微生物与高血压发生

肠道微生物也可能参与高血压的发生过程。骨髓、免疫系统和肠道微生物种群可能通过相互影响来调节血压，而免疫系统和肠道菌群的失调可能与高血压相关。作用于肠道的交感神经通过交感神经活性物质（SNA）使肠道透性增加，引起肠道炎症发生以及肠道失调，导致微生物来源的代谢物失去平衡。而作用于骨髓的交感神经通过增强骨髓细胞活性，促进髓系前体细胞分化以及其他促炎症因子的产生和释放，导致造血细胞产生减少。髓系细胞可以通过分化成脑部巨噬细胞和神经小胶质细胞来增加外周炎症和神经炎症的发生；血管生产细胞的减少则会减弱血管的修复能力，造成高血压。

3. 肠道微生物与代谢性疾病

胰岛素抗性和代谢综合征是 2 型糖尿病和缺血性心血管疾病的危险因子。通过肠道微生物移植可以实现胰岛素抗性的转移。肠道菌群对胰岛素抗性的这种影响可能是通过微生物产生的代谢物来实现的。例如，血清中的支链氨基酸（BCAA）、低碳甘油三酯和特定的膜磷脂，被认为与胰岛素抗性及代谢和心血管疾病相关。因此，由于肠道菌群生态失调引起的血清代谢组变化可促进糖尿病的发生。微生物功能与胰岛素抗性之间的正相关主要由少数几种微生物驱动，尤其是粪便普雷沃氏菌（*Prevotella copri*）和普通拟杆菌（*Bacteroides vulgatus*）。其中，普氏菌会导致血清中 BCAA 循环水平升高和葡萄糖耐受不良加重。

4. 肠道微生物与血栓形成

肠道微生物还可能与血栓形成相关。动脉粥样硬化血栓相关的心血管疾病，如心肌梗死和脑卒中，在许多国家是导致死亡的主要因素。动脉粥样硬化损伤的发展涉及多个过程，包括血小板的激活和聚集，以及动脉内血栓的形成。细菌与血小板相互作用导致血小板激活造成凝血，从而引发血栓形成。体内很低浓度的细菌即可引起血小板激活，导致严重的血栓症。幽门螺旋杆菌在能够直接作用于动脉粥样硬化斑块，还可以促发急性期反应，激活肿瘤坏死因子、IL-6 和纤维蛋白原，而它们都是促炎症细胞因子。

5. 肠道微生物促进心血管疾病发生的机制

最近几年，随着氧化三甲胺（TMAO）及其在动脉粥样硬化和代谢相关疾病发生过程中致病机制的发现，有关食物营养、肠道微生物以及心血管疾病发生的相互作用关系得到越来越多的关注。胆碱、甜菜碱（三甲铵乙内酯）和氧化三甲胺，这三个与磷脂酰胆碱代谢相关的代谢物水平与心血管疾病风险紧密相关（图 7-28）。胆碱来源于食物中的磷脂酰胆碱，甜菜碱是胆碱的直接氧化产物，氧化三甲胺是三甲胺的代谢产物。人体中三甲胺被认为是细菌对胆碱代谢的中间产物，三甲胺继续由肝脏的黄素单加氧酶 3（FMO3）氧化产生氧化三甲胺。氧化三甲胺影响心血管疾病发生的机制涉及血小板激活、胆固醇外流、尿毒症毒性以及葡萄糖代谢。

血清中的氧化三甲胺水平与血栓发生风险具有相关性。生理浓度的氧化三甲胺可增加血小板激活。正常情况下，血小板胞内维持低水平的钙离子，但高水平的氧化三甲胺会导致钙离子外流，促使血小板在没有刺激的条件下被多种激动剂激活。因此，微生物产生的氧化三甲胺促使血小板反应，促进血栓形成。食物胆碱和肠道微生物与氧化三甲胺的产生会使巨噬细胞中胆固醇积累并形成泡沫细胞，使清道夫受体表达上升，这与动脉粥样硬化发生有关。对具有动脉粥样硬化发生倾向的个体进行肠道微生物种群的抑制，可以明显地抑制食源性胆碱所引起的动脉粥样硬化。因此，血清氧化

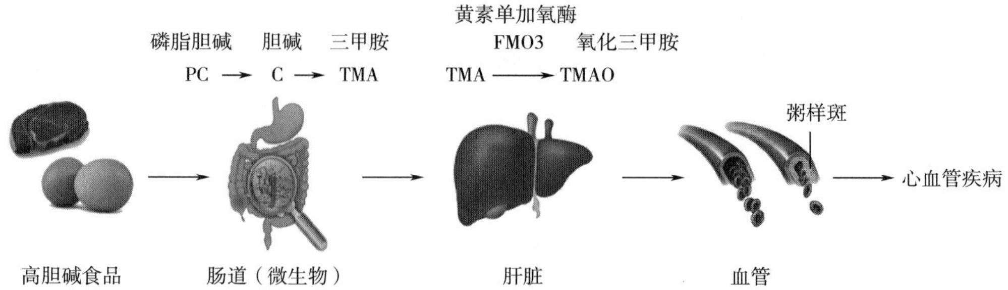

图 7-28 肠道微生物参与高胆碱食品对心血管疾病的致病

三甲胺水平也许可以作为动脉粥样硬化发生风险的预测指标。

血液循环中氧化三甲胺的水平变化可以归因于：食物前体的组成、肠道微生物种群代谢产生三甲胺的能力以及 FMO3 转化三甲胺得到氧化三甲胺的水平。

氧化三甲胺水平的变化主要受食物和肠道微生物种群的影响。不同个体，即便对给予等量的氧化三甲胺前体，其氧化三甲胺的产生水平也不同。在素食者体内，氧化三甲胺的产生明显较肉食者和杂食者低；同样为杂食者，饮食方式相对健康者体内氧化三甲胺水平更低。有趣的是，长期的饮食方式可能通过选择肠道菌群来影响氧化三甲胺的产生。例如，在给予 L-肉碱刺激时，氧化三甲胺只在杂食者体内产生，而在素食者体内没有检测到，这也许是因为后者缺乏相应的肠道微生物。除了与氧化三甲胺前体相关的微生物代谢通路之外，食物中不是氧化三甲胺直接前体的成分也可能通过影响肠道菌群影响其代谢产生。例如，红酒中的白藜芦醇和大蒜中的蒜素可以降低氧化三甲胺的产生；鱼油可以减轻氧化三甲胺对高脂饮食小鼠中葡萄糖耐受的影响。此外，多酚类物质，如异黄酮和木酚素，在小肠中不能被直接吸收，而是通过微生物继续进行代谢。因此，富含这类物质的食物通过肠道微生物的代谢，为心血管疾病和糖尿病带来益处。另外，化合物 3,3-二甲基丁醇可以抑制三甲胺的产生。这种化合物一般在葡萄籽油、香醋和冷加工初榨橄榄油中有较高的含量。它并不杀死肠道细菌，只降低与高水平三甲胺、氧化三甲胺和动脉硬化有关的特定细菌在肠道菌中所占的比例。地中海式饮食近年来特别受人青睐，被认为能预防心血管疾病。这种饮食以鱼类、豆类、蔬菜、水果、坚果、橄榄油为主，搭配适量红酒，通过富含 3,3-二甲基丁醇的红酒和橄榄油，改变肠道菌的活性来发挥健康效应。

三甲胺的产生很好地说明了肠道菌群代谢通过对宿主食物的利用参与对健康状况的调节。肠道微生物只有在食物中含有三甲基的情况下才能产生三甲胺，而素食者体内即便短暂地额外提供前体物质，产生的三甲胺也很少。说明素食者体内有着不同的肠道微生物种群组成，而它们也会进化以适应宿主肠道的营养元素。减肥可以降低心血管疾病的发生，但进行了减肥手术的人体内氧化三甲胺的水平可能会升高，说明他们的肠道微环境更利于产生氧化三甲胺。因此有必要进一步了解氧化三甲胺在怎样的条件下促进心血管疾病，以及这种影响是直接的还是间接的。此外，在真核生物中，氧化三甲胺的受体还有待发现。敲除 FMO3 可阻止高血糖、高血脂和动脉粥样硬化的发生。FMO3 似乎是肝脏胆固醇代谢的中心调控因子，靶向 FMO3 及降低氧化三甲胺的水平可能是治疗动脉粥样硬化相关疾病的策略。

心血管疾病是工业化社会人类死亡的头号杀手，并且有着逐渐升高的发病率。目前，心血管疾病的治疗主要通过强效降脂药，实际上，即便是使用强效他汀类降脂药，仍然有 50%的风险存在，而其他治疗途径还未能实现。因此发现心血管疾病治病机理并提高预防和治疗水平的研究还存在很大空间，而通过调节肠道菌群来进行相关疾病的治疗也许是一种可行的策略。

三、肠道微生物与神经系统疾病

早在 20 多年前，人们就发现口服抗生素能改善肝性脑病。近年来，肠道微生物被发现在胃肠道与中枢神经系统双向调节中发挥了重要作用，尤其是与中枢神经的功能发育、疾病发生等密切相关。例如，肠道微生物的种类和丰度能影响焦虑症和抑郁症；许多肠胃疾病和神经系统疾病都与肠道微生物有一定的关系；肠道微生物除了影响中枢神经系统的病理状态之外，对其正常发育和生理状态下的功能维持也同样起着重要的作用。这为神经系统疾病的研究开启了一扇全新的大门。

传统知识体系中，胃肠道与中枢神经系统通过一个神经-内分泌-免疫网络联系起来并在不同层次上进行双向调节，该网络被称为脑-肠轴。而随着研究揭示肠道微生物可通过神经、内分泌、免疫和代谢的途径参与胃肠道和中枢神经系统的相互调节，脑-肠轴的概念也被扩展为脑-肠-菌群轴。肠道菌群、中枢神经系统和胃肠道之间通过脑-肠-菌群轴互相调节和影响，其中任一环节的异常都可能引起整个网络的稳态平衡被破坏，导致相关疾病的发生。

1. 肠道微生物与脑-肠轴的相互作用

肠道微生物与脑-肠轴相互作用形成了脑-肠-菌群轴的复杂调控体系，它们不仅分别对胃肠道具有调节作用，两者之间也存在着广泛的相互调控（图 7-29）。中枢神经系统可以通过改变胃肠道运动性、肠黏膜通透性以及局部免疫活性等方式间接影响肠道菌群的丰度和分布。而肠道微生物则能通过产生代谢产物，分泌神经递质，影响肠上皮细胞分泌细胞因子以及改变局部免疫活性等途径直接或间接影响大脑的发育和功能。

（1）大脑对肠道微生物的影响　大脑的多项功能都会对肠道菌群的状态产生影响。中枢神经系统可以通过影响食欲，改变饮食模式和营养吸收改变肠道菌群的组成。此外，宿主的情绪也可以影响肠道菌群的状态，动物研究发现精神应激和抑郁、焦虑都会改变肠道菌群的种类和数量，而长期处在压力下会导致小鼠肠道厌氧菌增多和肠道菌群多样性降低。这些影响主要是通过脑-肠轴的神经、内分泌、免疫各途径来实现的。

精神应激会激活中枢神经系统相关部位的神经活动，并将信号通过自主神经系统或者下丘脑-垂体-肾上腺轴（HPA 轴）下传到胃肠道。自主神经系统的交感神经和迷

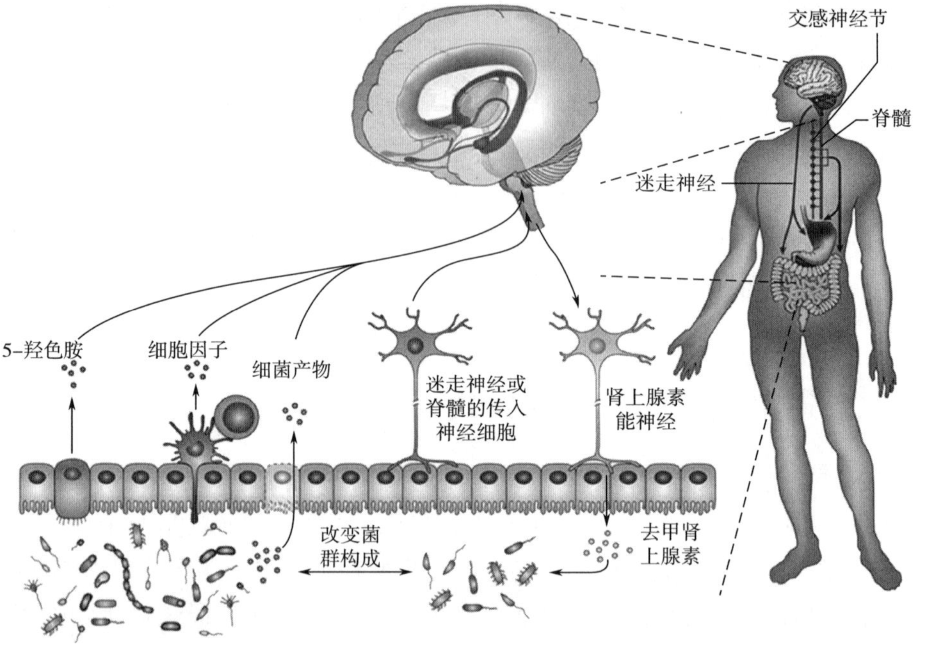

图 7-29　脑-肠-菌群轴各组分间的相互调控

走神经会调控胃肠道的运动从而引起肠道菌群的易位。而下丘脑-垂体-肾上腺轴的活化会激活肠黏膜免疫系统，通过破坏肠黏膜屏障，使肠黏膜通透性增加，导致肠道菌群构成及功能的变化。这其中主要的效应细胞是肠道的肥大细胞，肥大细胞被激活后能降低肠黏膜上皮紧密连接蛋白的表达量从而破坏肠黏膜屏障，导致局部免疫活化和炎症。研究发现，自闭症患者血液中细菌脂多糖浓度升高，就是肠黏膜通透性增加导致的。此外，通过改变肠黏膜细胞的模式识别受体，调节免疫系统对不同微生物的免疫耐受和清除，也能造成肠道菌群结构和状态的改变。

（2）肠道微生物对大脑的影响　近年来，随着对无菌动物研究的不断深入，人们发现肠道微生物不仅调控胃肠道活动以及对食物的选择，也同时影响大脑的发育和功能。例如，缺乏肠道菌群的动物，其神经系统在结构和功能上都无法发育成熟。无菌环境下孕育生长的小鼠其血脑屏障是渗漏的，大脑中的小胶质细胞（巨噬细胞的一种）也呈萎缩、不成熟状态，而且内脏神经元密度降低，神经节数量减少，肠肌层氮能神经元比例增加。但这些症状都能通过定植正常肠道菌群来消除，因此正常肠道菌群对神经系统发育十分必要。发育成熟的大脑其功能也受到肠道菌群的调节，应激反应、焦虑、抑郁、认知功能等中枢神经系统活动以及相关中枢神经系统疾病的发病都与肠道菌群的状态密切相关。有研究发现，无菌小鼠相比正常小鼠探索行为增加而焦虑行为减少，同时存在记忆障碍。而对于因慢性应激导致的小鼠抑郁、自闭等症状也能通过补充益生菌进行缓解。

肠道微生物对大脑的影响也主要通过脑-肠轴来间接实现，但除了脑-肠轴的神经途径、内分泌途经、免疫途径外，肠道菌群还能通过一条特殊的代谢途径对大脑的发育和功能进行直接调控。

肠道菌群的部分小分子代谢产物具有神经活性，它们能自由穿透生物膜，并通过血液循环到达大脑直接对中枢神经系统进行调控。这其中最主要的代谢产物是短链脂肪酸，包括乙酸、丙酸、丁酸等，它们一方面可调节肠道菌群结构，维持体液和电解质的平衡，为宿主提供能量，另一方面能靶向不同细胞影响宿主神经系统。肠上皮细胞和肠内分泌细胞表面有短链脂肪酸的受体，与短链脂肪酸结合后能促进5-羟色胺的分泌，而5-羟色胺水平的升高能防治抑郁和焦虑。短链脂肪酸经血液循环到达大脑后能辅助小胶质细胞成熟和应对炎症反应，并增强血脑屏障的结构和功能，保证大脑的正常发育。

迷走神经是肠道菌群对大脑影响的重要方式之一。迷走神经有调节氨基丁酸、c-Fos蛋白质、5-羟色胺等神经递质及其受体表达的能力，并能够将肠道菌群释放的神经信号物质（儿茶酚胺类、5-羟色胺、褪黑激素、乙酰胆碱等）传递入脑，实现对大脑功能的调控。益生菌改善抑郁、焦虑等行为的作用多由迷走神经介导，而肠道病原菌感染导致小鼠的焦虑行为也是通过迷走神经激活中枢神经系统所引起的。

肠道黏膜上弥散分布着数量可观的内分泌细胞，肠道微生物能通过调节这些细胞分泌的激素种类和水平，影响下丘脑-垂体-肾上腺轴的活性，经内分泌途径影响大脑功能及宿主行为，或者调节肠内分泌细胞释放的脑肠肽刺激感觉神经元末梢，产生神经冲动并传入大脑。

肠道菌群也可通过调节免疫系统活性，改变血液中促炎性细胞因子和抗炎性细胞因子的水平，来影响中枢神经系统的内环境稳态，从而影响大脑功能和生理行为，例如，影响大脑导致抑郁。此外，由于肠道上皮损伤等多种因素导致的肠漏（肠道通透性增加，肠壁屏障功能被破坏）会使得肠道微生物直接激活免疫细胞引起肠道炎症，进而通过脑-肠轴影响中枢神经系统功能，而肠道菌群代谢产生的毒性物质会进入血液引起全身性的免疫反应，甚至可能导致中枢神经系统的炎症，对大脑各项功能产生一系列严重的影响。肠漏也被认为是肠道微生物导致各种疾病发生的重要原因之一。

2. 脑-肠-菌群轴与胃肠道疾病的关系

调节肠道功能的中枢神经系统主要部位是大脑边缘系统，其在情绪调节及情感处理方面也起着关键作用，此外还参与内脏疼痛等方面的调节。因此胃肠道功能与应激和精神心理状态通过脑-肠轴联系起来，近年来，心理因素通过脑-肠轴影响胃肠功能在胃肠疾病发生与发展中的作用也越来越受到重视。2002年世界胃肠病学大会制定了胃肠疾病分类新体系，提出了“心因性动力病”这一全新概念，从神经胃肠病学角度将与身心疾病相关的情感综合征归入此范畴，包括抑郁、焦虑、疑心病和应激诱发疾病等。

常见胃肠疾病有炎症性肠病（IBD）和功能性胃肠病（FGID）两类，炎症性肠病则是一类特发的肠道慢性和复发性炎症疾病，主要包括溃疡性结肠炎（UC）和克罗恩氏病（CD）两种；功能性胃肠病则是具有腹痛、腹胀、腹泻及便秘等消化系统症状，但缺乏器质性病变或其他证据的一组疾病，最具代表性的就是肠易激综合征（IBS）。这些疾病的病因和发病机制尚未明确，传统治疗对部分患者效果不佳，而且患者存在抑郁症和焦虑症的风险因素更高。随着研究的深入，脑-肠轴失调在炎症性肠病和功能性胃肠病的发生、发展中的作用逐渐被揭示，目前已公认脑-肠轴双向通路功能障碍是导致炎症性肠病和功能性胃肠病发生的重要病理生理机制，而维持脑-肠轴的平衡有望成为胃肠疾病治疗的新靶点。

（1）脑-肠-菌群轴在炎症性肠病发病中的作用　脑-肠轴与炎症性肠病相互作用的具体机制目前还不明确，有的结果甚至互相矛盾，还有待进一步研究。交感神经系统被发现在炎症性肠病发病中兼有促炎和抗炎的作用，在CD患者中发现肠黏膜及黏膜下层交感神经纤维消失，并伴有去甲肾上腺素和儿茶酚胺等交感神经递质分泌减少；而在UC患者结肠黏膜中发现交感神经纤维增加，交感神经活性增强，降低交感神经活性后可改善患者病情，说明两种疾病的交感神经支配存在区别。迷走神经可以通过将肠道炎症信号传入中枢神经系统，再将中枢神经系统发出的激活信号传到与其相连的肠神经系统神经元，增加乙酰胆碱及其他神经递质的释放，从而抑制炎症因子的表达，控制肠道炎症，恢复肠道稳态。

而多巴胺和5-羟色胺等影响中枢神经系统功能调控的神经递质被发现也直接参与调控胃肠运动、分泌和感觉功能，从而解释了为何炎症性肠病的发病与抑郁、焦虑症总是共存并互相影响的。临床研究发现炎症性肠病患者的疼痛、疲劳等症状会被患者的心理健康状况所影响，抑郁和压力等精神因素会触发或放大相关症状。母婴过早分离造成的早期生活应激会引起长期的HPA轴对应激过度反应，继而引起肠道菌群改变及肠上皮屏障功能失调，使肠道菌群渗透、黏膜肥大细胞及肠道细胞因子表达增加，促进了炎症反应。

炎症性肠病患者存在着肠道菌群失衡，而且在疾病的不同时期其组成也有所不同。肠道菌群在中枢神经系统影响炎症性肠病发病中也可能扮演着重要角色。一方面应激反应引起肠黏膜结构改变导致肠道菌群的分布和种类改变，另一方面中枢神经系统能通过调节食欲控制肠道微生物的营养摄入，继而影响菌群的种类和分布。肠道菌群的改变既能通过影响胃肠道局部炎症和免疫情况直接影响炎症性肠病症状，也能通过神经-体液途径反向作用于中枢神经系统从而间接影响到肠道炎症。但是正因为肠道微生物与炎症性肠病的作用存在交互性，目前仍无法阐明肠道菌群的改变是疾病发生的原因还是疾病发展的结果。

（2）脑-肠-菌群轴在功能性肠病发病中的作用　以肠易激综合征为代表的功能性胃肠病发病的具体机制同样尚未明确，可能与肠道动力异常、内脏敏感性改变、上皮通透性变化、黏膜免疫紊乱、脑肠肽分泌异常、肠道菌群失调以及应激和精神心理状态等因素有关。脑-肠轴涉及的神经-内分泌网络也参与到内脏敏感和情绪处理等高级脑功能的调节中，其与肠易激综合征发病机制的相关研究也成为当前的热点之一。

肠易激综合征患者存在中枢神经系统结构和功能的变化，采用正电子发射计算机断层显像（PET-CT）、功能性磁共振等检查方法发现在同时调节肠道功能和情绪情感的大脑边缘系统区域有皮质厚度和体积的改变，并发生异常激活。但目前还不能明确这些变化是肠易激综合征的诱发因素，还是由肠易激综合征导致持续内脏信号刺激引起的。自主神经系统作为连接胃肠道和中枢神经系统的直接通路，通过交感神经和副交感神经参与调节了胃肠道运动、分泌以及内脏感觉等功能，其功能紊乱也是诱发肠易激综合征以及加重其症状的重要机制。因为迷走神经激活会增强胃肠道的蠕动，而交感神经激活会降低胃肠活力，因此迷走-交感神经失衡会导致不同亚型的肠易激综合征（便秘型肠易激综合征或腹泻型肠易激综合征）。而且由于自主神经系统调节方式和功能的广泛性，这种失衡也会通过神经免疫作用破坏肠道内环境的稳态，加重肠易激综合征的腹痛症状并引起肠外表现，如焦虑、抑郁、慢性疲劳、纤维肌痛等。导致自主神经系统功能失调的因素很多，例如，长期过度的精神紧张、劳累等均可使迷走神经反射性亢进，而肠易激综合征的长期发展也会加剧自主神经系统（ANS）的失调，并影响情绪、认知和内脏敏感。

下丘脑-垂体-肾上腺轴是神经内分泌系统对胃肠道调节的主要途径，其功能受到内脏敏感和压力应激的影响。在生理条件下肾上腺分泌的肾上腺糖皮质激素对下丘脑-垂体-肾上腺轴有负反馈抑制作用，但在慢性应激的情况下，下丘脑促肾上腺皮质激素释放激素分泌过多会导致下丘脑-垂体-肾上腺轴的负反馈机制失调，表现为下丘脑-垂体-肾上腺轴功能持续亢进。而下丘脑-垂体-肾上腺功能亢进会使得肾上腺糖皮质激素等相关激素过量表达，肠神经系统神经元兴奋，导致胃肠运动异常，肠黏膜坏死和肠道内环境稳态的破坏等一系列胃肠道损伤，最终引发肠易激综合征。应激引发的中枢促肾上腺皮质激素过表达除了通过下丘脑-垂体-肾上腺轴影响胃肠功能外，还能提高内脏敏感度并介导负面情绪，也从另一方面解释了为何肠易激综合征症状和焦虑症状以及内脏敏感度呈正相关，并为抗抑郁药应用于肠易激综合征的治疗提供了新的理论依据。

肠道菌群对肠易激综合征也有调节作用，应用抗生素和益生菌可以预防或减轻肠易激综合征的症状。虽然肠易激综合征不属于炎症性胃肠病，但肠道菌群一方面能通过其代谢产物影响肠道动力，另一方面能通过调节炎症和局部免疫影响神经递质和激素的释放，所以肠道菌群也能通过脑-肠-微生物群轴对肠易激综合征的发病进行间接的调节。

目前已公认胃肠疾病（无论是炎症性肠病还是功能性胃肠病）的发生是神经-内分泌-免疫-肠道菌群以及社会心理等多因素共同参与、相互作用的结果。研究脑-肠-微生物群轴机制有助于将人们对胃肠疾病的认识从胃肠局部提升到全身整体的角度，并开发更有效的治疗手段，在基础与临床研究中均具有积极意义。

3. 脑-肠-菌群轴与神经系统疾病的关系

脑-肠-菌群轴在神经系统正常发育和功能行使中起到重要的调控作用，而该调控体系功能的异常也将对大脑结构和功能造成损伤，并引发相关的神经系统疾病。随着对肠道菌群调控作用研究的深入，发现由饮食、环境或者药物等因素导致的肠道菌群失调可能是诱发宿主精神神经障碍的重要原因，目前已知的多种神经系统疾病的发生和发展也都与肠道微生态的改变相关。

（1）多发性硬化症　多发性硬化症（MS）为一种免疫介导的中枢神经系统慢性炎症性脱髓鞘脑病，其病因尚不明确，可能与遗传、环境因素、自身免疫及病毒感染等相关。多发性硬化症患者的肠道菌群和正常人相比与感染相关的细菌数目明显增多。一些与多发性硬化症发病相关的环境因素，包括饮食、维生素 D 缺乏、吸烟、酗酒等，也可能是通过改变肠道菌群结构从而影响多发性硬化症发生的。肠道菌群能够通过影响免疫系统的活性介导促炎和抗炎作用从而影响多发性硬化症的发病。肠道菌群的改变能介导 T 细胞向不同方向分化，从而产生促炎或抗炎作用。肠道共生菌脆弱拟杆菌表达的荚膜多糖 A 就能促进调节性 T 细胞的产生从而抑制炎症反应；而一些病原菌往往能介导 T 细胞分化成促炎性的 Th1 细胞和 Th17 细胞，导致炎性细胞因子和免疫细胞向中枢神经系统迁移，引起中枢神经系统的炎症和脱髓鞘。益生菌对多发性硬化症的干预作用也已得到证实，有益生菌或益生元能延缓多发性硬化症病程进展，改善预后；合理膳食和适度运动能有效维持肠道微生物群的生物多样性，也有利于延缓多发性硬化症的复发。

（2）阿尔茨海默病　阿尔茨海默病（AD）是一种起病隐匿的进行性发展的神经系统退行性疾病，患者多表现为进行性的认知功能障碍以及人格和行为改变。阿尔茨海默病的病因及发病机制尚未阐明，主要病理学特征为 β 淀粉样蛋白沉积脑内形成细胞外老年斑以及 Tau 蛋白过度磷酸化导致的大量神经纤维缠结并伴随神经元数量减少。多种慢性疾病都可能与阿尔茨海默病的高发病率具有相关性，它们能促进脑组织的变性改变，进而导致认知功能减退和痴呆的发生。

肠道菌群可能参与了阿尔茨海默病的发病，目前相关机制已被初步阐述。首先，正常肠道菌群能通过其代谢产物调节肠内分泌细胞分泌 5-羟色胺的水平，从而参与阿尔茨海默病相关神经递质的平衡。肠道菌群结构失衡导致 5-羟色胺水平降低，会减少大脑中 7-氨基丁酸、脑源性神经营养因子的表达，从而引起中枢神经系统功能失调，诱发阿尔茨海默病的发病。此外，肠道菌群紊乱也会导致肥胖和代谢综合征，使血液和脑组织中胰岛素水平过高而产生淀粉样蛋白并形成破坏性的沉积斑，进而导致阿尔茨海默病。同时人类肠道细菌被证实自身也能生成淀粉样蛋白，并能通过免疫途径参与神经退行性病变的过程。

通过补充益生菌或其他方式调节肠道微生态的失衡也有利于阿尔茨海默病的预防和症状缓解。研究发现双歧杆菌、乳酸菌作为调节肠道微生态的益生菌能通过代谢产物增加脑内 7-氨基丁酸、脑源性神经营养因子的水平，减少促炎因子表达，发挥神经元保护作用，从而有效改善阿尔茨海默病患者的消化道和神经症状。

（3）帕金森病　帕金森病（PD）是仅次于阿尔茨海默病的第二大神经退行性疾病，多见于老年人。其主要病理学特征是中脑黑质致密部多巴胺能神经元的变性死亡，临床表现除运动症状（震颤、行动迟缓）外，还存在抑郁、便秘等非运动症状，它们对患者生活质量的影响甚至超过运动症状。便秘是帕金森病最常见的胃肠道功能紊乱症状，发生率高达70%~80%，而且往往早于运动症状的出现，说明帕金森病可能开始于肠道。而病理学研究发现帕金森病的另一个病理特征，肠神经系统和自主神经系统神经元中突触核蛋白的错误折叠和聚集，也要早于运动症状的出现，调查发现迷走神经切断后的患者帕金森病发生的风险降低了一半，说明帕金森病是通过自主神经系统的迷走神经扩散到大脑的。这也解释了为何帕金森病患者存在自主神经功能障碍的非运动症状。

虽然胃肠道通过脑-肠轴影响了帕金森病的发病，但肠道菌群参与帕金森病发病的具体机制还不清楚。早期倾向于认为肠道菌群的改变是帕金森病病理特征的脑外表现，但后来越来越多的证据证实肠道菌群的改变要早于帕金森病的发病，说明肠道菌群紊乱是帕金森病发病潜在的危险因素。肠道菌群的变化可引起肠道的炎症反应，从而可能触发α-突触核蛋白的错误折叠，诱发帕金森病的发病。有帕金森病患者服用根除幽门螺杆菌的抗生素后，症状得到改善，说明肠道菌群不仅参与帕金森病发病，而且与疾病的症状表现也有关。这种关系自然是通过脑-肠-菌群轴来介导的，但具体机制还有待进一步研究。

（4）慢性疲劳综合征　慢性疲劳综合征（CFS）是指长期的不明原因的疲劳感觉或身体不适，并伴有头痛、肌肉关节痛、记忆力下降、注意力不集中等症状，导致日常生活活动都难以进行的疾病。慢性疲劳综合征属于亚健康的主要表现形式，随着社会竞争的日趋激烈，生活节奏的加快以及工作压力的增大，也逐渐成为影响人类健康的一个重要问题。慢性疲劳综合征的发病机制非常复杂，目前认为病毒感染、神经内分泌紊乱、免疫功能失调、氧化应激、遗传因素和心理因素等都可引起发病。

肠道菌群的改变也可能在慢性疲劳综合征的发病机制上起作用。慢性疲劳综合征患者胃肠道功能失调，黏膜免疫异常，血液中促炎细胞因子水平升高，伴随着肠道内大肠埃希氏菌和双歧杆菌数量显著降低，肠球菌和链球菌数量升高，并且小肠细菌过度生长。这种肠道菌群紊乱会刺激肠免疫系统，促进炎症的发生，并通过脑-肠轴引起神经系统的慢性炎症，影响中枢神经系统的各项功能，从而诱发慢性疲劳综合征。通过给慢性疲劳综合征患者补充益生菌或相关制剂，恢复患者肠道内的微生态失衡，控制肠免疫活性，减轻患者的压力和疲惫症状以及焦虑抑郁状态。此外，用于抑制肠免疫细胞对病原微生物识别和反应活性的免疫调节剂也对慢性疲劳综合征有治疗效果。

（5）肝性脑病　肝脏是脑-肠轴内分泌和免疫途径的重要枢纽，流经肠道的血液会通过门静脉进入肝脏，再随体液循环到达大脑。肝脏病变（如肝硬化）导致的功能异常一方面会通过血液循环直接影响中枢神经系统，另一方面也能通过影响胃肠道的功能间接影响中枢神经系统的功能。肝性脑病（HE）就是以各种严重肝脏疾病所致的代谢和功能紊乱为基础的中枢神经系统功能失调综合征，临床表现为意识障碍、行为异常、昏迷以及血氨升高等症状。

肝性脑病的发病机制非常复杂，迄今为止尚未完全阐明，其中研究最充分的就是氨中毒理论（图 7-30）。氨中毒是诱发肝性脑病的一个重要因素，高氨血症是导致肝性脑病的关键原因之一，降氨也是治疗肝性脑病的有效手段。氨对神经系统具有严重的毒害作用，一方面氨会影响肌酸的代谢和转运，进而影响大脑的能量供应以及大脑功能，另一方面也可以通过其代谢产物谷氨酰胺改变血脑屏障对某些氨基酸的通透性，使一些与神经递质结构类似的氨基酸在脑部富集，进而影响大脑神经递质-受体的正常结合作用并最终导致中枢神经系统功能紊乱。而胃肠道微生物代谢正是血液中氨的最主要来源，部分胃肠道细菌（如定植于胃黏膜的幽门螺杆菌）能分泌尿素酶将消化道黏膜上的尿素分解从而产生氨，此外，这些肠道细菌还能通过产生一些毒性物质（如酚类、硫醇等）来进一步增加血液中的氨浓度。所以肠道菌群的紊乱有可能通过提升血氨浓度来导致肝性脑病的发生。HE 患者的胃肠道中存在大量致病性的大肠埃希氏菌、葡萄球菌、链球菌及罗氏菌，而毛螺菌等有益菌群则显著减少。另外，幽门螺杆菌很可能是肝性脑病的诱因。

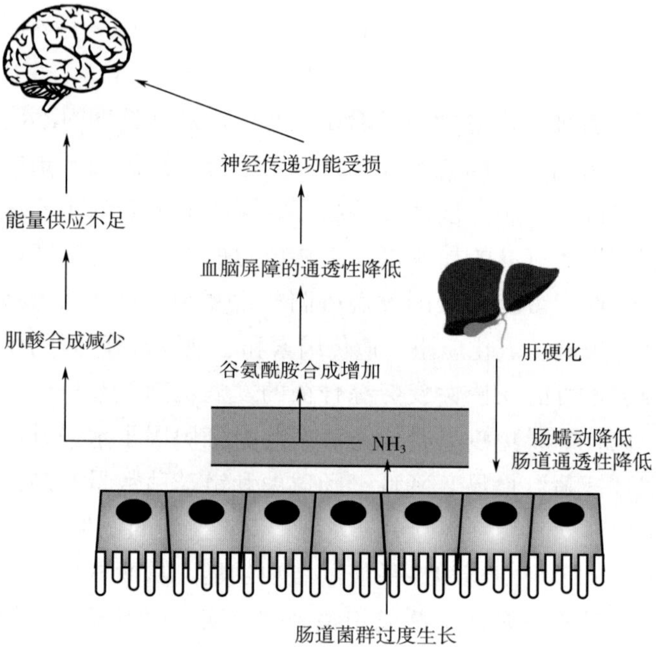

图 7-30 脑-肠-菌群轴对肝性脑病的影响机制

肝脏疾病可通过影响胃肠道动力和黏膜屏障功能来改变肠道菌群的结构和状态。肝硬化会降低胃肠道蠕动，增加肠黏膜通透性，使肠道内的菌群（尤其是产氨细菌）过度生长并发生转移，于是细菌以及氨等有毒代谢物质进入血液。由于肝脏清除能力下降，这些细菌产物进入体循环和中枢神经系统，导致系统性的炎症反应和中枢神经系统功能紊乱，从而引发肝性脑病。因此，尝试使用抗生素抑制肠道有害菌群过度生长以及直接补充益生菌或益生元调节肠道微生态平衡，有可能预防和治疗肝性脑病。

(6) 孤独症 孤独症也称自闭症，是起病于婴幼儿时期的一种严重的广泛性发育障碍，主要症状有社交障碍、语言障碍、刻板行为等。近年来欧美学者倾向于将其归到孤独症谱系障碍（ASDs）中，除孤独症外，还包括不典型孤独症、阿斯伯格综合征、雷特综合征、儿童瓦解性精神障碍和其他未分类的广泛性发育障碍等。孤独症的病因至今尚不清楚，一般认为是由遗传、自然和社会环境等多因素共同导致的。

许多孤独症患儿会出现胃肠道症状，包括腹泻、便秘、腹胀和腹痛等。他们肠道内的拟杆菌属和放线菌属含量显著高于正常者，而普氏菌属、粪球菌属和未分类的韦荣菌科含量却显著较低。但这些变化是发病的原因或是疾病的结果尚不能判定。一般认为，肠道菌群失调会促进孤独症的发病，同时孤独症的发展也会对肠道菌群的结构和状态产生影响，两者间的相互作用主要通过脑-肠轴来介导。

早期临床研究通过抗肠道梭菌治疗可使孤独症患儿症状显著改善，而近年来研究发现采用粪菌移植对孤独症的治疗要比抗生素更有效。给孤独症谱系障碍模型小鼠补充脆弱拟杆菌也发现不仅能使肠道菌群结构接近正常小鼠，还有助于孤独症症状的改善。

(7) 焦虑症和抑郁症 焦虑症是由即将发生的应激性事件引起的一种担忧反应，以恐惧、担心、紧张等精神症状为主要表现，同时多伴有心悸、多汗、手脚发冷等自主神经功能紊乱，是最常见的精神疾病之一。抑郁症是一种情感障碍性疾病，核心症状是情绪低落、兴趣和愉悦感缺乏以及意志力减弱，还包括有不适宜的负罪感、失眠、食欲不振甚至自杀倾向等症状。抑郁症是全球主要致残原因之一，其发病率也在逐年上升，预计到2030年将成为世界上最大的医疗疾病负担。焦虑症和抑郁症在遗传易感性以及神经病理上有很多相似之处，它们都倾向于由应激性生活事件引发，并存在神经递质和神经内分泌功能的紊乱，两者的共病率也高达60%。由于焦虑症和抑郁症的发病机制尚未阐明，而且缺乏明显的生理症状，导致很难对患者在早期进行确诊并及时治疗，使得精神症状慢性化，并发展到难以治疗的阶段。

焦虑症和抑郁症的发病机制都非常复杂，与其他精神疾病一样也受到多因素的共同作用。肠道微生物也可能对这两种精神疾病有着重要的作用。例如，活动期的重症抑郁症患者的肠道菌群与正常者有所不同。而肠道中特定的细菌丰度与焦虑水平也直接相关，例如，空肠弯曲杆菌的摄入会引起焦虑的表现。另外，较差的饮食质量将导致肠道菌群改变，可能会诱发和加剧抑郁症状，相反，提高饮食质量则能够避免或缓解抑郁症状。

关于胃肠道疾病的介绍中已经提到过胃肠道疾病和焦虑、抑郁等精神疾病可以通过脑-肠轴互相影响，肠道微生物一方面也能通过脑-肠轴影响焦虑和抑郁（图7-31）。例如，通过介导全身性的炎症反应来影响中枢神经系统调节情绪的功能区域。此外，肠道微生物也能通过代谢途径对焦虑和抑郁产生影响：首先，肠道菌群代谢产生的短链脂肪酸能调节体内5-羟色胺的水平，而5-羟色胺水平的降低是导致抑郁症的直接原因；此外肠道菌群能影响宿主的营养吸收和代谢，从而影响大脑营养和功能，间接影响到焦虑和抑郁。而补充益生菌可能是一种简单又有效的预防、治疗焦虑症和抑郁症的方法。

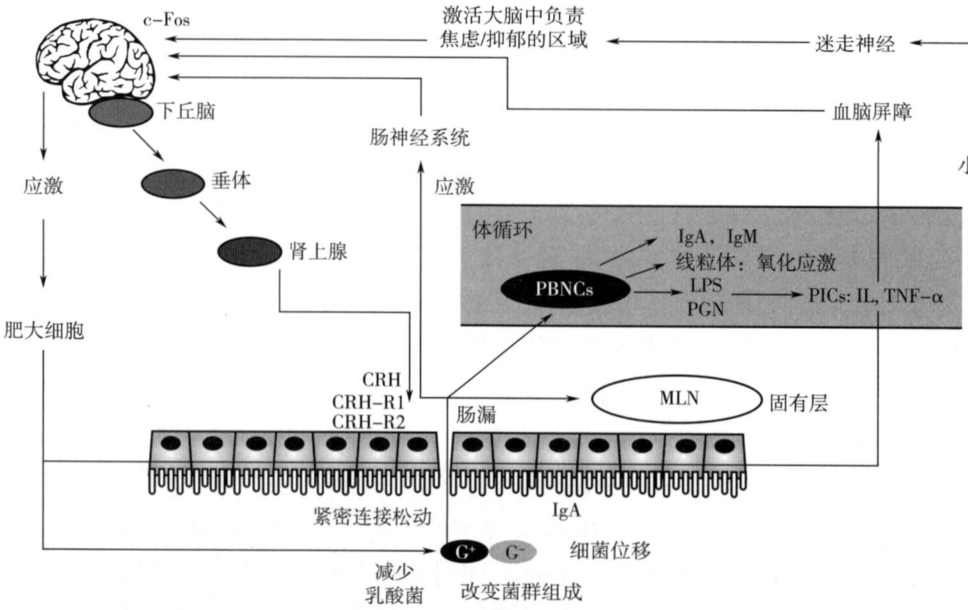

图 7-31　脑-肠-菌群轴对抑郁症的影响机制

（8）其他神经系统疾病　在脑卒中、精神分裂症、唐氏综合征、格林巴利综合征等精神系统疾病中也发现了肠道菌群紊乱及代谢产物异常的证据。肠道菌群与脑卒中危险因素，如肥胖和糖尿病的关系，已得到了广泛研究，同时肠道菌群也能通过影响宿主炎症和动脉粥样硬化来影响脑卒中的发生。精神分裂症与焦虑和抑郁具有相似的神经病理基础，也是通过 HPA 轴和神经-免疫通路与肠道菌群互相影响。

四、肠道微生物与呼吸系统疾病

人的呼吸系统由鼻、咽、喉、气管、支气管和肺组成。在正常情况下，呼吸器官的各级支气管上皮细胞、杯状细胞和腺体共同组成纤毛-黏液输送系统，保持呼吸道的清洁，黏液中的溶菌酶、补体、干扰素、分泌型 IgA 等免疫活性物质与支气管黏膜和肺巨噬细胞一起抵抗或清除病原微生物的入侵。环境中的病原微生物（包括细菌、病毒、衣原体、支原体、真菌、蠕虫等），粉尘，烟雾，化学刺激剂，过敏原和有害气体等随空气进入呼吸道和肺部将会直接引起呼吸器官发病。常见的呼吸系统疾病包括上呼吸道感染（气管炎、支气管炎等），哮喘，肺炎，慢性阻塞性肺疾病（COPD），肺囊性纤维化（CF），肺心病，严重的甚至会引起肺结核和肺癌。

呼吸系统疾病是一种临床常见病、多发病，严重威胁着人类的生命健康。由于大气污染、吸烟、人口老龄化以及其他影响因素，使得国内外慢性阻塞性肺病（包括慢性支气管炎、肺气肿、肺心病），支气管哮喘，肺癌，肺部弥散性间质纤维化以及肺部感染等疾病的发病率、死亡率有增无减。在美国，每年约有20万人死于肺部感染，如流感、肺炎或由于肺部感染加剧引起的肺部疾病。此外，全球约有3亿人受到呼吸道疾病的影响。近年来，不仅呼吸系统疾病的发生率有增长趋势，呼吸系统疾病的流行病学特点和疾病谱分布也发生了明显变化。慢性阻塞性肺疾病、支气管哮喘等慢性呼吸道炎症性疾病的发生率一直居高不下。肺癌的发生率明显增长，其发病率和致死率高，居各类恶性肿瘤之首，已经成为一个严重的公共健康问题。以往较少见的弥漫性肺间质疾病发病率也日益增高。因此，加强对呼吸系统疾病的研究，提高呼吸系统疾病的诊治水平，降低呼吸系统疾病的发生率和致死率显得尤为迫切。

1. 呼吸道微生物

人体肺部表面积约为130m^2，包括约10万个小气道和2亿个肺泡。巨大肺部表面在吸收氧气的同时也暴露于吸入的颗粒中，例如，病原微生物、过敏原、污染物和烟草烟雾等。

肺部微生物的检测相对比较困难，利用传统的培养技术从健康的肺中鉴定出细菌的成功率往往很低。下一代测序技术的发展将促使哺乳动物肺部微生物种群得以大规模表征，但是人体的肺部微生物种群研究仍面临着取样困难等难题。例如，取样时痰液容易受到上部空气中微生物种群的污染。在进行痰液样品微生物种群分析之前的洗涤步骤也可能增加痰液和漱口液样品之间的差异。

利用16*S* rDNA基因测序技术对来自肺组织的微生物种群进行鉴定后发现在肺中存在具有代谢活性的细菌。此外，通过荧光原位杂交（FISH）技术还发现下呼吸道中存在共生菌群。下呼吸道是人体内微生物定植最少的表面之一，每1000个细胞中仅含10~100个细菌。与肠道类似，在呼吸道中最常见的微生物主要属于厚壁菌门和拟杆菌门，而放线菌、变形杆菌和梭杆菌则占少数。健康个体的肺中，核心微生物种群主要由假单胞菌属、链球菌属、普雷沃氏菌属、梭杆菌属、韦荣菌属、嗜血杆菌属、奈瑟氏菌属和叶啉单胞菌属组成。

微生物种群对肺部健康和疾病具有重要影响，表现在其与肺部可能共同调节肺脏免疫系统。但是其对肺的屏障功能和肺特异性免疫的具体作用目前尚不清楚。

2. 肠道微生物调控呼吸系统疾病机制

许多细菌在呼吸道中被检出之前就已经出现在肠道中，并且各种微生物的组成和含量的变化趋势在肠道和呼吸道这两个位点也保持一致，这暗示肠道微生物可能对呼吸道微生物种群的发展有所贡献。而饮食这类因素不仅影响肠道微生物的组成，同时还影响呼吸道微生物种群。因此，肠道与呼吸道紧密关联，互相影响。各种呼吸系统疾病不仅与呼吸道微生物种群有关，也可能与肠道微生物种群的生态失调有关。

（1）慢性肺疾病　多种慢性肺病，包括哮喘、慢性阻塞性肺病和囊性纤维化的发病都与活跃的呼吸道微生物密切相关。这些疾病的发生通常与共生菌群多样性降低导致某些致病菌增长有关。在慢性肺疾病患者中，不仅发现呼吸道微生物种群发生改变，肠道微生物种群的组成也发生了变化，人体的肠道和呼吸道之间存在着非常重要的交叉干扰。

哮喘是儿童中最常见的慢性呼吸道疾病。哮喘患者人数在过去的 30 年中急剧增加，当今全球有 3 亿人罹患哮喘。哮喘的发生可归因于基因和环境因子的汇合，这其中就包括人类肠道中的微生物种群。这一寄居于肠道的细菌群落充当着环境与人类免疫系统之间的一个关键性的连接。肠道微生物受到干扰可能会对动物哮喘的发生产生影响。此外，婴儿早期肠道中的微生物多样性降低与儿童患哮喘之间有显著的相关性，暗示在生命早期的关键时期，肠道中微生物多样性对于生命后期的适应性系统性免疫功能具有重要作用。在生命早期，哮喘患者的肠道中观察到了优势菌种双歧杆菌减少和梭状芽孢杆菌增加，但这种表型是短暂还是持续，目前还未清楚。

过敏往往与 Th2 型 T 细胞应答异常相关。Th2 型 T 细胞的特点是它们能产生 IL-4、IL-5、IL-9、IL-13 等免疫因子。肠道免疫反应的变化可以直接影响肺部过敏性疾病发展，例如，肠道菌群的改变可以引起倾向于呼吸道过敏性疾病的免疫状态。此外，螨虫致敏后，肠道微生物种群的结构会随过敏的发生而变化，同时也与血清 IL-17A 水平上升相关。这些均暗示肠道和肺部之间可能存在双向通信。

慢性阻塞性肺病是一种炎症性疾病，其特征是不完整可逆性气流阻塞导致死亡率和发病率上升。世界卫生组织的数据表明，慢性阻塞性肺疾病居全球慢性病死因的第四位。肠道微生物，尤其是革兰氏阴性细菌，有可能成为组成肺部微生物的一部分，并且可能在患慢性阻塞性肺病的病人体内增加。这些细菌不受烟草烟雾的影响，而且可能会加重慢性阻塞性肺病。尽管不是所有的吸烟者均会成为慢性阻塞性肺疾病，但是烟草是目前公认的慢性阻塞性肺疾病的主要致病因素。烟草诱发肠道微生物的变化可能会加剧慢性阻塞性肺病的症状，但是目前还没有明确的研究揭示吸烟对呼吸道或肠道微生物的影响。

（2）呼吸道感染　近年来的很多研究都将焦点集中在微生物种群在慢性呼吸道疾病中的作用。然而，关于病毒和细菌感染（慢性肺疾病恶化的根本原因）对微生物群体的影响的研究却寥寥无几。

呼吸道被感染后小鼠的肠道微生物种群中肠杆菌增多，乳杆菌和乳球菌减少。肠道微生物种群的变化并不是源于流感病毒感染了肠道，而是由于感染导致肠道免疫损伤和炎症，这也是在严重流感病毒感染的患者中经常观察到的现象。这些实验结果都暗示着呼吸道病毒感染和肠道微生物种群之间存在着生理学相关性，但仍然需要在病人体内进一步研究验证。

肠道微生物种群在呼吸道病毒感染（如流行性感冒）的免疫调控和应答中起着至关重要的作用。肠道微生物种群可以直接影响病毒特异性 $CD4^+$ 和 $CD8^+$ T 细胞亚型分化，同时，清除流感所必需的促炎趋化因子 pro-IL-1β 和 pro-IL-18 的表达也依赖于肠道微生物种群的稳态维持。这表明肠道菌群为病毒性肺炎引起的免疫的启动提供关键微生物信号或决定因素。肠道微生物种群在呼吸性细菌感染引起的免疫应答中起到至关重要的作用，共生的微生物种群可以通过对肺部病原体进行炎症反应来维持宿主防御传染性病原体的能力。

（3）肠道引起的败血症和急性呼吸窘迫综合征　肠道引起的败血症是由肠道来源的促炎微生物和非微生物因素诱发的全身炎症反应综合征（SIRS）、急性呼吸窘迫综合征（ARDS）或多器官功能紊乱综合征（MODS）。这些疾病的发病机理涉及肠道微生物种群，但目前还没有直接证据能证明重症患者中有肠道细菌迁移到肺部。但肠道细菌的确可以改变肺部微生物种群。例如，在患实验性败血症后，多种肠道细菌变成了肺部微生物的主体菌群；导致败血症的肺部细菌的原始群落可能也来源于胃肠道；在来自急性呼吸窘迫综合征患者的支气管肺泡灌洗液中，肠道特异性细菌（拟杆菌属）最为常见且含量很高。这暗示肠道微生物可能参与了这些常见致命呼吸道疾病的发病过程。

目前，关于肠道微生物如何引起败血症和急性呼吸窘迫综合征的猜想主要有以下两种：一个是“肠道-淋巴细胞”理论。在肠黏膜下层或肠系膜淋巴结的巨噬细胞和其他免疫细胞足以承载绝大部分迁移的细菌。然而，一旦存活的细菌、细胞壁碎片或死细菌的蛋白成分逃脱巨噬细胞的围捕，就会与肠道产生的细胞因子和趋化因子一起沿着肠系膜淋巴管迁移到乳糜池。这些产物随即可以通过左锁骨下静脉、胸导管进入体循环。这些病原体进入肺循环后可能会引起肺泡巨噬细胞不受控制的活化，导致急性肺损伤或急性呼吸窘迫综合征，进一步会引起多器官功能紊乱综合征。内毒素、创伤失血性休克或燃烧损伤的实验模型都支持这个理论。另一个是“肠道相互联系”理论。这一理论认为肠道上皮细胞、免疫组织和肠道共生微生物三者之间相互影响。在这三者的关系中，每个因素通过相互联系影响其他因素。在正常的稳态中，三个因素之间正常联系，促进肠道与其他组织的相互交流。然而，在危重病人中，三者之间高度关联的平衡被破坏，从而引起一系列疾病的发生，特别是全身炎症反应综合征、急性呼吸窘迫综合征和多器官功能紊乱综合征。但是肠道引起败血症和急性呼吸窘迫综合征的机制目前还不是很清楚，有待今后的进一步深入研究。

3. 肠道微生物影响呼吸系统疾病的途径

肠道微生物可以通过改变免疫反应来调控呼吸系统疾病的发生。肠道微生物通过影响局部免疫细胞进而影响黏膜免疫系统，它们可以激活肠黏膜中的 B 细胞分化为浆细胞，并分泌 IgA，并通过 ILCs 激活细胞因子释放。肠道微生物也能刺激免疫细胞分泌细胞因子和其他可以作用于局部或全身的效应物。这也解释了肠道微生物种群如何在远端影响肺部疾病。肠道黏膜中 DC 的激活可以改变 T 细胞的极化和归巢。这表明肠道微生物对于生命早期生成细胞程序性死亡蛋白配体Ⅰ（PD-L1）阳性 DC 是必需的，进而可以促进调节性 T 细胞的生成。肠道衍生的激素和细胞因子可以作用到全身，从而影响肺部的免疫应答，这表明肠-肺轴作为两个器官之间的免疫连接（图 7-32）。

肠道微生物群影响肺部疾病的另一个途径是释放代谢物和消耗微量营养素。肠道

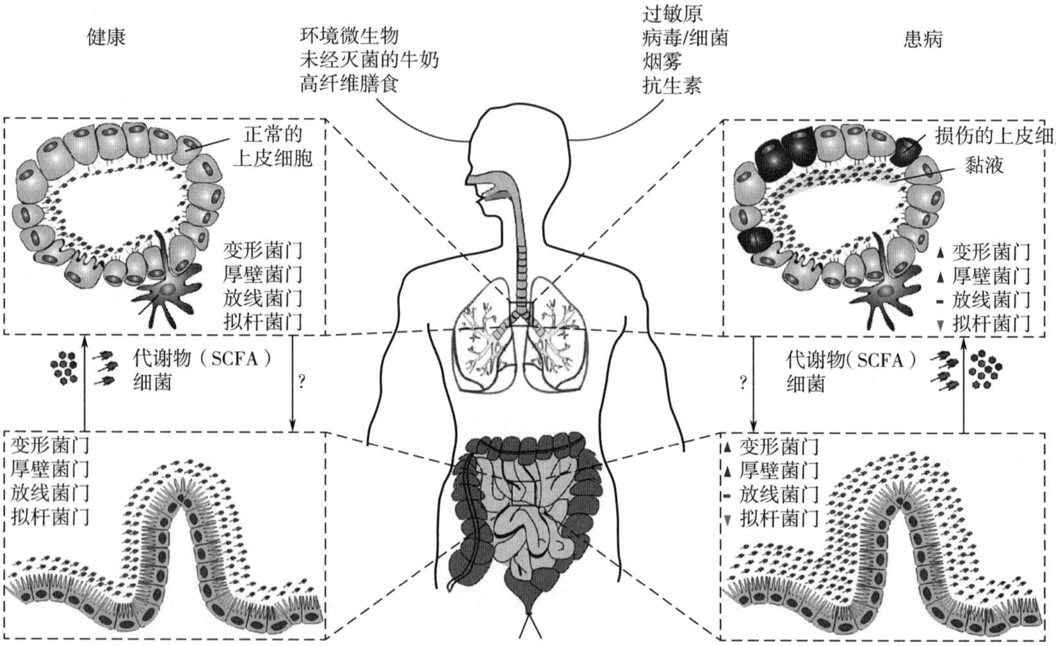

图 7-32　肠-肺轴在呼吸系统健康与疾病中的调节功能

微生物种群可以产生代谢物或改变微量营养素的可用性，并可以作用于远端影响肺部病原体生长和改变肺部免疫（图 7-33）。

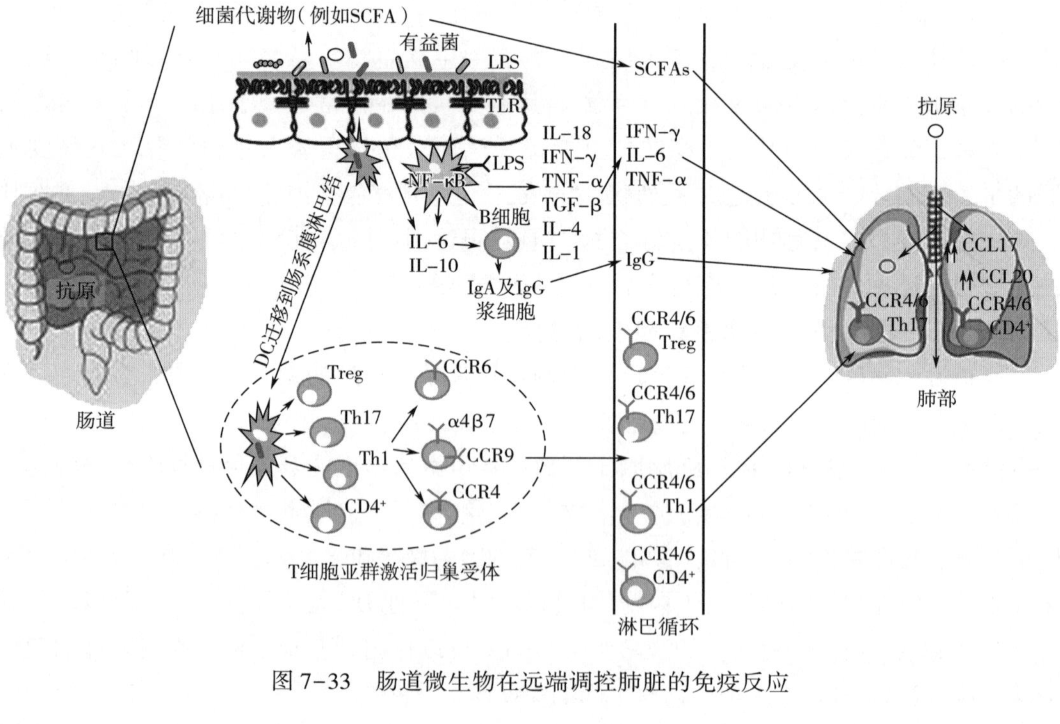

图 7-33　肠道微生物在远端调控肺脏的免疫反应

4. 影响呼吸系统疾病的环境因素

生命早期同环境的接触与肠道微生物种群的变化以及对呼吸系统疾病的发展有关（图 7-34）。例如，剖宫产婴儿生命早期肠道微生物种群多样性降低，会增加儿童患哮喘的概率；母乳喂养的儿童患呼吸道合胞病毒感染的概率下降。抗生素治疗也显著影响着生命早期微生物种群的组成，并且可能与生命晚期哮喘的发展密切相关。另外，环境微生物和农场环境的接触也有助于防止哮喘，然而这是否与肠道微生物种群有关尚有待阐明。

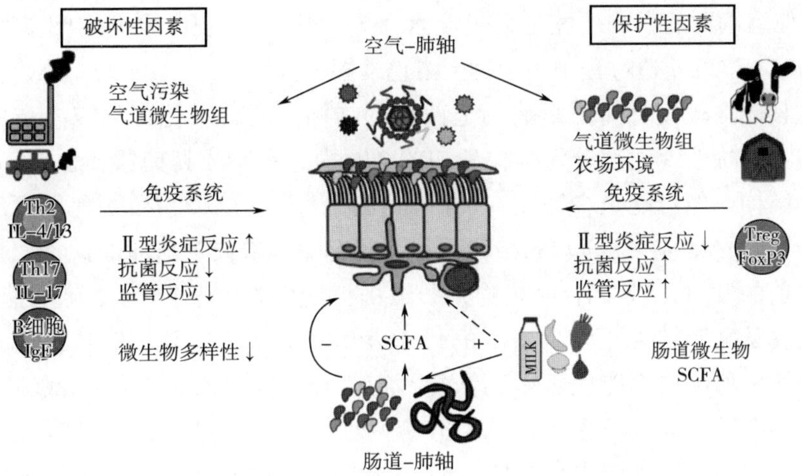

图 7-34　影响呼吸系统疾病发展的环境因素

第五节　肠道菌群与食物相互作用

人体与共生微生物组成的超级生物体可以被看作是一个会“走路”的生物反应器。人体摄入的食物中不能被自身消化吸收的部分以及人自身分泌到肠腔的物质，如黏蛋白等，可以被看作是肠道菌群的“培养基”，改变进入反应器的培养基的营养组成是改变其中微生物组成的有效方法。因此，膳食营养是影响肠道菌群结构和功能最为重要的因素。不当膳食造成的肠道菌群失调在多种疾病的发生发展中有重要作用，而采用益生元、益生菌以及中医药等调节肠道菌群的结构，可有效地治疗或预防肥胖、糖尿病及其相关代谢性疾病的发生。

本节主要介绍膳食营养对肠道菌群的调控及其在疾病发生发展中的作用，展望以肠道菌群为靶点的代谢性疾病预防与治疗的前景。

一、饮食对肠道菌群的影响及由此带来的代谢状况改变

肠道菌群的结构和功能受宿主遗传、饮食等因素的影响。饮食因素对肠道菌群的

塑造作用要强于遗传因素。食物多样性与宿主菌群多样性密切相关，食物结构相似的个体肠道菌群结构也相似。

在遗传和饮食因素基础上，其他因素如体脂含量、性别和怀孕等也共同参与了对宿主肠道菌群的调节。从高脂饮食和正常饮食转换为相同的低热量饮食后，体脂含量的不同会对肠道菌群产生不同的影响。而在相同的体脂含量条件下，不同的饮食亦能对菌群结构产生不同的影响。研究表明，瘦素（Leptin）水平与小螺菌属（*Mucispirillum*）、乳球菌属（*Lactococcus*）等肠道菌的丰度正相关，而与别样棒菌属（*Allobaculum*）的丰度负相关。体脂对肠道菌群的影响可能是通过瘦素介导的黏液产生和/或炎症反应发挥作用的。在食物对肠道菌群的塑造过程中，性别因素也发挥了作用。

改变饮食能在较短时间内影响肠道菌群的结构。高碳水化合物或高蛋白质饮食引起的肠道菌群结构改变大部分发生在最初的 24h 内。高脂或高糖饮食也在 1d 内即改变肠道菌群的结构，但可能至少需要 3d 才能达到一种“稳态”。在饮食干预后，肠道菌群存在一种“记忆效应”，即它的结构和代谢状况除了依赖于当前的饮食，也至少部分依赖于它之前的饮食。改变膳食结构，肠道菌群能够对膳食结构变化迅速产生反应，并且随着饮食从高脂转为正常，宿主的代谢表型能够得到恢复。但是，这并不意味着无论如何破坏菌群结构都能使之得到恢复。宿主经过高碳水化合物→低碳水化合物→高碳水化合物的转变后，肠道菌群依然较容易变回原有的结构，但经过几代低碳水化合物饲喂后，即使换回高碳水化合物饮食，某些细菌也已经永远消失了。因此，经过数代人的不健康饮食后可能使某些细菌在人的肠道内完全消失。长期不健康的饮食在转换成健康饮食后，宿主的代谢表型并不能得到完全恢复。

饮食通过对肠道菌群结构和功能的调节进而影响宿主的代谢状况。黑吼猴的肠道菌群随着食物的季节性变化也发生变化，丁酸球菌属（*Butyricicoccus*）的丰度与它们食用嫩叶和未成熟水果呈正相关。黑吼猴可能通过增加细菌产生能量的能力来弥补季节性的食物短缺造成的能量摄取不足。果蝇肠道菌群可以从含酵母较少的食物中吸收维生素 B，还可以提高从食物中摄取蛋白质的能力。当食物中含糖量较高时，肠道菌群则能够减少脂肪和碳水化合物的储存。对于小鼠，减少 30%的进食量能够富集肠道中的某些有益菌，降低有害菌，从而明显延长宿主的寿命。饮食对肠道菌群的影响至少部分是通过对氧化应激状态的调节作用实现的。然而，饮食引起肠道菌群的改变并不总是与肥胖表型有关，因此是否存在一类“引起肥胖的菌群”尚存在争论。

二、饮食结构不当对肠道菌群和宿主健康的影响

1. 高脂饮食

高脂饮食（High Fat Diet，HFD）早就被发现能导致机体代谢表型的改变，甚至引起肥胖、非酒精性脂肪肝、糖尿病等代谢性疾病。高脂饮食易引起机体肠道菌群的改变，而这种改变又与代谢表型的改变存在着密切的联系。

相较于食物中蛋白质和蔗糖的含量，脂肪含量能在更大程度上影响肠道菌群。长期的高脂饮食会导致乳杆菌属（*Lactobacillus* spp.）、双歧杆菌属（*Bifidobacterium* spp.）以及拟杆菌-普氏菌属（*Bacteroides-Prevotella* spp.）等肠屏障保护功能菌含量显著减少，而另外一些可以产生硫化氢（H_2S）和内毒素脂多糖的破坏肠屏障功能的硫酸盐还原菌等明显增加，这种肠道菌群的失调使得肠道通透性增加，血液中肠源性毒素水平升高，因而形成全身系统的慢性、低水平的炎症反应，即代谢性内毒素血症（Metabolic Endotoxemia）。血液中过量的LPS与其受体TLR4和CD14结合后可以共同激活免疫细胞释放TNF-α等炎性因子，而血液中高水平的炎性因子可以破坏胰岛素的信号转导通路，最终导致包括胰岛素抵抗、肥胖、糖尿病等在内的代谢综合征的发生。

与常规饮食相比，高脂饮食能增加体重、肠道通透性和炎症水平，降低胰岛素敏感性和抗炎因子的水平。高脂饮食明显降低了梭菌目（Clostridiales）细菌、乳杆菌如肠乳杆菌（*Lactobacillus intestinalis*）的丰度，富集了来源于别样杆菌属（*Alistipes*）、梭菌XIV a群（*Clostidium* cluster XIV a群）、梭菌属和颤杆菌属（*Oscillibacter*）的细菌丰度，同时也能增加丙酸或乙酸产生菌的丰度。其中，乳杆菌和颤杆菌属（*Oscillibacter*）细菌均与肠屏障功能相关。高脂饮食能减少肠道菌群产生甾类激素、抗菌物质和胆汁酸合成和胆汁分泌的水平，提高脂肪酸合成和尿胆原代谢水平。高脂饮食还能通过改变肠道菌群结构及提高TLR4诱导的肠道通透性和肠道内毒素水平引起肥胖。

糖耐量正常的人肠道中的布劳特氏菌属（*Blautia*）丰度较低；而以高脂饮食为主的2型糖尿病患者中的布劳特氏菌属（*Blautia*）细菌的丰度则显著升高，并且随着疾病的发展进程，增幅提升。这揭示了饮食对肠道菌群结构的破坏达到一定程度后可导致糖代谢的异常。此外，与高碳水化合物饮食增加双歧杆菌（*Bifidobacterium*）丰度不同，高脂饮食会降低该菌的丰度。高脂饮食还能增加胆固醇和乙醇的水平，增加肠道通透性并减少肠道上皮细胞紧密连接蛋白的表达。因此，高脂饮食可能通过破坏肠道菌群的平衡，增加肠道通透性，促进内毒素的产生，并通过受损的肠道进入血液，进而引起炎症水平提高，抗炎因子水平下降，破坏组织和器官的胰岛素信号转导通路，引起胰岛素抵抗。胆汁酸具有很强的抗菌作用，而高脂饮食可促进胆汁酸的合成，这在高脂饮食导致代谢失调的过程中也产生了重要的影响。

高脂饮食提高了富含脂代谢基因的细菌的丰度，但经过热加工的高脂（Heat-Treated High-fat Diet，HT）饮食却无此作用。然而，不促进脂肪积累的HT饮食仍能引起动脉粥样硬化，这可能与其导致的炎症水平升高有关。

2. 食物添加剂

甜味剂被用来增加食物中的甜度，一般认为不会增加宿主的热量摄入，对机体的代谢可能不会产生影响。然而，在常规饮食或高脂饮食中添加低剂量甜味剂阿斯巴甜虽然能减少热量摄入、减轻体重，但却会提高空腹血糖，损伤胰岛素敏感性。小肠不能完全吸收阿斯巴甜的代谢产物，而使其部分到达大肠，从而增加大肠中肠杆菌科（Enterobacteriaceae）和柔嫩梭菌（*Clostridium leptum*）的丰度。来源于肠杆菌科的细菌可能与炎症和胰岛素抵抗有关，而柔嫩梭菌则可能与寡糖发酵有关。阿斯巴甜还能减少梭菌Ⅺ群（*Clostridium* cluster XI，可减少丁酸的产生）的水平。丙酸与肝脏的糖异生作用有关，而阿斯巴甜可引起丙酸浓度的增加。乳化剂聚山梨酯 80 能引起糖耐量受损，高胰岛素血症发生，肝酶水平异常，去氧胆酸水平上升，肠道上皮黏液减少和肠道通透性上升，还可使肠道细菌在肠道黏液层中更接近上皮组织并产生更多 LPS，促使鞭毛蛋白和 LCN2 合成基因表达上升。因此，聚山梨酯 80 会引起肥胖的机制与肝脏功能受损，肠道菌群改变及炎症有关。

三、合理饮食对肠道菌群和机体代谢的改善作用

1. 高纤维饮食

近年来发现，高纤维饮食能有效调节肠道菌群，并可能通过此机制在促进机体代谢平衡中发挥作用。

在中国巴马地区百岁老人的饮食结构中，膳食纤维占了较高的比例。这种高膳食纤维的饮食能够降低拟杆菌目（Bacteroidales）和毛螺菌科（Lachnospiraceae）的细菌丰度，增加瘤胃菌科（Ruminococcaceae）的细菌丰度。瘤胃菌科细菌能够降解膳食纤维产生包含丁酸在内的 SCFA，为宿主提供能量，也能与肠道上皮的 SCFA 受体结合，通过肠-脑轴调控中枢神经系统食欲相关激素的分泌，调节宿主的能量摄入。此外，丁酸盐产生菌能调节肠道菌群的结构达到一种更为平衡的状态。高膳食纤维饮食还可以富集普雷沃氏菌（*Prevotella*）和解木聚糖杆菌属（*Xylanibacter*）两个属的细菌，利用这些菌所编码的水解纤维素和木聚糖的酶催化多糖降解，增加肠道内 SCFA 的水平。这能够使宿主从膳食纤维中摄取更多的能量，保护宿主免受炎症和非传染性慢性疾病的侵扰。

鉴于膳食纤维有较强调节肠道菌群的能力，在越来越多研究高纤维饮食对代谢性疾病的改善作用时，研究人员开始关注其中肠道菌群所发挥的作用。富含膳食纤维的 Ma-Pi 饮食具有减轻 2 型糖尿病患者炎症水平的能力，可改善患者的代谢状况。该饮食能够增加肠道菌群多样性，富集短链脂肪酸产生菌栖粪杆菌属（*Faecalibacterium*）、罗斯氏菌属（*Roseburia*）、毛螺菌属（*Lachnospira*）、拟杆菌属（*Bacteroides*）和阿克曼氏菌属（*Akkermansia*）等，抑制与促炎作用相关的柯林斯菌属（*Collinsella*）和链球菌属（*Streptococcus*）细菌。高纤维的前西班牙-墨西哥饮食（Pre-hispanic Mexican Diet，PMD），能改善含有蔗糖的高脂饮食所引起的葡萄糖不耐受，降低体重、脂肪积累、肝脏 ROS 以及血浆和肝脏中胆固醇和瘦素水平，显著增加双歧杆菌的丰度。全黑麦饮食能增加血浆和肝脏中二十碳五烯酸（Eicosapentanoic Acid，EPA）和二十二碳六烯酸（Docosahexanoic Acid，DHA）水平，并改善肠道菌群结构。高纤维饮食还能影响到宿主的蛋白质代谢，这可能与肠道菌群发酵全粮谷物中某些成分后对氮平衡的调节有关。

以含有大量膳食纤维的全谷物（Whole Grains）为主，辅以中医药食同源食物（Traditional Chinese Medicinal Foods）和益生元（Prebiotics）的 WTP 膳食可显著改善肥

胖患者的血压、肝功能、血脂、糖代谢和炎症指标等各项生理生化指标，而患者的肠道菌群结构也得到了明显的改善，例如，降低了 LPS 产生菌（肠杆菌科和脱硫弧菌科）的含量，增加了有益细菌（双歧杆菌科和双歧杆菌属）的丰度。

然而，在动物和人群中，根据膳食摄入后肠道菌群和代谢表型是否发生变化，存在不同的受试个体对同一种饮食的“响应者”和“不响应者”。对于携带有响应能力肠道菌群的“响应者”，摄入富含膳食纤维的食物可增加肠道内布劳特氏菌属（*Blautia*）、阿克曼氏菌属（*Akkermansia*）和粪便普雷沃氏菌（*Prevotella copri*）的丰度，具有发酵复杂多糖的潜在能力，短链脂肪酸的产量增加，葡萄糖代谢状况得到改善；而“不响应者”的代谢指标和体重则未能得到改善。

总的来讲，高纤维饮食可能通过富集 SCFA 产生菌，增加肠道内 SCFA 浓度，降低 LPS 产生菌水平，进而减少 LPS 入血引起组织器官的炎症。高纤维饮食还能抑制某些能产生有害物质［如三甲胺（TMA）和吲哚］的有害菌，从而改善宿主的代谢状况。

2. 多糖和寡糖

富含多糖的膳食能加快消化道的蠕动，增加肠道伸缩能力。膳食所引起的消化道蠕动速度的变化也部分改变了肠道菌群结构，而肠道菌群功能的变化也可能改变消化道的功能。在高糖饮食当中加入壳聚糖的干预，可以富集被高糖饮食所抑制的双歧杆菌和乳杆菌，抑制大肠埃希氏菌属的水平，抑制被高糖饮食激活的 Toll 样和 NOD 样等模式识别受体信号通路，降低宿主的炎症水平，增加胰岛素敏感性，降低体重、脂肪积累以及血糖、游离脂肪酸、血浆甘油三酯、胆固醇和内毒素的水平。相反，长期的无谷蛋白饮食会减少植物多糖的摄入，使双歧杆菌（*Bifidobacterium*）、乳杆菌（*Lactobacillus*）、象牙海岸梭菌（*Clostridium lituseburense*）和普氏栖粪杆菌（*Faecalibacterium prausnitzii*）的丰度下降，同时使肠杆菌科和大肠埃希氏菌（*Escherichia coli*）的丰度上升，外周血单核细胞（Peripheral Blood Mononuclear Cell，PBMC）产生的 TNF-α、干扰素-γ、IL-10 和 IL-8 水平也下降。

亲代的高脂饮食中添加寡糖，能够减轻亲代的体重并防止亲代和子代断奶期间的脂肪积累。这些效应还伴随着食欲因子水平和肠道中双歧杆菌属丰度的增加。

3. 高蛋白饮食

高蛋白低脂的饮食可降低非酒精性脂肪肝患者的体重，肝脏脂肪含量和 C 反应蛋白（CRP）的水平，其中肝脏脂肪含量的降低与肠道中的瘤胃球菌科（Ruminococcaceae）细菌丰度呈现负相关。然而与单纯高脂饮食相比，高蛋白高脂饮食尽管能够阻止体重的增加和脂肪组织体积的增大，但对肠道菌群结构的影响却不明显。但值得注意的是，高蛋白（乳蛋白）的饮食可提高乳杆菌的丰度，降低梭菌的丰度，使血浆瘦素和肝脏甘油三酯的水平得以降低。与富含瘦肉的西式饮食相比，富含更多优质蛋白质以海鲜为主的西式饮食能降低能量摄入和脂肪积累，表现出更高的自主活动能力和更低的呼吸交换率。这可能是由于富含海鲜的饮食能富集拟杆菌属（*Bacteroides*）细菌、降低 *Robinsoniella* 属细菌的水平，升高芳香族氨基酸代谢基因的水平。

4. 蔬菜水果及其有效成分

洋姜具有改善肠道菌群结构、肠道防御和再生能力的功能。苦瓜粉能显著降低糖尿病动物模型的空腹血糖和胰岛素水平，同时能降低瘤胃菌科、拟杆菌属和瘤胃菌属的丰度，但未影响整体的菌群多样性。饮食中蒟蒻粉的摄入可降低血清中氧化应激水平，提高胰岛素敏感性，使肠道菌群结构发生变化，其中，阿克曼氏菌属（*Akkermansia*）和罗斯氏菌属细菌丰度的增加与胰岛素敏感性指数 HOMA-IS 密切相关。爱尔兰海藻富含膳食纤维和寡糖，饮食中添加 2.5%的爱尔兰海藻能够增加短双歧杆菌（*Bifidobacterium breve*）的丰度，降低条件致病菌败血性梭状芽孢杆菌（*Clostridium septicum*）和肺炎链球菌（*Streptococcus pneumonia*）的水平，同时还增加短链脂肪酸、IgA 和 IgG 的含量。

食用水果或水果中的某些成分能改善由高脂饮食引起的菌群失调，进而改善宿主的脂代谢状况。越橘可改变因高脂饮食形成的肠道菌群结构，富集与健康和抗炎效应相关的 *Akkermansia* 和 *Faecalibacterium* 两个属的细菌，降低与细菌转动和活力相关基因的水平，同时也减少炎症和高内毒素的水平。苹果果胶可恢复因高脂饮食所引起的杆菌门细菌减少和厚壁菌门细菌增加，恢复与肠屏障功能有关的碱性磷酸酶和紧密连接蛋白 1（Claudin 1）的表达下降，减少内毒素产生和回肠 TLR4 的表达。火龙果花青素对代谢紊乱具保护作用，这与其改善肠道菌群结构有关。来源于野樱霉、蓝靛果和越橘的多酚能够改善肠道菌群的紊乱，从而改善由高脂饮食引起的肠屏障功能受损。石榴皮提取物中的多酚生物利用度较低，但能富集肠道中双歧杆菌属细菌的丰度，降低总胆固醇和低密度脂蛋白（LDL）胆固醇。葡萄多酚也可减轻由高脂饮食带来的菌群结构失调。蔓越橘提取物可增加 30%的 *Akkermansia* 丰度，减轻由高脂高糖饮食所引起的体重和内脏脂肪增加，提高胰岛素敏感性，减轻肝脏的氧化应激和炎症反应。

5. 富含多酚的食品

除了水果中存在着多酚外，还有一些食物也含有丰富的多酚。薏苡的多酚提取物能够抑制一株属于丹毒丝菌科（Erysipelotrichaceae）的菌株和两株来源于梭菌属菌株的水平，从而改善高胆固醇饮食诱导的血清胆固醇和低密度脂蛋白胆固醇水平升高，并恢复高密度脂蛋白胆固醇水平。槲皮苷含有丰富的多酚，能降低厚壁菌门/拟杆菌门（Firmicutes/Bacteroidetes）比例，抑制丹毒丝菌科（Erysipelotrichaceae）、乳杆菌（*Bacillus*）、圆柱状真杆菌（*Eubacterium cylindroides*）等细菌的生长，有效降低因高脂高糖升高的血清胰岛素水平，改善胰岛素抵抗。全黑麦饮食除了膳食纤维外，还富含多酚，它也能调节肠道菌群的结构。因此，多酚是除膳食纤维外，食物中另一种能有效改善肠道菌群结构和功能的有益成分。

6. 益生菌

益生菌对高脂饮食诱导的肥胖代谢表型的改善作用是菌株特异性的。例如，副干酪乳酪杆菌 CNCM I-4270（*Lacticaseibacillus paracasei* CNCM I-4270）和鼠李糖乳酪杆菌 I-3690（*L. rhamnosus* I-3690）能够促进盲肠中乙酸的产生但不影响与 LPS 水平相关的 LBP 的浓度，而动物双歧杆菌乳酸菌亚种 I-2494（*Bifidobacterium animalis* subsp. *lactis* I-2494）

不能升高乙酸，却能降低脂肪含量和肝脏 TNF-α 的表达。另外，鼠李糖乳酪杆菌 hsryfm 1301（*Lacticaseibacillus rhamnosus* hsryfm 1301）及其发酵乳能改善高脂饮食诱导产生的肠道菌群紊乱和脂代谢异常，植物乳植杆菌（*Lactiplantibacillus plantarum*）能改善高热量饮食引起的体重增加。

多株益生菌的混合物能改善肠道菌群结构，降低小肠菌群摄取脂肪酸的趋势，恢复嗜黏蛋白阿克曼氏菌（*Akkermansia muciniphila*）和理研菌科（*Rikenellaceae*）的丰度，降低乳杆菌科（*Lactobacillaceae*）的丰度，通过减少脂肪组织巨噬细胞浸润改善脂肪积累、胰岛素抵抗和血脂异常，促进 SCFA 受体 GPR43 的表达。

7. 母乳和乳制品

母乳中含有丰富的益生元和免疫球蛋白，被认为在提高婴儿的免疫力方面起着重要的作用。母乳具有调节肠道菌群的作用。能显著提高婴儿肠道中双歧杆菌和拟杆菌的丰度，降低链球菌属（*Streptococcus*）和克雷伯氏菌属（*Klebsiella*）等条件致病菌的丰度。母乳喂养提高双歧杆菌丰度的原因可能是母乳中富含寡糖，或母乳中本身含有双歧杆菌等益生菌，可优先在婴儿肠道中定植。与母乳相比，配方奶粉喂养会增加肠道中沙雷氏菌属（*Serratia*）和乳球菌的丰度，增加菌群的多样性，并可能导致艰难梭状芽孢杆菌（*Clostridium difficile*）的过度生长。配方奶粉还可能破坏肠壁完整性，提高氧化应激反应并影响机体免疫功能。另外，在高脂饮食中加入牛乳鞘磷脂（MSM）能降低肠道中革兰氏阴性菌的丰度及血清 LPS 水平，提高双歧杆菌的丰度，降低体重和血清胆固醇浓度。

8. 茶和咖啡

发酵绿茶提取物能够恢复失调的肠道菌群结构，如 Firmicutes/Bacteroidetes 和 *Bacteroides*/*Prevotella* 的比例，在不影响进食量的基础上降低高脂饮食诱导的体重增加和脂肪堆积，下调在白色脂肪组织中与脂肪生成和炎症相关的基因表达，减轻葡萄糖不耐受和脂肪肝症状。

咖啡能降低由高脂饮食引起的 Firmicutes/Bacteroidetes 的比例和梭菌Ⅺ群丰度的增加，但也增加了能产生 LPS 的肠杆菌科细菌数量，表现出与胰岛素抵抗的潜在相关性。因此，咖啡能降低由高脂饮食诱导的体重、脂肪积累、肝脏甘油三酯和能量摄入的增加，但其中的咖啡因却能诱导系统性的胰岛素抵抗。

9. 其他脂类和脂肪酸

短期内每天摄入 ω-3 脂肪酸（600mg）可降低菌群的多样性，减少 *Faecalibacterium prausnitzii* 和 *Akkermansia* spp. 细菌的丰度，增加丁酸盐产生菌的数量。在标准饮食的同时摄入富含 ω-3 脂肪酸的沙丁鱼，可以降低初发糖尿病患者肠道内的 Firmicutes/Bacteroidetes 细菌的比例，同时增加 *Bacteroides* 与 *Prevotella* 的比例，提高患者抗炎因子脂联素（Adiponectin）的水平。富含油酸的食物能降低 *Clostridium* Cluster ⅩⅣa 和 *Enterobacteriales* 的丰度，增加 *Bifidobacterium* spp. 丰度，减轻由高脂饮食诱导的肥胖；富含 ω-3 脂肪酸的食物则能富集 *Lactobacillus* 属的细菌。

10. 素食

严格素食对肠道菌群的改善作用体现在降低 Firmicutes/Bacteroidetes 比例，降低肠杆菌科细菌的丰度，增加脆弱拟杆菌（*Bacteroides fragilis*）和梭菌属（*Clostridium* spp.）的丰度，富集纤维素降解细菌。严格素食能降低体重，降低甘油三酯、胆固醇、低密度脂蛋白胆固醇、HbA1c、空腹血糖和餐后血糖的水平，也能降低尿液中 TMAO 的水平。

综上所述，食物在调节肠道菌群结构和功能作用中占有着非常重要的地位，高脂饮食可能通过引起肠道菌群的失调，提高肠道通透性，促进内毒素的产生，增加胆汁酸的合成，引起炎症水平的提高和抗炎因子水平的下降，破坏组织和器官的胰岛素信号转导通路，引起胰岛素抵抗，最终可能由此引起肥胖、糖尿病等代谢性疾病。而如果采用高纤维饮食、富含多酚饮食并辅以蔬菜水果等进行干预，在保证足够的人体营养基础上，又保证肠道菌群的“营养健康”，就可以改善由高脂饮食导致的菌群失调并改善由此带来的代谢失衡。目前，越来越多的研究表明，肠道菌群可能在调节宿主的代谢状况中存在着因果关系。然而，食物除了为机体提供能量和营养以外，到底在多大程度上通过调节肠道菌群影响宿主代谢状况，在食物-肠道菌群-代谢这条通路中到底存在着一种怎样的机制，尚需要更多更深入的研究。

第八章

发酵食品微生物群

发酵是古老的食品加工和保存方式之一，在有益微生物及其酶的作用下，食品原料中的糖、脂质和蛋白质等主要的营养物质被分解，转化为原料在发酵前没有的营养成分，产生特殊风味。传统发酵食品在中国有着悠久的历史，是中华饮食文化的重要体现，漫长的发展历史造就了其原料多样、产品种类繁复（如酒类、发酵调味品等）的特点，其原料及产品主要风味特点如表 8-1 所示。

表 8-1　　常见传统发酵食品原料及主要风味特点

原料	发酵产品	风味特点
谷物类	中国白酒、稠酒、山西老陈醋、镇江香醋等	强烈刺激感，浓香、酱香等香型
蔬菜类	泡菜、酸菜等	发酵蔬菜风味
水果类	红酒、果醋、苹果酒等	发酵水果风味
乳类	干酪、酸乳等	浓香、香醇、发酵奶味
水产类	鱼酱、虾酱、鱼露等	咸鲜、水产特征
肉类	香肠、腊肠等	咸香、肉感
茶类	普洱茶等	清香、发酵回味甘甜
豆类	酱油、味噌等	咸鲜、豆香

传统发酵食品生产过程中，各种微生物在原料中自发地富集，从而逐步形成一个较为稳定的菌群及生态环境，原材料在这种发酵环境下，生产人们所期望的食物，在食物中产生新的能够促进人体健康的化合物，同时去除具有潜在不利健康的物质。因此微生物被认为是决定发酵食品品质好坏的关键因素，且传统发酵食品的发酵系统是相对开放的环境，致使其蕴藏有丰富的微生物资源，在长期的发酵驯化过程中，筛选保留下了丰富优良的菌相资源。为揭示微生物在食品发酵过程中的发酵机理，目前的许多研究聚焦于发酵食品微生物多样性及其结构演替规律，以期对今后发酵食品的工业化、标准化等提供理论依据。本章主要介绍不同传统发酵食品中菌相结构、演替规律及其代谢规律，并对发酵食品未来研究方向进行展望。

第一节　传统发酵食品中微生物的多样性和演变

传统发酵食品产品质量特性会因环境和人为因素的不同而有所差异，其中复杂的菌相组成使得人们无法有效分析发酵食品中微生物的多样性及其结构在发酵过程中的演替规律。传统培养方法无法满足对发酵食品中微生物多样性的研究，而随着分子生物学和生物信息学的快速发展，非培养方法，如微生物组学等技术，可以有效地揭示微生物如何影响食品发酵过程。

自 20 世纪 90 年代起，非培养的研究方法逐渐被应用于食品发酵微生物的研究领域，如浓度梯度凝胶电泳法（Polymerase Chain Reaction - Denaturing Gradient Gel Electrophoresis，PCR-DGGE），使用 PCR-DGGE 对发酵食品中菌相研究的论文数量从

20 世纪 90 年代以后呈指数状态增长，通过对这些论文的研究结果进行分析，PCR-DGGE 可有效地分析发酵食品中微生物的多样性及菌相结构演替规律。近年来，随着测序技术的发展及成本的降低，高通量测序越来越多地应用于检测发酵食品中微生物基因组，以揭示其组成及演替规律。试验方法的进步推进了对传统发酵食品中复杂微生物菌群结构变化的研究。

一、发酵食品微生物概览

乳酸菌（LAB）广泛存在于许多发酵食品和饮料中。产乳酸细菌的主要菌属，如嗜盐嗜碱杆菌属（*Alkalibacterium*）、肉杆菌属（*Carnobacterium*）、肠球菌属（*Enterococcus*）、乳杆菌属（*Lactobacillus*）、乳球菌属（*Lactococcus*）、明串珠菌属（*Leuconostoc*）、酒球菌属（*Oenococcus*）、片球菌属（*Pediococcus*）、链球菌属（*Streptococcus*）、四联球菌属（*Tetragenococcus*）、漫游球菌属（*Vagococcus*）和魏斯氏菌属（*Weissella*）已从全球各种发酵食品和饮料中分离出来。

芽孢杆菌（*Bacillus*）存在于亚洲和非洲的碱性发酵食品中。主要存在于豆类发酵食品中的芽孢杆菌（*Bacillus*）菌种有解淀粉芽孢杆菌（*Bacillus amyloliquefaciens*）、环状芽孢杆菌（*B. circulans*）、凝结魏茨曼氏菌（*Woizmannia coagulans*）、坚硬芽孢杆菌（*B. firmus*）、地衣芽孢杆菌（*B. licheniformis*）、巨大芽孢杆菌（*B. megaterium*）、短小芽孢杆菌（*B. pumilus*）、枯草芽孢杆菌（*B. subtilis*）、枯草芽孢杆菌纳豆品种（*B. subtilis* variety *natto*）和苏云金芽孢杆菌（*B. thuringiensis*）。在尼日利亚，从非洲牧豆树种子的发酵过程中分离得到的蜡状芽孢杆菌（*B. cereus*），则用于 *okpehe*（一种发酵蔬菜）的制作。一些枯草芽孢杆菌菌株（*B. subtilis*）产生的 λ-聚谷氨酸（PGA），是亚洲发酵大豆食品中常见的一种氨基酸聚合物，赋予产品质地黏稠的特点。

发酵乳制品、发酵香肠、肉和鱼制品中的几种考克氏菌、微球菌［*Micrococcus*，放线菌门（Actinobacteria）的成员］和葡萄球菌［*Staphylococcus*，属于厚壁菌门（Firmicutes）］存在相关性。此外，从干酪中分离出了双歧杆菌属（*Bifidobacterium*）、小短杆菌属（*Brachybacterium*）、短杆菌属（*Brevibacterium*）和丙酸杆菌属（*Propionibacterium*），从发酵肉制品中分离出了节杆菌属（*Arthrobacter*）和哈夫尼亚属（*Hafnia*）。全球许多发酵食品中也存在阴沟肠杆菌（*Enterobacter cloacae*）、肺炎克雷伯氏菌（*Klebsiella pneumoniae*）［如肺炎克雷伯氏菌臭鼻亚种（*K. pneumoniae* subsp. *ozaenae*）］等微生物。

用于发酵食品、饮料酒和非食品混合淀粉水解起始剂的酵母菌属主要是酒香酵母属（*Brettanomyces*）、假丝酵母属（*Candida*）、隐球酵母属（*Cryptococcus*）、德巴利酵母属（*Debaryomyces*）、德克酵母属（*Dekkera*）、半乳酵母属（*Galactomyces*）、地霉属（*Geotrichum*）、汉逊酵母属（*Hansenula*）、有孢汉逊酵母属（*Hanseniaspora*）、生丝毕赤酵母属（*Hyphopichia*）、伊萨酵母属（*Issatchenkia*）、哈萨克斯坦酵母属（*Kazachstania*）、克鲁维酵母属（*Kluyveromyces*）、梅奇酵母属（*Metschnikowia*）、毕赤酵母属（*Pichia*）、红酵母属

(*Rhodotorula*)、红冬孢酵母属（*Rhodosporidium*）、酵母属（*Saccharomyces*）、类酵母菌属（*Saccharomycodes*）、腹膜酵母菌属（*Saccharomycopsis*）、裂殖酵母属（*Schizosaccharomyces*）、掷孢酵母属（*Sporobolomyces*）、有孢圆酵母属（*Torulaspora*）、球拟酵母属（*Torulopsis*）、丝孢菌属（*Trichosporon*）、耶氏酵母属（*Yarrowia*）和接合酵母属（*Zygosaccharomyces*）。

丝状霉菌在发酵食品和饮料酒中的主要作用是产生酶和降解抗营养因子。许多发酵食品、亚洲非淀粉食品分解发酵剂和饮料酒中存在放射毛霉属（*Actinomucor*）、淀粉霉属（*Amylomyces*）、曲霉属（*Aspergillus*）、红曲霉属（*Monascus*）、毛霉属（*Mucor*）、脉孢霉属（*Neurospora*）、拟青霉属（*Paecilomyces*）、青霉属（*Penicillium*）、根霉属（*Rhizopus*）和黑粉霉属（*Ustilago*）。

二、全球发酵食品微生物

全球可能有 5000 多种常见及不常见的发酵食品和饮料酒被数十亿人当作主食和其他食物成分。根据植物/动物来源使用的底物（原料）可以将全球发酵食品分为九大类：①发酵谷物；②发酵蔬菜和竹笋；③发酵豆类；④发酵块根/块茎；⑤发酵乳制品；⑥发酵和腌制肉制品；⑦发酵、干燥和熏制的鱼制品；⑧其他发酵食品；⑨饮料酒。

1. 发酵乳制品

发酵乳制品（表 8-2）根据微生物分为两大类：①乳酸发酵，主要是乳酸菌，包括“嗜热”型（如酸乳、保加利亚酪乳）、益生菌型（如嗜酸乳、双歧乳）和中温型（如天然发酵乳、发酵乳、发酵奶油、发酵酪乳）；②真菌-乳酸发酵，乳酸菌和酵母菌合作产生最终产品，其中包括酒精乳［如嗜酸菌-酵母乳、开菲尔（Kefir）、马奶酒（Airag）］和加入霉菌发酵的乳（如 Viili）。

自然发酵是最古老的牛乳加工方法之一，使用生牛乳和煮过的牛乳进行自发发酵，或者使用倒放法，其中前一批发酵产品的一部分用于接种新批次。源自牛乳发酵的酸乳和干酪产品在全世界具有重要的营养和商业价值。乳制品发酵中的发酵剂（Starter）有两种类型。第一种类型的发酵剂中所包含的菌种主要有乳脂乳球菌（*Lactococcus cremoris*）、乳酸乳球菌乳亚种（*Lc. lactis* subsp. *lactis*）、德氏乳杆菌德氏亚种（*Lb. delbrueckii* subsp. *delbrueckii*）、德氏乳杆菌乳酸亚种（*Lb. delbrueckii* subsp. *lactis*）、瑞士乳杆菌（*Lb. helveticus*）、明串珠菌属（*Leuconostoc* spp.）和唾液链球菌嗜热亚种（*Streptococcus salivarius* subsp. *thermophilus*），它们主要起酸化作用；而第二种类型的发酵剂一般用于干酪的制作，其中的菌种包括有亚麻短杆菌（*Brevibacterium linens*）、费氏丙酸杆菌（*Propionibacterium freudenreichii*）、汉逊德巴利酵母（*Debaryomyces hansenii*）、白地霉（*Geotrichum candidum*）、卡门柏青霉（*Penicillium camemberti*）和罗克福尔青霉（*P. roqueforti*），它们的作用在于帮助干酪在成熟过程中形成风味和质地。发酵乳中也存在大量的非发酵剂乳酸菌（NSLAB）微生物，其中包括耐久肠球菌（*Enterococcus durans*）、屎肠球菌（*Ent. faecium*）、干酪乳酪杆菌（*Lacticaseibacillus casei*）、植物乳植杆菌（*Lactiplantibacillus plantarum*）、唾液乳杆菌（*Lb. salivarius*）以及葡萄球菌属

(*Staphylococcus* spp.)。

我国内蒙古、西藏和新疆等地区的传统发酵乳是中国传统发酵乳制品的典型代表。传统的发酵乳制品表现出明显的地理性特征，微生物的种群结构和数量与当地的气候、环境以及乳源等因素相关，对干酪等传统发酵乳制品的微生物菌群结构的研究不仅能够揭示其发酵原理，更好地对发酵进程和品质进行控制，还可能有助于其产地溯源系统的建立。

在 7 个地区的 9 种酸乳样品中，主要存在的微生物为厚壁菌门细菌，而对细菌组成进行属水平分析发现链球菌属（*Streptococcus*）为主要的优势微生物，占 87.1%，其次为乳杆菌属（*Lactobacillus*），占 10.3%；从新疆采集的 22 个酸乳样品中，乳酸菌菌种的构成为：德氏乳杆菌（*Lactobacillus delbrueckii* subsp.）为主要的优势菌，占 82%。不同地区、不同乳源也会对传统发酵酸乳中微生物菌群结构有着明显的影响。欧盟原产地保护的意大利拉古萨诺（Ragusano）地区干酪中，乳杆菌属、乳球菌属、肠球菌属和明串珠菌属是主要的优势菌群，同时也含有低含量的假单胞菌和酵母菌。发酵乳制品中微生物复杂多样，不同乳制品菌种同质化程度较低，代谢产物也不尽相同，工业生产过程中根据代谢机理进行发酵工艺控制显得尤为重要。

表 8-2　　全世界范围内部分发酵乳制品及其中的微生物

产品名	发酵原料	感官特性与基本性质	微生物	国家/地区
马奶酒（Airag）	母马或骆驼乳	酸性的、酸味的、温和的含酒精饮品	*Lb. helveticus*、马乳酒样乳酸杆菌（*Lb. kefiranofaciens*）、蒙古双歧杆菌（*Bifidobacterium mongoliense*）、马克斯克鲁维酵母（*Kluyveromyces marxianus*）	蒙古、中国
达希（Dahi）	母牛/水牛乳、发酵剂	凝乳状、味道令人愉快	双发酵乳酸杆菌（*Lb. bifermentans*）、消化乳酸杆菌（*Lb. alimentarius*）、*Lacticaseibacillus paracasei*、*Lc. lactis* subsp. *latis*、乳脂链球菌（*Strep. cremoris*）、乳链球菌（*Strep. lactis*）、*S. salivarius* subsp. *thermophilus*、*Lactobacillus delbrueckii* subsp. *bulgaricus*、*Lb. acidophilus*、*Lb. helveticus*、*Lb. cremoris*、戊糖片球菌（*Ped. pentosaceus*）、*Acidipropionibacterium acidilactici*、魏斯氏菌（*W. cibaria*）、类肠膜魏斯氏菌（*W. paramesenteroides*）、*Limosilactobacillus fermentum*、德氏乳杆菌印度亚种（*Lb. delbrueckii* subsp. *indicus*）、*Saccharomycopsis* sp.、*Candida* sp.	印度、尼泊尔、斯里兰卡、孟加拉国、巴基斯坦
开菲尔（Kefir）	山羊、绵羊、母牛乳	带酒精的发酵乳、起泡乳	短乳酸杆菌（*Lb. brevis*）、高加索乳酸杆菌（*Lb. caucasicus*）、*S. salivarius* subsp. *thermophilus*、*Lb. delbrueckii* subsp. *bulgaricus*、*Lactiplantibacillus plantarum*、*Lacticaseibacillus casei*	俄罗斯

续表

产品名	发酵原料	感官特性与基本性质	微生物	国家/地区
乳酒（Koumiss）	乳汁	酸性的发酵乳、饮品	*Lb. delbrueckii* subsp. *bulgaricus*、唾液乳杆菌（*Lb. salivarius*）、布赫内氏乳酸杆菌（*Lb. buchneri*）、*Lb. helveticus*、*Lactiplantibacillus plantarum*、*Lb. acidophilus*、圆酵母属（*Torula* sp.）	俄罗斯、蒙古
Viili（一种芬兰酸乳）	母牛乳	浓厚的、黏稠的、带甜味，可作为早餐	*Lc. lactis* subsp. *lactis*、*Lc. cremoris*、乳酸乳球菌乳亚种（*Lc. lactis* subsp. *lactis*.）、*Leuc. mesenteroides* subsp. *cremoris*、白地霉（*G. candidum*）、*K. marxianus*、发酵毕赤酵母（*Pichia fermentans*）	芬兰
酸乳（Yogurt）	动物乳	酸性的、厚凝胶状、黏稠的、絮凝状产品，味道令人愉快	*S. salivarius* subsp. *thermophilus*、*Lb. delbrueckii* subsp. *bulgaricus*、*Lb. acidophilus*、*Lacticaseibacillus casei*、*Lacticaseibacillus rhamnosus*、*Lb. gasseri*、*Lb. johnsonii*、*Bifidobacterium* spp.	欧洲、澳大利亚、美洲

2. 发酵蔬菜产品

易腐烂的时令叶菜、萝卜、黄瓜（包括可食用的嫩笋）传统上发酵成可食用产品（表 8-3）。蔬菜的发酵主要以乳杆菌属和片球菌属为主，其次是明串珠菌属、魏氏菌属、四联球菌属和乳球菌属。

表 8-3　全世界范围内部分发酵蔬菜产品及其中的微生物

产品名	发酵原料	感官特性与基本性质	微生物	国家/地区
福菜（Fu-tsai）	芥菜	酸性的、酸味的	*Ent. faecalis*、*Lb. alimentarius*、*Lb. brevis*、棒状乳酸杆菌（*Lb. coryniformis*）、香肠乳酸杆菌（*Lb. farciminis*）、*Lactiplantibacillus plantarum*、费尔斯莫尔德镇乳杆菌（*Lb. versmoldensis*）、*Leuc. citreum*、*Leuc. mesenteroides*、*Leuc. pseudomesenteroides*、*Ped. pentosaceus*、*W. cibaria*、*W. paramesenteroides*	中国
Hirring	竹笋尖	酸性的、酸味的、湿润的，可用于制作泡菜	*Lb. brevis*、*Lactiplantibacillus plantarum*、弯曲广布乳杆菌（*Lb. curvatus*）、*Ped. pentosaceus*、*Leuc. mesenteroides*、*Leuc. fallax*、*Leuc. lactis*、*Leuc. citreum*、耐久肠球菌（*Ent. durans*）、*Lc. lactis* subsp. *lactis*	印度

续表

产品名	发酵原料	感官特性与基本性质	微生物	国家/地区
酱瓜 (Jiang-gua)	黄瓜	发酵黄瓜，可用于制作泡菜	铅黄肠球菌（*Ent. casseliflavus*）、*Leuc. lactis*、*Leuc. mesenteroides*、戊糖乳杆菌（*Lb. pentosus*）、*Lactiplantibacillus plantarum*、类植物乳酸杆菌（*Lb. paraplantarum*）、*Lc. lactis* subsp. *lactis*、*W. cibaria*、希腊魏斯氏菌（*W. hellenica*）	中国
韩国泡菜 (Kimchi)	卷心菜、绿洋葱、辣椒、生姜	酸性的、温和的酸味的、湿润的，可作配菜	*Leuc. mesenteroides*、*Leuc. citreum*、伴气明串珠菌（*Leuc. gasicomitatum*）、泡菜明串珠菌（*Leuc. kimchii*）、仁海明串珠菌（*Leuc. inhae*）、高丽魏斯氏菌（*W. koreensis*）、泡菜魏斯氏菌（*W. kimchii*）、*W. cibaria*、*Lactiplantibacillus plantarum*、*Latilactobacillus sakei*、*Lb. delbr-ueckii*、*Lb. buchneri*、*Lb. brevis*、*Limosilactobacillus fermentum*、乳酸片球菌（*Ped. acidilactici*）、*Ped. pentosaceus*、*Lc. lactis* subsp. *lactis*、*Candida*、嗜盐球菌属（*Halococcus*）、盐陆生菌属（*Haloterrigena*）、*Kluyveromyces*、路德酵母属（*Lodde-romyces*）、钠白菌属（*Natrialba*）、嗜盐碱球菌属（*Natronococcus*）、*Pichia*、*Saccharomyces*、孢堆黑粉菌属（*Sporis-orium*）、*Trichosporon*	韩国
Oiji	黄瓜、盐、水	发酵黄瓜	*Leuc. mesenteroides*、*Lb. brevis*、*Lactiplantibacillus plantarum*、啤酒片球菌（*Ped. cerevisiae*）	韩国
酸橄榄 (Olives)	橄榄	酸性的、湿润的，可制作成沙拉，可作配菜	*Leuc. mesenteroides*、*Ped. pentosaceus*、*Lactiplantibacillus plantarum*、*Lb. pentosus*/*Lactiplantibacillus plantarum*、类丘状乳酸杆菌（*Lb. paracollinoides*）、牛痘乳酸杆菌/苏比库斯乳酸杆菌（*Lb. vaccinostercus*/*Lb. suebicus*）、片球菌属非产乳酸株系（*Pediococcus* sp. non - lactics）、*Pichia* sp.、*Sacch. cerevisiae*	美国、西班牙、葡萄牙、秘鲁、智利
泡菜 (Pao cai)	卷心菜	甜中带酸，辣味不高，可当早餐	*Lb. pentosus*、*Lactiplantibacillus plantarum*、*Lb. brevis*、*Lb. lactis* subsp. *lactis*、*Lb. fermentum*、*Leuc. mesenteroides*、*Ped. pentosaceus*	中国
酸菜 (Suan-cai)	蔬菜	酸性的、酸味的、湿润的	*Ped. pentosaceus*、嗜盐四联球菌（*Tetragenococcus halophilus*）	中国

续表

产品名	发酵原料	感官特性与基本性质	微生物	国家/地区
Sunki	芜菁	酸性的、酸味的、湿润的	*Lactiplantibacillus plantarum*，*Lb. fermentum*，*Lb. delbrueckii*，类赫内氏乳酸杆菌（*Lb. parabuchneri*），希氏乳酸杆菌（*Lb. kisonensis*），*Lb. otakiensis*，*Lb. rapi*，*Lb. sunkii*	日本

3. 传统发酵豆制品

传统发酵豆制品是亚洲的特色食品，其历史悠久、种类繁多。豆豉、豆酱、腐乳、酱油等是中国传统发酵豆制品的典型代表。传统发酵豆制品的生产过程一般被认为是在开放环境下进行的，导致其菌相组成复杂多变。发酵原料在发酵过程中发生一系列复杂的生化反应，不仅赋予了其独特的风味，同时提高了豆制品的保健功能等功能性。普遍认为，在豆制品发酵过程中，微生物及其分泌的胞外酶对豆制品风味物质的产生、营养物质的变化及食品质地的形成等都有着至关重要的影响。

参与发酵的菌相复杂，既包括有利于发酵的菌种，也包括导致腐败甚至对人有害的菌种，因此分析其发酵过程中菌相结构变化，揭示微生物种类和遗传的多样性，可对传统发酵豆制品的发酵调控及品质提高有重要的指导意义。发酵大豆食品主要有两种类型：由具有黏性特征的芽孢杆菌［主要是枯草杆菌（*B. subtilis*）］发酵的大豆食品，以及由丝状霉菌［主要是曲霉（*Aspergillus*）、毛霉（*Mucor*）、根霉（*Rhizopus*）］发酵的大豆食品。芽孢杆菌发酵无盐和黏性大豆食品所流行的区域在地图上组成了一个三角形，三个顶点分别位于日本（纳豆），尼泊尔东部和印度东北部（Kinema 及其类似产品），泰国北部（Thua nao）。此三角形命名为“Kinema-Natto-Thua Nao 三角”，简称 KNT 三角。而上述所提到的芽孢杆菌发酵的无盐和黏性大豆食品，一直在 KNT 三角内的人民当中消费流行。这些食品包括了：日本的纳豆（Natto）、韩国的清麴酱（Chungkokjang），印度、尼泊尔和不丹的 Kinema，泰国的 Thua-nao（表 8-4）。尽管不同产品的生产方法和烹饪实践有所差异，但从这类食品中分离出的枯草芽孢杆菌菌株具有较高的相似性。霉菌发酵的豆制品主要有日本的味噌（Miso）及中国的豆豉（Douchi）和腐乳（Sufu）。一些常见的非大豆发酵豆类（例如刺槐豆）制品包括非洲的 Bikalga，以及发酵黑豆制品如印度的 Dhokla，印度和尼泊尔的 Maseura。

表 8-4　全世界范围内部分发酵豆类产品及其中的微生物

产品名	发酵原料	感官特性与基本性质	微生物	国家/地区
Bikalga	玫瑰茄	调味品	*B. subtilis*、*B. licheniformis*、*B. megaterium*、*B. pumilus*	布基纳法索

续表

产品名	发酵原料	感官特性与基本性质	微生物	国家/地区
清麴酱（Chungkokjang）	大豆	碱性的、黏稠的，可制作成汤羹	*B. subtilis*、*B. amyloliquefaciens*、*B. licheniformis*、*B. cereus*、成团泛生菌（*Pantoea agglomerans*）、菠萝泛生菌（*Pantoega ananatis*）、*Enterococcus* sp.、*Pseudomonas* sp.、红球菌属（*Rhodococcus* sp.）	韩国
鹰嘴豆发糕（Dhokla）	鹰嘴豆	温和的酸性、海绵状的，适用于蒸煮，可作小吃	*Leuc. mesenteroides*、*Limosilactobacillus fermentum*、*Ent. faecalis*、白色球拟酵母（*Tor. candida*）、*Tor. pullulans*	印度
豆豉（Douchi）	大豆	碱性的、糊状的	*B. amyloliquefaciens*、*B. subtilis*、*Asp. oryzae*	中国
腐乳（Furu）	豆腐	温和的酸性	*B. pumilus*、*B. megaterium*、嗜热脂肪芽孢杆菌（*B. stearothermophilus*）、*B. firmus*、人葡萄球菌（*Stah. hominis*）	中国
Kinema	大豆	碱性的、黏稠的，可制作咖喱	*B. subtilis*、*B. licheniformis*、*B. cereus*、*B. circulans*、*B. thuringiensis*、球形芽孢杆菌（*B. sphaericus*）、*Ent. faecium*、*C. parapsilosis*、*G. candidum*	印度、尼泊尔、不丹
Maseura	黑绿豆	干燥的、球形的、易碎的，用作调味料	*B. subtilis*、蕈状芽孢杆菌（*B. mycoides*）、*B. pumilus*、侧孢芽孢杆菌（*B. laterosporus*）、*Ped. acidilactici*、*Ped. pentosaceus*、*Ent. durans*、*Lb. fermentum*、*Lb. salivarius*、*Sacch. cerevisiae*、伯顿毕赤酵母（*Pic. burtonii*）、卡斯特利假丝酵母（*Cand. castellii*）	尼泊尔、印度
味噌（Miso）	大豆	碱性的、糊状的	*Ped. acidilactici*、*W. paramesenteroides*、喜盐微球菌（*Micrococcus halobius*）、嗜盐片球菌（*Ped. halophilus*）、*Streptococcus* sp.、鲁氏酵母（*Sacch. rouxii*）、鲁氏结合酵母（*Zygosaccharomyces rouxii*）、*Asp. oryzae*	日本
纳豆（Natto）	大豆	碱性的、黏稠的，可当早餐	纳豆枯草芽孢杆菌（*B. natto*）	日本

续表

产品名	发酵原料	感官特性与基本性质	微生物	国家/地区
腐乳（Sufu）	豆腐	温和的酸性、柔软的	雅致放射毛霉（*Actinomucor elegans*）、皮生毛霉（*Mu. corticolus*）、冻土毛霉菌（*Mu. hiemalis*）、普雷恩毛霉（*Mu. prainii*）、总状毛霉（*Mu. racemosus*）、细胞毛霉（*Mu. subtilissimus*）、中华根霉（*Rhiz. chinensis*）	中国
豉泥（Thua Nao）	大豆	碱性的、糊状的、干的，可作配菜	*B. subtilis*、*B. pumilus*、*Lactobacillus* sp.	泰国
腌豆（Yandou）	大豆	碱性的、黏稠的	*B. subtilis*	中国

枯草芽孢杆菌（*B. subtilis*）是亚洲发酵大豆食品中的主要功能细菌。日本纳豆（Natto）是目前唯一一种由商业发酵剂 *B. natto* 单一发酵生产的芽孢杆菌发酵大豆食品，最早从自然发酵的纳豆中分离出来。某些次要种群，如 *Ent. faecium*，也在 Kinema、Okpehe 和 Chungkukjang 等产品中被发现。我国传统豆类发酵食品——豆瓣酱中，除乳杆菌属和不动杆菌属在发酵过程中发生剧烈变化外，其他菌种均相对稳定；豆瓣酱中的优势微生物包括四联球菌（*Tetragenococcus*）、乳杆菌属（*Lactobacillus*）、葡萄球菌属（*Staphylococcus*）、不动杆菌属（*Acinetobacter*）、假单胞菌属（*Pseudomonas*）和链球菌属（*Streptococcus*）。高盐稀醪发酵工艺生产的广东酱油发酵过程中，微生物结构组成呈现出由复杂到简单的演替规律，酱油高盐的生产发酵环境对大多数细菌有着较强的抑制作用。同样，豆豉和腐乳的发酵过程中，芽孢杆菌均参与当中，其中豆豉中参与发酵的主要芽孢杆菌是枯草芽孢杆菌，而腐乳中则主要为枯草芽孢杆菌、蜡样芽孢杆菌和解淀粉芽孢杆菌。

4. 发酵根和块茎产品

木薯（*Manihot esculenta*）的根部在传统上会被发酵成主食，如尼日利亚的 Gari，多哥、布基纳法索、贝宁和尼日利亚的 Fufu，扎伊尔的 Chikawgue（表 8-5）。木薯发酵的初始阶段以木薯棒状杆菌（*Corynebacterium manihot*）为主，之后加入一连串的乳酸菌继续发酵。这些乳酸菌包括嗜酸乳杆菌、干酪乳酪杆菌、发酵黏液乳杆菌、戊糖乳杆菌、植物乳植杆菌等乳酸菌。在印度尼西亚，木薯根传统上也被发酵成甜食，称为 Tapé。

表 8-5　全世界范围内部分发酵根和块茎产品及其中的微生物

产品名	发酵原料	感官特性与基本性质	微生物	国家/地区
木薯糕（Chikwangue）	木薯	固体状态，可作主食	棒状杆菌（*Corynebacterium*）、*Bacillus*、*Lactobacillus*、*Micrococcus*、*Pseudomonas*、*Acinetobacter*、拉氏菌（*Moraxella*）菌属下的菌种	中东、扎伊尔

续表

产品名	发酵原料	感官特性与基本性质	微生物	国家/地区
馥馥白糕（Fufu）	木薯	泡在水中，可作主食	*Bacillus* sp.、*Lactiplantibacillus plantarum*、*Leuc. mesenteroides*、纤维二糖乳酸杆菌（*Lb. cellobiosus*）、*Lb. brevis*、嗜粪乳酸杆菌（*Lb. coprophilus*）、*Lc. lactis* subsp. *latis*、*Leuc. lactis*、*Lb. delbrueckii* subsp. *bulgaricus*、*Klebsiella* sp.、*Leuconostoc* sp.、*Corynebacterium* sp.、*Candida* sp.	西非
木薯粉团（Gari）	木薯	固体状态，可作主食	*Geotrichum* sp.、*Lactiplantibacillus plantarum*、*Lb. buchneri*、*Leuconsostoc* sp.、*Streptococcus* sp.	非洲西部和中部
Tapé	木薯	可作甜品	*Streptococcus* sp.、*Rhizopus* sp.、扣囊复膜孢酵母（*Saccharomycopsis fibuligera*）	印度尼西亚

5. 发酵肉制品

发酵肉制品分为两类：由整块或切片制成的肉制品，如干肉和肉干；还有那些通过切碎或粉碎肉制成的，通常称为香肠。许多国家的传统发酵肉制品已广为人知（表 8-6），例如欧洲的发酵香肠和意大利腊肠（Salami），美洲和非洲的肉干，泰国的 Nham 和越南的酸肉（Nem-chua）等。参与肉类发酵的主要微生物群是 LAB，其次是凝固酶阴性葡萄球菌（Coagulase-negative *Staphylococci*）、微球菌（*Micrococcus*）和肠杆菌科（*Enterobacteriaceae*）。另外，根据产品的不同，某些种类的酵母菌和霉菌可能在肉的熟成中发挥作用。

表 8-6　　全世界范围内部分发酵肉制品及其中的微生物

产品名	发酵原料	感官特性与基本性质	微生物	国家/地区
西班牙（拉美）辣味香肠（Chorizo）	猪肉	干的，粗切碎的，加入香料、盐，香肠形状	*Lb. sakei*、*Lb. curvatus*、*Lactiplantibacillus plantarum*	西班牙
Nham	猪肉、猪皮、盐、米饭、蒜	发酵猪肉制品	啤酒片球菌（*Ped. cerevisiae*）、*Lactiplantibacillus plantarum*、*Lb. brevis*	泰国
酸肉（Nem-chua）	猪肉、盐、熟米饭	发酵香肠	*Lb. pentosus*、*Lactiplantibacillus plantarum*、*Lb. brevis*、*Lb. paracasei*、*Lb. fermentum*、酸鱼乳杆菌（*Lb. acidipiscis*）、*Lb. farciminis*、罗西氏乳杆菌（*Lb. rossiae*）、府中乳杆菌（*Lb. fuchuensis*）、纳木雷氏乳酸杆菌（*Lb. namurensis*）、*Lc. lactis* sabsp. *latis*、*Leuc. citreum*、*Leuc. fallax*、*Ped. acidilactici*、*Ped. pentosaceus*、斯氏片球菌（*Ped. stilesii*）、*W. cibaria*、*W. paramesenteroides*	越南

续表

产品名	发酵原料	感官特性与基本性质	微生物	国家/地区
意大利香辣肠(Pepperoni)	猪肉、牛肉	肉干、带烟熏味，香肠形状	各类 LAB 菌种、*Micrococcus* spp.	位于欧洲、美洲的部分国家，以及澳大利亚
西班牙橡果猪肉肠(Salchichón)	猪肉或牛肉、脂肪、盐、辛香料	干的、香肠状	各类 LAB 菌种、*Staph.* spp.、*Micrococcus* spp.、*Enterobacteriaceae*、霉菌	西班牙
意大利香肠(Salsiccia)	碎猪肉、香料、盐	干/半干，香肠	各类 LAB 菌种、*Staph.* spp.、*Micrococcus* spp.、*Enterobacteriaceae*、酵母	意大利
菲律宾腌肉(Tocino)	猪肉、盐、糖、硝酸钾	发酵腊肉	*Ped. cerevisiae*、*Lb. brevis*、*Leuc. mesenteroides*	菲律宾

6. 发酵水产品

发酵水产品主要是指通过在新鲜鱼、虾、蟹、贝类等水产品中加入较高含量的食盐，然后经过微生物长时间发酵而成的食品，主要包括虾油、虾酱、鱼酱油、鱼露等。生活在沿海地区、湖泊和河流附近的人们传统上通过发酵、阳光/烟熏干燥和盐腌来保存鱼（表 8-7），并作为调味品和配菜食用。世界上发酵和传统保存的鱼产品中都存在几种细菌和酵母菌。

表 8-7　全世界范围内部分发酵水产品及其中的微生物

产品名	发酵原料	感官特性与基本性质	微生物	国家/地区
马拉盏(Belacan)	虾、盐	糊状的，可作调味品	*Bacillus*、*Pediococcus*、*Lactobacillus*、*Micrococcus*、八叠球菌属（*Sarcina*）、梭状芽孢杆菌属（*Clostridium*）、*Brevibacterium*、黄杆菌属（*Flavobacter-ium*）、棒状杆菌属（*Corynebacteria*）	马来西亚
Burong Isda	鱼、米饭、盐	发酵鱼，酱油	*Leuc. mesenteroides*、*Ped. cerevisiae*、*Lactiplantibacillus plantarum*、粪链球菌（*Strep. faecalsis*）、*Micrococcus* sp.	菲律宾
Gnuchi	鱼、盐、姜黄粉	以咖喱方式食用	*Lactiplantibacillus plantarum*、*Lc. lactis* subsp. Latis、*Leuc. mesenteroides*、*Ent. faecium*、*Ent. faecalis*、*Ped. pentosaceus*、奇普特假丝酵母（*Cand. chiropterorum*）、水解（蜂生）假丝酵母（*Cand. bombicola*）、*Saccharomycopsis* sp.	印度

续表

产品名	发酵原料	感官特性与基本性质	微生物	国家/地区
Hoi-malaeng pu-dong	贻贝、盐	发酵贻贝	*Ped. halophilus*、*Staph. aureus*、表皮葡萄球菌（*Staph. epidermidis*）	泰国
发酵盐渍鱿鱼（Ika-Shiokara）	鱿鱼、盐	发酵鱿鱼	*Micrococcus* sp.、*Staphylococcus* sp.、*Debaryomyces* sp.	日本
臭鱼干（Kusaya）	马鲭、盐	发酵鱼干	臭鱼棒状杆菌（*Corynebacterium kusaya*）、螺菌属（*Spirillum* sp.）、双酶梭菌（*C. bifermentans*）、*Penicillium* sp.	日本
鱼露/鱼酱油（Nuoc Mam）	海鱼	鱼露、调味品	*Bacillus* sp.、*Pseudomonas* sp.、*Micrococcus* sp.、*Staphylococcus* sp.、*Halococcus* sp.、盐沼盐古杆菌（*Halobacterium salinarium*）、肤红盐古杆菌（*H. cutirubrum*）	越南
Pla-paeng-daeng	海鱼、红色霉菌发酵过的米饭、盐	呈红色的发酵鱼	*Pediococcus* sp.、*Ped. halophilus*、*Staph. aureus*、*Staph. epidermidis*	泰国
瑞典盐腌鲱鱼（Surströmming）	鱼	发酵鲱鱼	*Haloanaerobium praevalens*	瑞典

虾酱中发光杆菌属是其主要的优势菌属，所占比例达到71.94%；其次是弧菌属，比例为12.54%。此外，嗜盐菌以及产蛋白酶霉菌和酵母菌等微生物则有利于改善快速发酵虾酱的风味。然而，不同地区传统虾酱中微生物组成因地区、制备工艺和原料的不同而存在差异，例如，印度尼西亚传统虾酱中参与发酵的主要乳酸菌是片球菌属的嗜盐片球菌（*Pediococcus halophilus*）和糊精片球菌（*Pediococcus dextrinicus*）。对于同发酵阶段传统发酵工艺制作的鱼露，乳酸菌以及酵母菌是其主要的优势微生物，而且它们的变化趋势与鱼露各项指标的变化规律有明显的相关性。另外，在鱼露的生产过程中，常选用耐盐细菌作为发酵剂或通过添加蛋白酶以达到缩短鱼露发酵周期、提高鱼露产品质量的目的。

7. 其他发酵食品

醋是世界上最受欢迎的调味品之一，由含糖或乙醇的底物和水解淀粉材料通过需氧转化为乙酸制备。山西老陈醋、镇江香醋是我国传统发酵谷物类食品的典型代表。山西老陈醋的生产发酵过程主要分为制曲、糖化、酒精发酵和醋酸发酵四步，由于酿造工艺，不同阶段菌相结构会发生剧烈变化。从整个发酵过程中看，大曲到酒精发酵期间，细菌和真菌多样性呈现减少的趋势，而醋酸发酵前期菌群数量由于醋醅的接入而增加，但随着发酵的进行，乳酸菌和醋酸菌占据优势，抑制其他微生物的生长，从而使菌种数量下降。另外，在镇江香醋醋酸发酵阶段醋醅中的优势微生物为醋酸菌、乳酸菌和酵母，三者占细菌和真菌总和的80%以上，在醋酸发酵阶段醋酸菌和乳酸菌数量均呈现出先增加后降低的趋势，然后保持一定的水平直至发酵结束。

特殊的发酵茶，例如泰国的 Miang 和中国的普洱（Puer）、茯砖（Fuzhuan Brick）和康普（Kombucha）。在普洱茶中的主要真菌是黑曲霉（*Aspergillus niger*），但其中同时也存在其他的霉菌或细菌，如食腺嘌呤芽生葡萄孢酵母（*Blastobotrys adeninivorans*）、灰绿曲霉（*Asp. glaucus*）、青霉属（*Penicillium*）、根霉属（*Rhizopus*）和酵母菌属（*Saccharomyces*）霉菌，以及游动放线菌属（*Actinoplanes*）和链霉菌属（*Streptomyces*）等。而在康普茶中，则发现有布鲁塞尔酒香酵母（*Brettanomyces bruxellensis*）、星形假丝酵母（*Candida stellata*）、黏质红酵母（*Rhodotorula mucilaginosa*）、酵母菌属（*Saccharomyces* spp.）、粟酒裂殖酵母（*Schizosaccharomyces pombe*）、德尔布有孢圆酵母（*Torulaspora delbrueckii*）、拜耳接合酵母（*Zygosaccharomyces bailii*）、双孢接合酵母（*Zygosaccharomyces bisporus*）、康普茶接合酵母（*Zygosaccharomyces kombuchaensis*）和小椭圆接合酵母（*Zygosaccharomyces microellipsoides*），而葡糖酸醋杆菌属（*Gluconacetobacter*）细菌是康普茶中的主要菌属。另外曲霉属（*Aspergillus*）、青霉属（*Penicillium*）和欧氏菌属（*Eurotium*）则是茯砖茶发酵过程中的主要真菌微生物。

由木醋杆菌（*Acetobacter xylinum*）发酵制成的 Nata（一种细菌纤维素凝胶物质）是菲律宾的美味佳肴，一般作为糖果食用。市场上的 Nata 有两种类型：一种为 Nata de Piña，由菠萝切碎的汁液发酵制成；另一种为 Nata de Coco，用椰子水或椰子脱脂奶发酵制成。细菌纤维素凝胶纯度高，风味和颜色具有原位变化的特点，而且具有形状和质地的可塑性，因此将其作为一种食品成分的潜力非常大。

巧克力是可可豆发酵的产物，发酵黏液乳杆菌（*Lb. fermentum*）和巴氏醋酸杆菌（*Acetobacter pasteurianus*）是其主要的细菌种类。加纳的可可豆发酵与多种乳酸菌有关，其中包括加纳乳杆菌（*Lb. ghanensis*）、加纳魏斯氏菌（*Weissella ghanensis*）、可可乳杆菌（*Lb. cacaonum*）、发酵蚕豆乳杆菌（*Lb. fabifermentans*）和 *Weissella fabaria*。在可可发酵的初始阶段，假无花果果糖乳杆菌（*Fructobacillus pseudoficulneus*）、植物乳植杆菌（*Lactiplantibacillus plantarum*）、塞内加尔醋杆菌（*Acetobacter senegalensis*）、痰塔特姆氏菌（*Tatumella ptyseos*）和柠檬痰塔特姆氏菌（*Tatumella citrea*）是发现的主要菌种。而在可可自发发酵过程中，与其风味形成相关的酵母则包括葡萄汁有孢汉逊酵母（*Hanseniaspora uvarum*）、季也蒙有孢汉逊酵母（*Hanseniaspora guilliermundii*）、东方伊萨酵母（*Issatchenkia orientalis*）、膜璞毕赤酵母（*Pichia membranifaciens*）、酿酒酵母（*Saccharomyces cerevisiae*）和克鲁维酵母属（*Kluyveromyces*）。

皮蛋（Pidan）是一种用碱处理新鲜鸭蛋而制成的食品，具有强烈的硫化氢和氨气味。皮蛋制作所用的主要碱性化学试剂是由碳酸钠、水和氧化钙（来自酸菜或涂泥）反应生成的氢氧化钠。皮蛋中所含有的主要微生物包括蜡状芽孢杆菌（*B. cereus*）、软化芽孢杆菌（*B. macerans*）、科氏葡萄球菌（*Staph. cohnii*）、表皮葡萄球菌（*Staph. epidermidis*）、溶血葡萄球菌（*Staph. haemolyticus*）和沃氏葡萄球菌（*Staph. warneri*）。

三、全球饮料酒微生物

世界上的饮料酒分为以下 10 种类型。

(1) 由淀粉分解发酵剂生产的非蒸馏，且不经过滤的饮料酒　例如印度和尼泊尔的 Kodo Ko Jaanr（由鸭脚粟发酵）和 Bhaati Jaanr（由米饭发酵），韩国的 Makgeolli（由米饭发酵）。

(2) 由淀粉分解发酵剂生产的非蒸馏，但经过滤的饮料酒　例如日本的清酒（Sake）和我国的黄酒。

(3) 用淀粉分解发酵剂生产的蒸馏饮料酒　例如我国的白酒、日本的烧酒（Shochu）和韩国的烧酒（Soju）。

(4) 生产过程中有人类唾液淀粉酶所参与的饮料酒　例如秘鲁的 Chicha。

(5) 通过单菌株发酵生产的饮料酒　例如啤酒。

(6) 由蜂蜜制成的饮料酒　例如埃塞俄比亚的 Tej。

(7) 由植物的特定部分制成的饮料酒　例如墨西哥的 Pulque，印度的 Toddy 和 Kanji。

(8) 通过麦芽（发芽）生产的饮料酒　例如南非的高粱啤酒（Bantu），尼日利亚和加纳的皮托（Pito），以及贝宁的 Tchoukoutou。

(9) 由水果制成，但不经过蒸馏的饮料酒　例如葡萄酒（Wine）、苹果酒（Cider）。

(10) 由水果和谷物制成的蒸馏饮料酒　例如威士忌（Whisky）和白兰地（Brandy）。

各类饮料酒的详细介绍如下。

1. 淀粉分解发酵剂

淀粉分解发酵剂以稻米或小麦为基质，以干燥、扁平或圆球的形式培养，用来生产饮料酒的必需微生物（丝状霉菌、淀粉分解和产酒精的酵母和 LAB）。它是将先前制备的大约 1%~2% 的淀粉分解发酵剂接种到面团中，让混合培养物在短时间内发育，然后干燥制作成发酵剂，可用于发酵淀粉材料制成酒类或其他发酵食品。亚洲的淀粉分解发酵剂，根据不同国家的方言，有不同的名称，如我国的曲，印度和尼泊尔的 Marcha，印度的 Hamei、Humao、Phab，尼泊尔的 Mana 和 Manapu，越南的 Men，印度尼西亚的 Ragi，菲律宾的 Bubod，泰国的 Loogpang，柬埔寨的 Mae/Dombae/Buh/Puh 和韩国的 Nuruk。

印度、尼泊尔和不丹淀粉分解发酵剂的特征微生物是丝状霉菌、酵母和乳酸菌（LAB），其中，丝状霉菌包括卷枝毛霉菌卷枝变型（*Mucor circinelloides* forma *circinelloides*）、冻土毛霉菌（*Mucor hiemalis*）、中华根霉（*Rhi. chinensis*）和匍枝根霉溶球菌变种（*Rhi. stolonifer* variety *lyococcus*）；酵母包括酿酒酵母（*Sacch. cerevisiae*）、贝酵母（*Sacch. bayanus*）、扣囊复膜孢酵母（*Saccharomycopsis fibuligera*）、荚复膜孢酵母（*Sm. Capsularis*）、异常毕赤酵母（*Pichia anomala*）、伯顿毕赤酵母（*Pic. burtonii*）和光滑假丝酵母（*Candida glabrata*）；而 LAB 则包括了戊糖片球菌（*Ped. pentosaceus*）、双发酵乳酸杆菌（*Lb. bifermentans*）和短乳酸

杆菌（*Lb. brevis*）。

越南的淀粉分解发酵剂中含有多种酵母菌，如热带假丝酵母（*Candida tropicalis*）、葡萄牙棒孢酵母（*Clavispora lusitaniae*）、异常毕赤酵母（*Pichia anomala*）、拉农毕赤酵母（*Pichia ranongensis*）、扣囊复膜孢酵母（*Saccharomycopsis fibuligera*）、酿酒酵母（*Sacch. cerevisiae*）、伊萨酵母属（*Issatchenkia* sp.）；也包含了丝状霉菌，如多枝犁头霉（*Absidia corymbifera*）、淀粉毛霉（*Amylomyces rouxii*）、亚冠状串担革菌（*Botryobasidium subcoronatum*）、米根霉（*Rhizopus oryzae*）、小孢根霉（*Rhi. microsporus*）、双孢耐干霉（*Xeromyces bisporus*）；还包含了LAB，如戊糖片球菌（*Ped. pentosaceus*）、植物乳植杆菌（*Lactiplantibacillus plantarum*）、短乳酸杆菌（*Lb. brevis*）、融合魏斯氏菌（*Weissella confusa*）、类肠膜魏斯氏菌（*Weissella paramesenteroides*）；产淀粉酶的杆菌，如枯草芽孢杆菌（*Bacillus subtilis*）、环状芽孢杆菌（*B. circulans*）、解淀粉芽孢杆菌（*B. amyloliquefaciens*）、耐热芽孢杆菌（*B. sporothermodurans*），以及醋酸菌，如东方醋酸杆菌（*Acetobacter orientalis*）、巴氏醋酸杆菌（*Acetobacter pasteurianus*）。

日本的Koji中所含有的米曲霉（*Asp. oryzae*）和酱油曲霉（Asp. *sojae*）被用于生产清酒等饮料酒。日本所称的Koji，本质上与我国的曲相似，会产生淀粉酶，将淀粉转化为可发酵糖，用于第二阶段酵母发酵。这种Koji会用来制作非酒精类的豆类制品，如味噌（Miso）和酱油（Shoyu）。在日本，泡盛曲霉（*Asp. awamori*）、河内白曲霉（*Asp. kawachii*）、米曲霉（*Asp. oryzae*）、*Asp. Shirousamii* 和酱油曲霉（*Asp. sojae*）是制作味噌（Miso）、清酒（Sake）、酱油（Shoyu）、烧酒（Shochu）发酵剂中的主要微生物。

2. 由淀粉分解发酵剂生产的非蒸馏低度饮料酒

在固态发酵下，由丝状霉菌和酵母菌对谷物淀粉进行酒化和糖化的生物过程，辅以淀粉分解发酵剂，是亚洲饮料酒生产的两个主要阶段之一。这些饮料酒在亚洲许多地区大多被认为是食品饮料，并作为高热量的主食食用，例如，印度喜马拉雅地区、尼泊尔、不丹和我国西藏地区的Kodo Ko Jaanr（酒精度为5%Vol）。这些饮料酒的糖化过程主要有根霉菌属（*Rhizopus* spp.）和扣囊复膜孢酵母（*Saccharomycopsis fibuligera*）的参与，而酒化过程则主要由扣囊复膜孢酵母（*Saccharomycopsis fibuligera*）和酿酒酵母（*Sacch. cerevisiae*）完成。我国流行的发酵米饮料酒，醪糟酒中存在根霉属（*Rhizopus*）、淀粉霉属（*Amylomyces*）、球拟酵母属（*Torulopsis*）和汉逊酵母属（*Hansenula*）。在韩国米酒（Makgeolli）的发酵过程中，酵母菌科（Saccharomycetaceae）的比例显著增加，并且样品的主要细菌（门水平）从γ-变形菌门（γ-Proteobacteria）转变成厚壁菌门（Firmicutes）。

3. 由淀粉分解发酵剂生产的非蒸馏和过滤饮料酒

此种饮料酒由淀粉分解发酵剂进行发酵，但不经过蒸馏，而是将发酵谷物的提取物过滤成澄清的较高酒精度的酒。例如，日本的清酒（Sake），利用Koji作为淀粉分解发酵剂进行发酵，是一种酒精度达到15%vol～20%vol的日本国民饮料酒。目前，用于工业规模的清酒生产所用的菌种是米曲霉（*Asp. oryzae*）的改良菌种。

4. 淀粉分解发酵剂生产的蒸馏饮料酒

这类饮料酒是使用淀粉分解发酵剂发酵谷物形成含有高浓度酒精的、澄清的蒸馏饮料酒。Raksi 是喜马拉雅山的一种民族饮料酒（酒精度 22%vol~27%vol），具有芳香特征，由传统谷物发酵蒸馏而成。我国的白酒属于这个类别。

5. 人类唾液产生的饮料酒

安第斯印第安人独特的民族发酵饮料酒 Chicha（酒精度 2%vol~12%vol），产自南美洲，主要分布在秘鲁，由人类唾液发酵玉米制成。在 Chicha 中发现有酿酒酵母（*Sacch. cerevisiae*）、*Sacch. apiculata*、巴氏酵母（*Sacch. pastorianus*）、乳酸杆菌属（*Lactobacillus*）和醋酸杆菌属（*Acetobacter*）的一些细菌。从巴西的 Chicha 中还分离到乳酸杆菌属（*Lactobacillus*）、芽孢杆菌属（*Bacillus*）、明串珠菌属（*Leuconostoc*）、肠球菌属（*Enterococcus*）、链霉菌属（*Streptomyces*）、肠杆菌属（*Enterobacter*）、不动杆菌属（*Acinetobacter*）、埃希氏菌属（*Escherichia*）、克罗诺杆菌属（*Cronobacter*）、克雷伯氏菌属（*Klebsiella*）、双歧杆菌属（*Bifidobacterium*）和丙酸杆菌属（*Propionibacterium*）。

6. 蜂蜜制成的饮料酒

一些饮料酒是由蜂蜜制成的，例如埃塞俄比亚的 Tej。它是一种黄色、甜味、有气泡和浑浊的饮料酒（酒精度 7%vol~14%vol）。其发酵过程中所涉及的微生物主要有酿酒酵母（*Sacch. cerevisiae*）、保加利亚克鲁维酵母（*Kluyveromyces bulgaricus*）、法夫德巴利酵母（*Debaryomyces phaffi*）、维罗纳克鲁维酵母（*Kl. veronae*），以及 LAB 菌种，如乳酸杆菌属（*Lactobacillus*）、链霉菌属（*Streptococcus*）、明串珠球菌属（*Leuconostoc*）及片球菌属（*Pediococcus*）。

7. 由植物部分制成的饮料酒

最古老的饮料酒之一 Pulque 是由墨西哥仙人掌科植物龙舌兰（Agave）的汁液制成。发酵制作 Pulque 过程中涉及多种乳酸菌（LAB）、γ-变形杆菌（γ-Proteobacteria）、运动发酵单胞菌（*Zymomonas mobilis*）、苹果醋杆菌（*Acetobacter malorum*）、果实醋杆菌（*A. pomorum*）、树状微杆菌（*Microbacterium arborescens*）、约氏黄杆菌（*Flavobacterium johnsoniae*）、氧化葡萄糖酸杆菌（*Gluconobacter oxydans*）和蜂房哈夫尼菌（*Hafnia alvei*）。而从 Pulque 中还分离得到多种酵母，包括贝酵母（*Sacch. bayanus*）、酿酒酵母（*Sacch. cerevisiae*），奇异酵母（*Sacch. paradoxus*），此外，还有一些非酵母属的微生物，如假丝酵母属（*Candida* spp.）、近平滑假丝酵母（*C. parapsilosis*）、葡萄牙棒孢酵母（*Clavispora lusitaniae*）、葡萄汁有孢汉逊酵母（*Hanseniaspora uvarum*）、乳酸克鲁维酵母（*Kl. lactis*）、马克斯克鲁维酵母（*Kl. marxianus*）、膜醭毕赤酵母（*Pichia membranifaciens*）、毕赤酵母属（*Pichia* spp.）、德尔布有孢圆酵母（*Torulaspora delbrueckii*）。

由棕榈汁制成的传统饮料酒称为棕榈酒。根据地区的不同，其名称也多种多样，例如，印度称为 Toddy 或 Tari，西非和南美则称之为 Mu、Bandji、Ogogoro、Nsafufuo 等。发酵棕榈汁形成 Toddy 的微生物是酿酒酵母（*Sacch. cerevisiae*）、粟酒裂殖酵母（*Schizosaccharomyces pombe*）、醋化醋酸杆菌（*Acetobacter aceti*）、恶臭醋酸杆菌

(*A. rancens*)、弱氧化醋酸杆菌（*A. suboxydans*）、葡聚糖明串珠菌（*Leuc. dextranicum*）、微球菌属（*Micrococcus* sp.）、片球菌属（*Pediococcus* sp.）、芽孢杆菌属（*Bacillus* sp.）和八叠球菌属（*Sarcina* sp.）。

Kanji 是风味浓郁、酒精温和的一种印度民族饮料，由甜菜根和胡萝卜通过自然发酵制成。在 Kanji 中发现了异常汉逊酵母（*Hansenula anomala*）、季也蒙假丝酵母（*Candida guilliermondii*）、热带假丝酵母（*C. tropicalis*）、白地霉（*Geotrichium candidum*）、肠膜明串珠菌（*Leuc. Mesenteroides*）、片球菌属（*Pediococcus* sp.）、类植物乳酸杆菌（*Lb. paraplantarum*）和戊糖乳酸杆菌（*Lb. pentosus*）。

8. 通过麦芽或发芽生产的饮料酒

南非班图部落的 Bantu 啤酒或高粱啤酒是一种通过麦芽或发芽生产的饮料酒。麦芽啤酒在非洲很常见，有不同的名称，例如乌干达的 Bushera 或 Muramba、津巴布韦的 Chibuku，以及卢旺达的 Ikigage 等。将高粱（*Sorghum caffrorum* 或 *S. vulgare*）制成麦芽，其特点是两阶段的发酵（乳酸发酵后酒精发酵），并且发酵黏液乳杆菌（*Lb. fermentum*）是其中主要的乳酸菌（LAB）。

9. 水果制成未经蒸馏的饮料酒

水果制成未经蒸馏的饮料酒最常见的例子是葡萄酒，它是由各种酵母属和非酵母属微生物发酵而成。其中后者也常被称为“野生”酵母，如软假丝酵母（*Candida colliculosa*）、星形假丝酵母（*C. stellata*）、葡萄汁有孢汉逊酵母（*Hanseniaspora uvarum*）、柠檬克勒克酵母（*Kloeckera apiculata*）、耐热克勒克酵母（*Kl. thermotolerans*）、德尔布有孢圆酵母（*Torulaspora delbrueckii*）和美极梅奇酵母（*Metschnikowia pulcherrima*）。葡萄酒发酵过程中产生的酿酒酵母菌株（*Sacch. cerevisiae*）在葡萄酒特性的形成中发挥着积极作用。

第二节　传统发酵食品中微生物的代谢和功能特性

许多发酵食品中既有营养成分，也有非营养成分，这些成分有可能调节人体内与消费者福祉和健康相关的特定靶功能。然而，世界不同国家和地区 90%的自然发酵食品和饮料酒仍然是在传统条件下于当地生产。自然发酵食品和饮料既含有功能性微生物，又含有非功能性微生物。功能性微生物在食品发酵过程中经代谢转化动植物原料的化学成分，从而提高营养的生物利用率，丰富食品的感官质量，提供生物防腐效果和改善食品安全，降解有毒成分和抗营养因子，产生抗氧化剂和抗微生物化合物，刺激益生菌功能，并添加一些促进健康的生物活性化合物。

一、传统发酵食品中微生物的代谢

传统发酵食品具有独特的风味和丰富的营养成分，且某些发酵食品中生物活性物质对人体健康有着积极的作用，其独特的风味及营养成分主要是原材料在微生物及酶的作用下转化形成的，其发酵过程及物质转化概述如图 8-1 所示，而在发酵过程中微生物的代谢对发酵食品中的生物活性物质、食品特征以及风味等起着关键作用，因此对传统发酵食品中微生物代谢的研究能够更好地揭示微生物在发酵过程中的主要作用，分析微生物与代谢物之间的关系可以更好地掌握微生物发酵机制，对产品的质量控制和工业化提供理论依据。

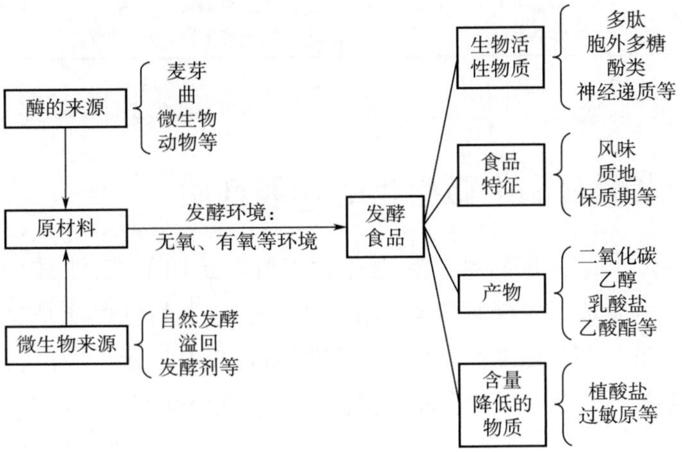

图 8-1 发酵食品发酵过程及物质转化

通过分析发酵食品菌相组成与代谢物之间的相关性，从而找到发酵体系中的功能微生物群，这种方法是寻找复杂发酵系统中核心微生物群的主要方法之一。例如，利用高效液相色谱-紫外检测法（HPLC-UV）和顶空固相微萃取-气相色谱-质谱联用（HS-SPME/GC-MS）对镇江香醋进行成分分析，再通过宏基因组测序揭示微生物分类和功能组成，分析不同代谢途径的微生物分布差异，构建香醋中微生物群对底物分解和主要风味形成的代谢网络。同样，通过宏基因组学和代谢组学技术，研究发现白酒发酵过程中重要的代谢产物贡献者，乳酸杆菌属（*Lactobacillus*）、酵母属（*Saccharomyces*）和假丝酵母属（*Candida*）；利用类似的技术，在干酪中也发现了部分微生物与风味物质（代谢产物）之间的联系（表 8-8），这对干酪发酵工艺改进提供了理论支撑。蟹膏、鱼酱以及食醋等传统发酵食品中微生物代谢特点或核心功能微生物也已经通过这种类似方法进行了研究。微生物代谢特点的研究及核心微生物的寻找可以为研究者采用工程化的理念设计出高效的多菌种体系提供理论基础，从而构建出可控的多菌种发酵体系，实现传统发酵食品的高效且具有目的性的生产。

表 8-8　　干酪中微生物与代谢物之间的关系

呈负相关关系的微生物与代谢物		呈正相关关系的微生物与代谢物	
代谢物	菌种	代谢物	菌种
辛酸	链球菌、酵母菌、嗜温需氧菌等	苯乙醛、壬酸和癸醛	海链霉菌
1-甲氧基-4-（1-丙烯基）苯	链球菌、酵母菌、嗜温需氧菌等	1-辛醇	嗜温乳球菌
1-辛醇	干酪乳酪杆菌	3-甲基丁醛	嗜温乳杆菌
壬醛	嗜温需氧菌	1-甲氧基-3-（1-甲基乙基）苯	嗜温需氧细菌和酵母
癸醛	瑞士乳杆菌、发酵黏液乳杆菌等	2-十二烷酮、2,2,4,6,6-五甲基庚烷	干酪乳酪杆菌

二、传统发酵食品中微生物的功能性质

发酵食品中微生物的功能特性包括益生菌特性、抗菌剂特性、抗氧化剂、产多肽、纤溶活性、聚谷氨酸合成以及降解抗营养化合物等，这些特性可能是功能性食品生产发酵剂选用的重要标准。部分已经商品化的发酵剂如表 8-9 所示。经由它们发酵所产生的相关的产品作为功能性食品、健康食品和保健食品，在全球商业化和销售。

表 8-9　　在食品发酵中用作商业发酵剂的一些功能微生物

类别	菌属/菌种	产品/应用
细菌	醋酸醋杆菌醋酸亚种（*Acetobacter aceti* subsp. *aceti*）	醋
	巴氏醋杆菌巴氏亚种（*A. pasteurianus*subsp. *pasteurianus*）	醋、可可
	嗜酸普鲁兰芽孢杆菌（*Bacillus acidopullulutícus*）	普鲁兰酶（食品添加剂）
	B. coagulans	可可、葡萄糖异构酶（食品添加剂）、发酵豆制品
	B. licheniformis	蛋白酶（食品添加剂）
	B. subtilis	发酵豆制品、蛋白酶、糖脂、核黄素（食品添加剂）
	Bifidobacterium animalis subsp. *lactis*、*B. breve*	具益生菌特性的发酵乳制品，常见于欧洲的发酵牛乳中
	食物小短杆菌（*Brachybacterium alimentarium*）	格吕耶尔和博福尔干酪

续表

类别	菌属/菌种	产品/应用
细菌	黄色短杆菌（*Brevibacterium flavum*）	苹果酸、谷氨酸、赖氨酸、谷氨酸钠（食品添加剂）
	产氨棒状杆菌（*Corynebacterium ammoniagenes*）	干酪成熟
	产气肠杆菌（*Enterobacter aerogenes*）	面包发酵
	Ent. durans	干酪和酸面团的发酵
	Ent. faecium	大豆、乳制品、肉制品、蔬菜
	Klebsiella pneumoniae subsp. *ozaenae*	Tempe、维生素 B_{12} 的生产
	耐酸乳杆菌（*Lactobacillus acetotolerans*）	意大利乳清干酪、蔬菜
	L. acidophilus	发酵乳制品、益生菌、蔬菜
	L. alimentarius	发酵香肠、意大利乳清干酪、肉制品、鱼
	L. brevis	面包发酵、葡萄酒、乳制品
	L. buchneri	葡萄酒的苹乳发酵、酸面团
	Lacticaseibacillus casei subsp. *casei*	乳制品发酵剂、干酪的成熟、绿色食用橄榄
	L. delbruecki subsp. *bulgaricus*	酸乳和其他发酵乳制品、意大利干酪
	Limosilactobacillus fermentum	发酵乳制品、酸面团
	L. ghanensis	可可
	L. helveticus	干酪发酵剂、干酪的成熟、蔬菜
	希氏乳杆菌（*L. hilgardii*）	葡萄酒的苹乳发酵
	开菲尔乳杆菌（*L. kefiri*）	发酵乳（开菲尔）、降低柠檬汁的苦涩味
	泡菜乳杆菌（*L. kimchii*）	韩国泡菜（kimchi）
	Lacticaseibacillus paracasei subsp. *paracasei*	干酪发酵、益生原干酪、益生菌、葡萄酒、肉制品
	L. pentosus	肉类发酵和肉制品的生物保存、绿色食用橄榄、乳制品、水果、葡萄酒
	Lactiplantibacillus plantarum subsp. *plantarum*	蔬菜发酵、苹乳发酵、绿色食用橄榄、乳制品、肉制品
	L. sakei subsp. *sakei*	干酪和肉制品的发酵、饮料
	L. salivarius subsp. *salivarius*	干酪发酵
	旧金山乳杆菌（*L. sanfranciscensis*）	酸面团
	L. versmoldensis	干制香肠
	Lactococcus lactis subsp. *lactis*	乳制品发酵剂、抗菌肽
	Lc. lactis subsp. *lactis*、L. *mesenteroides* subsp. *cremoris*、*L. mesenteroides* subsp. *dextranicum*、*L. mesenteroides* subsp. *mesenteroides*	乳制品发酵剂

续表

类别	菌属/菌种	产品/应用
细菌	酒酒球菌（*Oenococcus oeni*）	葡萄酒的苹乳发酵
	Ped. acidilactici	肉类发酵和肉制品的生物保存、干酪发酵剂
	Ped. pentosaceus	肉类发酵和肉制品的生物保存
	Acidpropionibacterium acidipropionici	肉类发酵和肉制品的生物保存
	丙酸杆菌（*Propionibacterium arabinosum*）	干酪发酵、益生菌
	费氏丙酸杆菌费氏亚种（*P. freudenreichii* subsp. *freudenreichii*）	干酪发酵（埃曼塔尔干酪发酵剂）
	Weisella ghanensis	可可
	运动发酵单胞菌运动亚种（*Zymomonas mobilis* subsp. *mobilis*）	饮料
酵母	法氏假丝酵母（*Candida famata*）	蓝纹干酪发酵和柑橘生物贮藏、肉制品
	C. guilliermondii	柠檬酸（食品添加剂）
	克鲁斯假丝酵母（*C. krusei*）	开菲尔发酵、酸面团发酵
	Debaryomyces hansenii	干酪的成熟、肉制品
	Geotrichum candidum	软干酪、半软干酪或发酵乳的成熟、肉制品
	Kluyveromyces marxianus	干酪的成熟、乳糖酶（食品添加剂）
	S. bayanus	开菲尔发酵、果汁和葡萄酒发酵
	S. cerevisiae	啤酒、面包、转化酶（食品添加剂）
	S. cerevisiae subsp. *boulardii*	用作益生菌培养基
	S. florentius	开菲尔发酵
	S. pastorianus	啤酒
	清酒酵母（*S. sake*）	清酒发酵
	单孢酿酒酵母（*S. unisporus*）	开菲尔发酵
	Schizosaccharomyces pombe	葡萄酒
	Zygosaccharomyces rouxii	酱油
丝状霉菌	*Aspergillus flavus*	α-淀粉酶（食品添加剂）
	A. niger	饮料、柠檬酸工业生产，淀粉糖苷酶、果胶酶、纤维素酶、葡萄糖氧化酶、蛋白酶（食品添加剂）
	A. oryzae、*A. sojae*	酱油、饮料、α-淀粉酶、淀粉糖苷酶、脂肪酶（食品添加剂）
	Penicillium camemberti	白霉干酪（卡门伯特型）
	P. roqueforti	蓝纹干酪
	少孢根霉（*Rhizopus oligosporus*）	Tempe 发酵

续表

类别	菌属/菌种	产品/应用
	R. oryzae	酱油、koji
	纳塔尔链霉菌（*Streptomyas natalensis*）	纳他霉素（食品添加剂）

1. 抗菌性能

从发酵蔬菜和乳制品中分离得到的许多种 LAB 均具有抗菌活性，这是由于这些细菌产生了细菌素和乳链菌素等抗菌化合物。泡菜（Kimchi）中分离到的许多 LAB 都能产生抗微生物化合物，如乳酸乳杆菌 BH5（*L. lactis* BH5）和柠檬乳杆菌 GJ7（*L. citreum* GJ7）产生的细菌素（Bacteriocin），以及戊糖片球菌产生的片球菌素（Pediocin）。从印度 Dahi 中分离的乳酸乳球菌乳亚种（*Lactococcus lactis* subsp. *lactis*）所产生的乳链球菌素 Z（Nisin Z），可抑制单核细胞增生性李斯特菌（*L. monocytogenes*）和金黄色葡萄球菌（*S. aureus*）；从罗马尼亚传统发酵水果和蔬菜中分离出的几种 LAB 对单核细胞增生性李斯特菌（*L. monocytogenes*）、大肠埃希氏菌（*E. coli*）、沙门氏菌（*Salmonella*）和芽孢杆菌（*Bacillus*）具有抗菌活性。

2. 抗氧化活性

发酵食品中的抗氧化活性包括有：1,1-二苯基-2-苦基肼（DPPH）自由基清除活性、2,2'-联氮-双-3-乙基苯并噻唑啉-6-磺酸（ABTS）自由基清除活性、总酚含量（TPC）和还原能力。亚洲的许多发酵大豆食品均具有抗氧化性，例如我国的豆豉、日本的纳豆、韩国的清麹酱、印度和尼泊尔的 Kinema（芽孢杆菌发酵）、印度的 Bekang 和 Tungrymbai（芽孢杆菌发酵）及印度尼西亚的 Tempe（霉菌发酵）。韩国泡菜（Kimchi）和酸奶也有一定的抗氧化活性。

3. 多肽生产

生物活性多肽是由蛋白水解微生物在食品发酵过程中形成的。在发酵食品中发现的多肽具有免疫调节、抗血栓和抗高血压特性等功能特性。芽孢杆菌属（*Bacillus*）的细菌参与了蛋白质的酶解，从而产生了有益于健康的多肽和氨基酸。各种发酵乳制品（如 Kefir、Koumiss、酸乳、发酵骆驼乳和干酪）及发酵鱼产品也对血管紧张素转换酶（ACE）具有一定的抑制作用。

4. 微生物产酶

发酵食品中的另一个重要组分是微生物产生的酶。在亚洲的许多发酵大豆食品中，由芽孢杆菌属（*Bacillus*）细菌在发酵过程中产生的酶，如蛋白酶、淀粉酶、甘露聚糖酶、纤维素酶和过氧化氢酶等，能将复杂化合物分解成多种具生物活性的简单生物分子。发酵食品和饮料中常见的菌丝真菌包括放射霉菌（*Actinomucor*）、淀粉霉菌（*Amylomyces*）、曲霉菌（*Aspergillus*）、红曲霉菌（*Monascus*）、毛霉菌（*Mucor*）、脉孢霉菌（*Neurospora*）和根霉菌（*Rhizopus*），它们能产生各种碳水化合物酶，如 α-淀粉酶、淀粉糖苷酶、麦芽糖酶、蔗糖酶、果胶酶、半乳糖苷酶、纤维素酶、半纤维素酶，酸性和碱性蛋白酶及脂肪酶。高峰淀粉酶 A（Taka-Amylase A，TAA）是 Koji 中米曲霉（*Aspergillus oryzae*）所产生的一种酶，在工业上有许多用途。用于喜马拉雅地区酒精生产的发酵剂，是干燥的固体饼状混合物，具有淀粉分解能力。其中所含有的酵母，如扣囊复膜孢酵母（*Saccharomycopsis fibuligera*）、荚复膜孢酵母（*S. capsularis*）和伯顿毕赤酵母（*Pichia burtonii*），均具有高淀粉酶的活性。

纳豆（Natto）中枯草芽孢杆菌纳豆亚种（*Bacillus subtilis* subsp. *natto*）所产生的纳豆激酶具有纤溶活性。另外，从发酵食品中分离的枯草芽孢杆菌（*B. subtilis*）、解淀粉芽孢杆菌（*B. amyloliquefaciens*）、嗜肉漫游球菌（*Vagococcus carniphilus*）、水獭漫游球菌（*V. lutrae*）、粪肠球菌（*Enterococcus faecalis*）、屎肠球菌（*E. faecium*）、鹑鸡肠杆菌（*E. gallinarum*）和乳酸片球菌（*P. acidilactici*）以及从鱼露发酵过程中分离到的盐反硝化枝芽孢杆菌 SK1-3-7（*Virgibacillus halodenitrificans* SK1-3-7），均能产生纤溶酶。

5. 异黄酮皂苷的增加和聚合氨酸（PGA）的生产

大豆中的异黄酮类分为大豆苷元（Daidzein）、染料木素（Genistein）和黄豆黄素（Glycitein），每一种均以四种形式（苷元、β-葡萄糖苷、乙酰葡萄糖苷和丙二醛葡萄糖苷）存在。亚洲一些发酵大豆食品的发酵过程中，异黄酮糖苷被水解成相应的苷元。这些发酵大豆食品包括我国的腐乳和豆豉、日本的味增和纳豆、韩国的清麴酱和大酱、印度尼西亚的 Tempe 和泰国的 Thua Nao。在 Tempe 的发酵过程中，异黄酮尤其是因子 II 和苷元的含量会增加。

聚谷氨酸（PGA）不是由核糖体蛋白合成，而是由发酵大豆食品中的一些芽孢杆菌属（*Bacillus* spp.）细菌产生。其中，蜡样芽孢杆菌（*B. subtilis*）和地衣芽孢杆菌（*B. licheniformis*）已被广泛应用于 γ-PGA 的工业生产。由于 PGA 完全可生物降解，具有水溶性且对人体无毒，所以亚洲发酵大豆食品中的黏性物质是可以安全食用的。

6. 抗营养物质的降解

发酵食品中存在的一些微生物可能会将阻碍营养吸收的物质降解，从而使食品的营养价值提高。木薯苦味块茎中含有亚麻苦甙（Linamarin）和百脉根甙（Lotaustralin）两种生氰糖苷。在 Gari 和 Fufu 的传统生产过程中，在明串珠菌（*Leuconostoc*）、乳酸杆菌（*Lactobacillus*）和链球菌（*Streptococcus*）的作用下，生氰糖苷会被转化成氢氰酸（HCN）。氢氰酸沸点低，在烘烤时很容易逸散，从而达到解毒的效果，供人们安全食用。在 Tempe 中存在的少孢根霉（*Rhizopus oligosporus*），可消除由水苏糖（Stachyose）和毛蕊糖（Verbascose）导致的腹胀，原因在于少孢根霉能够将这些无法消化的寡糖转化为可吸收的单糖和双糖。此外，在 Kinema 中的枯草芽孢杆菌（*B. subtilis*）也具有降解阻碍营养吸收化合物的作用。

7. 发酵食品健康功效

许多传统发酵食品既可饱腹，又可发挥一定健康功效。日本冲绳县人长寿的原因之一是由于他们所食用的传统食品，如纳豆、味噌、酱油、豆腐、发酵蔬菜等是无胆固醇、低脂肪和高生物活性的复合食品。印度流行的发酵牛乳 Dahi 具有抗癌特性。红葡萄酒由于含有调节生物钟的褪黑素而具有抗衰老的特性。

少数民族人民习惯于相信他们的一些民族食品的药用价值，包括发酵食品和饮料，但世界上几乎所有自然发酵的食品和饮料，它们对健康的益处，仍然需要临床试验和验证。表 8-10 列出了一些发酵食品的健康益处。

表 8-10　　一些发酵食品的健康益处

生物活性化合物	食品来源	健康益处
染料木素	大酱	促进脂肪酸的β-氧化，减轻体重
鼠李糖乳杆菌 GG 的脂磷壁酸	发酵牛乳	抗紫外线致癌的口服光保护剂
异氰酸酯和硫化物吲哚-3-甲醇	泡菜（Kimchi）	预防癌症，去除肝、肾和小肠中的重金属
鸟氨酸		抗肥胖
维生素 A、维生素 C、膳食纤维		抑制癌细胞
辣椒素、大蒜素		预防癌症，抑制幽门螺杆菌（*Helicobacter pylori*）
叶绿素 II		有助于抑制致癌物质的吸收
S-腺苷-L-甲硫氨酸（SAM）		抑郁症的治疗
3-（4-羟基-3,5-二甲氧基苯基）-丙酸（HDMPPA，一种抗氧化剂）		人类动脉粥样硬化的治疗应用
纳豆激酶、抗生素、维生素 K	纳豆	抗肿瘤、免疫调节
维生素 C	酸菜	抗坏血病
硫代葡萄糖苷		天然抗氧化酶的激活
抗氧化剂染料木素、大豆苷元、生育酚、超氧化物歧化酶	Tempe	防止氧化应激导致高脂血症、糖尿病、癌症（乳腺癌和结肠癌）等非传染性疾病，防止胰腺β细胞受损
白藜芦醇	红葡萄酒	抗炎症，抗糖尿病
酚类、琥珀酸		助消化剂
白藜芦醇、类黄酮（槲皮素）、其他酚类化合物、维生素 C 和维生素 K、矿物质硒		预防心血管疾病，降低心脏病发病率和死亡率
褪黑素		抗氧化和抗老化性能

8. 营养素的合成

食品发酵过程中会富集一些维生素、必需氨基酸和生物活性化合物。印度尼西亚的霉菌发酵大豆食品 Tempe 中，发现少孢根霉（*Rhizopus oligosporus*）增加了叶酸、烟酸、核黄素、烟酰胺和吡哆醇的含量，同时肺炎克雷伯氏菌（*Klebsiella pneumoniae*）的非致病菌株和弗氏柠檬酸杆菌（*Citrobacter freundii*）合成了维生素 B_{12}。印度和斯里兰卡的稻米-豆类发酵食品 Idli 中硫胺、核黄素和蛋氨酸的含量在发酵过程中也会增加。同样，仙人掌科植物汁液为原料的墨西哥饮料酒 Pulque，在发酵后增加了维生素 B 复合体和维生素 C、赖氨酸和色氨酸及铁的含量。在许多芽孢杆菌（*Bacillus*）参与发酵的亚洲食品中，核黄素和烟酸含量也有所增加。在韩国泡菜中，肠膜明串珠菌和清酒广布乳杆菌负责合成核黄素和叶酸。从印度和巴基斯坦的发酵谷物食品 Idli 和 Jalebi 中分离得到的酿酒酵母（*Saccharomyces cerevisiae*）、热带假丝酵母（*Candida tropicalis*）、短梗霉属（*Aureobasidium* sp.）和曼氏毕赤酵母（*Pichia manshurica*）可合成维生素 B_{12}；发酵大豆食品经发酵后，游离氨基酸的含量也得到增加。

9. 预防高血压和心脏病

食用发酵的牛乳、益生菌和发酵的大豆食品可降低罹患心脏病的风险。发酵全谷物食品可以降低血清低密度脂蛋白胆固醇，改善高甘油三酯血症和高血压；食用一些发酵食品，如 Tempe、发酵大豆食品和开菲尔（Kefir）等，也可以降低胆固醇水平。发酵奶中的瑞士乳杆菌（*L. helveticus*）可改善高血压。红曲霉合成的美维诺林（Mevinolin）和橘青霉素（Citrinin），可抑制 HMG-CoA 还原酶活性，抑制胆固醇的产生。日本发酵酸乳 Calpis 含有缬氨酸-脯氨酸-脯氨酸（Val-Pro-Pro，VPP）和异亮氨酸-脯氨酸-脯氨酸（Ile-Pro-Pro，IPP）两种三肽，具有降压作用。

饮用我国的发酵茶可预防心脏病；而韩国发酵大豆食品大酱中的异黄酮在预防心血管疾病方面起着重要作用；发酵的全谷物摄入具有潜在预防心脏病的功效。生育酚（维生素 E）和抗坏血酸（维生素 C）与红葡萄酒中的多酚可能存在增效作用，可抑制脂质过氧化。从食物蛋白中提取的 ACE 抑制肽可用于治疗高血压。富含纤溶酶的发酵食品，可用于溶栓治疗，以预防突发的心脏病。

10. 预防癌症

一些发酵食品具有抗突变和抗癌活性。例如，德国发酵蔬菜中含有 S-甲基甲硫氨酸，可降低胃部肿瘤发生的风险；饮用含有嗜酸乳杆菌（*L. acidophilus*）活细胞的发酵乳制品会降低 β-葡萄糖醛酸酶、偶氮还原酶和硝基还原酶（均可催化原癌物转化为致癌物），去除原癌物，并激活免疫系统。韩国泡菜中的食物魏斯氏菌（*W. cibaria*）和植物乳植杆菌（*Lactiplantibacillus plantarum*）具有预防癌症的潜力；而食用酸乳则对膀胱癌、结肠癌和宫颈癌有预防作用。

11. 对胃肠道疾病的防护

发酵食品中存在的乳酸菌可能会降低某些胃肠道疾病的发生率、持续时间和严重程度。食用某些乳酸菌菌株可改善炎症性肠病、便秘和溃疡性结肠炎，例如，健康老年人服用瑞士乳杆菌（*L. helveticus*）发酵的乳制品可改善认知功能。食用含有活细菌的发酵乳制品具有免疫调节能力，并可治愈腹泻；韩国泡菜则有助于控制炎症性肠道疾病。

12. 抗过敏反应

从开菲尔中分离得到的马乳酒乳酸杆菌 M1（*L. kefiranofaciens* M1）具有抗过敏作用。从韩国泡菜中分离出的乳杆菌（*Lactobacillus*）可通过合成大量的白细胞介素-12（IL-12）和干扰素-γ（IFN-γ）调节 I 型/ II 型辅助性 T 淋巴细胞（Th1/Th2）的平衡，减轻过敏性皮炎和食物过敏。富含 ω-3 多不饱和脂肪酸的发酵鱼油可以降低对过敏的敏感性。

13. 预防糖尿病和骨质疏松症

摄入高纤维食物可能会减少糖尿病患者的胰岛素需求，并可能增加非糖尿病患者对胰岛素的敏感性。添加益生菌的 Dahi 饮食可显著缓解葡萄糖不耐受、高血糖、高胰岛素血症、氧化应激和血脂异常，降低患糖尿病的风险。日常食用清麴酱也有利于控制糖尿病。

纳豆中所含有的维生素 K_2 刺激骨骼的形成，这可能有助于预防日本老年妇女的骨质疏松症。而酸乳中所含的矿物质元素（镁、钙、磷和钾）则能与蛋白一同作用，促进健康骨骼的形成。

14. 缓解乳糖吸收不良

乳糖是牛乳的主要碳水化合物，但患有乳糖不耐受的人群，由于体内缺乏 β-D-半乳糖苷酶，乳糖不能完全消化成葡萄糖和半乳糖。用于生产酸乳的德氏乳杆菌保加利亚亚种（*L. delbrueckii* subsp. *bulgaricus*）和唾液链球菌嗜热亚种（*S. salivarius* subsp. *thermophilus*）含有大量半乳糖苷酶，可改善乳糖不耐受者的乳糖吸收不良症状。与食用经巴氏杀菌的酸乳产品相比，食用新鲜酸乳（含活菌）能更好地消化和吸收乳糖。开菲尔可通过提供额外的 β-半乳糖苷酶以减少乳糖不耐受的症状。

15. 发酵食品的健康风险

发酵食品中的重要健康风险之一是生物胺的存在。生物胺是一种低分子有机化合物，通过其前体氨基酸的微生物脱羧基作用或通过氨基酸转氨酶对醛和酮的转氨基作用而形成。生物胺存在于一些发酵食品中，这些食品包括酸菜（Sauerkraut）、鱼产品、干酪、葡萄酒、啤酒、干制香肠等。肠杆菌科（Enterobacteriaceae）细菌和肠球菌（*Entrerococcus*）是食品中生物胺的主要生产者。高含量生物胺的食品可影响人体健康，例如，高水平（>100mg/kg）的组胺和酪胺会对人类健康造成不良影响。用某些乳酸菌，如干酪乳酪杆菌干酪亚种（*Laticaseibacilluscasei* subsp. *casei*）、植物乳植杆菌（*Laciplantibacillus plantarum*）和弯曲广布乳杆菌（*L. curvatus*）作为发酵剂发酵甘蓝，可降低泡菜中生物胺的含量。摄入含有少量组胺的食物对健康人的影响很小，但它可能会使食用者的二胺氧化酶活性受损，进而形成组胺不耐受。

第三节　我国传统酿造食品微生物生态学及其研究策略

传统酿造食品已经成为我国的文化符号，在现代工业高度发展的今天，仍以其独特的魅力被广泛接受和喜爱，在国民的日常生活及经济发展中具有非常重要的地位。我国的白酒、食醋、酱油、料酒、腐乳、酱、泡菜等传统酿造食品的生产工艺有悠久的历史。相传在夏禹时期的仪狄就发明了酿酒，《吕氏春秋》就记载了“仪狄作酒”，《周礼》也有关于酱、醋等发酵食品的记载。在数千年的传承中，先人从偶然发现到通过实践不断总结，最终形成了独特、复杂又精妙控制的酿造技艺。这些传统技艺实现了在酿造过程中的特定节点调整与微生物代谢和生长密切相关的环境因素（发酵过程中湿度、酸度、氧气浓度等），实现对发酵过程适时适度的人工干预。例如，传统谷物食醋醋酸发酵阶段的翻醅、倒缸；大曲制作过程中的曲房通风、调换位置；酱香型白酒的酒醅堆积等。这种干预客观上调控了微生物群落结构与功能，在一定程度上保证了酿造食品品质和批次的稳定性，深刻体现了中国人一贯秉承的“道法自然、天人合一”的哲学理念。

传统酿造通常采用固态或半固态、开放或半开放的发酵体系，甚至部分原料直接使用生料，不经过灭菌处理。来源复杂且多样的微生物以酿造原料为基质进行代谢和选择性增殖，形成剧烈的微生物群落结构演替，从而推动发酵的进程。虽然在同一个生产批次中，群落结构、基质营养以及产物生成等发生着剧烈变化，但是传统酿造的不同批次之间，微生物群落和产品品质高度可重复，充分体现了这种剧烈变化的生态系统具有显著的稳健性（Robustness）。这一特征为剖析微生物群落演替及其功能关系奠定了基础。

传统酿造具有食品原料复杂，参与酿造过程的微生物多，代谢反应多，工艺繁复等特点，使得科学阐释传统酿造过程存在巨大的挑战。基因组学和转录组学等生物信息分析技术的发展和应用为研究发酵过程中微生物群落结构与功能、微生物群落内部及其与环境的交互等提供了有力支撑，使得科学描述和解释传统发酵食品的酿造技艺成为可能。

传统酿造食品的发展既要坚持传承，也需持续创新以适应现代社会对于食品营养、卫生与安全等品质的要求。从依赖经验技艺的生产方法过渡到高效可控的现代生产模式，实现传统发酵食品生态系统的微生物功能可控、生产过程可控和产品品质可控是传统酿造食品行业面临的重大课题。

一、中国传统食品酿造微生态环境特点

中国传统酿造食品种类繁多，各类型的发酵过程中形成的微生态各不相同，但它们的酿造环境仍存在一些共同的特点。

1. 极端环境条件驱动微生物群落的自我净化

中国传统发酵食品根据发酵原料可以分为以下几类：以谷物类为原料的白酒、食醋、酱油、酱、腐乳等；以肉类为原料的腊肠、火腿、鱼酱等；以乳制品为原料的干酪；以蔬果类为原料的泡菜等。酿造前期，在微生物产生的纤维素酶和蛋白酶等的作用下，原料中的可发酵糖以及氨基酸得到释放，供微生物大量生长和代谢利用；随着酿造进程的推进，体系中营养物质被大量消耗，而酸、醇等对微生物存在抑制性的代谢产物急剧积累，造成对微生物的营养限制和产物抑制作用。同时人为的干预手段，如食醋酿造过程中的翻醅、曲房的控温、酱油酿造过程中添加盐等，也都起到了对微

生态的干预作用。上述内源的以及人为的双重因素，使酿造过程中物种丰富度和多样性呈现出明显的时间差异。

醋在发酵初期高乙醇及后期低 pH 的环境对醋醅中的微生物群落结构有显著影响，形成传统酿造过程的“微生物群落自我净化”的机制（Self-Domestication），这是保持传统酿造工艺批次稳定性的重要前提之一。

白酒酿造过程中，酒醅中的高乙醇和大曲发酵中的高温，酱油酿造过程中的高盐等极端环境条件对微生物群落的演替具有很强的选择性。经过长期的极端生产环境适应性驯化，这些在酿造后期仍保持较好的繁殖速率和代谢活性的微生物也随之不断进化，形成了良好的耐受性并发挥着重要的酿造功能。因此，中国传统酿造食品独特的工艺选择所形成的极端酿造小生境是微生物群落自净化的主要成因，也是传统酿造食品批次稳定性和产品品质的重要保障。

2. 固态发酵方式决定微生态环境具有较大的空间差异性

中国传统发酵食品大多数采用固态发酵方式，如白酒、食醋、酱油、酱、腐乳等。固态发酵区别于液态发酵的典型特点是发酵体系的不均一性，即在营养和环境两方面都存在显著的空间差异。例如，在食醋醋酸发酵阶段，醋醅表层和底层的氧气含量、温度都存在较大的差异。在制曲过程中，曲块内部和表层微生物群落结构具有显著差异。部分类型白酒的发酵过程中，相较于中间位置，靠近窖池四壁、顶层和底层的酒醅更多地接触窖泥，存在更为显著的物质和微生物交流。

除宏观的空间差异外，在微观尺度固态发酵体系也存在显著不均一性。发酵体系中的固形物一方面为微生物提供了可物理附着的支撑物，同时也造成了环境和营养条件的相对隔离，进而为不同微生物提供了相对独特的栖息地（Habitat），这种在相对隔离的特定微环境中形成的特定微生物亚群称为一个生态位（Ecological Niches），而这些微生物亚群的代谢行为又对所在栖息地的环境进行着持续反馈影响。例如，在食醋发酵过程中，醋醅中的麸皮和稻壳形成的间隙使得积累的醋酸渗漉到醋醅底部，不过多接触上层空间的微生物，某种程度上保证了酿造后期在醋醅中仍能保持较丰富的物种，并行使其发酵能力，从而促进产品多样性风味的形成与积累。因此，酿造食品的微生态系统中，各不相同的生态位共同组成固态发酵体系，是中国传统发酵食品物质种类丰富、风味浓郁的一个重要原因。

二、中国传统酿造食品的微生物生态学研究策略

中国传统发酵食品中的微生态系统具有高度的复杂性：微生物来源丰富，结构多样，参与的代谢反应众多。对于这样一个复杂体系，只有在遵循微生物内部及其与环境复杂的交互作用机制的基础上，解析微生物群落结构，明确其代谢功能，在错综复杂的微生物交互作用网络中锚定核心功能微生物，才能实现有效地调控代谢功能。

研究传统酿造食品微生物生态学需系统解析酿造微生物群落结构与代谢功能，阐

明微生物群落及个体功能，实现理性调控的传统酿造微生物群落研究策略。研究过程中，需要抓住微生物群落三个核心要素：结构、功能、调控；解析好两个互动：酿造群落内的交互作用、群落与外部环境的交互作用；抓住一个关键：群落中的关键核心功能微生物（群）。在上述基础上努力实现传统食品酿造过程中的三个可控：微生物功能可控、酿造过程可控、产品品质可控（图 8-2）。

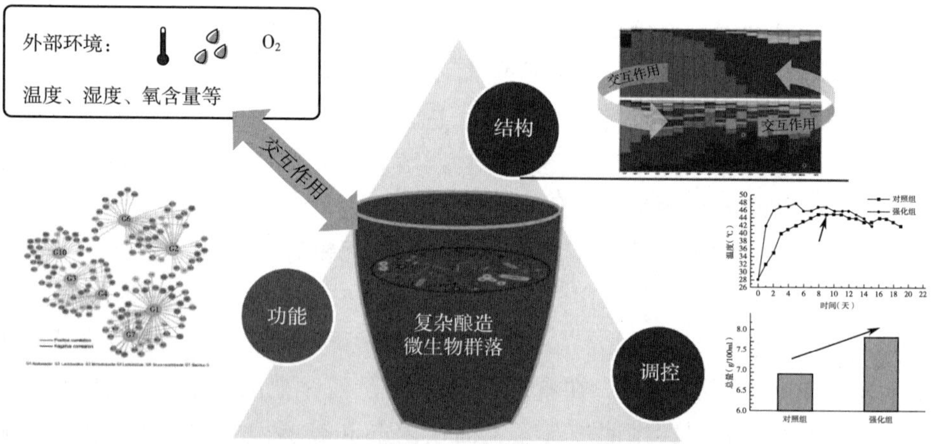

图 8-2　中国传统酿造食品微生态研究的基本策略

1. 剖析传统发酵食品微生物群落构成

各种来源的微生物，包括非灭菌的原料、曲、上一批次的接种物以及开放的工作环境，造就了中国传统发酵食品微生物群落的多样性。目前，研究发酵食品中群落结构的手段主要可分为依赖纯培养的方法和不依赖纯培养的方法。例如，在不同食醋醋酸发酵过程中分离筛选得到醋酸菌（主要包括醋杆菌属、葡糖杆菌属和葡糖酸醋杆菌属）、乳酸菌（主要包括乳杆菌属和乳球菌属）和芽孢杆菌属微生物。不依赖培养的方法主要有 PCR-变性梯度凝胶电泳（Denatured Gradient Gel Electrophoresis，DGGE），基于 16*S* rRNA 基因（细菌或古菌）、18*S* rRNA 基因和 ITS 序列（真菌）以及功能区域的扩增子测序（Amplicon Sequencing）、宏基因组学（Megagenomics）和宏转录组学（Megatranscriptomics）分析技术等，表 8-11 分别介绍了各方法的研究范畴和优缺点。

表 8-11　　微生物群落结构与功能分子生态学研究的主要策略

研究策略	基本原理	优势	局限性
PCR-变性梯度凝胶电泳	DNA 在不同浓度的变性剂中解链行为的不同而导致电泳迁移率发生变化，将片段大小相同但碱基组成不同的 DNA 片段分开	操作简单，可快速获得图谱；结果直观，可重复性高；灵敏度高，理论上可以检测一个碱基差异的 DNA 片段	难以检测低丰度微生物；有效检测的片段长度约为 200~700bp；某些物种拷贝之间异质性和多态性导致物种多样性错误估计；物种 16*S* rRNA 基因拷贝数、仪器检测限及不同序列 DNA 的共迁移均影响物种丰富度的判断

续表

研究策略	基本原理	优势	局限性
扩增子测序	用于分析特定基因组区域中的基因变异。利用 PCR 扩增靶向地捕获目标区域，对 PCR 产物进行测序，解析样本中微生物的物种谱，包括 16*S* rRNA 基因（细菌或古菌）、18*S* rRNA 基因和 ITS 序列（真菌）以及功能区域测序等	通量高，成本低；可根据研究目的选择不同的靶向扩增区域，避免非靶向测序造成的数据冗余	目标测序区域的选择引起结果差异；物种 16*S* rRNA 基因拷贝数不同造成的丰度计算误差；PCR 扩增偏好性的干扰
宏基因组学	研究对象是特定生境中全部微生物的基因组信息。通过直接提取样本总 DNA，构建基因组文库，利用基因组学的研究策略，解析特定生境所包含的全部微生物的遗传组成及其功能和代谢途径	通量高，微生物物种信息更为全面；避免了 PCR 扩增引起的误差	若测序深度低，低丰度的物种可能会无法组装，增加深度，成本也将显著提高；分析结果受 DNA 提取以及测序和数据组装分析方法的影响；相较于扩增子测序，其计算资源消耗大，时间花费长
宏转录组学	研究对象是特定生境、特定时空下的全部微生物的基因组转录情况以及转录调控规律。直接提取样本总 RNA，构建转录组文库，原位解析微生物群落中活跃的微生物以及活性基因的表达，比较不同环境下基因和途径的差异表达，探索环境与微生物之间的互作机理	通量高，微生物物种信息更为全面；提供原位条件下活性功能基因的实时表达情况	对于复杂环境样本，提取高质量 RNA 是该技术应用的壁垒；RNA 提取方法、测序深度和数据组装分析方法都会影响结果；原核微生物 rRNA 占比高，测序通量较低时，只能检测到少量的 mRNA

2. 解析微生物群落的代谢功能

中国传统酿造食品中微生物物种的高度多样性使得进一步了解微生物群落的代谢功能成为一个更大的挑战。针对这种复杂微生态系统中微生物群落代谢行为的研究，需要架构起微生物群落和代谢物之间的交互桥梁。首先可以从功能基因入手，解析不同微生物之间的代谢物交换机制，明确针对整体的发酵任务，群落中各微生物所参与的代谢反应通路；在此基础上，绘制整体群落代谢途径的交互网络；最终抽提出位于关键代谢网络节点的核心功能微生物。这种连接整体和局部、表型和基因型的研究方法是剖析传统发酵食品微生物网络及核心功能微生物的有效策略。

有研究利用双向正交偏最小二乘法（Bidirectional Orthogonal Partial Least Squares，O2PLS）对基因组和代谢物进行了相关性分析，并对镇江香醋的醋酸发酵阶段微生物群落演替和风味物质动态变化的数据矩阵也进行了相关性研究，最终构建了食醋酿造微生物组的基因型与表型之间的关系网络，预测了包括醋酸杆菌（*Acetobacter*）、乳杆菌属（*Lactobacillus*）、水栖菌属（*Enhydrobacter*）、乳球菌属（*Lactococcus*）、葡糖醋杆菌属（*Gluconacetobacter*）、芽孢杆菌属（*Bacillus*）和葡萄球菌（*Staphylococcus*）在内的 7 个属为产生食醋风味的关键少数功能微生物。这种统计学分析方法为关联传统发酵食品微生态系统的表型和基因型提供了一个可行的策略。

解析传统发酵食品微生态系统中微生物代谢作用的另一个挑战是微生物代谢网络的重构。已有研究通过宏基因组分析阐明了镇江香醋微生物群中的风味代谢网络，分析了来源于35个门、951个属的8.6万条蛋白编码基因参与谷物醋醋酸发酵阶段的代谢功能，揭示了微生物在不同代谢途径中的分布差异。通过这种方法，发现有机酸代谢以外的另外两个重要的功能微生物群——乙偶姻-双乙酰-丁二醇群组和3-甲基丁醇-3-甲基丁酸-缬氨酸-亮氨酸群组，表明食醋酿造生态系统中微生物功能的协同互补。

3. 关注复杂微生物群落内部及其与环境之间的互作关系

微生物之间的交互作用是普遍而广泛存在的，并且是决定群落结构和功能的内在因素之一。在混合菌种发酵食品的研究中，西方关于酸乳、开菲尔以及酸面团发酵过程中微生物之间的交互作用机制以及它们各自对发酵过程的贡献研究得较透彻。然而，中国传统发酵食品开放程度高、微生物构成复杂，发酵过程绝对不仅仅是单个微生物的叠加，存在复杂的交互作用机制，包括细胞与细胞之间的物理接触、代谢物交换、水平基因转移等方式，这些多种多样的作用方式最终形成了微生物之间的共生、竞争、偏利共生、偏害共生以及寄生等交互作用关系，进而也影响了群落整体的组成结构以及功能。

目前，关于中国传统酿造食品中微生物交互作用的研究大多采用纯培养结合共培养的方式。例如，有人针对酱香型白酒的体系，对酿酒酵母（*Saccharomyces cerevisiae*）和地衣芽孢杆菌（*Bacillus licheniformis*）进行了纯培养和共培养的对比，分析了风味化合物与两株微生物共培养的相关性，然而在复杂菌群的背景下分析交互作用网络仍是一个极大的挑战。也有人利用宏基因组和克隆文库的分析方法，解析了醋醅微生物群落共同完成乙偶姻和双乙酰代谢的途径，在种水平上预测了参与各步反应的主要微生物种类，从代谢物交流的角度分析了该代谢途径中微生物的交互作用模式。但是，更多的传统发酵食品中微生物互作关系仍有待研究确定。这一研究的不足客观上阻碍了对传统酿造工艺机理的深入了解，同时限制了对酿造核心微生物的理性利用，增加了传统酿造过程改造与产品品质提升的不确定性。采用多组学的分析手段，通过功能基因或蛋白预测研究菌群中微生物之间的代谢途径互补关系，构建微生物水平的代谢关系网络是研究传统酿造食品微生物群落交互作用关系的有效切入点；而这种互补的代谢关系最终需要通过微生物纯培养、组合培养以及原位培养等方法加以验证。

除微生物群落内部的互作以外，微生物与环境之间也有复杂的交互作用关系。随着发酵过程的推进，酿造微生态环境也不断改变，进而又作用于微生物群落，影响着群落的结构和功能，并最终影响产品品质。例如，中温大曲的发酵温度可以达到55℃以上，这种微生物自发产生的内源性生物热从第4d开始显著抑制了大多数微生物的生长，然而一些耐热的微生物可以存活并保持代谢活性。可见，生物热是推动中温大曲微生物群落自我净化、功能菌群形成的主要驱动力。推动菌群净化与演替的环境条件包括酒醪中的高乙醇含量（9%）、醋醅中的高酸度（pH 3.0）以及生物热（45℃）等，均由微生物代谢活动产生，同时也对微生物施加选择压力。微生物与环境的紧密交互作用有助于在生产中保障批次之间微生物群落结构和动态演替的可重复性，同时保障了风味形成的稳定性。因此，系统理解传统酿造食品的发酵进程，需要明晰环境与微生物之间的互作机制，才能更好地理解传统工艺的科学性，进而建立调控群落功能的有效策略。

4. 调控微生物群落的酿造功能

中国传统酿造食品发酵产物成分错综复杂，这也意味着微生物群落的发酵任务复杂，绝非单一的微生物或盲目选择的几种微生物能够替代完成。因此，调控微生物群落的酿造功能必须了解参与各种生化反应的微生物，通过代谢网络模块化处理将发酵任务分解，确定关键微生物的各个单元任务，并通过调节发酵参数和强化菌株功能来实现调节微生物群落代谢功能的目标。

需要强调的是，由于纯培养和生产环境的发酵条件差异显著，将微生物纯培养物接种到复杂的微生物群中的效果通常不能达到预期效果。由于在食品发酵工业中，通常不能使用《可用于食品的菌种名单》以外的菌种，对外源野生型或转基因微生物引入发酵系统造成障碍。传统酿造微生态系统中的功能性微生物适应该特殊生产环境，具有较强的代谢功能，并且不存在食品安全问题，因此作为强化菌种具有良好的可行性和有效性。确定强化工艺，包括核心功能微生物种类、微生物强化方式和频率，多种功能微生物的组合和比例等重要参数需要进行大量的前期研究。

传统酿造食品生物强化的方法如下：分析微生物群的组装和功能，构建群落规模的代谢网络；重点关注网络节点微生物，确定其在群落中与其他微生物的互作关系；在此基础上，基于遗传信息预测得到这些关键少数微生物的代谢特点，理性设计纯培养条件，培养关键少数的微生物；通过原位和非原位的培养方法，评估分离得到的菌株的代谢功能；在实际酿造生产过程中，进一步分析这些微生物在真实的微生态环境中的增殖效果，协调各步反应参与微生物的代谢平衡，制定合理的强化工艺。

三、中国传统酿造食品的微生物生态学研究展望

我国传统酿造食品的发酵过程具有各自独特的微生态环境，微生物群落进行着高度可重复的剧烈演替，在先辈经验的传承下，人类对这一生态环境进行着适度的调控，推动发酵的进程，保证了传统酿造食品独特的风味和品质。目前的研究在微生物群落结构、代谢功能方面提供了基础信息，未来需要对这一复杂生态系统进一步深入解析，以实现科学阐释传统酿造技艺的科学性，为进一步推动产业提升奠定基础。

多组学信息的有效整合是阐明传统发酵食品复杂微生物群功能的有效切入点。例如，将宏基因组学与其他组学相结合，可以有效地填补各组学提供信息的缺口、连接和沟通各层面信息、多尺度解析微生物群落功能。

在核心微生物的功能验证以及生物强化的工作流程中，培养功能性微生物是关键步骤。然而，大多数自然界中的微生物（99%）仍然很难培养。微生物培养组学（Microbial Culturomics）可以对难培养微生物的培养条件进行高通量比较。

自上而下和自下而上的研究并举。以宏组学为代表的自上而下（Top-Down）的研究策略可以从宏观把控群落信息，更加快速有效地定位核心功能微生物，避免庞杂体系中的一叶障目。从个体出发的自下而上（Bottom-Up）的组织形式和研究思路，如单细胞拉曼光谱结合稳定同位素探测技术和拉曼激活细胞分选技术，可以明确群落中的个体构成以及代谢特点。需要将这两个研究策略的联合应用，从而深入分析群落环境中微生物的代谢功能和生态作用。

基于预测模型管理微生物群的代谢功能。传统的生产过程中，通过分析物理化学参数来评估发酵过程的进展，对批次的生产效果进行预判。然而对这些高度复杂、动态变化的群落的功能的预测和调控能力有限，因此，使用数学模型和建立预测模型是未来研究中国传统发酵食品的重要发展方向，是产品品质保障和进一步提升的重要支撑。

人工核心功能微生物群落的构建。传统发酵食品微生物群落中的关键少数微生物对于推进发酵的进程有决定性作用。因此，如果可以在足够的理论参考信息基础上，设计并合成减量的微生物群体将具有划时代意义。合成群落可以用于开发在密闭环境中（如发酵罐）用灭菌的原料进行发酵食品生产的现代化工艺路线；同时也可以应用于构建副反应功能减弱的酿造微生物群，以提高底物利用率、减少发酵时间并保持发酵产品的质量。

第四节　合成微生物群及其在发酵食品中的应用

微生物作为地球上蕴含量巨大且最具发展潜力的生物资源，近年来，随着基因测序技术的发展和成本的降低，人们对微生物的分析在不断增加。早期生物学研究的目光主要集中在微生物单群体，作为微生物群落中的关键功能群体将其分离、改造，以实现目标功能的加强。然而人们忽视了微生物并不是单独存在的，而是处于复杂的、动态的群落中，正是它们的相互作用推动了群落的稳定、功能与进化。近年来，随着食品发酵技术应用需求的不断提高，加上功能单一的菌种在提高风味品质方面存在着局限性，使得利用多种功能微生物组合来构建合成微生物群落成为发酵食品领域中一个研究的热点。

一、合成微生物群落概念

合成微生物群落是指在明确培养基质的条件下，人工将两种或两种以上遗传背景清晰的微生物通过共同培养而形成的微生物群体，其组成可以是自然界中不一定共存的野生型菌株，也可以是一个或多个经基因改造的工程菌株。合成微生物群落实现了从传统单一菌种行为研究向整个微生物群落行为研究的转变。

合成微生物群落涉及的研究领域众多，其最终目标是利用单个微生物的个体能力以及微生物间的相互作用，对复杂的代谢任务进行劳动分工、功能互补，从而实现特定的功能，如提高种群的生产力、稳定性、代谢功能等。由于合成微生物群落中的微生物是可控的，因此，可以按功能导向需求对微生物进行组装，使微生物彼此配合，发挥更大的作用。中国传统的食品酿造是一个典型多菌种参与的复杂过程，因此，若能够构建出稳定高效的发酵微生物群落，将对提高发酵食品质量有着重要的意义。

二、合成微生物群落特征

合成微生物群落是基于人工选择的多物种共同培养的研究成果，这决定了其具有完全不同于单一微生物和自然复杂微生物群落的功能特性，存在很大的设计空间。相较于单一微生物，合成微生物群落的功能更为多样。

1. 可人工选择合成微生物群落的组成生物种类

合成微生物群落实质是多种细胞生物共存的组合，不同生物所具备的功能特性不同，在保留自身特性的同时，经过人工选择，能与其他生物特性形成互补或增益的效果，因而具有自然微生物群落的诸多优点，对于外界环境的负面干扰具有更强的抵抗力，功能的稳定性也更强。

2. 可调控合成微生物群落的空间结构

合成微生物群落能通过多个物种共同执行多种功能或者将复杂任务分解为多个步骤，从而有效完成单一物种不可能进行的复杂生化过程。合成微生物是通过改变细胞交流、物种代谢作用、空间结构等方式调控生物分子之间的相互作用，实现对微生物群落功能的改造，从而实现靶向功能的设计。

3. 可人为控制合成微生物群落的位置和数量分布

要想形成具有某些功能的微生物群落，需了解这些微生物之间的特性，如空间结构、繁殖能力、生长条件、代谢作用等。在某些食品发酵过程中，微生物的数量和分布位置至关重要。例如，豆乳的发酵需要瑞士乳杆菌和唾液链球菌嗜热亚种等乳酸发酵常规微生物的参与。在具体操作过程中，需要控制这些微生物的生长条件，如温度、光照、氧气、pH 等条件。

三、合成微生物群落相互作用和调控机制

在自然界中，群落的稳定性通常是通过群落中微生物间的相互作用来调节，因此

构建微生物群落必须要考虑微生物间可能存在的相互作用形式，物种间相互作用形式一般分为：通过交叉喂养的方式进行代谢相互作用，通过代谢物和自诱导信号分子的传递进行种间相互作用，以及在环境的刺激下进行种间相互作用，因此可以通过改变细胞交流、物种代谢作用、生长环境等方式对微生物间的相互作用进行调控，从而对合成微生物群落进行改造，实现特定的功能。

1. 微生物间的相互作用

自然界中大多数微生物并不是作为一个独立的个体单独存在的，而是作为一个复杂的、高度多样化和高度动态化的微生物群落中的一部分而存在。在群落中，成员之间存在着相互交流和合作，通过成员间的相互作用影响群落的行为表现，进而影响群落的应用。群落中物种间的相互作用机制一直是生态学研究者热点研究的领域，因为物种间不同类型的相互作用不仅是影响微生物群落结构和功能的主要因素之一，同时也被认为是影响生物多样性产生的关键因素之一。在自然群落中，微生物与其他系统发育类群的微生物不断相互作用，从而形成复杂的生态相互作用网络，经研究物种间的相互作用可以分为积极的和消极的两种类型，积极的相互作用包括共生（互利共生和偏利共生），消极的相互作用包括寄生、捕食以及竞争。由于菌种间存在复杂的交互关系，因此在构建微生物群落时要考虑参与菌种的功能、分布和生长环境等众多因素，而不是将多种微生物进行随机组合。

2. 基于代谢作用对微生物间相互作用调控

在合成微生物群落中的微生物之间可以通过交换代谢物进行交流，利用资源的共享实现微生物间的相互作用。研究发现，在利用蜡样芽孢杆菌（*Bacillus cereus*）和泡囊短波单胞菌（*Brevundimonas naejangsanensis*）混合发酵生产氢的过程中存在基于代谢物交换介导的相互作用。在发酵过程中，蜡样芽孢杆菌通过代谢作用能够将淀粉转化为乳酸，其作为碳源和电子供体，为泡囊短波单胞菌的细胞生长和产氢提供支持；作为回报，泡囊短波单胞菌通过代谢产生甲酸盐，作为电子载体穿梭到蜡样芽孢杆菌并供其利用，促进了氢的产生。混合菌发酵与两株单菌种分别发酵相比，淀粉的利用率提高了 14. 7%和 27. 5%，氢的产量提高了 42. 3%和 58. 2%，从而有效的克服了单一菌株在代谢工程中存在的局限性。此外，群落中的微生物还可以通过交换代谢中间物来影响彼此的活动，这些代谢中间物可以促进或抑制对方的生长，实现物种间的相互作用，进而协调整个群落的活动。

3. 基于细胞交流对微生物间相互作用调控

在微生物群落中，一些微生物之间存在的细胞交流是基于分泌特定分子产生的，使得微生物之间存在着许多依赖不同小分子的相互作用。目前研究最为普遍的细胞交流方式是基于群感效应的专有信号分子的传导，这些信号分子包括细胞产生的胞外酶、次级代谢物等，同时微生物还可以利用与新陈代谢和生长有关的化学物质来建立细胞间的相互作用。细菌能够释放信号小分子，当信号小分子在周围介质中积累并达到一定浓度时可以与其他细菌进行交流，通过群落变化来感知邻近物种的存在，测量它们的细胞密度，调节它们的基因表达，协调它们的团体行为，从而实现了特定的功能。铜绿假单胞菌（*Pseudomonas aeruginosa*）与白假丝酵母（*Candida albicans*）之间存在着的相互作用是理解真菌和细菌如何通过群体感应系统相互调节的重要模型。铜绿假单胞菌和白假丝酵母共培养时，铜绿假单胞菌可以合成2-庚基-3-羟基-4-喹诺酮和3-氧-十二烷-高丝氨酸-内酯等小分子，从而构成复杂的群体感应系统，在该系统中，铜绿假单胞菌可以附着在丝状形式的白假丝酵母上，并合成许多包括苯亚胺、绿脓杆菌、溶血性磷脂酶等小分子，从而有效抑制白假丝酵母产生有毒物质，减少对人体的伤害。

4. 基于环境因素对微生物间相互作用调控

在微生物群落中，微生物的生长环境不仅影响着微生物的生长繁殖，同时还影响群落的物种组成，进而影响着微生物间的相互作用。因此在构建微生物群落时可以通过改变物种的生存环境，如改变群落环境中的温度、湿度、氧气水平、培养基中营养物质的可利用性以及环境中有毒化合物的存在与否等因素，来协调群落的物种组成，促进物种间的相互作用，从而对合成微生物群落进行改造，实现特定的功能。在利用酿酒酵母（*Saccharomyces cerevisiae*）和旧金山乳杆菌（*Lactobacillus sanfranciscensis*）混菌发酵面团时，可以通过控制氧气的供应来促进酿酒酵母与旧金山乳杆菌之间的相互作用。在发酵过程中酿酒酵母可以通过代谢作用将糖类转化为二氧化碳。体系中大量二氧化碳的产生为厌氧型乳酸菌旧金山乳酸杆菌提供呼吸保护，使其免受氧的抑制，从而有效促进了旧金山乳杆菌细胞的生长；同时旧金山乳杆菌通过代谢作用可将麦芽糖和蛋白质水解为葡萄糖和氨基酸等物质，以供酿酒酵母利用。混菌相互作用改变了面团发酵体系中微生物的生长环境，促进了二者的生长，使面团的发酵时间对比单菌株缩短，面团中氨基酸含量提高，这对面团品质的提高有着重要的意义。

四、合成微生物群应用

近年来，随着科技的不断发展和对单菌种研究的不断增加，通过将理论与技术相结合，构建出稳定高效的微生物群落，使得合成微生物群落应用不断扩展，其中包括发酵食品领域主要涉及酱油、白酒、食醋、酸乳等的生产应用。

1. 酱油生产应用

微生物在酱油酿造的过程中发挥着关键作用，我国酱油生产多采用单一的米曲霉纯种制曲，利用米曲霉制曲时分泌的各种酶来分解原料中的蛋白质、淀粉等营养物质并进一步发酵而成。单一米曲霉制曲时对所需原料要求相对简单，对微生物的生长所需的参数易控制，但其代谢产物的种类和含量不丰富，导致产品的风味物质不足。通过构建多菌种的合成微生物群落制曲、发酵酱油，在制曲阶段选育多种遗传背景已知酿造微生物进行混合制曲，通过微生物间的相互交流和互补，则可以提高酱油产品风味和生物活性成分。例如，通过将米曲霉和黑曲霉混合制曲能够提高蛋白酶、淀粉酶和纤维素酶的活力，增加了原料中蛋白质和淀粉的水解效果，同时在总酚含量、总黄酮含量、三种异黄酮苷元（大豆苷元、黄豆黄素、染料木素）和抗氧化活性方面，混菌发酵均高于纯种制曲发酵，这对提高酱油的产量和质量具有重要作用。

2. 白酒生产应用

传统白酒的酿造属于典型的自然发酵，发酵体系中存在着以酵母为主的复杂微生物结构，然后通过这些微生物的生物转化完成了白酒的酿造。根据酵母在酿酒中的作用，可将酵母分为酿酒酵母和非酿酒酵母两大类。酿酒酵母具有较高的发酵速率和发酵能力，在白酒酿造中主要完成酒精的发酵，同时通过代谢作用能够产生高级醇类、酯类、有机酸等多种挥发性物质。相对于酿酒酵母，非酿酒酵母虽然发酵能力较低，但具有较强的产酶能力，能够将原料中的前体物质经过一系列生化反应形成酸、酯、醛和高级醇等挥发性风味物质，同时这些菌在白酒发酵过程中还能有效抑制一些腐败菌的繁殖，这对提高白酒的品质有着重要作用。

随着白酒市场的不断扩大，人们对白酒品质的要求也更加严格，所以由传统的单一菌种酿造向混合菌酿造的转变成为了研究热点。与酵母单独酿造相比，酵母混菌发酵出的白酒风味物质更加丰富。例如，利用酿酒酵母和异常威克汉姆酵母（*Wickerhamomyces anomalus*）混菌发酵酿造白酒，可以提高酵母的细胞代谢活性，促进发酵液中乙醇和乙酸乙酯的生成，有效改善发酵液的风味特性，提高白酒的品质。

3. 食醋生产应用

食醋在酿造过程中由于原料和曲中微生物的自发富集形成了复杂的菌群结构，不同地区由于食醋群落结构的差异造成了食醋风味的差异。其中，乙偶姻是食醋的一种重要风味物质，也是食醋中活性成分川芎嗪的前体之一，其含量对食醋品质有着重要的影响。为了提高食醋中乙偶姻的含量，可以通过向食醋中直接添加食品级的乙偶姻或者利用内源性微生物强化两种方法。巴氏醋杆菌（*Acetobacter pasteurianum*）和5种乳酸菌［短乳杆菌（*Lactobacillus brevis*）、罗伊氏黏液乳杆菌（*Limosilactobacillus reuteri*）、干酪乳酪杆菌（*Lacticaseibacillus casei*）、布氏乳杆菌（*Lactobacillus brucei*）和发酵黏液乳杆菌（*Limosilactobacillus fermentum*）］是合成乙偶姻的相关功能菌。以这6种功能菌株和醋杆菌进行混菌发酵，可显著提高乙偶姻含量，同时促进酯类物质的积累。

4. 酸乳生产应用

由于传统的酸乳发酵过程开放程度高，容易滋生和感染各种杂菌，导致其发酵产物不稳定，影响了酸乳的品质。酸乳中的风味物质主要来源于微生物对原料中乳糖、蛋白质的分解代谢，利用混菌作为发酵剂可有效改善酸乳的风味特性，提高酸乳的品质。目前商业生产酸乳一般采用唾液链球菌嗜热亚种（*Streptococcus salivarius* subsp. *thermophilus*）和德氏乳杆菌保加利亚亚种（*Lactobacillus delbruekii* subsp. *bulgaricus*）混菌作为发酵剂，通过两种菌的协同作用加快了酸乳的酸化速率，提高了酸乳中芳香化合物的含量，增强了酸乳的营养价值。

随着对酸乳中益生菌研究的不断深入，发现胃酸和胆汁对德氏乳杆菌保加利亚亚种和唾液链球菌嗜热亚种具有较强的杀伤作用，使其无法在肠道内定植，极大限制其有益作用。模拟胃肠道实验发现了嗜酸乳杆菌（*Lactobacillus acidophilus*）具有较强的胃酸和胆汁盐耐受性，可在肠道内大量存活。同时嗜酸乳杆菌还具有较强产酸能力，适用于酸乳的发酵。添加了嗜酸乳杆菌的混合发酵剂产酸速率更快，酸乳中的活菌数更多，乙醛等风味物质含量更高，同时嗜酸乳杆菌还具有降低胆固醇含量、增强人体免疫力的作用，这对进一步强化酸乳的益生功能有着重要的意义。

五、合成微生物学与发酵食品发展方向

合成的微生物群落不仅可控性高、稳定性好，而且还能够通过微生物之间的相互作用执行单一菌株难以完成的复杂任务，使其成为发酵食品领域研究的热点。中国传统的发酵食品属于典型的自然发酵，发酵过程中由于开放程度较高，使得发酵体系中微生物构成复杂，因此发酵不仅仅取决于单个微生物作用的叠加，还依赖着微生物间复杂的交互作用。现阶段对食品发酵微生物种群的作用关系和代谢网络的研究较少，想要调控微生物群落的发酵功能必须了解参与各种发酵生化反应的微生物，通过代谢网络模块化处理将发酵任务分解，确定关键微生物的单元任务，并通过调节发酵参数和强化菌株功能来实现调节微生物群落的代谢功能的目标。今后，随着对于食品微生物群落的组成、功能和相互作用的深入研究，借助合成微生物群落的理论和研究方法，设计和构建出稳定高效的靶向精准的合成食品发酵微生物群落，将对我国发酵食品发展进步有着重要意义。

第九章

微生物系统生物学研究技术

生物系统是一个非常复杂的体系。首先，在单个细胞内，储存信息的基因表达出有生物功能的蛋白质以及代谢子，然后，这些基本成分形成高层次的调控模体和代谢通路，大量的模体和通路进一步构成基本的功能模块，最后，多个功能模块组成更复杂的大尺度多细胞生物网络。由于其复杂性和联动性的特点，使得采用传统手段难以进行研究。随着各种高通量测序技术的广泛应用，特别是基因组、转录组、蛋白质组、代谢组等组学数据的大量产生，使得全面、系统地了解微生物的生理和活动规律成为可能。同时，随着生物信息学方法的逐步完善，从海量的组学数据中挖掘有价值信息的能力不断增强，系统生物学应运而生。系统生物学是研究系统组成成分的构成与相互关系的结构、动态与发生，以系统论和实验、计算方法整合研究为特征的新型学科，由基因组、转录组、蛋白质组、代谢组等构成，其最大的特点在于全域性，具有典型的多学科交叉研究的特点，可以在整体规模上描述生物反应过程及其调控机制，因此，系统生物学又被称为组学时代的代谢工程。

系统生物学倡导利用系统论的思想和方法，从整体的高度分析、研究生命的复杂特性，属于系统科学、信息科学、生命科学共同支撑起来的一门前沿交叉科学。在系统生物学中，复杂系统科学提供的是理论指导，信息科学提供的是工具支撑，而生命科学提供的是生物学理论与生物学数据的支持。通过利用信息科学提供的数据挖掘工具，可以整合有效的生物信息，构成建立数学物理模型的数据基础，在此基础上通过物理学的思想构建合理的物理模型，并使用数学语言加以描述和求解。

尽管一些细菌的功能已被大量的体内和体外研究证实，然而大部分机制尚不明确，一个重要原因是细胞中基因表达、蛋白质组的时序变化、代谢物含量具有动态的特点，采用传统的研究方式难以进行全局的研究。同时，作为工业化的细胞工厂，细菌的代谢能力、关键酶或蛋白质对终产物的反馈抑制或阻遏，对高浓度产物或底物的耐受能力，对多种环境胁迫的抗性也是学术界和产业界共同关注的焦点。传统微生物代谢工程改造主要是通过诱变等手段提升其代谢能力，然而由于生命活动的整体性，提高程度有限。建立在全基因组序列基础上的系统生物学技术，通过整合其他组学数据和生物信息学的研究策略，可让研究者从全基因组规模去全面理解微生物发生在基因、蛋白质、生化反应、代谢产物等层次上的时序变化；全面理解细胞的代谢网络、调节网络以及遗传和环境扰动对细胞全局代谢的影响，并在此基础上发展代谢工程策略，从而为从整体水平上阐明微生物生理活动规律及定向改善微生物细胞的表型和生产性状创造了可能。因此，综合运用系统生物学技术来阐释和解析微生物的生理和功能已成为研究热点。

第一节　微生物基因组学简介

一、基因组学概念

基因组（Genome）是由 Genes 和 Chromosomes 两个单词合成的，用于描述生物的全部基因和染色体组成的概念。基因组学（Genomics）是指对所有基因进行基因组绘图（包括遗传图谱、物理图谱、转录本图谱）、核苷酸序列分析、基因定位和基因功能分析的一门科学。基因组学研究主要包括两方面的内容：以全基因组测序为目标的结构基因组学（Structural Genomics）和以基因功能鉴定为目标的功能基因组学（Functional Genomics），又被称为后基因组（Postgenome）研究。与传统的分子生物学方法进行的研究相比，基因组学研究是通过结合全基因组序列信息和生物体的功能和结构，从基因组水平去认识和理解整个生物体的生理和行为，因而具有更全面、深刻、细致等显著特点。自从 1990 年“人类基因组计划”实施以来，基因组学发生了翻天覆地的变化，已发展成了生命科学的前沿和热点领域。

二、微生物基因组学发展现状及研究意义

微生物是指一切肉眼看不见或看不清的微小生物的统称，包括细菌、病毒、真菌和少数藻类等。微生物虽然个体微小，却与人类生活关系密切，涵盖了有益菌、有害菌等众多种类，广泛涉及健康、食品、医药、工农业、环保等诸多领域。因此，研究微生物携带的遗传信息，对于揭示生命的起源和奥秘，在分子水平上研究微生物群体的变异规律具有重要意义。同时，微生物也是制作重组基因载体的重要工具，因而研究微生物基因组对于传统生物学来说也是一场革命。

1995 年，有学者采用全基因组随机测序法（Whole-Genome Shotgun Sequencing）成功地完成了流感嗜血杆菌全基因组序列测定和组装，为微生物基因组研究揭开了历史性的新一页。之后，许多微生物的序列相继被测定，包括病原微生物、重要的工业微生物以及特殊环境下生活的微生物等。2007 年底，美国国立卫生研究院（NIH）投入 1.15 亿美元启动“人类微生物组计划”。该项目由美国主导，有多个欧盟国家及日本和中国等十几个国家参加，使用新一代 DNA 测序仪进行人类微生物组 DNA 的测序工作，是“人类基因组计划”完成之后的一项规模更大的 DNA 测序计划，目标是通过绘制人体不同器官中微生物元基因组图谱，解析微生物菌群结构变化对人类健康的影响。2009 年，来自国内二十多家科研机构的中国科学家共同发起“万种微生物基因组计划”，构建 1 万种微生物物种全基因组序列图谱，并以此为核心开展一系列基因水平上的探索和研究。该计划

的研究领域涵盖了工业微生物、农业微生物、医学微生物等，研究种类包括古细菌、细菌、真菌、藻类和病毒，以建立一个中国微生物资源的基因组百科全书。截至 2014 年 4 月 23 日，已公布的细菌基因组已超过 113 万株，覆盖了 12515 个种和 3013 属的细菌，目前，微生物基因组的测序和分析仍处于高通量和高产出的时期。

微生物相对于其他生物体而言，结构简单、基因组较小，对其整体的基因调控和代谢网络的研究将给基因组学的研究开辟出一条新的道路，也将极大地促进发酵业、制药业、疫苗生产、环保产业等工农业的发展。微生物基因组的研究成果不仅可以极大地推动理论科学的发展，还能以多种形式广泛地应用于人类生产生活中，对人类生活所产生的影响也是难以估计的。

三、微生物全基因组测序策略

微生物全基因组测序方法是随着 DNA 测序技术的发展而发展的。1977 年，Sanger 发明了具有里程碑意义的末端终止测序法，同年，Maxam 和 Gilbert 等发明了化学降解法。此后，在 Sanger 法的基础上，20 世纪 80 年代中期出现了以荧光标记代替放射性同位素标记、以荧光信号接收器和计算机信号分析系统代替放射性自显影的自动测序仪。另外，20 世纪 90 年代中期出现的毛细管电泳技术使得测序的通量大为提高。

基于上述方法，第一代全基因组测序策略主要有两种：以克隆为基础的鸟枪法测序（Clone-based Shotgun Sequencing）和全基因组鸟枪测序法（Whole Genome Shot-gun Sequencing）。以克隆为基础的鸟枪法测序是先将基因组分离构建细菌人工染色体（BAC）文库，制作基因组的物理图谱，然后挑选出一些重叠效率较高的克隆群，再对这些克隆进行鸟枪法随机测序，这种方法被广泛地应用于一些较大物种的全基因组测序计划，早期的微生物全基因组测序也是采用这种方法，如酿酒酵母等。全基因组鸟枪测序法是直接将全基因组随机打断成小片段 DNA，构建质粒文库，然后对质粒两端进行随机测序。与前一种方法相比，该法省去了复杂的构建物理图谱的过程，能够快速地对基因组进行测序。过去，大部分微生物基因组序列是用这种方法获得的。但是第一代测序方法在成本与耗时方面远远满足不了基因组学发展的需要，想获得突破必须寻找新的测序方法。

随着测序技术的改进，成熟的第二代测序仪推出。第二代测序技术的核心思想是边合成边测序（Sequencing by Synthesis），即通过捕捉新合成的末端的标记来确定 DNA 的序列，现有的技术平台主要包括 454 FLX、Solexa Genome Analyzer 和 SOLID System。这三个技术平台各有优点，454 FLX 的测序片段比较长，片段（Read）能达到 400bp；Solexa 测序性价比最高，不仅机器的售价比其他两种低，而且运行成本也低，在数据量相同的情况下，成本只有 454 测序的 1/10；SOLID 测序的准确度高，原始碱基数据的准确度大于 99.94%，而在 15X 覆盖率时的准确度可以达到 99.999%，是目前第二代测序技术中准确度最高的。第二代测序技术凭借其通量高、成本低、周期短等特点，更切合微生物基因组学高速发展的需求，在这一时期，大量的微生物基因组得以解析。然而第二代测序技术并不完美，由于其在测序前要通过 PCR 手段对待测片段进行扩增，因此，增加了测序的错误率。目前，以单分子测序为主要特征的第三代测序技术已经初现端倪。第三代测序技术解决了错误率的问题，通过增加荧光的信号强度及提高仪器的灵敏度等方法，使测序不再需要 PCR 扩增这个环节，实现了单分子测序，并继承了高通量测序的优点。尽管第三代测序技术尚处于研发及应用的初级阶段，然而新的测序技术的不断发明，将为全球范围内的微生物基因组学研究带来前所未有的机遇和挑战。同时，几种测序技术之间互相补充和结合将给微生物基因组学的研究带来全新的变革。

第二节　蛋白质组学技术

一、蛋白质组概念

蛋白质组（Proteome）的概念在 1994 年首次提出，是指由一个细胞、一个组织或有机体所表达的全部的蛋白质。传统分析蛋白质的方法是通过对单个蛋白质的功能进行实验分析，包括分析酶的活性以及对细胞过程的影响等。而蛋白质组是一个整体的概念，是应用二维凝胶电泳、质谱和生物信息学等分析技术从整体上研究蛋白质在复杂细胞环境中的功能。

蛋白质组学（Proteomics）是以蛋白质组为研究对象，从蛋白质整体水平上理解生命活动规律的科学。根据其研究内容主要分为结构蛋白质组学和功能蛋白质组学，研究的热点主要集中于三个方面：针对有关基因组或转录组数据库的生物体或组织细胞，建立蛋白质组或亚蛋白质组的组成性蛋白质组学；以重要生命过程或重大疾病为对象，进行重要生理病理状态或过程的比较蛋白质组学；通过多种先进技术研究蛋白质之间的相互作用，绘制某个体系的蛋白质，即相互作用蛋白质组学等。

二、蛋白质组学原理及研究的基本流程

蛋白质组是生物个体在特定环境下基因全部表达后的所有蛋白质及其存在方式，是一种细胞、组织或完整生物体在特定时空上所拥有的全套蛋白质。由于蛋白质表达存在时空性，可调节性，并且蛋白质翻译结束后，许多蛋白质还需经过翻译后加工和修饰过程才有活性，因而基因组测定后进行特定的蛋白质组学研究对于从整体角度分析细胞内动态变化的蛋白质组成、表达水平与修饰状态，了解蛋白质之间的相互作用与联系规律都有十分重要的意义。

蛋白质组学的发展有赖于对基因表达产物——蛋白质进行高效率、大规模分离与

鉴定，目前，其常用技术路线如图 9-1 所示。蛋白质组分析常用技术手段包括：①蛋白质分离技术，如双向凝胶电泳；②蛋白质鉴定技术，如质谱技术、蛋白质和多肽的 C 端、N 端测序等；③用于蛋白质相互作用，如酵母双杂交技术等；④生物信息学技术等。较为传统的方法是采用双向电泳技术进行蛋白质分离，再通过质谱技术进行蛋白质的鉴定。由于传统方法对低丰度蛋白质、极疏水蛋白质和极碱性蛋白质的分离能力较弱，实验室间分离的重复性不高，蛋白质的回收率不稳定等问题，一些新分离方法和技术被不断地开发和改进，如差异凝胶电泳技术（Difference Gel Electrophoresis，DIGE）、同位素标记亲和标签技术（Isotope Coded Affinity Tags，ICAT）和多维液相色谱技术（Multidimensional Liquid Chromatography，MDLC）等。这些新的方法和手段，极大丰富了蛋白质组的测定方法，使得许多以前未被发现的蛋白质的功能被挖掘出来。

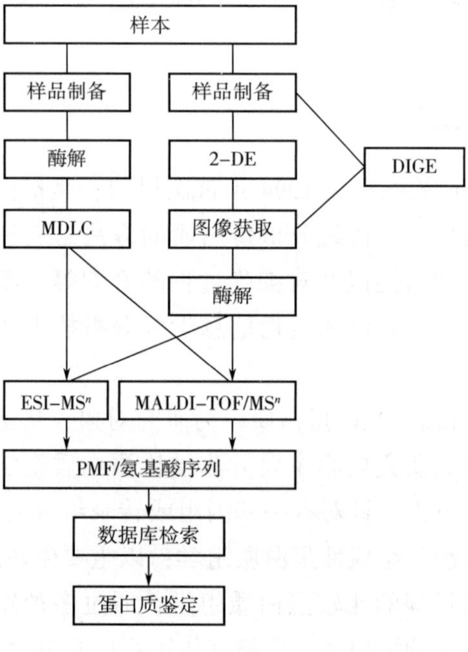

图 9-1　蛋白质组研究技术路线流程图

2-DE—双向凝胶电泳，Two-Dimensional Gel Electrophoresis　DIGE—差异凝胶电泳，Difference Gel Electrophoresis　MDLC—多维液相色谱，Multidimensional Liquid Chromatography　MALDI-TOF/MS^n—基质辅助激光解吸电离飞行时间质谱，Matrix-Assisted Laser Desorption/Ionization Time of Flight Mass Spectrometry　ESI-MS^n—电喷雾离子井质谱，Electrospray Ionization Mass Spectrometry　PMF—肽质量指纹谱，Peptide Mass Finger-print

三、蛋白质组学主要技术

1. 蛋白质提取技术

通常选择细胞或组织中的全部蛋白质组分进行蛋白质组分析。制备合适的蛋白质样品是蛋白质组研究的关键，必须根据实验目的和不同样品选择合理的蛋白质提取分离方法，尽可能提高样品的溶解度，抽提最大量的蛋白质，减少蛋白质的损失。同时，在蛋白质提取时，为降低样品的复杂性，可以通过顺序抽提法、亚细胞分离技术等手段对蛋白质样品进行预分离。一般而言，蛋白质组样品的制备过程主要包含裂解细胞或组织样品，对蛋白质进行溶解、变性和解聚，去除非蛋白质成分，提取全部蛋白质。

2. 蛋白质检测技术

蛋白质组学研究中，双向凝胶电泳（2-DE）是目前应用最为广泛的研究方法，于1975年首次应用于细胞或组织全蛋白质的分离。其原理是根据蛋白质的等电点和分子质量特性区分各种蛋白质，第一向是等电聚焦（IEF）电泳，根据蛋白质的等电点进行分离。每个蛋白质都是两性分子，在不同的pH条件下可能带正电荷、负电荷或不带电荷，在进行电泳的过程中，它们会自动迁移到使其自身静电荷为零的pH，所以在电场的作用下，不同的蛋白点聚焦到不同的位置。第二向是二十烷基硫酸钠-聚丙烯酰胺凝胶电泳（SDS-PAGE），根据蛋白质的分子质量不同分离蛋白质，通过二维电泳可以将复杂的蛋白质样品进行分离。虽然二维凝胶电泳难以检测到低丰度蛋白质以及一些疏水性蛋白质，对操作的要求也较高，但其通量高、分辨率和重复性好以及可与质谱联用的特点，使其成为常用的一种技术手段。

差异凝胶电泳（DIGE）是对2-DE在技术上的改进，结合了多重荧光分析的方法，即在同一块胶上共同分离多个分别由不同荧光标记的样品，采用不同的荧光标记混合后进行2-DE来检测蛋白质在两种样品中的表达情况，极大提高了结果的准确性、可靠性和可重复性。在该技术中，由于每个蛋白点都有它自己的内标，且软件可全自动地根据每个蛋白点的内标对其表达量进行校准，保证了所检测到的蛋白质丰度变化的真实性。

3. 凝胶染色方法

在蛋白质组学研究中，凝胶的染色方法有考马斯亮蓝染色法、银染法、荧光染色法、同位素标记法。其中，比较常用的是银染法和考马斯亮蓝染色法，考马斯亮蓝染色法的灵敏性可以达到微克水平，而且使用该方法的成本较低，与后续质谱鉴定方法具有相容性。相比而言，银染法比考马斯亮蓝染色法具有更高的灵敏度，但是染色步骤比较复杂，对后续的图谱分析以及质谱鉴定有一定的影响。

4. 蛋白质鉴定技术

质谱技术是目前蛋白质组学研究中最为常用的技术。选择双向电泳凝胶图中感兴趣的蛋白点，切胶并经过酶解后用质谱技术进行鉴定。其基本原理是蛋白质分子经过离子化后，根据不同离子之间质量电荷比的差异分离确定蛋白质的分子质量，从而可以得到蛋白质的分子质量等信息，确定蛋白质的种类。用来分析蛋白质和肽样品的离子化技术主要包括电喷雾电离（ESI）和基质辅助激光解析（MALDI）两种电离技术，此外，还包括同位素标记亲和标签技术和多维液相色谱技术等。

基质辅助激光解吸电离飞行时间质谱（MALDI-TOF-MS）是近年来发展起来的一

种生物质谱技术，具有较高的灵敏度、准确度和较高的分辨率。MALDI 的电离方式是 Karas 和 Hillenkamp 于 1988 年提出的。MALDI 的基本原理是将分析物分散在基质分子（尼古丁酸及其同系物）中并形成晶体，当用激光（337nm 的氮激光）照射晶体时，基质分子吸收激光能量，样品解吸附，基质-样品之间发生电荷转移，使样品分子电离。它从固相标本中产生离子，并在飞行管中测定其分子质量，MALDI-TOF-MS 一般用于肽质量指纹图谱，非常快速（每次分析只需 3~5min）、灵敏［达到飞摩尔（fmol）水平］，可以精确测量肽段质量。但是如果在分析前不修饰肽段，MALDI-TOF-MS 不能给出肽片段的序列。

电喷雾电离质谱（ESI-MS），利用较高的电场使样品离子化，常用于一些复杂蛋白质的分离鉴定。ESI-MS 是利用高电场使质谱进样端的毛细管柱流出的液滴带电，在 N_2 气流的作用下，液滴溶剂蒸发，表面积缩小，表面电荷密度不断增加，直至产生的库仑力与液滴表面张力达到雷利极限，液滴爆裂为带电的子液滴。这一过程不断重复，使最终的液滴非常细小，呈喷雾状，这时液滴表面的电场非常强大，使分析物离子化，并以带单电荷或多电荷的离子形式进入质量分析器。ESI-MS 从液相中产生离子。一般来讲，肽段的混合物经过液相色谱分离后，经过偶联的与在线连接的离子阱质谱分析，给出肽片段的精确的氨基酸序列，但是，分析时间一般较长。

同位素标记亲和标签技术（ICAT）是差异蛋白质组研究技术中的核心技术之一，分别用含有轻重同位素的两种标记分子对比较研究样品中的半胱氨酸进行标记，然后对混合的样品进行质谱分析。用具有不同质量的同位素亲和标签标记处于不同状态下的细胞中的半胱氨酸，利用串联质谱技术，对混合的样品进行质谱分析。

多维液相色谱技术（MLC）是与串联质谱联用的 2D-LC-MS/MS，可以检测动态范围 10000：1 内的低丰度肽段，是目前蛋白质组学研究最主要的技术路线。该技术可快速、高通量地鉴定复杂蛋白质混合物。最常用的是离子交换色谱-反相液相色谱的联用，实现对复杂生物样品的二维分离。而多维蛋白质鉴定技术（MudPIT）是将不同分离模式的色谱柱以串联的方式合并于同一根色谱柱中进行的。该方法可对样品量较少的蛋白质进行快速分析，适用并且已经成功应用于蛋白质组学中大规模蛋白质的分离鉴定。

5. 生物信息学分析

生物信息学是蛋白质组学研究中不可缺少的一部分，把基因组 DNA 序列信息分析作为源头，找到基因组序列中代表蛋白质和 RNA 基因的编码区，在此基础上，归纳、整理与基因组遗传信息释放及其调控相关的转录谱和蛋白质谱的数据，从而认识代谢、发育、分化、进化的规律，经过质谱鉴定所得到的数据通过在数据库中搜索得到基本的注释信息，然后利用蛋白质组数据库分析蛋白质的结构、性质和功能。蛋白质鉴定数据库包括 SWISSPROT、InterPro、UniProt、蛋白质功能分类数据库 COG、蛋白质生物途径检索数据库 KEGG 等。计算机分析软件主要有蛋白质双向电泳图谱分析软件 PDQuest、蛋白质结构和物理信息分析 Expasy、蛋白质细胞定位分析 Psort 等。

第三节 转录组学和代谢组学技术

一、转录组学技术

转录组是指在某一时间点生物体细胞内全部基因转录而产生的 RNA 的总称。通过完成对转录组的分析，可以高通量地获得有关基因组内全部基因 RNA 表达水平的信息，可以发现基因表达水平与某些细胞表型之间的内部关系。转录组学（Transcriptomics）是一门在整体水平上研究细胞中基因转录情况及转录调控规律的学科。简而言之，转录组学是从 RNA 水平研究基因表达的情况。转录组即一个活细胞所能转录出来的所有 RNA 的总和，是研究细胞表型和功能的一个重要手段。转录组研究是基因功能及结构研究的基础和出发点，了解转录组是解读基因组功能元件和揭示细胞及组织中分子组成所必需的，并且对理解机体发育和疾病具有重要作用。整个转录组分析的主要目标是：对所有的转录产物进行分类；确定基因的转录结构，如其起始位点、5′ 和 3′ 末端、剪接模式和其他转录后修饰；并量化各转录本在发育过程中和不同条件下表达水平的变化。

转录组学研究技术主要有基因表达系列分析（Serial Analysis of Gene Expression, SAGE）、基因芯片（Microarray）、大规模平行测序（Massively Parallel Signature Sequencing, MPSS）以及目前应用最深入的 RNA 测序（RNA-sequencing，RNA-seq），如图 9-2 所示。应用得最早的转录组分析技术是基因芯片技术，此技术可以将样品 RNA 转录成带有荧光标记的 cDNA，这些带有标记的核苷酸序列可与基因芯片某一特定位点上的探针进行杂交，通过测定杂交信号的强弱就可以检测样品细胞内各基因的表达水平差异。这一技术的不足在于对目的基因的检测数量及灵敏度有限，对某些异常转录产物如多顺反子转录产物、融合基因转录产物等难以检测。与芯片不同，SAGE 不需任何基因序列的信息，能够全局性地检测所有基因的表达水平，除了具有显示基因差异表达谱的作用外，还对那些未知基因特别是那些低拷贝基因的发现起到了巨大的推动作用。MPSS 技术是对 SAGE 技术的改进，简化了测序过程，提高了精度，但二者都是基于昂贵的第一代 DNA 测序技术（Sanger 测序），需要大量的测序工作，技术难度较大，而且涉及酶切、PCR 扩增、克隆等可能会产生碱基偏向性的操作步骤，因而限制了其推广。

相比之下，RNA-seq 技术具有诸多独特的优势，包括高灵敏度，更广的检测范围等。RNA-seq 通过完成对细胞转录产物的测序工作，对每条序列获得的每个具体转录样本的表达水平进行分析统计，完成对表达谱的精密数字化分析检测。RNA-seq 的主要流程包括：首先，对细胞中的全部转录产物进行反转录，构建 cDNA 文库；然后，对其中的 DNA 进行随机剪切，获得小片段的 DNA（依据所采用测序方法的测序长度决定

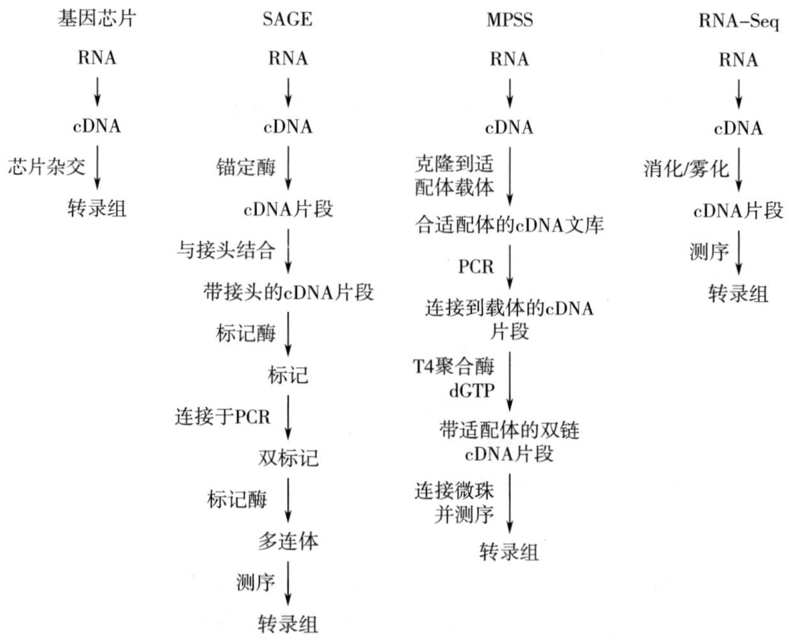

图 9-2　主要转录组技术平台工作流程示意图

这些片段的长度)；最后对这些片段进行高通量测序，直至得到分析所需的足够的序列信息。采用 RNA-seq 可以克服之前诸多方法的不足和局限，包括可以获得利用基因芯片技术难以检测的序列，如可变转录剪接序列；可以更加精确地检测某些低表达水平的基因，并且可以对其转录水平进行定量；还可以克服某些序列的多态性核苷酸和 G+C 含量差异对试验过程的影响，提高检测转录本的准确性和特异性。RNA-seq 在目前转录组学研究中运用的最为广泛，获得了各国研究者的高度评价，并产生了一系列显著的成果。与此同时，高通量的 RNA-seq 产生了大量的数据信息，对这些数据进行生物信息学分析存在一定的难度，这是全世界科研者所共同面对并且迫切需要进行解决的问题。

二、代谢组学技术

代谢组学（Metabolomics）是继基因组学和蛋白质组学后新发展起来的一门学科，是系统生物学的重要组成部分。之后得到迅速发展，并渗透到多个领域，例如疾病诊断、医药研制开发、营养食品科学、毒理学、环境学，植物学等与人类健康护理密切相关的领域。基因组学和蛋白质组学分别从基因和蛋白质层面探寻生命的活动，而实际上，细胞内许多生命活动是发生在代谢物层面的，如细胞信号释放（Cell Signaling）、能量传递、细胞间通信等都是受代谢物调控的。代谢组学正是研究在某一时刻细胞内所有代谢物的集合——代谢组（Metabolome）的一门学科。基因与蛋白质的表达紧密相连，而代谢物则更多地反映了细胞所处的环境，这又与细胞的营养状态、药物和环境污染物的作用以及其他外界因素的影响密切相关。因此，有人认为，“基因组学和蛋白质组学告诉你什么可能会发生，而代谢组学则告诉你什么确实发生了。”

代谢组学的概念来源于代谢组。代谢组是指某一生物或细胞在一特定生理时期内所有的低分子质量代谢产物。代谢组学则是对某一生物或细胞在一特定生理时期内所有低分子质量代谢产物（M_w<1000）同时进行定性和定量分析的一门新学科。它是以组群指标分析为基础，以高通量检测和数据处理为手段，以信息建模与系统整合为目标的系统生物学的一个分支。

代谢组学是一个正在快速发展的技术平台，其研究对象包括细胞提取物、生物体液（如血液、尿液）或者组织提取液中所有的小分子代谢产物。因为样品来源和分析目的不同，对其进行采集和处理的手段各异，涉及的流程包括样品的采集和处理制备、代谢产物检测和分析鉴定、数据处理和解释。目前，在代谢组学中较为常见的分析手段有色谱、质谱、核磁共振、紫外吸收、放射性检测、库仑分析及红外光谱等。由于没有一种分析手段能检测出所有种类的化合物，所以一个好的、现实的代谢组学分析手段应尽可能满足分析生物体系（如体液和细胞）中的所有代谢产物这一要求，应根据样品的性质及研究目的来选择并综合利用多种技术平台。

迄今为止，在代谢组学研究技术中核磁共振（Nuclear Magnetic Resonance，NMR）是应用最早、最为常见的技术之一。NMR 技术对样品的需求量少，几乎不需要对样品进行前处理。此外，由于 NMR 的非破坏性、非侵入性，特别是魔角旋转（Magic Angle Spinning，MAS）磁共振、磁共振成像（Magnetic Rresonanceimaging，MRI）和活体磁共波谱（Vivo Magnetic Resonance Spectroscopy，MRS）等技术能够无创、整体、快速地获得机体某一指定活体部位的 NMR 谱，是现有代谢组学分析技术中唯一能用于活体和原位研究的技术。NMR 技术最大的不足在于灵敏度低、分辨率不高，常常导致高丰度的分析物掩盖低丰度的分析物。

应用最广泛、最有效的代谢组学研究技术是气相色谱-质谱（Gas Chromatography-Mass Spectrometry，GC-MS）和液相色谱-质谱（Liquid Chromatography-Mass Spectrometry，LC-MS)。前者适用于分析小分子、热稳定、易挥发、能气化的化合物；而后者能分析更高极性、更高相对分子质量及热稳定性差的化合物。而且，大多数情况下无需对非挥发性代谢物进行化学衍生化处理。因此，这两种技术可以检测包括糖、糖醇、氨基酸、有机酸、脂肪酸和芳胺，以及大量次级代谢物在内的数百种化学性质不同的化合物。

通过上述分析技术手段可产生海量的元数据（Metadata)，需要借助于生物信息学平台进行数据的分析与解释。因此，需要对元数据再进行一系列处理，才能通过多元数学统计分析和化学计量学理论对不同数据加以整合后从中有效挖掘出所需的信息。在代谢组学研究中，通常是从获得的代谢产物信息中进行两类或多类的判别分类，一般采用无监督（Unsupervised）的主成分分析（Principal Component Analysis，PCA）、非线性映射（Nonliner Mapping，NLM）、簇类分析（Hierarchical Cluster Analysis，HCA）等和有监督（Supervised）的偏最小二乘法-判别分析（Partial Least Squares-

Discrimillant Analysis, PLS-DA)、人工神经元网络（Artificial Neuronal network, ANN）分析等数据分析方法。代谢组学的基本流程见图 9-3。

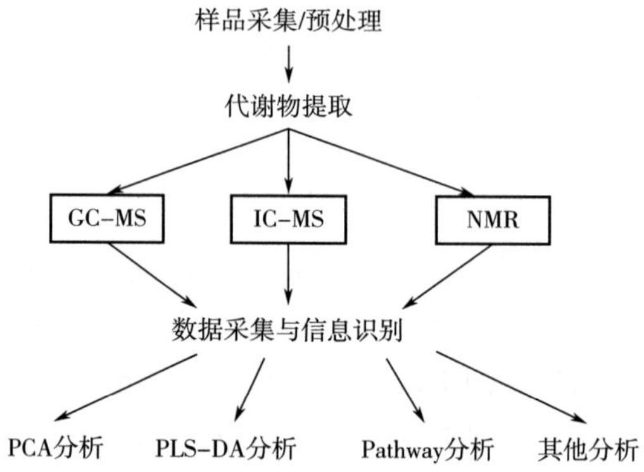

图 9-3　代谢组学基本流程

参考文献

［1］《乳业科学与技术》丛书编委会，乳业生物技术国家重点实验室．益生菌［M］．北京：化学工业出版社，2016.

［2］吴永宁．现代食品安全科学［M］．北京：化学工业出版社，2005.

［3］林金水．微生物功能基因组学及病原细菌的致病机制研究［M］．长春：吉林大学出版社，2019.

［4］张小龙，王嘉瑞，李青卓．合成微生物群落及在发酵食品中应用研究进展［J］．中国酿造，2021，40（3）：17-21.

［5］段永兰．合成微生物群落在发酵食品中的应用研究［J］．食品安全导刊，2021，313（20）：191-192.

［6］张晓娟，陆震鸣，柴丽娟，等．中国传统酿造食品微生物生态学及其研究策略［J］．中国科学：生命科学，2019，49（5）：10.

［7］Tamang JP，Shin DH，Jung SJ，et al. Functional Properties of Microorganisms in Fermented Foods［J］. Front Microbiol，2016，7：578.

［8］Tamang JP，Watanabe K，Holzapfel WH. Review：Diversity of Microorganisms in Global Fermented Foods and Beverages［J］. Front Microbiol，2016，7：377.

［9］谢志雄，沈萍．细菌遗传转化与水平基因转移［J］．中南民族大学学报（自然科学版），2003，22（4）：1-5.

［10］刘树林，龚俊．细菌进化中的基因横向转移［J］．中华微生物学和免疫学杂志，2004，24（6）：498-504.

［11］彭喜春，欧亦群，孙晞．食品中非致病菌向致病菌转化机制研究进展［J］．中国公共卫生，2008，24（6）：743-744.

［12］解万翠，尹超，宋琳，等．中国传统发酵食品微生物多样性及其代谢研究进展［J］．食品与发酵工业，2018，44（10）：253-259.

［13］de Oliveira Filho JWG，Islam MT，Ali ES，et al. A comprehensive review on biological properties of citrinin［J］. Food Chem Toxicol，2017，110：130-141.

［14］吴申懋，于华宁．桔霉素生物合成及调控的研究进展［J］．中国调味品，2017，42（8）：175-180.

［15］郭宝禹，郝林．红曲霉产物的功能及研究进展［J］．酿酒科技，2010（6）：89-91.

［16］李雪梅，沈兴海，段震文，等．红曲霉代谢产物的研究进展［J］．中草药，

2011，42（5）：1018-1025.

［17］梁新乐，刘爱琴，钟立人．丙酸杆菌的研究进展及其在食品发酵工业中的应用［J］．食品研究与开发，2006，27（6）：170-172.

［18］诸晓强，陈乐乐．乳品丙酸杆菌素作为生物防腐剂的研究进展［J］．中国乳品工业，2006，34（9）：40-43.

［19］崔东良，佟建明，王云山，等．益生性丙酸杆菌研究进展［J］．饲料研究，2008，（2）：13-15.

［20］崔亮，岳媛媛，乌日娜．明串珠菌应用研究进展［J］．乳业科学与技术，2018，41（5）：28-34.

［21］邹梅，黄友解，吴吉安，等．凝结魏茨曼氏菌的特点、作用机制及生物学功能［J］．饲料研究，2017，（2）：1-6.

［22］郭庆丰，陈林，马经纬．凝结魏茨曼氏菌益生机制及应用研究进展［J］．食品研究与开发，2018，39（18）：208-213.